Die

Fortschritte der Physik

im Jahre 1883.

Dargestellt

von

der physikalischen Gesellschaft zu Berlin.

XXXIX. Jahrgang

Erste Abtheilung,

enthaltend:

Physik der Materie.

Redigirt von

Dr. E. Rosochatius.

Berlin.

Druck und Verlag von Georg Reimer.

1889.

Die Fortschritte
der
Physik der Materie
im Jahre 1883.

Dargestellt
von
der physikalischen Gesellschaft zu Berlin.

Redigirt
von
Dr. E. Rosochatius.

Berlin.
Druck und Verlag von Georg Reimer.
1889.

Erklärung der Citate.

Ein Kreuz (†) bedeutet, dass der Berichterstatter den citirten Abdruck nachgelesen, ein Sternchen (*), dass der Berichterstatter oder der Redacteur nochmals sich von der Richtigkeit des Citats überzeugt hat. [vor einem Citat bedeutet Auszug bezw. Referat der angegebenen Abhandlung in der dann genannten Zeitschrift. Ist ein Citat vollständig eingeklammert und befindet sich vor der Chiffer des Herrn Referenten eine andre, so ist das Referat fast wörtlicher Abdruck des citirten Referates. Wenn der Herr Referent über russische Arbeiten von einem Herrn Verfasser freundlichst unterstützt wurde und er die Mittheilung desselben für das in diesen Berichten gegebene Referat benutzen konnte, befindet sich vor der Chiffer des Referenten der eingeklammerte Name des Verfassers.

Eine rund eingeklammerte (arabische) Zahl vor der (römischen) Bandzahl bezeichnet, welcher Reihe (Folge, Serie) einer Zeitschrift der betreffende Band angehört; eine eckig eingeklammerte [arabische] Zahl theilt mit, welcher Abtheilung des darauf angegebenen Bandes (bez. Jahrganges) die citirten Seiten angehören. H bedeutet Heft, L Lieferung und (L) bei den Citaten aus Nature Brief, Briefliche Mittheilung, N (oder Nr.) Nummer.

Zeitschriften, von welchen für jedes Jahr ein Band erscheint, sind nach dieser Jahreszahl citirt, welche von der Jahreszahl des Erscheinens manchmal verschieden ist, wie bei den Rep. Brit. Ass., oder auch gleichzeitig nach dem Bande.

Im Folgenden ist angegeben, welche Abkürzungen für die Titel bei den Citaten benutzt sind. Abkürzungen, welche an sich vollständig verständlich sind, sind nicht mitgetheilt.

Manche nähere Angaben über die citirten Zeitschriften sind zu finden in diesen Berichten 1852, S. VIII-XXIV und 1854, S. X-XII etc.

Abh. d. Berl. Ak. = Physikalisch-mathematische Abhandlungen der Königlichen Preussischen Akademie der Wissenschaften zu Berlin. Aus dem Jahre .... Berlin: (Dümmler's Verlagsbuchhandlung [jetzt Georg Reimer] in Comm.) 4⁰ — Erscheinen auch in einzelnen Heften. R.

Abh. d. Böhm. Ges. d. W. = Abhandlungen der königl. böhmischen Gesellschaft der Wissenschaften. Prag: Selbstverlag der Kgl. böhm. Ges. 4⁰. R.

Abh. d. Brem. naturw. Ver. = Abhandlungen hrsg. vom naturwissenschaftlichen Vereine zu Bremen Bremen: Müller. gr. 8⁰.

Abh. d. G. d. W. zu Gött. = Abhandlungen der königlichen Gesellschaft der Wissenschaften zu Göttingen. Göttingen: Dietrich's Verlag. gr. 4⁰.

Abh. d. k. bayr. Ak. = Abhandlungen der Münchener Akademie der Wissenschaften. 2. Classe. München. In einzelnen Heften erhalten. R.

Abh. d. k. sächs. G. d. W. = Abhandlungen der mathematisch-physikalischen Classe der Königl. Sächsischen Gesellschaft der Wissenschaften. Leipzig: Hirzel. Erscheint in einzelnen Nummern mit durchlaufender Pagination hoch 8⁰. R.

Abh. d. Senk. Naturf. Ges. = Abhandlungen hrsg. von der Senkenbergischen naturforschenden Gesellschaft. Frankfurt a/M.: Diesterweg. gr. 4⁰.

Ac. di Bologna sh. **Mem. di Bol.** und **Rend. di Bol.**

Ac. d. Brux. = **Ac. d. Belg.** sh. **Bull. de Belg.** und **Mem. de Belg.**

Ac. dei Lincei sh. **Atti R. Acc. dei Lincei.**

Act. de la soc. Helv. = **Verh. d. Schweiz. Naturf. Ges.** sh. **Verh.** ···

Act. soc. Ups. = Nova acta Regiae societatis scientiarum Upsaliensis. Upsala. R.

Act. Univ. Lund. = Acta Universitatis Lundensis. Lund. 4⁰.

Acta Acc. Leopoldinae = Nova acta academiae caesareae Leopoldino-Carolinae Germanicae naturae curiosorum. Halis Saxonum (Lipsiae: W. Engelmann) 4⁰ auch mit dem Titel: Verhandlungen der Kaiserlichen Leopoldinisch-Carolinischen Deutschen Akademie der Naturforscher ···

Aerztl. Intelligzbl. München = Aerztliches Intelligenz-Blatt. Münchener medicinische Wochenschrift. Organ für amtliche und praktische Aerzte. Hrsg. von Bollinger. ····. Red.: Leop. Graf. München: J. A. Finsterlin. Imp. 4⁰.

Allg. J. f. Uhrm. = Allgemeines Journal für Uhrmacherkunst. Red.: Ferd. Rosenkranz. Leipzig: Kunath & Rosenkranz. gr. 4⁰.

Allg. Wien. med. Zeitung = Allgemeine Wiener medizinische Zeitung. Red. u. Hrsg.: B Kraus. Wien: Sallmayer in Comm. Fol.

D'Almeida J. sh. **J. de phys.**

Alpine J. = The Alpine Journal. (Zeitschrift des englischen Alpenklubs.)

Amer. Chem. = The American Chemist. A monthly journal of theoretical, analytical and technical chemistry. New-Series. (Citate, einzelnen Zeitschriften entnommen.)

Amer. Chem. J. = American Chemical Journal.

Amer. Ass. bezieht sich auf die Verhandlung der nordamerikanischen Naturforscherversammlung sh. **Proc. Amer. Ass.**

Amer. J. of Math. = American Journal of Mathematics pure and applied. Editor in chief: J. J. Sylvester, Associate Editor in charge: W. E. Story. ... Published under the auspices of the Johns Hopkins University. Baltimore: Murphy. 4⁰.

Amer. J. of science sh. **Sill. J.**

Ann. agron. = Annales de l'Institut national agronomique, administration, enseignement et recherches. Année···. Paris: impr. et lib. Tremblay. — Ministère de l'agriculture et du commerce — 8⁰.

Ann. d. Bur. d. Long. sh. **Annu. d. Bur. des Long.**

Ann. chim. phys. = Annales de chimie et de physique, par MM. Chevreul,

Dumas, Boussingault, Wurtz, Berthelot, Pasteur, avec la collaboration de M. Bertin. (Cinquième série.) Paris: G. Masson. 8°. Erscheint in 12 Monatsheften. R.

Ann. d. Hydr. = Annalen der Hydrographie und maritimen Meteorologie. Organ des hydrographischen Amtes und der deutschen Seewarte. Hrsg. von dem hydrographischen Amt der Admiralität. Berlin: Mittler & Sohn. Lex. 8°. 12 H. R.

Ann. d. mines = Annales des Mines ou Recueil de mémoires sur l'emploitation des mines et sur les sciences et les arts qui s'y rapportent, rédigées par les Ingénieurs des Mines et publiées sous l'autorisation du Ministre des travaux publics. Paris. 8°.

Ann. d. l'obs. d. Mosc. = Annales de l'Observatoire de Moscou.

Ann. d'ocul. = Annales d'oculistique. Bruxelles: Bureaux, Avenue de la Toison d'Or, 74.

Ann. d. Phys. u. Chem. sh. **Wied. Ann.** [früher (vor 1877) **Pogg. Ann.**]

Ann. d. phys. CObs. = Annalen des physikalischen Central-Observatoriums, hrsg. v. H. Wild. St. Petersburg. (Leipzig: Voss's Sort.) Imp.-4°. R.

Ann. des mal. de l'oreille = Annales des Maladies de l'Oreille et du Larynx. Erscheint in Paris jährlich 6 Mal.

Ann. éc. norm. = **Ann. de l'éc. norm.** = Annales scientifiques de l'école normale supérieure publiée sous les auspices du ministre de l'instruction publique par un comité de rédaction .... Paris: Gauthier-Villars. 4°. (Das Erscheinen wurde durch den Krieg unterbrochen und 1872 mit einer neuen Serie wieder aufgenommen.)

Ann. obs. Brux. = Annales de l'observatoire royal de Bruxelles, publiées aux frais de l'État. Bruxelles: F. Hayez. 4°.

Ann. soc. mét. d. France = Annales de la société météorologique de France. (Diese Citate sind entnommen ZS. f. Met.)

Ann. soc. scient. de Brux. = Annales de la société scientifique de Bruxelles. Bruxelles: F. Hayez. 8°.

Ann. tél. = Annales télégraphiques.

Annu. d. Bur. des Long. = Annuaire pour l'an ..., publié par le bureau des longitudes. — Avec des Notices scientifiques. Paris: Gauthier-Villars. kl. 8°.

Annu. de Belg. = Annuaire de l'Academie royale des sciences, des lettres et des beaux arts de Belgique. Bruxelles: F. Hayez. kl. 8°. (Enthält Lebensbeschreibungen etc.)

Annu. d. Club alpin = Annuaire du Club Alpin français. Paris: Hachette & Ce. 8°.

Annu. d. Soc. Met. It. = Annuario della Società meteorologica Italiana (red. von Ragona).

Annu. obs. Brux. = Annuaire de l'observatoire royal de Bruxelles.

Arch. d. Genève sh. **Arch. sc. phys.**

Arch. d. Math. = Archiv der Mathematik und Physik mit besonderer Rücksicht auf die Bedürfnisse der Lehrer an höheren Unterrichtsanstalten. Gegründet von J. A. Grunert, fortgesetzt von R. Hoppe. Leipzig: C. A. Koch. Die Bände fallen nicht mit den Jahrgängen zusammen. 8°. R.

Arch. de Physiol. = Archives de physiologie normale et pathologique.

Directeurs MM. Brown-Séquard, Charcot, Vulpian. Directeur-adjoint: M. A. Joffroy. Paris: G. Masson (jährlich 2 Bde.).

Arch. f. Anat. = Archiv für Anatomie und Entwicklungsgeschichte. Zugleich Fortsetzung der Zeitschrift für Anatomie und Entwickelungsgeschichte. Unter Mitwirkung von Chr. Aeby, Al. Ecker, Jos. Gerlach etc. hrsg. von Wilh. His und Wilh. Braune. Leipzig: Veit & Co. gr. 8°. 6 H.

Arch. f. Anat. u. Physiol. = Archiv für Anatomie und Physiologie. Fortsetzung des von Reil, Reil und Autenrieth, J. F. Meckel, Joh. Müller, Reichert und Du Bois-Reymond herausgegebenen Archives. Hrsg. von Wilh. His und Wilh. Braune, und Emil Du Bois-Reymond. Leipzig: Veit & Co. gr. 8° 2 Abtheilungen zu 6 Heften und 1 Suppl.-Bd. 1. Anatomische Abtheilung sh. **Arch. f. Anat.** 2. Physiologische Abtheilung sh. **Arch. f. Physiol.**

Arch. f. Augenheilk. = Archiv für Augenheilkunde. Unter Mitwirkung von H. Pagenstecher in deutscher und englischer Sprache hrsg. von H. Knapp und C. Schweigger. Wiesbaden: Bergmann. gr. 8°. 4 H.

Arch. f. mikrosk. Anat. = Archiv für mikroskopische Anatomie, hrsg. von v. la Valette St. George und W. Waldeyer. Bonn: Cohen & Sohn. gr. 8°.

Arch. f. Ohrenheilk. = Archiv für Ohrenheilkunde im Verein mit A. Böttcher, Ad. Fick, C. Hasse etc., hrsg. von A. v. Tröltzsch, Adam Politzer und H. Schwartze. Leipzig: F. C. W. Vogel. gr. 8°. 4 H.

Arch. f. Ophth. = Albr. v. Graefe's Archiv f. Ophthalmologie. Hrsg. von F. Arlt, F. C. Donders u. Th. Leber. Berlin: H. Peters. gr. 8°.

Arch. f. path. Anat. = **Virchow Arch.** = Archiv für pathologische Anatomie und Physiologie und für klinische Medicin. Hrsg v. Rud. Virchow. Berlin: Georg Reimer. gr. 8°.

Arch. f. Pharm. = Archiv für Pharmacie. Zeitschrift des deutschen Apotheker-Vereins Hrsg. vom Vereins-Vorstande unter Redaction von E. Reichardt. (3. Reihe.) Halle: Buchh. d. Waisenh. in Comm. 12 H. 8°. R.

Arch. f. Physiol. = **Du Bois Arch.** = Archiv für Physiologie (physiologische Abtheilung des Archivs für Anatomie und Physiologie). Unter Mitwirkung mehrerer Gelehrten hrsg. von Emil Du Bois-Reymond. Leipzig: Veit & Co. gr. 8°. 6 H. u. 1 Suppl.-Bd. (= Festschrift für E. du Bois-Reymond zum 15. October 1883). R.

Arch. f. ges. Physiol. = **Pflüger Arch.** = Archiv für die gesammte Physiologie des Menschen und der Thiere. Hrsg. von E. F. W. Pflüger. Bonn: Strauss. R.

Arch. f. Psych. = Archiv für Psychiatrie und Nervenkrankheiten. Hrsg. v. B. v. Gudden, L. Meyer, Th. Meynert, C. Westphal. Red. v. C. Westphal. Berlin: Hirschwald. gr. 8°.

Arch. Mus. Teyl. = **Arch. Teyler** = Archives du Musée Teyler. Haarlem. 4°.

Arch. Néerl. = Archives néerlandaises des sciences exactes et naturelles publiées par la société hollandaise des sciences à Harlem, et rédigées par E. H. von Baumhauer, Secrétaire de la Société, avec la collaboration de MM. D. Bierens de Haan, C. A. J. A. Oudemans, W. Koster, C. H. D. Buijs Ballot et C. K Hoffmann. Haarlem: les héritiers Loosjes. 8°. 5 livraisons. R.

Arch. sc. phys. = Bibliothèque universelle et revue suisse. Archives des sciences physiques et naturelles. Lausanne: Bridel. 8°. 12 H. R.

Astr. Nachr. = **Astron. Nachr.** = Astronomische Nachrichten, begründet von H C. SCHUMACHER. Unter Mitwirkung des Vorstandes der Astronomischen Gesellschaft, hrsg. von Professor Dr. A. KRUEGER, Director der Sternwarte in Kiel. CI. Band (Nr. 2401—2424) Kiel: Druck von C. F. Mohr (P. Peters). 4⁰. (Hamburg: Mauke Söhne in Comm.) Erscheint in einzelnen Nummern. Die Bände fallen nicht mit Jahrgängen zusammen. R.

Astr. Soc. bezieht sich auf Berichte über die Astronomical Society of London in Nature etc.

Ath. = **Athen.** = **Athenaeum** = The Athenaeum, Journal of English and Foreign Literature, Science, the fine Arts, Music and Drama. For the year 1883. (In zwei Bänden: I. von Januar bis Juni, II. von Juli bis December.) R.

Atti R. Acc. dei Lincei = Atti della R. Accademia dei Lincei (3. Ser.) 1) Transunti (**Trans.**) delle letture fatte nelle adunanze col bulletino bibliografico. 2) Memorie (**Mem.**) della Classe di scienze fisiche, matematiche e naturali. R.

Atti Acc. Pont. dei Linc. = Atti dell' Accademia pontificia dei Nuovi Lincei. Roma.

Atti di Napoli = Atti della Reale Accademia delle scienze fisiche e matematiche. Napoli. 4⁰.

Atti di Torino = Atti della Reale Accademia delle scienze. Torino. 8⁰.

Atti R. Ist. Ven. = Atti del Reale Istituto Veneto di scienze, lettere ed arti.

Aus all. Weltth. = Aus allen Welttheilen. Illustrirtes Familienblatt für Länder- und Völkerkunde und verwandte Fächer. Red.: OSK. LENZ. Leipzig: Fues's Verl. gr. 4⁰.

Ausl. = **Ausland** = Das Ausland. Wochenschrift für Länder- und Völkerkunde, unter Mitwirkung von FRDR. RATZEL und anderen Fachmännern herausgegeben. Stuttgart: Cotta. gr. 4⁰. 52 Nrn. R.

Basler Verh. = Verhandlungen der naturforschenden Gesellschaft in Basel. Basel: H. Georg's Verlag. gr. 8⁰.

Bayr. Ind. u. Gewbl. = Bayerisches Industrie- und Gewerbeblatt. Zugleich Organ des bayerischen Dampfkessel-Revisions-Vereins. Hrsg. vom Ausschuss des polytechn. Vereins in München, red. von EGB. HOYER. München: Literar.-artist. Anstalt. 6 H. Lex. 8⁰.

Behm's Jahrbuch = **Behm's geogr. Jahrb.** = Geographisches Jahrbuch. Begründet 1866 durch E. BEHM. Unter Mitwirkung von A. AUWERS, G. v. BOGUSLAWSKI, O. DRUDE etc. hrsg. von HERM. WAGNER. Gotha: J. Perthes. 8⁰.

Beibl. = Beiblätter zu den Annalen der Physik und Chemie. Hrsg. unter Mitwirkung befreundeter Physiker von G. u. E. WIEDEMANN. Leipzig: Johann Ambrosius Barth. 8⁰. Jährlich 12 Nummern. R.

Beng. Soc. bezieht sich auf die Verhandlungen der englischen asiatischen Gesellschaft.

Ber. d. bot. Ges. = Berichte der Deutschen botanischen Gesellschaft. Berlin. (Band I, 1883.)

Ber. d. chem. Ges. = Berichte der deutschen chemischen Gesellschaft. Red.: WICHELHAUS und FERD. TIEMANN. Berlin: Friedländer & Sohn in Comm. 8⁰.

Erscheint in einzelnen Heften (jährlich 19), ungefähr jede 14 Tage ein Heft (Nummer) ausser den Sommermonaten. R.

Ber. d. naturf. Ges. Bamb. = Bericht über die Verhandlungen der naturforschenden Gesellschaft zu Bamberg.

Ber. d. naturf. Ges. Freib. = Berichte über die Verhandlungen der naturforschenden Gesellschaft in Freiburg i./B. Red. von F. Himstedt. VIII. Bd. Freiburg i./Br.: Stoll & Bader in Comm.

Ber. d. naturw. Ges. Chemn. = Bericht der naturwissenschaftlichen Gesellschaft Chemnitz.... Chemnitz: Brunner (für VIII) und Bülz (für IX).

Ber. d. Oberhess. Ges. = Bericht der oberhessischen Gesellschaft für Natur- und Heilkunde. Giessen: Ricker in Comm. gr. 8⁰.

Ber. d. sächs. Ges. d. Wiss. sh. **Leipz. Ber.**

Ber. d. ung. Acad. = Mathematische und naturwissenschaftliche Berichte aus Ungarn. Mit Unterstützung der ungar. Akademie der Wissenschaften und der königl. ungar. naturwissenschaftlichen Gesellschaft hrsg. von Baron R. Eötvös, Jul. König, Jos. v. Szabó, Koloman, v. Szily, Karl v. Than. Red. von J. Fröhlich. Budapest. Berlin: Friedländer & Sohn. gr. 8⁰. (I. October 1882—Juni 1883.)

Ber. d. Wien. Ak. sh. **Wien. Ber.**

Berl. klin. Wochenschr. = Berliner klinische Wochenschrift. Organ f. prakt. Aerzte. Mit Berücksichtigung der preuss. Medicinalverwaltung und Medicinalgesetzgebung nach amtlichen Mittheilungen. Red.: C. A. Ewald. Berlin: Hirschwald. 52 N. gr. 4⁰.

Berl. Monatsber. = Monatsberichte der Königlich Preussischen Akademie der Wissenschaften zu Berlin. Berlin: (Dümmler's Vlgsbuchhandlung). (Bis 1881; von 1882 ab:)

Berl. Sitzber. = Sitzungsberichte der Königl. Preussischen Akademie der Wissenschaften zu Berlin. Berlin: (Dümmler's Verl. [jetzt Georg Reimer] in Comm.) 53 N. Lex. 8⁰.

Berl. stat. Jahrb. = Statistisches Jahrbuch der Stadt Berlin ... Hrsg. v Rich Böckh. Berlin: Simion. gr. 8⁰.

Bern. Mitth. = Mittheilungen der Naturforschenden Gesellschaft in Bern. .. Bern: Huber & Co. in Comm. 8⁰. R.

Biederm. CBl. f. Agr. Chem. = Biedermann's Central-Blatt für Agrikulturchemie und rationellen Landwirtschafts-Betrieb. Referirendes Organ für naturwissenschaftliche Forschungen in ihrer Anwendung auf die Landwirtschaft. Fortgesetzt unter der Red. v. Mor. Fleischer und unter Mitwirkung von E. Borgmann, O. Kellner, A. Kern, etc. Leipzig: Leiner. 12 H. gr. 8⁰.

Bih(ang) Sv. Vet. Ak. Handl. = Bihang till Kongl. Svenska Vetenskaps-Akademiens Handlingar. Stockholm.

du Bois Arch. = **du Bois-Reymond Arch.** sh. **Arch. f. Physiol.**

Boll. soc. geogr. Ital. = Bollettino della Società geografica italiana (seit 1868). Red. Dalla Vedova.

Bot. Ztg. = Botanische Zeitung. Red.: A. de Bary, L. Just. Leipzig: Felix. 4⁰. 52 N.

Brioschi Ann. = Annali di matematica pura ed applicata, diretti da F. Brioschi e L. Cremona in continuazione degli Annali già pubblicati in Roma del Prof. Tortolini. Milano: 4⁰.

Brit. J. of photogr. bezieht sich auf die Verhandlungen der photographischen Gesellschaft in London, die der Redaction nicht direct zugänglich waren.

Brit. med. J. = The British Medical Journal being the Journal of the British Medical Association, edited by Ernest Hart. London. 4⁰.

Bull. de Belg. = **Bull. Brux.** = **Bull. de Brux.** = Académie Royale des sciences, des lettres et des beaux-arts de Belgique. Bulletins des séances de la Classe des sciences. Bruxelles: F. Hayez. 8⁰. (2 Bände im Jahre.) R.

Bull. d'enc. = Bulletin de la société d'encouragement pour l'industrie nationale, par Combes et Peligot Paris. 4⁰. (Nach verschiedenen Journalen citirt.)

Bull. de Marseille = Bulletin de la société scientifique et industrielle de Marseille.

Bull. de Moscou = Bulletin de la Société Impériale des naturalistes de Moscou. Moscou. Red. von Renard.

Bull. de Mulhouse = Bulletin de la société industrielle de Mulhouse.

Bull. de Nancy = Bulletin de la société de géographie de l'Est. Nancy.

Bull. d. Neuch. = Bulletin de la société des sciences naturelles de Neufchatel.

Bull. de Pét. = **Bull. de Pétersb.** = Bulletin de l'Académie Impériale de St. Pétersbourg. St. Pétersbourg et Leipzig. gr. 4⁰. R.

Bull. de Toulouse = Bulletin de la société des sciences physique et naturelle de Toulouse.

Bull. Phil. Soc. Wash. = Bulletin of the Philosophical Society of Washington. Washington. 8⁰.

Bull. sc. math. = Bulletin des sciences mathématiques et astronomiques, rédigé par MM. G. Darboux et J. Hoüel avec la collaboration des MM. André, Lespiault, Painvin et Radau, sous la direction de la commission des hautes études. Paris: Gauthier-Villars 8⁰.

Bull. soc. Belg. de Géogr. = Bulletin de la société belge de géographie. Bruxelles.

Bull. soc. chim. = Bulletin de la Société Chimique de Paris comprenant le procès-verbal des séances, les mémoires présentées à la société, l'analyse des travaux de chimie ···. Comité de rédaction: MM. Ph. de Clermont, P.-T. Clève ···. Secrétaire de la rédaction: M. Th. Schneider. Paris: G. Masson. (2 Bände im Jahre, jeder besteht aus 12 H.) R.

Bull. soc. math. = Bulletin de la société mathématique de France publié par les secrétaires. Paris: au siége de la société···. 8⁰.

Bull. soc. min. = **Bull. soc. min. de France** = Bulletin de la société mineralogique de France.

Bull. soc. philomat. = Bulletin de la société philomatique de Paris. R.

Bull. Soc. Vaud. = Bulletin de la société vaudoise des sciences naturelles. Publié, sous la direction du Comité, par M. F. Roux. Lausanne: F. Rouge.

Cambridge Phil. Soc. bezieht sich auf Berichte in Nature etc.

Carinthia = Carinthia. Zeitschrift für Vaterlandskunde, Belehrung und Unterhaltung. Hrsg. vom Geschichtsvereine und naturhistorischen Landesmuseum in Kärnten. Red.: Markus Frhr. v. Jabornegg. Klagenfurt: v. Kleinmayr in Comm. 12 Nrn. 8°.

Carl Rep. = Repertorium für Experimental-Physik, für physikalische Technik, mathematische und astronomische Instrumentenkunde. Hrsg. von Ph. Carl (bis) Band XVIII (Fortsetzung sh. **Rep. d. Phys.**) ···. München und Leipzig: R. Oldenbourg. 1882. R.

Cas. = Casopis: Zeitschrift zur Pflege der Mathematik und Physik, red. mit besonderer Rücksicht auf Studirende der Mittel- und Hochschulen von F. J. Studnička, hrsg. vom Vereine böhmischer Mathematiker in Prag. Prag. (Böhmisch.) 8°.

CBl. f. Agr. Ch. sh. **Biederm. CBl. f. Agr. Chem.**

CBl. f. Augenheilk. = Centralblatt für praktische Augenheilkunde. Hrsg. von J. Hirschberg. Leipzig: Veit & Co. gr. 8°. 12 N.

CBl. f. d. Forstw. = Centralblatt für das gesammte Forstwesen. Hrsg. von Gustav Hempel. Wien: Frick. 12 H.

CBl. f. d. med. Wiss. = **Centrbl. f. d. med. Wiss.** = Centralblatt für die medicinischen Wissenschaften. Red. von H. Kronecker und H. Senator und M. Bernhardt Berlin: Hirschwald. gr. 8°. 52 N.

CBl. f. Nervenheilk. = Centralblatt für Nervenheilkunde, Psychiatrie und gerichtliche Psychopathologie. Hrsg. u. red. von Alb. Erlenmeyer. Leipzig: Thomas. gr. 8°. 24 N.

Centrztg. f. Opt. u. Mech. = Central-Zeitung für Optik und Mechanik. Red.: Osc. Schneider. Leipzig: Gressner & Schramm. gr. 4°. 24 N.

Chem. CBl. = Chemisches Centralblatt. Repertorium für reine, pharmazeutische, physiologische und technische Chemie. Red.: Rud. Arendt. Hamburg und Leipzig: Leopold Voss. (Wöchentlich eine Nummer.) R.

Chem. Ind. = Die chemische Industrie. Monatsschrift, hrsg. vom Verein zur Wahrung der Interessen der chemischen Industrie Deutschlands. Red. von Emil Jacobsen. Berlin: Springer. hoch 4°.

Chem. News = The Chemical News and Journal of Physical Science. With which is incorporated the „Chemical Gazette". A Journal of Practical Chemistry in all its applications to pharmacy, arts and manufactures. Edited by William Crookes. Vol. XLVII (No. 1206—1231). London: Published at the office, Boy Court, Ludgate Hill, E. C. Vol. XLVIII (No. 1132 bis 1257). 4°. R.

Chem. Ztg. = Chemiker-Zeitung. Central-Organ für Chemiker, Techniker, Fabrikanten, Apotheker, Ingenieure. Chemisches Central-Annoncenblatt. Hrsg.: G Krause. Köthen: Verlag der Chemiker-Ztg. gr. 4°. 52 N.

Cim. = Il nuovo Cimento, Giornale fondato per la fisica e la chimica da C. Matteucci e R. Piria continuato per la fisica esperimentale e matematica da E. Betti e R. Felici. Pisa: Tip. Pieraccini dir. da P. Salvioni. (Jährlich 2 Bände, erscheint in Heften.) R.

Civiling. = Der Civilingenieur. ··· hrsg. von E. Hartig. Neue Folge. Leipzig: Felix. gr. 4°. 8 H.

Coast Survey of the U. S. Rep. sh. **Rep. U. S. C. S.**

Comptes rendus de l'acad. des sc. de Stockholm = Kongliga Svenska Vetenskaps-Akademiens Handlingar. Ny Följd.

Cosmos di Cora = Cosmos. Communicazione sui progressi più recenti e notevoli della geografia e delle scienze affini di Guido Cora.

C. R. = Comptes rendus hebdomadaires des séances de l'Académie des sciences, publiés, conformément à une décision de l'académie en date de 13 Juillet 1835 par MM. les secrétaires perpétuels. Tome XCVI, XCVII ··· 1883. Paris: Gauthier-Villars. 4⁰. (In jedem Jahr 2 Bände. Jan.—Juni, Juli bis Dec.). R.

Crelle J. = Journal für die reine und angewandte Mathematik. In zwanglosen Heften. Hrsg. von L. Kronecker und K. Weierstrass. Mit thätiger Beförderung hoher Königlich-Preussischer Behörden. Fortsetzung des von A. L. Crelle [1826—1856] und C. W. Borchardt [1856—1880] herausgegebenen Journals. Berlin: Georg Reimer. gr. 4⁰. (Erscheint in Bänden zu vier Heften.) R.

d'Almeida J. sh. **J. de phys.**

Danske. Geogr. Selsk. Tidskr. = Det Danske Geografiske Selskabs Tidskrift Kopenhagen. (Vom 2. Bde. an kürzer: Geografisk Tidskr. betitelt. Seit Jan. 1877 monatliche Hefte.)

Denkschr. d. K. Acad. d. Wiss. Wien sh. **Wien. Denkschr.**

Dingl. J. = Dingler's Polytechnisches Journal. Hrsg. von Joh. Zeman und Ferd. Fischer. 247.—250. Bd. [= (5) XLVII—L] Jahrgang 1883 ····. Augsburg: Cotta'sche Buchh. (Jährlich 4 Bände und zu jedem Bande ein Atlas mit 30—40 Tafeln. Jeder der Bände besteht aus 13 Heften.) R.

Diss. = **Dissert.** = Inaugural-Dissertation ····.

D. LZtg. = **Dtsch. LZtg.** = Deutsche Litteraturzeitung. Hrsg. von Max Roediger. Berlin: Weidmann. Hoch 4⁰. 52 N.

Dtsch. Arch. f. klin. Med. = Deutsches Archiv für klinische Medicin. Hrsg. v. Ackermann, Bauer, Bäumler etc. Red. von H. v. Ziemssen und F. A. Zenker. Leipzig: F. C. W. Vogel. (2 Bde zu je 6 H.) gr. 8⁰.

Dtsch. Bauz. = Deutsche Bauzeitung. Verkündigungsblatt des Verbandes deutscher Architekten- und Ingenieur-Vereine. Red.: K. E. O. Fritsch und F. W. Büsing. Berlin: Toeche in Comm. 104 N hoch 4⁰.

Dtsch. geogr. Blätter = Deutsche geographische Blätter. ··· Neue Folge d. Mittheilungen d. früher. Ver. f. d. deut. Nordpolarfahrt. Red. M. Lindeman. Bremen: v. Halem in Comm. 4 H. gr. 8⁰. (1. Jahrg. 1877.)

Dtsch. Indztg. = Deutsche Industriezeitung. Organ der Handels- und Gewerbekammern zu Chemnitz, Dresden, Plauen und Zittau. Red.: Max Diezmann. Chemnitz: Bülz in Comm. 52 N. Imp. 4⁰.

Dtsch. med. Wochenschr. = Deutsche medicinische Wochenschrift. Mit Berücksichtigung der öffentlichen Gesundheitspflege und der Interessen des ärztlichen Standes. Red.: P. Börner. Berlin: Georg Reimer. 52 N. gr. 4⁰.

Dtsch. Rundsch. f. Geogr. = Deutsche Rundschau für Geographie und Statistik. Unter Mitwirkung hervorragender Fachmänner hrsg. von Frdr. Umlauft. Wien: Hartleben. 12 H. gr. 8⁰.

Dtsch. ZS. f. prakt. Med. = Deutsche Zeitschrift für praktische Medicin. Red.: C. F. Kunze. Leipzig: Veit & Co. (52 N. jährl.)

D. R. P. = Deutsches Reichs Patent. (Für jedes Patent erscheint eine besondere Patentschrift.)

Dubl. J. of med. sc. = Journal of medical science. Dublin.

Dubl. Phil. Trans. = Philosophical Transactions of the Royal Society of Dublin.

Du Bois Arch. = **Du Bois-Reymond Arch.** sh. **Arch. f. Physiol.**

Edinb. Trans. = Transactions of the Royal Society of Edinburgh. Edinburgh. 4⁰.

Electr. = **Electrician** = The Electrician. A weekly journal of theoretical and applied electricity and chemical physics. London: James Gray. Fol.

Electricien = L'Electricien. Paris.

Elektrot. ZS. = Elektrotechnische Zeitschrift. Hrsg. vom elektrotechnischen Verein. Red. von K. Ed. Zetzsche. Berlin: Springer. 12 H. hoch 4⁰.

Encephale = L'encéphale. Journal des maladies mentales et nerveuses. Sous la direction de B. Ball ··· J. Luys. Paris 8⁰ (I 1881, jährlich 1 Band).

Eng. and Min. J. = The Engineering and Mining Journal New-York.

Engineering = Engineering: An Illustrated Weekly Journal. Edited by W. H. Maw and J. Dredge. London. Offices for Advertisements and Publication, ··· . Fol. Vol. XXXV. — From January to June 1883 (N. 888—913). London: 1883; Vol. XXXVI. — From July to December 1883 (N 914 bis 939) ··· . (Erscheint in Wochennummern.) R.

Erdm. J. sh. **J. f. prakt. Chem.**

Erlang. Ber. = **Erl. Sitzber.** = Sitzungsberichte der physikalisch-medizinischen Societät zu Erlangen. Erlangen. 8⁰. R.

Explorat. = L'Exploration. Journal des conquêtes de la civilisation sur tous les points du globe. (Fortsetzung des seit 1875 erschienenen L'explorateur géographique et commerciale, welcher 1876 einging.)

Forh. Christiania = Forhandlinger i Videnskabs-Selskabet i Christiana Aar ···.

Fortschr. d. Med. = Fortschritte der Medicin. Unter Mitwirkung hervorragender Fachmänner hrsg. von Carl Friedländer. Berlin: Fischer's med. Buchh. 1. Band. Jahrgang 1883. gr. 8⁰. 24 N.

Frankl. J. = The Journal of the Franklin Institute. Philadelphia. (Nach englischen Journalen citirt.)

Gaea = Gaea. Natur und Leben. Zeitschrift zur Verbreitung naturwissenschaftlicher und geographischer Kenntnisse, sowie der Fortschritte auf dem Gebiete der gesammten Naturwissenschaften. Unter Mitwirkung von R. Avé-Lallemant, O. Buchner, J. Egli hrsg. von Herm. J. Klein. Köln: Mayer. 12 H. Lex. 8⁰.

Gazz. chim. (Ital.) = Gazzetta chimica Italiana. (Citirt nach Chem. CBl., Ber. d. chem Ges., J. chem. soc. etc)

Geol. Soc. bezieht sich auf die Verhandlungen der Englischen Geologischen Gesellschaft nach Phil. Mag.

G. d. mat. = Giornale matematico ad uso degli studenti delle università italiane pubblicato per cura del Prof. G. Battaglini. Napoli. gr. 8⁰.

G. d. Palermo = Giornale di scienze naturali ed economiche pubblicato per cura del consiglio di perfezionamento annesso al R. Istituto tecnico di Palermo.

Gesundheit = Gesundheit. Zeitschrift für körperliches und geistiges Wohl hrsg. von Carl Reclam. Elberfeld: Loll 24 N. gr. 4⁰. (1. Jahrg. erschien Oct. 1875 bis Sept. 1876.)

Gewerbehalle = Gewerbehalle. Organ für den Fortschritt in allen Zweigen der Kunstindustrie ··· red. von Ludw. Eisenlohr und Carl Weigle. Stuttgart: Engelhorn. 12 H. Fol.

Globus = Globus. Illustrirte Zeitschrift für Länder- und Völkerkunde. Mit besonderer Berücksichtigung der Anthropologie und Ethnologie. Begründet von Karl Andree. ··· hrsg. von R Kiepert. Braunschweig: Vieweg & Sohn. hoch 4⁰.

Gött. Nach. = Nachrichten von der Königlichen Gesellschaft der Wissenschaften und der Georgia-Augusta-Universität zu Göttingen. Göttingen: Dietrich's Verlag. 8⁰

Gornij J. = Journal für Bergwesen. St. Petersburg. (Russisch)

Gräfe's Arch. f. Oph. sh. **Arch. f. Ophth.**

Groth ZS. f. Kryst. sh. **ZS. f. Kryst.**

Grun. Arch. sh. **Arch. d. Math.**

Heidelberger Physiol. Unters. = Untersuchungen aus dem physiologischen Institute der Universität Heidelberg. Hrsg. von W. Kühne (= Ergänzungshefte zu den Verhandlungen des naturhistorisch-medicinischen Vereins zu Heidelberg). Heidelberg: C. Winter. gr. 8⁰.

Hoppe Arch. sh. **Arch. d. Math.**

Humb. = **Humboldt** = Humboldt. Monatsschrift für die gesammten Naturwissenschaften. Hrsg v. G. Krebs. Stuttgart: Encke. 12 H. hoch 4⁰. (1. Jahrg. 1882.)

Hydrog. Not. = Hydrographic Notices. Washington.

Jahrb. d. Math. = Jahrbuch über die Fortschritte der Mathematik begründet von Carl Ohrtmann. Im Verein mit anderen Mathematikern und unter besonderer Mitwirkung von Felix Müller und Albert Wangerin hrsg. von Max Henoch und Emil Lampe. Berlin: Georg Reimer. 8⁰.

Jahrb. d. Medic. sh. **Schmidt's Jahrb. d. Med.**

Jahrb. d. Schweiz. A. C. = Jahrbuch des Schweizer Alpen-Club. Bern: Schmid, Francke & Co. in Comm. 8⁰.

Jahrb. f. Min. = Neues Jahrbuch für Mineralogie, Geologie und Palaeontologie ··· hrsg. von E. W. Benecke, C. Klein und H. Rosenbusch etc. Stuttgart: Schweizerbart.

Jahrb. geol. Reichsanst. = Jahrbuch der k. k. geologischen Reichsanstalt. Wien: Hölder. 4 H. R.

Jahrb. d. met. Centralanst. = Jahrbuch der k. k. Centralanstalt für Meteorologie und Erdmagnetismus. Wien. R.

Jahresh. d. Ver. f. Württ. = Jahreshefte für vaterländische Naturkunde in Württemberg. Hrsg. von dessen Redactions-Commission H. v. Fehling, O. Fraas, F. v. Krauss, P. v. Zech. Stuttgart: Schweizerbart. gr 8⁰.

J. chem. soc. = The Journal of the Chemical Society of London by Foster etc. Editor H. Watts. London (Van Voorst). (Jährlich 2 Bd. in 12 Heften. Der eine Band enthält Abhandlung, der andere Referate.) R.

J. de math. = Journal de mathématiques pures et appliquées fondé en 1836 et publié jusqu'en 1874 par J. Liouville. Publié par H. Resal avec la collaboration de plusieurs savants. Paris: Gauthier-Villars. 4⁰. R.

J. d. Pharm. = **J. de Pharm. et de Chim.** = Journal de Pharmacie et Chimie. Paris. (Erscheint in Heften. Nach Citaten anderer Zeitschriften.)

J. de phys. = Journal de physique théorique et appliquée, fondé par J.-Ch. d'Almeida et publié par MM. E. Bouty, A. Cornu, E. Mascart, A. Potier. (2e série) — Paris: au bureau du Journal de Physique···. 8⁰. (Erscheint in 12 Monatsheften.) R.

J. d. russ. chem.-phys. Ges. = Journal der physico-chemischen Gesellschaft zu St. Petersburg. (Russisch.) [1] = 1. Abtheilung: Chemie, [2] = 2. Abtheilung: Physik.

J. éc. pol. = Journal de l'école polytechnique, publié par le conseil d'instruction de cet établissement. Paris: Gauthier-Villars. 4⁰.

Jelinek ZS. sh. **ZS. f. Met.**

Jen. ZS. = Jenaische Zeitschrift für Naturwissenschaft, hrsg. von der medicinisch-naturwissenschaftlichen Gesellschaft zu Jena. Jena: Fischer. gr. 8⁰. (Mit den Sitzungsberichten der Gesellschaft.)

J. f. Gasbel. = Journal f. Gasbeleuchtung u. Wasserversorgung. Organ d. Vereins v. Gas- u. Wasserfachmännern Deutschlands mit seinen Zweigvereinen hrsg. von N. H. Schilling und H. Bunte. München: Oldenbourg. 24 N. Lex. 8⁰.

J. f. prakt. Chem. (2) = Journal für praktische Chemie. Neue Folge hrsg. von Hermann Kolbe und Ernst von Meyer. Band XXVII, XXVIII. (Journal für praktische Chemie gegründet von Otto Linné Erdmann. CXXXV., CXXXVI. Band.) Leipzig: Johann Ambrosius Barth. 1883. 8⁰. (Der Jahrgang (= 2 Bände) besteht aus 22 Nummern, von denen zuweilen mehrere gemeinsam erscheinen.) R.

J. Frankl. Inst. = **J. of the Franklin Inst.** sh. **Frankl. J.**

Inaug.-Diss. = Inaugural-Dissertation···

Ind. Antiq. = The Indian Antiquary a journal of oriental research in archeology, history, literature, languages, philosophy, religion, folklore etc. Edited by Jas. Burgess. Bombay. 4⁰.

Ind. Bl. = Industrie-Blätter. Wochenschrift für gemeinnützige Erfindungen···. Hrsg. von E. Jacobson. Berlin: Gaertner. gr. 4⁰.

J. of anat. = The Journal of anatomy and physiology normal and pathological. Conducted by G. M. Humphry, Wm. Turner and J. G. Mac Kendrick. London and Cambridge: Macmillan and Co. 4 H.

J. of Telegr. Eng. = Journal of the Society of the Telegraph Engineers. London.

Iron = Iron. An illustrated weekly Journal of Science, Metals & Manufactures in Iron and Steel. London. 2 Bde. Fol.

J. Scott. Met. Soc. = Journal of the Scottish Meteorological Society.

Isis = Isis. Zeitschrift für alle naturwissenschaftliche Liebhabereien. ·· Hrsg. von KARL RUSS und BRUNO DÜRIGEN. Berlin: Gerschel. 52 Nrn. gr. 4°.

Iswestija = Isw. geogr. Ob. = Nachrichten (Iswestija) der kais. geographischen Gesellschaft. St Petersburg. (Russisch; aus dieser Zeitschrift bringen PETERM. Mitth. kürzere Auszüge.)

Isw. Peterb. T. Inst. = Schriften des St. Petersburger technologischen Institutes. St. Petersburg. (Russisch.)

Klin. Mon.-Bl. f. Augenheilk. = Klinische Monatsblätter für Augenheilkunde. Hrsg v. W. ZEHENDER. Stuttgart: Enke. gr. 8°.

Kolbe J. sh. **J. f. prakt. Chem.**

K. Sv. Vet. Ak. Handl. = Kongliga Svenska Vetenskaps-Akademiens Handlingar. Stockholm. R.

La Lum. électr. sh. **Lum. électr.**

La Nat. = **La Nature** = La Nature Revue des sciences et de leurs applications aux arts et à l'industrie. Journal hebdomadaire illustré fondé par M. le ministre de l'instruction publique d'une souscription pour les bibliothèques populaires et scolaires. Rédaction en chef GASTON TISSANDIER. 11. Année 1883 1., 2. semestre. Paris: G. Masson. gr. 8°. (Jährlich 2 Bände.)

Lancet = The Lancet. A journal of british and foreign medicine, physiology, surgery, chemistry, criticism, literature and news. Edited by JAMES G. WAKLEY.

Landw. Jahrb. = Landwirthschaftliche Jahrbücher. Zeitschrift für wissenschaftliche Landwirthschaft und Archiv des Königl. Preuss. Landes-Oekonomie-Kollegiums. Hrsg. von H. THIEL. Berlin: Parey. 6 H. gr. 8°.

Landw. Versuchs-St. = Die landwirthschaftlichen Versuchs-Stationen. Organ für naturwissenschaftliche Forschungen auf dem Gebiete der Landwirthschaft. Unter Mitwirkung sämmtlicher deutscher Versuchs-Stationen hrsg. von FRDR. NOBBE. Berlin: Parey. 6 H. gr. 8°.

Leipz. Abh. sh. **Abh. d. k. sächs. Ges. d. W.**

Leipz. Ber. = Berichte über die Verhandlungen der königlich sächsischen Gesellschaft der Wissenschaften zu Leipzig. Mathematisch-physikalische Classe. Leipzig: Hirzel. 8°. R.

Leipz. Jahrb. d. Ver. f. Erdk. = Mittheilungen des Vereins für Erdkunde zu Leipzig. Nebst dem . . . Jahresbericht des Vereins. Leipzig: Dunker u. Humblot. (Seit 1872 als Fortsetzung d. Jahresberichte.)

L'Électricien sh. **Électricien.**

Leop. = Leopoldina. Amtliches Organ der kaiserl. Leopoldinisch-Carolinischen deutschen Akademie d. Naturforscher. Hrsg. unter Mitwirkung der Sektionsvorstände von dem Präs. C. H. KNOBLAUCH. Halle a. S. Leipzig: Engelmann in Comm. 15 N. gr. 4°.

Lieb. Ann. = JUST. LIEBIG's Annalen der Chemie. Hrsg. von F. WÖHLER, H. KOPP, A. W. HOFMANN, A KEKULÉ, E. ERLENMEYER, J. VOLHARD. Leipzig: C. F. Winter. 8°. R.

Liouville J. sh. **J. de math.**

Lit(er). CBl. = Literarisches Centralblatt für Deutschland. Hrsg. u. verantwortl. Red. FR. ZARNCKE. Leipzig: Avenarius. 52 N. gr. 4°.

Lond. phys. Soc. bezieht sich auf die Verhandlungen der Physikalischen Gesellschaft zu London nach Berichten in Nature etc.

London Trans. = **Trans. Roy. Soc.** sh. **Phil. Trans.**

Lotos = Lotos. Jahrbuch für Naturwissenschaft. Im Auftrage des Vereines „Lotos" hrsg. von TH. KNOLL. Prag: Tempsky gr. 8°.

Lund's Univ. Åarsskrift sh. **Act. Univ. Lund.**

Lum. électr. = La lumière électrique Journal universel de l'électricité — Directeur: Dr. CORNELIUS HERZ — ··· 5e Année. Paris: Aux bureaux du journal··· 1883. 4°.

Manch. Soc. = **Manch. Philos. Soc.** bezieht sich auf die Verhandlungen der naturwissenschaftlichen Gesellschaft zu Manchester nach Berichten in Nature etc.

Masch.-Constr. = Der practische Maschinen-Constructeur. Zeitschrift für Maschinen- und Mühlenbau, Ingenieure und Fabrikanten. ··· hrsg. v. WILH. HEINR. UHLAND. Leipzig: Baumgärtner. 24 H. gr. 4°.

Math. Ann. = Mathematische Annalen. In Verbindung mit C. NEUMANN, begründet durch RUD. FRDR. ALFR. CLEBSCH. ··· hrsg. von FEL. KLEIN u. ADPH. MAYER. Leipzig: B. G. Teubner. gr. 8°.

Math. Soc. bezieht sich auf die Verhandlungen der Londoner mathematischen Gesellschaft nach Berichten in Nature etc.

Med. Jahrb. Wien = Medizinische Jahrbücher. Hrsg. von der k. k. Gesellschaft der Aerzte, red. von E. ALBERT, H. KUNDRAT und E. LUDWIG. Wien: Braumüller. 4. H. gr. 8°.

Mém. c. de Belg. = Mémoires couronnés et mémoires des savants étrangers publiés par l'académie royale des sciences, des lettres et des beaux-arts de Belgique. Bruxelles: F. Hayez. 4°.

Mém. de Belg. = Mémoires de l'académie royale des sciences, des lettres et des beaux-arts de Belgiqne. Bruxelles. F. Hayez 4°.

Mém. de Bordeaux = Mémoires de la société des sciences physiques et naturelles à Bordeaux. Bordeaux, Paris. 8°.

Mém. de Cherbourg = Mémoires de la société des sciences de Cherbourg. Paris et Cherbourg. 8°. R.

Mém. de Liège = Mémoires de la société royale des sciences de Liège. Liège. 8°.

Mém. de Lille = Mémoires de la société des sciences de l'agriculture et des arts de Lille et publications faites par ses soins. Paris, Lille. 8°.

Mém. de Paris = Mémoires de l'Académie des sciences de l'Institut de France. 4°.

Mém. p. de Paris = Mémoires présentés par divers savants à l'Académie des sciences de l'Institut de France et imprimés par son ordre. Paris. 4°.

Mém. de St.-Pétersb. = **Mém. de Pét.** = Mémoires de l'académie impériale des sciences de St.-Pétersbourg. St.-Pétersbourg. Leipzig: Voss' Sort. Imp. 4°. R.

Mém. de Toulouse = Mémoires de la société des sciences physique et naturelle de Toulouse.

Mem. di Bol. = **Mem. di Bologna** = Memorie dell' Accademia Reale di scienze dell' Istituto di Bologna. 4 Hefte. 4°.

Mem. di Modena = Memorie della Accademia Reale di Modena. Modena.

Mem. di Torino = Memorie della Reale Accademia delle scienze di Torino. Torino.

Mem. Ist. Lomb. = Memorie del Reale Istituto Lombardo di Scienze e Lettere. Classe di scienze matematiche e naturali. Milano, Napoli, Pisa: Ulrico Hoepli. 4°.

Mem. Ist. Ven. = Memorie del Reale Istituto Veneto di scienze, lettere ed arti. Venezia.

Mem. Manch. Soc. = Memoirs of the literary and philosophical society of Manchester. London: H. Baillière. 8°.

Mem. of Russ. geogr. Soc. bezieht sich auf die Sapiski (Schriften) der Kais. Russischen Geographischen Gesellschaft. Petersburg.

Mem. Roy. Astr. Soc. = Memoirs of the Royal Astronomical Society. London. 4°.

Mem. Spettr. = Memorie della società degli spettroscopisti italiani. (Gegründet 1872.)

Mess of Math. = The Messenger of Mathematics edited by ALLEN WHITWORTH, C. TAYLOR, R. PENDLEBURY, J. W. L. GLAISHER. London and Cambridge: Macmillan and Co. 8°.

Met. Ital. = Meteorologia Italiana. Memorie e Notizie.

Met. Soc. bezieht sich auf die Verhandlungen der Meteorologischen Gesellschaft zu London nach Berichten in Nature etc.

Microsc. Soc. bezieht sich auf das Journal der Londoner Mikroskopischen Gesellschaft, das nach Nature und Athen. citirt ist.

Min. Mitth. = **Miner. u. petrogr. Mittheil.** = Mineralogische und petrographische Mittheilungen, hrsg. von G. TSCHERMAK. Wien: Hölder. gr. 8°.

Mitt. a. d. Geb. d. Seew. = Mittheilungen aus dem Gebiete des Seewesens. Hrsg. vom k. k. hydrographischen Amte, Marine-Bibliothek. Nebst Kundmachung für Seefahrer und Hydrographische Nachricht. Pola. Wien: Gerold's Sohn in Comm. gr. 8°.

Mitt. d. Arch. Ver. Böhmen = Mittheilungen des Architekten- und Ingenieur-Vereins im Königreich Böhmen. Red.: R. v. SCHUBERT-SOLDERN und Jos. SASKA. Prag: Rziwnatz in Comm. 4 H. Imp. 4°.

Mitt. d. d. ö. A. V. = Mittheilungen des deutschen und österreichischen Alpenvereins, red. von TH. TRAUTWEIN. Wien. München: Lindauer in Comm. 10 H. gr. 8°.

Mitt. d. Ges. f. Natur- u. Völkerk. = Mittheilungen der Deutschen Gesellschaft für Natur- und Völkerkunde Ostasiens hrsg. vom Vorstande. Yokohama. Berlin: Asher & Co gr. 4°.

Mitt. d. naturf. Ges. in Bern sh. **Bern. Mitth.**

Mitt. d. naturw. Ver. v. Neuvorpomm. = Mittheilungen aus dem naturwissenschaftlichen Vereine von Neu-Vorpommern und Rügen in Greifswald. Red. v. TH. MARSSON Berlin: Gaertner. gr. 8⁰.

Mitt. naturw. Ver. Steiermark = Mittheilungen des naturwissenschaftlichen Vereins für Steiermark. Unter Mitverantwortung der Direction red. von AUG. v. MOJSISOVICS. Graz: Wiessner in Comm.

Mitt. f. Erdk. Leipzig sh. **Leipz. Jahrb. d. Ver. f. Erdk.**

Mitt. geo. Ges. Wien = Mittheilungen der k. k. geographischen Gesellschaft in Wien. Red. von JOS. CHAVANNE. Wien: Verlag der „Steyrermühl". 12 H. gr. 8⁰.

Monatsber. d. preuss. Ak. d. Wiss. = **Monatsber. d. Berl. Ak.** sh. **Berl. Monatsb.**

Monatschr. für Ohrenheilk. = Monatschrift für Ohrenheilkunde, sowie für Kehlkopf-, Nasen-, Rachen-Krankheiten. Hrsg. von JOS. GRUBER, J. M. ROSSBACH, N. RÜDINGER, LEOP. v. SCHRÖTTER, R. VOLTOLINI und WEBER-LIEL. Berlin: Expedition der allgemeinen medicinischen Centralzeitung. 12 N. Fol.

Monatsh. f. Chem. = **Monatshefte d. Chem.** = Monatshefte für Chemie und verwandte Theile anderer Wissenschaften. Gesammelte Abhandlungen aus den Sitzungsberichten der Kaiserl. Akademie der Wissenschaften. Wien: Gerold's Sohn in Comm. 12 H gr. 8⁰.

Mondes = Cosmos Les Mondes Revue hebdomadaire des sciences et de leurs applications aux arts et à l'industrie fondée par M. l'abbé MOIGNO et publiée sous sa direction par M. l'abbé H. VALETTE. 32e Année. — 3e Série. Tome IV, V, VI. Paris. 1883. R.

Mon. ind. belge = Moniteur industriel belge. Bruxelles.

Mon. scient. = Le Moniteur scientifique Journal des sciences pures et appliquées à l'usage des chimistes, des pharmaciens et des manufacturiers avec une revue de physique et d'astronomie par M. R. RADAU. Année de publication par le Dr. QUESNEVILLE. Paris. (Nach anderen Journalen.)

Month. Not. = **Monthl. Not.** = Monthly Notices of the Royal Astronomical Society. (Band und Jahr fällt nicht zusammen.)

Morscoi Sbornik = Repertorium für Seewesen. St. Petersburg. (Russisch)

Münch. Sitzber. = **Münch. Ber.** = Sitzungsberichte der mathematisch-physikalischen Classe der k. b. Akademie der Wissenschaften zu München. München: G. Franz in Comm. gr. 8⁰. R.

Müttr. Beobergebn. = Beobachtungsergebnisse der von den forstlichen Versuchsanstalten des Königreichs Preussen, des Herzogthums Braunschweig, der thüringischen Staaten, der Reichslande mit dem Landesdirectorium der Provinz Hannover eingerichteten forstlich-meteorologischen Stationen. Hrsg. von A. MÜTTRICH. Berlin: Springer. 12 N. 8⁰. sh. ZS. f. Forst- und Jagdwesen.

Nach. d. Götting. Ges. d. W. sh. **Gött. Nach.**

Natur = Die Natur. Zeitung zur Verbreitung naturwissenschaftlicher Kenntniss und Naturanschauung für Leser aller Stände. Organ des „Deutschen Humboldt-Vereins". Begründet unter Hrsg. von OTTO ULE und KARL MÜLLER. Hrsg. von KARL MÜLLER Halle: Schwetschke. 52 N. gr. 4⁰.

Nature = Nature, a weekly illustrated journal of science. Volume XXVII. November 1882 to April 1883 (No. 688. 4. January 1883 — No 704. 26. April 1883) London and New York: Macmillan and Co. 1883; Volume XXVIII. May 1883 to October 1883 ···; Volume XXIX. November 1883 to April 1884 (No 727 4. October 1883 — No. 739. 27. December 1883). (Erscheint in Wochennummern.) R.

Naturen (holländisch Journal) nach Citaten.

Naturf. = Der Naturforscher, Wochenblatt zur Verbreitung der Fortschritte in den Naturwissenschaften. Hrsg v. Wilh. Sklarek. Berlin: Dümmler's Verlag. 52 N. 4⁰.

Naturw. Verein in Karlsruhe = Verhandlungen des naturwissenschaftlichen Vereins in Karlsruhe.

Nat. Tijdsch. v. Ned. Indië = Natuurkundig Tijdschrift voor Nederlandsch-Indië, uitgegeven door de Koninklijke Natuurkundige Vereeniging in Nederlandsch-Indië, onder redactie van H. Onnen. Batavia. (Tijdschrift voor Nederl. Indië)

N. Cim. sh. **Cim.**

Nederl. met. Jaarb. = Nederlandsch meteorologisch Jaarboek ... hrsg. von Buijs-Ballot. Querfolio.

N. Jahrb. f. Min. sh. **Jahrb. f. Min.**

Nieuw. Arch. = Nieuw Archief voor Wiskunde. Amsterdam.

North. Chin. Branch. of R. As. Soc. = Journal of the North-China Branch of the Royal Asiatic Society. Shanghai. 8⁰.

Nouv. Ann. = Nouvelles annales de mathématiques. Journal des candidats aux écoles polytechnique et normale, rédigé par MM. Gerono et Ch. Brisse. Paris: Gauthier-Villars. 8⁰.

Nov. Act. Ups. = Nova acta Regiae Societatis Upsaliensis.

Nuovo Cimento sh. **Cim.**

Nyt Mag. = Nyt Magazin for Naturvidenskaberne, ··· udgivet ved Th. Kjerulf ···. Christiania: P. T. Mallings Boghandel. gr. 8⁰.

Observatory = The Observatory, a monthly review of astronomy. Edited by W. N. M. Christie London.

Öf. af Finska Vet. Soc. Förh. = Öfversigt af Finska Vetenskaps Societetens Förhandlingar. Helsingfors.

Öfvers. Svensk. Vet. Ak. Förh. = Öfversigt af Kongl. Vetenskaps-Akademiens Förhandlingar. Stockholm. 8⁰. R.

Oesterr. med. Jahrb. = Medizinische Jahrbücher. Hrsg von der k. k. Gesellschaft der Aerzte, red. von E. Albert und E. Ludwig. Wien: Braumüller. 4 H gr. 8⁰.

Oesterr. ZS. f. Bergw. = Oesterreichische Zeitschrift für Berg- und Hüttenwesen. Red.: Hanns Höfer und C. v. Ernst. Wien: Manz. 52 N. gr. 4⁰.

Org. f. Eisenbahnw. = Organ für die Fortschritte des Eisenbahnwesens in technischer Beziehung. ··· Hrsg. von E. Heusinger v. Waldegg. Wiesbaden: Kreidel. 6 H. gr. 4⁰.

Org. f. Rübenz. Ind. = Organ des Centralvereins für Rübenzucker-Industrie in der österreichisch-ungarischen Monarchie. Zeitschrift für Landwirthschaft und technischen Fortschritt der landwirthschaftlichen Gewerbe. Red. v. Otto Kohlrausch. Wien: Frick in Comm.

Overs. Danske Vid. Selsk. = **Overs. k. dan. Vidensk. Selsk. Forh.** = Oversigt over det Kongelige Danske Videnskabernes Selskabs Forhandlinger og dets Medlemmers Arbejder .... Kopenhagen. 8⁰. (Es erscheinen im Jahre gewöhnlich 4 Nummern, oft ist ein französisches Resumé hinzugefügt.) R.

Peterm. Mitth. = A Petermann's Mittheilungen aus Justus Perthes' geographischer Anstalt, Hrsg. von E. Behm. Gotha: J. Perthes. 4⁰. R.

Petersb. med. Wochenschr. = St. Petersburger medicinische Wochenschrift unter Redaction von E Moritz und L. v. Holst St. Petersburg: Röttger gr. 4⁰. 52 N.

Pflüg. Arch. = **Pflüger Arch.** sh. **Arch. f. ges. Physiol.**

Pharm. Centralh. = Pharmaceutische Centralhalle für Deutschland. Zeitung für wissenschaftliche und geschäftliche Interessen der Pharmacie. Hrsg. v. Dr. Herm. Hager und Ewald Geissler. Berlin: Springer in Comm. 52 N. 8⁰.

Pharm. ZS. = Pharmaceutische Zeitschrift für Russland. Hrsg. von der pharmaceutischen Gesellschaft zu St Petersburg. Red.: Edwin Johanson. St. Petersburg: Ricker. 52 N. gr. 8⁰.

Phil. Mag. (5) XV. bez. XVI. = The London, Edinburgh and Dublin Philosophical Magazine and Journal of Science. Conducted by Sir Robert Kane, Sir William Thomson and William Francis. ... Vol. XV u. XVI. — Fifth Series ... 1883. London: Taylor and Francis. 8⁰. (Erscheint in 12 Monatsheften.) R.

Phil. Trans. = **Phil. Trans. Lond.** = Philosophical Transactions of the Royal Society of London. 4⁰.

Phot. Arch. = Photographisches Archiv. Hrsg. v. P. E. Liesegang. Düsseldorf: Liesegang. 20 H. gr. 8⁰.

Phot. Corresp. = Photographische Correspondenz. Zeitschrift für Photographie u. verwandte Fächer. Organ der photogr. Gesellschaft in Wien, ... red. v. E. Hornig Wien: Verlag der photographischen Correspondenz. 24 H. gr. 8⁰.

Phot. Mitth. = Photographische Mittheilungen. Zeitschrift des Vereins zur Förderung der Photographie. Hrsg. von Herm. W. Vogel. Berlin: Oppenheim. 24 H. gr. 8⁰.

Phot. Soc. London bezieht sich auf die Verhandlungen der Londoner photographischen Gesellschaft nach Berichten in englischen Journalen.

Phys. Soc. bezieht sich auf die Verhandlungen der physikalischen Gesellschaft in London in Nature etc. sh. Proc. Phys. Soc.

Pogg. Ann. = Annalen der Physik und Chemie, hrsg. zu Berlin von J. C. Poggendorf. Leipzig: Barth. (Bis CLX von Poggendorf, jetzt von Wiedemann red. sh. Wied. Ann.)

Pol. Notizbl. = **Polyt. Notizbl.** = Polytechnisches Notizblatt für Chemiker, Gewerbtreibende, Fabrikanten und Künstler. Gegründet von Rud. Böttger. Hrsg. u. red. von Theodor Petersen. Frankfurt a. M.: Expedition. 24 N. 8⁰. R.

Practitioner = The Practitioner. A journal of therapeutics and public health. Edited by T. LAUDER BRUNTON and DONALD MACALISTER. London: Macmillan and Co. (Jährlich 2 Bände.)

Prag. Ber. = Sitzungsberichte der königl. böhmischen Gesellschaft der Wissenschaften zu Prag. Prag: Tempsky in Comm. gr. 8⁰. R.

Prag. med. Wochenschr. = Prager medizinische Wochenschrift. Red.: FRDR. GANGHOFNER u. OTTO KAHLER. Prag: Tempsky. 52 N. fol.

Preuss. Stat. = Preussische Statistik (amtliches Quellenwerk). Hrsg. in zwanglosen Heften v. Kgl. statistischen Büreau in Berlin. Berlin: Verlag d. k. statist. Büreaus. Imp. 4⁰.

Proc. Amer. Acad. = Proceedings of the American Academy of sciences and arts. Boston.

Proc. Amer. Ass. = Proc. of the American Association for the advancement of science.

Proc. Amer. Phil. Soc. = Proceedings of the American Philosophical Society. Philadelphia. 8⁰.

Proc. Amer. Soc. of Microscop. = Proceedings of the American Society of Microscopists.

Proc. California Acad. = Proceedings of the Academy of Sciences in California. San Francisco.

Proc. Camb. Soc. = Proceedings of the Cambridge Philosophical Society. Cambridge. 8⁰.

Proc. Dubl. Soc. = The Scientific Proceedings of the Royal Dublin Society.

Proc. Glasgow Soc. = Proceedings of the Philosophical Society at Glasgow.

Proc. Manch. Soc. = Proceedings of the Literary and Philosophical Society of Manchester. Manchester 8⁰.

Proc. Math. Soc. = Proceedings of the Mathematical Society. London: C. F. Hogdson and Son. 8⁰.

Proc. Phys. Soc. = Proceedings of the Physical Society of London. From January 1882 to March 1884. Vol. V. (Part I—V, berücksichtigt sind Part III und IV) London: Printed by Taylor and Francis …. MDCCCLXXXIV. 8⁰.

Proc. R. Edinb. Soc. = **Proc. Soc. Edinb.** = Proceedings of the Royal Society of Edinburgh. Edinburgh.

Proc. Roy. Geogr. Soc. = Proceedings of the Royal Geographical Society. London.

Proc. Roy. Soc. = Proceedings of the Royal Society of London. London: Taylor und Francis. 8. (Erscheint in einzelnen Nummern.)

Progr. = Programm (bezieht sich auf Schulprogramme).

Progrès méd. = Le Progrès Médical Journal de médecine, de chirurgie et de pharmacie. Redacteur en chef: BOURNEVILLE Secrétaire de la Rédaction: A. BLONDEAU …. Paris aux bureau du journal …. gr. 4⁰. (Wöchentlich eine Nummer)

Publ. d. astro-phys. Obs. zu Potsdam = Publicationen des astro-physikalischen Observatoriums zu Potsdam. Potsdam. Leipzig: Engelmann in Comm. 4⁰.

Publ. d. l'ass. Franç. = Publications de l'Association Française pour l'avancement des sciences. (Verhandlung der Gesellschaft französicher Naturforscher, den Rep. d. engl. Ges. entsprechend.)

Quart. J. Met. Soc. = Quarterly Journal of the Meteorological Society. (schottische meteorologische Gesellschaft, ganz entsprechend für die englische Gesellschaft.)

Quart. J. of Math. = The quartely Journal of pure and applied Mathematics, by J. J. SYLVESTER, N. M. FERRERS, G. G. STOKES, A. CAYLEY, M. HERMITE. London. R.

Rec. trav. chim. = Recueil des travaux chimiques des Bays-Bas par MM. W. A. VAN DROP, A. P. N. FRANCHIMONT, ··· (Tome I.) Leide: A. W. Sijthoff. (1882.) 8⁰.

Rend. di Bol. = Rendiconto delle sessioni dell' accademia reale delle scienze dell' Istituto di Bologna. Bologna. 8⁰.

Rend. di Nap(oli) = Rendiconto dell' accademia delle scienze fisiche e matematiche di Napoli. Napoli. 4⁰. R.

Rend. Lomb. = **Rend. Ist. Lomb.** = Reale Istituto Lombardo di science e lettere. Rendiconti. Classe di scienze matematiche e naturali. Milano. R.

Rep. anal. Chem. = Repertorium der analytischen Chemie für Handel, Gewerbe und öffentliche Gesundheitspflege. Organ des Vereins analytischer Chemiker. Red.: J. SKALWEIT. Hamburg: Voss. (seit 1881).

Rep. Brit. Ass. = Report of the (52 u. 53) meeting of the British Association for the advancement of science, held at (Southampton u. Southport) August (1882 u. 1883). London: John Murray (1883 u. 1884). 8⁰.

Rep. d. Phys. = Repertorium der Physik. Hrsg. von F. EXNER. XIX. Band. Jahrgang 1883. München: Oldenbourg. Lex. 8⁰. 12 H.

Rep. f. Met. = Repertorium für Meteorologie, hrsg. von der kaiserlichen Akademie der Wissenschaften, red. v. HEINR. WILD. St. Petersburg. Leipzig: Voss' Sort. Imp. 4. R.

Rep. Smith. Inst. sh. **Smiths. Rep.**

Rep. U. S. C. S. = Report of the Superint. of the U. S. Coast Survey. Washington.

Rev. des trav. scient. = Revue des travaux scientifiques. Paris.

Rev. scient. = La Revue scientifique de la France et de l'étranger. Revue des cours scientifiques (3ᵉ série) ··· Paris: G. Baillière et Cⁱᵉ. (Jährlich 2 Bände zu je 25 oder 26 N.)

Riv. scient. ind. = **Riv. scient.-indust.** = Rivista scientifico-industriale. Firenze (von Vimercati). Nach Citaten in anderen Journalen.

Sap. Chark. Univ. = Schriften (Sapiski) der Charkower Universität. (Russisch.)

Sap. Novoruss. Univ. = Schriften der Odessaer Universität. Odessa. (Russisch.)

Sap. k. r. techn. Ges. = Schriften der kaiserlich russischen technischen Gesellschaft. St Petersburg. (Russisch.)

Schmidt's Jahrb. d. Med. = SCHMIDT's Jahrbücher der in- und ausländischen gesammten Medizin. Red. v. ADF. WINTER. Leipzig: O. Wigand. (Im Jahre erscheinen mehrere Bände.)

Schr. d. Königsb. Ges. = Schriften der physikalisch-ökonomischen Gesellschaft zu Königsberg. Königsberg: in Comm. bei W. Koch. 1883. 4⁰. XXIV. Jahrgang 1883. (1., 2. Abtheilung.) ··· 1883, 1884. R.

Schweiz. Alpen-Ztg. = Schweizer Alpen-Zeitung.

Schweiz. Denkschr. = Neue Denkschriften der allgemeinen Schweizerischen Gesellschaft für die gesammten Naturwissenschaften. Zürich. = Nouveaux mémoires etc. R.

Science = Science. An illustrated Journal published weekly. Cambridge, Mass: The Science Company.

Scient. Amer. = Scientific American. New-York. (Nach verschiedenen Journalen citirt.)

Scient. Proc. Ohio. Mech. Inst. = Scientific Proceedings of the Ohio Mechanics' Institute. Publishing Committee: ROBT. B. WARDER, Editor; LEWIS M. HOSEA; JAS. B. STANWOOD. Vol. II. 1883. Cincinnati, Ohio: Ohio Mechanics' Institute, department of science and arts. 8⁰.

Sill. J. (3) = The American Journal of Science. Editors: JAMES D. and E. S. DANA, and B. SILLIMAN. Associate editors: Professors ASA GRAY, JOSIAH P. COOKE, and JOHN TROWBRIDGE, of Cambridge, Professors H. A. NEWTON and A. E. VERVILL, of New Haven, Professor GEORGE F. BARKER, of Philadelphia. — 3. Series. Vol. XXV. — [Whole Number CXXV.] Nos 145—150. January to June, 1883 ···. New Haven, Comm.: J. D. & E. S. DANA. 1883. 8⁰; Vol. XXVI — [Whole Number, CXXVI.] Nos 151 bis 156. July to December, 1883 ···. 8⁰. (12 Monatshefte.) R.

Sirus = Sirus. Zeitschrift für populäre Astronomie ···. Hrsg. ··· von HERM. J. KLEIN. Leipzig: Scholtze. 12 H. gr. 8⁰.

Sitzber. d. Bayr. Akad. sh. **Münch. Ber.** = **Münch. Sitzber.**

Sitz. d. Jen. Ges. f. Med. u. Nat. sh. **Jen. ZS.**

Sitzber. d. Wien. Ak. sh. **Wien. Ber.**

Smiths. Contrib. = Smithsonian Contributions to Knowledge. Washington: Smithsonian Institution.

Smiths. Inst. = **Smiths. Rep.** = Annual report of the board of regents of the Smithsonian Institution. Washington. 8⁰. R.

Soc. mét. de France bezieht sich auf die Schriften der meteorologischen französischen Gesellschaft.

Svensk. Vet. Handl. = Kongliga Svenska Vetenskaps-Akademiens Handlingar

Tagbl. d. Naturf.-Vers. in Freiburg = Tageblatt der 56. Versammlung deutscher Naturforscher und Aerzte in Freiburg vom 18. bis 24. September 1883.

Tech. Bl. = Technische Blätter. Vierteljahrsschrift d. deutschen polytechnischen Vereins in Böhmen. Red. von EMAN. CZUBER · · . Prag: Calwe in Comm. gr. 8⁰.

Techniker = Der Techniker. Internationales Organ über die Fortschritte der Wissenschaft, Erfindungen und Gewerbe. Hrsg. u. Red.: PAUL GOEPEL. New York (Berlin: Polytechnische Buchh. in Comm.). gr 4⁰. 24 Nrn.

Telegr. J. = Telegraphic Journal, (gegr. 1872).

Tijdschr. Aardrijks Gen. = Tijdschrift van het Aardrijkskund Genootschap te Amsterdam.

Trans. Cambr. Soc. = Transactions of the Philosophical Society of Cambridge. Cambridge. 4⁰.

Trans. Con. Acad. = Transactions of the Connecticut Academy of Arts and Sciences. New-Haven.

Trans. Dubl. Soc. = The Scientific Transactions of the Royal Dublin Society. 4⁰.

Trans. Edinb. Soc. = **Trans. Edinb. Roy. Soc.** = Transactions of the Royal Society of Edinburgh.

Trans. Royal Soc. of London sh. **Phil. Trans.**

Trans. Edinb. Geol. Soc. = Transactions of the Geological Society of Edinburgh.

Trans. N. Z. Inst. = Transactions and Proceedings of the New Zealand Institute.

Trans. R. S. of Victoria = Transactions and Proceedings of the Royal Society of Victoria. Melbourne.

Tschermak Mitth. sh. **Min. Mitth.**

U. S. Coast Survey sh. **Rep. U. S. C. S.**

Verh. d. Ges. f. Erdk. = Verhandlungen der Gesellschaft für Erdkunde zu Berlin. 8⁰. (Enthaltend Sitzungsberichte, Nachrichten über andere Gesellschaften etc. sh. ZS. f. Erdk.)

Verh. d. k. k. geol. Reichsanst. = Verhandlungen der k. k. geologischen Reichsanstalt. Wien: Hölder. 17—18 N. Lex.-8⁰. R.

Verh. d. k. k. zool.-bot. Ges. Wien = Verhandlungen der k. k. zoologisch-botanischen Gesellschaft in Wien. Hrsg. von der Gesellschaft. Wien: Hölder in Comm. Leipzig: Brockhaus' Sort. in Comm.

Verh. d. naturf. Ges. zu Basel = Verhandlungen der naturforschenden Gesellschaft in Basel. Basel: Schweighauser. 8⁰. R.

Verh. d. Naturf. Vers. in Freiburg sh. **Tagbl. d. Naturf.-Vers. in Freiburg.**

Verh. d. naturw. Ver. f. Rheinl. = Verhandlungen des naturhistorischen Vereines der preussischen Rheinlande und Westphalens. Hrsg. von C. J. Andrä. Bonn: Cohen & Sohn in Comm. gr. 8⁰.

Verh. physik. Ges. Berlin = Verhandlungen der physikalischen Gesellschaft zu Berlin. Berlin: Georg Reimer. 8⁰. R.

Verh. d. physiol. Ges. Berl. = Verhandlungen der physiologischen Gesellschaft zu Berlin enthalten in Du Bois-Arch. R.

Verh. d. Schweiz. Naturf. Ges. in Linthal, 1882, LXV = ... in Linthal den 11., 12. und 13. September 1882. — 65. Jahresversammlung. — Jahresbericht 1881/82. Glarus: Buchdruckerei von Frid. Schmidt. 1882. 8⁰. R.

———— **in Zürich**, 1883, LXVI = ... in Zürich den 7., 8. und 9. Aug. 1883. — 66. Jahresversammlung. — Jahresbericht 1882/1883. Zürich: Druck von Zürcher & Furrer. 1883. 8⁰. R.

Verh. d. Ver. f. Gewerbfl. = Verhandlungen des Vereins zur Beförderung des Gewerbefleisses Red.: HERM. WEDDING. Berlin: Simion. 10 H. gr. 4⁰.

Verh. Polyt. Ges. Berlin = Verhandlungen der Polytechnischen Gesellschaft zu Berlin. 8⁰.

Versl. K. Ak. d. Wet. (Afd. Nat.) = Verslagen en Meddeelingen d. Koninklijke Akademie van Wetenschappen Afdeeling Natuurkunde. Amsterdam

Vidensk. Selsk. Skr. = Videnskabs Selskabs Skriften, naturvidenskabelig og matematisk Afd. (Erscheint in einzelnen Heften.) Kopenhagen. 4⁰. R.

Vierteljschr. d. Astr. Ges. = Vierteljahrschrift der Astronomischen Gesellschaft. Hrsg. von E. SCHÖNFELD, A. WINNECKE. Leipzig: W. Engelmann. 8⁰.

Vierteljschr. d. naturf. Ges. Zürich. = Vierteljahrschrift der naturforschenden Gesellschaft in Zürich. Red. von RUD. WOLF. Zürich: Höhr in Comm. 8⁰. R.

Virchow's Arch. sh. **Arch. f path. Anat.**

Warsch. Univ. Isw. = Nachrichten (Iswestija) der Warschauer Universität. Warschau. (Russisch.)

Wied. Ann. = Annalen der Physik und Chemie. Unter Mitwirkung der Physikalischen Gesellschaft zu Berlin und insbesondere des Herrn H. VON HELMHOLTZ hrsg. von G. WIEDEMANN. Leipzig: J. A. Barth. 8⁰. 3 Bände. R.

Wien. Anz. = **Wien. Anzeig.** = Anzeiger der Kaiserlichen Akademie der Wissenschaften. — Mathematisch naturwissenschaftliche Classe. — XXI. Jahrgang. 1883. N. I—XXVIII. Wien: Aus der K. K. Hof- und Staatsdruckerei. 8⁰. R.

Wien. Ber. = Sitzungsberichte der mathematisch-naturwissenschaftlichen Classe der Kaiserlichen Akademie der Wissenschaften. LXXXVI. Bd. ··· Abtheilung (I. Abtheilung enthält die Abhandlungen aus dem Gebiete der Mineralogie, Botanik, Zoologie, Geologie und Paläontologie. II. Abtheilung ··· Mathematik, Physik, Chemie, Mechanik, Meteorologie und Astronomie. III. Abtheilung ··· Physiologie, Anatomie und theoretischen Medicin.) Jahrgang 1882 (2. Hälfte) ····. Wien: in Comm. bei Carl Gerold's Sohn. 1882/83. — LXXXVII. Bd. LXXXVIII. Bd. ··· Jahrgang 1883 ··· 1883. 1884. (Der Band jeder Abtheilung besteht aus 5 Heften.) R.

Wien. Denkschr. = Denkschriften der Kaiserlichen Akademie der Wissenschaften. Mathematisch naturwissenschaftliche Classe. Wien: Gerold's Sohn in Comm. Imp. 4⁰.

Wien. med. Blätter = Wiener medizinische Blätter ····. Hrsg. von WILH. SCHLESINGER Red.: G. A. EGGER. Wien: Braumüller in Comm. 52 Nrn. Imp. 4⁰. (I. Jahrg. 1878.)

Wien. med. Presse = Wiener medizinische Presse. Organ für praktische Aerzte. Hrsg. u. Chef-Red: JOH. SCHNITZLER. Mit Beiblatt: Wiener Klinik. Vorträge aus der gesammten praktischen Heilkunde. Wien: Urban und Schwarzenberg. 12 H. gr. 8⁰.

Wien. med. Rundschau = Medicinisch-chirurgische Rundschau ··· hrsg. von W. F. LOEBISCH. Wien: Urban u. Schwarzenberg. 12 H. gr. 8⁰.

Wien. med. Wochenschr. = Wiener medizinische Wochenschrift. Hrsg. u. Red.: L. WITTELSHÖFER. Wien: Seidel & Sohn in Comm. gr 8⁰.

Wochensch. D. Ing. = Wochenschrift des Vereines Deutscher Ingenieure sh. ZS. D. Ing.

Wolf Vierteljahrsschrift = **Wolf ZS.** sh. **Vierteljschr. d. naturf. Ges. Zürich.**

Württemb. Corr.-Bl. = Medicinisches Correspondenz-Blatt des württembergischen ärztlichen Landesvereins. Aus Auftrag desselben hrsg. von B. Arnold, O. Köstlin, J. Teuffel Stuttgart: Schweizerbart gr. 4° 40 N.

Württemb. Jahrb. f. Statistik = Württembergische Jahrbücher für Statistik und Landeskunde. Hrsg. v. dem k. statistisch-topograph. Bureau. Stuttgart: Kohlhammer. Lex. 8°.

Würzb. Sitzber. = Sitzungsberichte der physikalisch-medicinischen Gesellschaft zu Würzburg Würzburg: Stahel. gr. 8°.

Würz. Verh. = Verhandlungen der physikalisch-medicinischen Gesellschaft in Würzburg. Würzburg: Stahel. gr. 8°.

Zool. Anzeiger = Zoologischer Anzeiger hrsg. v. J. Vict. Carus. Leipzig: Engelmann. 26 N. gr. 8°.

Zool. Gart. = Der zoologische Garten. Zeitschrift für Beobachtung, Pflege und Zucht der Tiere. Gemeinsames Organ f Deutschland und angrenzende Gebiete. Hrsg. von der „Neuen Zoologischen Gesellschaft‘ in Frankfurt am Main. Red. von F. C. Noll. Frankfurt a. M.: Mahlau & Waldschmidt. 8°. 12 H.

ZS. anal. Chem. = Zeitschrift für analytische Chemie. Hrsg. von C. Remigius Fresenius unter Mitwirkung von Heinr. Fresenius. Wiesbaden: Kreidel. 4 H. gr. 8°.

ZS. d. d. ö. A. V. = Zeitschrift des deutschen und österreichischen Alpenvereins. Redigirt von Th. Trautwein. Wien. München: Lindauer in Comm. gr. 8°.

ZS. d. geol. Ges. = **ZS. d. deutschen geol. Ges.** = Zeitschrift der deutschen geologischen Gesellschaft. Berlin: Hertz 4 H. gr. 8°.

ZS. d. Ges. f. Erdk. sh. **ZS. f. Erdk.**

ZS. D. Ing. = Zeitschrift des Vereins deutscher Ingenieure Red.: Th. Peters. Nebst Wochenschrift desselben Vereines. Berlin: Springer in Comm. 12 H. u. 52. N. Imp. 4°.

ZS. d. k. preuss. statist. Bur. = Zeitschrift des königl. preussischen statistischen Bureaus. Berlin: Verlag des k. stat. Bureaus. Imp. 4°.

ZS. d. V. f. Rübenz. = Zeitschrift des Vereins für die Rübenzucker-Industrie des Deutschen Reichs. Hrsg. vom Vereins-Directorium. Red. Karl Stammer. Berlin: Verein für die Rübenzucker-Industrie des Deutschen Reichs. 8°. 12 H.

ZS. f. angew. Elektr. = Zeitschrift für angewandte Elektricitätslehre ··· Hrsg. von F Uppenborn jun. München: Oldenbourg. 24 N. Lex. 8°.

ZS. f. Berg- u. Hüttenw. = Zeitschrift für das Berg-, Hütten- und Salinenwesen in dem preussischen Staate, hrsg. im Ministerium der öffentl. Arbeiten. Berlin Ernst & Korn. 6 H. gr. 4°.

ZS. f. Biol. = Zeitschrift für Biologie von M. v. Pettenkofer u. C. Voit. München: Oldenbourg. 4 H. gr. 8°.

ZS. f. Erdk. = Zeitschrift der Gesellschaft für Erdkunde zu Berlin ··· hrsg. von W KONER. Nebst: Verhandlungen der Gesellschaft für Erdkunde zu Berlin. Red: G. NACHTIGAL. Berlin: D. Reimer. 6 H. u. 18 N. 8°.

ZS. f. Forst- und Jagdwesen = Zeitschrift für Forst- und Jagdwesen. Zugleich Organ für forstliches Versuchswesen. Hrsg. ··· v. B. DANCKELMANN. Berlin: Springer. (Mit Müttr. Beobergebn.)

ZS. f. Gasb. = **ZS. f. Gasbeleuchtung** = Zeitschrift für Gasbeleuchtung und Wasserversorgung.

ZS. f. Instrk. III = Zeitschrift für Instrumentenkunde. Organ für Mittheilungen aus dem gesammten Gebiete der wissenschaftlichen Technik. — Hrsg. von E. ABBE in Jena, FR. ARZBERGER in Wien, C. BAMBERG in Berlin, ··· Red.: A. LEMAN und A. WESTPHAL. Dritter Jahrgang. 1883. Berlin: Julius Springer. R.

ZS. f. Kryst. = Zeitschrift für Krystallographie und Mineralogie unter Mitwirkung zahlreicher Fachgenossen des In- und Auslandes, hrsg. von P. GROTH VII. Bd. ··· Leipzig: Wilhelm Engelmann. 1883. 6 H. R. VIII. Bd. ··· 1884.

ZS. f. Math. (u. Phys.) = Zeitschrift für Mathematik und Physik, hrsg. unter der verantwortlichen Redaction von O. SCHLÖMILCH, E. KAHL und M. CANTOR. ··· Leipzig: B. G. TEUBNER. 8°.

ZS. f. Met. = Zeitschrift der österreichischen Gesellschaft für Meteorologie. Red. von J. HANN. Wien: Braumüller. 12 H. Lex. 8°

ZS. f. Naturw. = **ZS. f. ges. Naturw.** = Zeitschrift für Naturwissenschaften ···. Hrsg. vom naturwissenschaftlichen Vereine für Sachsen und Thüringen in Halle ···. Berlin: Parey. 6 H. gr. 8°.

ZS. f. Ohrenheilk. = Zeitschrift für Ohrenheilkunde. Unter Mitwirkung von C. AGNEW, E. BERTHOLD, G. BRUNNER etc. hrsg. von H. KNAPP und S. MOOS. Wiesbaden: Bergmann. 4 H gr. 8°.

ZS. f. physiol. Chem. = Zeitschrift für physiologische Chemie unter Mitwirkung von E. BAUMANN, GÄTGENS, O. HAMMERSTEN etc. hrsg von F HOPPE-SEYLER. Strassburg: Trübner. gr. 8°.

ZS. f. vergl. Augenheilk. = Zeitschrift für vergleichende Augenheilkunde, unter Mitwirkung von O. BOLLINGER, L. FRANCK, R. LEUCKART u. A. hrsg. von K. BERLIN und O. EVERSBUSCH. Leipzig: F. C. W. Vogel. 2 H. gr 8°. (Erscheint mit der Deutschen Zeitschrift für Thiermedicin und vergleichende Pathologie ···)

ZS. f. Verm. = Zeitschrift für Vermessungswesen. Organ des deutschen Geometervereins. Unter Mitwirkung von F. R. HELMERT und F. LINDEMANN hrsg. von W. JORDAN. Stuttgart: Wittwer in Comm. 24 H. gr 8°.

ZS. f. wiss. Geogr. = Zeitschrift für wissenschaftliche Geographie, in Verbindung mit O. DELITSCH, J. I. EGLI, TH. FISCHER etc. hrsg. von J. I. KETTLER. Lahr: Schauenberg. 6 H. Lex. 8°

ZS. f. wiss. Zool. = Zeitschrift für wissenschaftliche Zoologie, hrsg. von CARL THDR. V SIEBOLD u. ALB. V. KÖLLICKER unter der Red. von ERNST EHLERS. Leipzig: Engelmann. gr. 8°.

Zürch. Vierteljschr. sh. **Vierteljschr. d. naturf. Ges. Zürich.**

Bedeutung der Abkürzungen für die einzelnen Abschnitte.

I. Allgemeine Physik.
- I. 1. Maass und Messen.
  - I. 1A. Allgemeine Laboratoriumseinrichtungen.
- I. 2. Dichtigkeit.
- I. 3. Molecularphysik.
  - I. 3A. Krystallographisches.
- I. 4. Mechanik.
- I. 5. Hydrodynamik.
- I. 6. Aërodynamik.
- I. 7. Cohäsion und Adhäsion.
  - I. 7A. Elasticität und Festigkeit.
  - I. 7B. Capillarität.
  - I. 7C. Löslichkeit.
  - I. 7D. Diffusion.
  - I. 7E. Absorption.

II. Akustik.
- II. 8. Physikalische Akustik.
- II. 9. Physiologische Akustik.

III. Optik.
- III. 10. Theorie des Lichtes.
- III. 11. Fortpflanzung, Spiegelung und Brechung des Lichtes.
- III. 12. Objective Farben, Spectrum, Absorption.
- III. 13. Photometrie.
- III. 14. Phosphorescenz und Fluorescenz.
- III. 15. Interferenz, Polarisation, Doppelbrechung, Krystalloptik.
  - III. 15A. Circularpolarisation.
  - III. 15B. Krystalloptik.
- III. 16. Chemische Wirkungen des Lichtes.
- III. 17. Physiologische Optik.
  - III. 17A. Der dioptrische Apparat des Auges.
  - III. 17B. Physiologie der Retina.
  - III. 17C. Farbensinn.
  - III. 17D. Psychische Verarbeitung der Gesichts-Eindrücke.
  - III. 17E. Wirkungen des Lichtes auf Pflanzen und niedere Thiere.

III. 18. Optische Apparate.
III. 18A. Spiegel und Spiegelinstrumente.
III. 18B. Refractionsinstrumente.
a) Fernrohr und Theile desselben.
b) Mikroskop und Theile desselben.
c) Spectroskop.
d) Photographische Apparate.
III. 18C. Verschiedene optische Instrumente.

IV. Wärmelehre.
IV. 19. Theorie der Wärme und calorische Maschinen.
Allgemeines.
A. Erster Hauptsatz.
B. Zweiter Hauptsatz.
C. Gastheorie.
D. Anwendungen der mechanischen Wärmetheorie.
IV. 20. Thermometrie und Ausdehnung.
IV. 21. Quellen der Wärme.
IV. 21A. Mechanische Quellen der Wärme.
IV. 21B. Chemische Quellen der Wärme, Verbrennung.
IV. 21C. Physiologische Quellen der Wärme.
IV. 22. Aenderung des Aggregatzustandes.
IV. 23. Specifische Wärme, Calorimetrie.
IV. 24. Verbreitung der Wärme.
IV. 24A. Wärmeleitung.
IV. 24B. Wärmestrahlung.
IV. 24C. Radiometer.

V. Elektricitätslehre.
V. 25. Allgemeine Theorie der Elektricität und des Magnetismus und Diëlektricität.
V. 26. Elektricitätserregung.
V. 27. Elektrostatik.
V. 28. Batterieentladung.
V. 29. Galvanische Ketten.
V. 30. Galvanische Messapparate.
V. 31. Theorie der Kette.
V. 32. Elektrochemie.
V. 33. Thermoelektricität.
V. 34. Elektrische Wärmeerzeugung.
V. 35. Elektrisches Licht.
V. 36. Magnetismus.
V. 37. Elektromagnetismus.
V. 38. Elektrodynamik, Induction.
V. 39. Elektrophysiologie.
V. 40. Anwendungen der Elektricität.
V. 40A. Elektrische Maschinen und Kraftübertragung.
V. 40B. Accumulatoren.
V. 40C. Elektrisches Bogenlicht und Glühlicht.
V. 40D. Telephon und Mikrophon.
V. 40E. Telegraphie.
V. 40F. Verschiedenes.

VI. Physik der Erde.

- VI. 41. Astrophysik.
  - VI. 41 A. Allgemeines. Theorie der Gestirnbewegungen. Beobachtungen von Observatorien.
  - VI. 41 B. Die Planeten und ihre Trabanten.
  - VI. 41 C. Die Fixsterne und Nebel.
  - VI. 41 D. Die Sonne.
  - VI. 41 E. Die Kometen.
  - VI. 41 F. Die Sternschnuppen.
  - VI. 41 G. Meteorsteine.
  - VI. 41 H. Das Polar- und Zodiakallicht.
- VI. 42. Meteorologie.
  - VI. 42 A. Allgemeines. Theorien. Kosmische Meteorologie; allgemeine Eigenschaften der Atmosphäre (Zusammensetzung etc.).
  - VI. 42 B. Apparate.
  - VI. 42 C. Meteorologische Optik.
  - VI. 42 D. Temperatur.
  - VI. 42 E. Luftdruck und Höhenmessungen.
  - VI. 42 F. Winde.
  - VI. 42 G. Feuchtigkeit, Wolken und Nebel.
  - VI. 42 H. Atmosphärische Niederschläge.
  - VI. 42 J. Allgemeine Beobachtungen (Klimatologie), Beobachtungen auf Reisen.
- VI. 43. Erdmagnetismus.
- VI. 44. Atmosphärische Elektricität. Erdströme.
- VI. 45. Physikalische Geographie.
  - VI. 45 A. Physik der Erde.
    1. Ortsbestimmungen, Pendelbeobachtungen, allgemeine Eigenschaften der Erde (Dichte etc.)
    2. Boden- und Erdtemperatur.
    3. Vulkane.
    4. Erdbeben.
    5. Hebungen und Senkungen, Gebirge, Thalbildungen, Niveauveränderungen, besondere Verwitterungserscheinungen.
    6. Theorien der Erdbildung.
  - VI. 45 B. Physik des Wassers.
    1. Meere (Oceanographie).
    2. Seen.
    3. Flüsse.
    4. Quellen, Grundwasser.
    5. Glacialphysik. Eis, Eiszeit, Gletscher.
- VI. 46. Geographie und Reisen, in denen physikalische Beobachtungen sich vorfinden.

Inhalt.

Erster Abschnitt.

Allgemeine Physik.

Seite

1. Maass und Messen.

2. Dichtigkeit.

Seite

4. Mechanik.

5. Hydrodynamik.

6. Aerodynamik.

7. Cohäsion und Adhäsion.

A. Elasticität und Festigkeit.

Zweiter Abschnitt.

Akustik.

8. Physikalische Akustik.

9. Physiologische Akustik.

A. Stimme und Sprache.

Verzeichniss der Herren, welche für die 1. Abtheilung des XXXIX. Jahrganges (1883) der Fortschritte der Physik Berichte geliefert haben.

Hr. Dr. Böttger (*Bgr.*) in Berlin.
- Prof. Dr. Chwolson (*O. Chw.*) in Petersburg.
- Dr. Gerstmann (*Gn.*) in Berlin.
- Dr. Grunmach (*L. Grnm.*) in Berlin.
- Prof. Dr. Hammerl (*H.*) in Mährisch-Trübau.
- Dr. Hecht (*B. Ht.*) in Königsberg i./O.-P.
- Prof. Dr. Hoh (*Hh.*) in Bamberg †.
- Prof. Dr. Hoppe (*He.*) in Berlin.
- Prof. Dr. Kayser (*H. K.*) in Hannover.
- Prof. Dr. Lampe (*Lp.*) in Berlin.
- Prof. Dr. Neesen (*Nn.*) in Berlin.
- Dr. Ohrtmann (*O.*) in Berlin †.
- Dr. Pernet (*Pt.*) in Berlin.
- Dr. Rosochatius (*E. R.*) in Berlin.
- Dr. Schönach (*Schön.*) in Wien.
- Prof. Dr. Schwalbe (*Sch.*) in Berlin.
- Prof. Dr. Volkmann (*P. V.*) in Königsberg i./O.-Pr.
- Prof. Dr. Wangerin (*Wn.*) in Halle a./S.
- Dr. Wiechert (*E. Wt.*) in Königsberg i./O.-Pr.

Zwei der Herren gehören nicht mehr zu den Lebenden; Prof. Dr. Hoh starb im Februar 1888 und Dr. Ohrtmann am 22. April 1885. Hr. B. Schwalbe gedachte der Thätigkeit des Professors Dr. Hoh für die Fortschritte der Physik in der Sitzung der Physikalischen Gesellschaft vom 4. Mai 1888 (Verh. d. physik. Ges. Berlin VII Nr. 8, 61-62. 1888). Bezüglich der Thätigkeit des Oberlehrers Dr. Carl Ohrtmann sei hier nur erwähnt, dass er fast alle Referate des Abschnittes Mechanik in den Jahrgängen XXIII bis XXXIII der Fortschritte der Physik geliefert hat. Im Jahre 1883 übernahm er wieder die Berichterstattung für den Abschnitt Mechanik, doch fertigte er nur einen Theil der Referate an; seine letzte schwere Krankheit verhinderte ihn, die übrigen herzustellen. Im Uebrigen sei auf den Nachruf verwiesen, welchen die HHrn. Felix Müller und Albert Wangerin im 3. Hefte des XIV. Bandes vom Jahrbuch über die Fortschritte der Mathematik veröffentlicht haben.

Erster Abschnitt.

Allgemeine Physik.

1. Maass und Messen.

H. E. Gerland. Beiträge zur Geschichte der Physik. Leopoldina XVIII, 43-44, 67-72, 82-84, 96-100, 114-115, 136-141. 1882; [Beibl. VII, 65†.

Der Aufsatz enthält eine Zusammenstellung einer grossen Zahl historisch interessanter astronomischer und physikalischer Apparate, sowie ein Verzeichniss der auf der städtischen Landesbibliothek in Cassel aufbewahrten werthvollen Handschriften astronomischen, physikalischen und mathematischen Inhalts.

L. Grnm.

K. Zöppritz. Ueber die Rechtschreibung einiger aus dem Arabischen stammenden Ausdrücke der Vermessungskunde. ZS. f. Verm. XII, 321-322†; Wied. Ann. XX, 175-176†; [ZS. f. Naturw. (4) IV, 203.

Azimut, arabisch as-samt, ist die Gegend oder der Punkt des Horizonts, sowie auch der vom Scheitelpunkt nach ihm gezogene Kreis.

Zenit ist dasselbe Wort ohne den Artikel, heisst vollständig samt-ar-râs, die Gegend des Kopfes, d. h. der Scheitelpunkt am Himmel. Die Worte sind ohne h am Ende zu schreiben.

Alidade, arabisch al-'idâda, eine Art von Lineal beim Astrolabium, ist gleichfalls ohne h zu schreiben.

Theodolit ist ein getheilter horizontal gestellter Kreis mit drehbarem Durchmesser und versehen mit Diopteren. Der Genitiv des Wortes lautet Theodolits und nicht Theodoliten.

L. Grnm.

G. Hagen. Die wahrscheinlichen Fehler der Constanten.

Berl. Sitzber. 1883 St. XLIV, 1169-1172†.

Der Verfasser hat den wahrscheinlichen Fehler einer Grösse, die sich aus mehreren anderen Grössen zusammensetzt, deren wahrscheinliche Fehler man kennt, für einige in der Wahrscheinlichkeitsrechnung vorkommenden Fälle berechnet und die gefundenen Ausdrücke durch experimentelle Proben geprüft. Der wahrscheinliche Fehler der Summe zweier Grössen r und s, die nicht mit gleicher Schärfe gemessen, für die also die wahrscheinlichen Fehler der Maasseinheit verschieden waren, ergiebt sich gleich

$$w(r+s) = \sqrt{w(r)^2+w(s)^2},$$

indem der wahrscheinliche Fehler irgend einer Grösse r durch $w(r)$ bezeichnet wird. Analog ist

$$w(r+s+t) = \sqrt{w(r)^2+w(s)^2+w(t)^2}.$$

Der wahrscheinliche Fehler eines Products zweier Factoren r und s ist gleich

$$w(r.s) = \sqrt{r^2.w(s)^2+s^2.w(r)^2}.$$

Dieser Ausdruck wird indessen ungültig, sobald einer der Factoren nicht gemessen, sondern nur durch ein bestimmtes Verhältniss zum andern gegeben ist. Z. B. ist der wahrscheinliche Fehler eines Quadrates, wenn nur eine Seite gemessen worden ist,

$$w(rr) = 2r.w(r).$$

Wenn dagegen die Seite r in beiden Richtungen wirklich gemessen und dabei auch gleich befunden wurde, so hat man

$$w(rr) = \sqrt{2}.r.w(r).$$

Analog ist

$$w(rst) = \sqrt{r^2s^2.w(t)^2+r^2t^2.w(s)^2+s^2t^2.w(r)^2}.$$

Der wahrscheinliche Fehler des Cubus ist dagegen

$$w(rrr) = 3r^2w(r);$$

wenn aber die 3 Dimensionen besonders gemessen wurden, so ist

$$w(rrr) = \sqrt{3}.r^2.w(r).$$

Ferner ist, wenn der wahrscheinliche Fehler von $\frac{1}{r}$ bekannt ist,

$$w(r) = r^2 w\left(\frac{1}{r}\right).$$

Für den wahrscheinlichen Fehler von r, wenn man denjenigen von $\log r$ kennt, erhält man nach dem Verfasser einen Näherungswerth, wenn man die beiden Zahlen aufschlägt, die zu

$$\log r + w(\log r)$$

und zu

$$\log r - w(\log r)$$

gehören, und ihre Differenz halbirt. *L. Grnm.*

P. Degener. Ueber den persönlichen Fehler beim Polarisiren. ZS. d. Ver. f. Rübenz. 1882, 642; [Dingl. J. CCXLVII, 165-167†.

Aus zahlreichen mit dem Halbschattenapparat der HHrn. F. Schmidt und Hänsch ausgeführten Versuchsreihen ergab sich, dass für geübtere Beobachter die Abweichungen der Einzelbeobachtung vom Mittelwerthe aus 5 bis 10 Ablesungen $\pm 0.15^0$ betragen, dass ferner für helle und wenig gefärbte Lösungen der Schmidt- und Hänsch'sche Halbschattenapparat für Beobachter mit normalem Farbensinn keine besonderen Vorzüge vor dem gewöhnlichen Farbenapparat besitze, dass ersterer dagegen für dunkle Lösungen und für Beobachter mit anormalem Farbensinn geradezu unersetzlich sei. *L. Grnm.*

C. Bohn. Ueber absolute Maasse. Wied. Ann. XVIII, 346 bis 357; XX, 690-703†.

P. Volkmann. Bemerkungen zu der Abhandlung des Hrn. C. Bohn: Ueber absolute Maasse. Wied. Ann. XIX, 245-249†.

In der ersten Abhandlung setzt Hr. Bohn auseinander, dass für die Festsetzungen der Einheiten und für die Dimensionsbestimmungen der physikalischen Grössen zwei Grundbegriffe ausreichen, und dass die Masse nicht als Fundamentalgrösse, sondern als abgeleitete Grösse aufzufassen sei. Unter Hinweis auf Hrn. KOHLRAUSCH's „Leitfaden der praktischen Physik“ und Hrn. HERWIG's „Physikalische Begriffe und absolute Maasse“ giebt er sodann eine Zusammenstellung der Dimensionswerthe der physikalischen Grössen, ausgedrückt durch Länge und Zeit allein, die man auch durch Einsetzung von L^3T^{-2} für M aus den üblichen Ausdrücken erhält. Bezüglich der Begründung der magnetischen und elektrischen Maasseinheiten hält es Hr. BOHN für zweckmässig, von dem Satze von der Umsetzbarkeit der Stromarbeit in eine Wärmemenge und dem OHM'schen Gesetze auszugehen. Er giebt dem elektrostatischen Maasssystem den unbedingten Vorzug vor dem elektromagnetischen Maassystem, besonders weil in ersterem der Leitungswiderstand sich umgekehrt proportional einer Geschwindigkeit, in letzterem dagegen als eine Geschwindigkeit selbst darstelle.

Dem gegenüber bemerkt Hr. VOLKMANN, dass man in der Physik zwischen Grössen, die einer Vorstellung und Anschauung zugänglich sind, und reinen Rechengrössen zu unterscheiden habe, und dass, wenn man auch in der theoretischen Astronomie mit dem von GAUSS eingeführten Begriff der Masse $M \doteq L^3T^{-2}$ als Rechengrösse auskomme, durch die Einführung derselben in die Physik die Anschaulichkeit der mechanischen Begriffe erschwert werden würde. Wenn ferner eine Rechengrösse im elektrostatischen Maasssystem eine andere Dimension erhalte, als im elektromagnetischen, so sei dies kein Grund, das letztere zu verwerfen. In seiner Entgegnung sucht Hr. BOHN die Einwände von Hrn. VOLKMANN zu widerlegen und seine Auffassung des Gegenstandes noch ausführlicher zu begründen. *L. Grnm.*

E. BUDDE. Die Reduction der mechanischen Grundeinheiten auf eine einzige Dimension. WIED. Ann. XX, 161 bis 166†.

Mit Hülfe der von Hrn. WEBER eingeführten, von Hrn. HELMHOLTZ benannten Begriffe „kritische Geschwindigkeit $c = \sqrt{\frac{1}{k}}$“

und „kritische Entfernung λ“

$$\lambda = 2\left(\frac{1}{q} + \frac{1}{q'}\right)\frac{ee'}{c^2},$$

gelangt der Verfasser zu folgenden Bestimmungen für die Fundamentalgrössen, die er „gemeine“ Grössen nennt, wenn sie als unmittelbar durch die Anschauung gegeben betrachtet werden.

1. Die Zeit ist die gemeine Zeit.

2. Die Geschwindigkeit eines Punktes ist der Quotient aus seiner gemeinen Geschwindigkeit und der gemeinen Geschwindigkeit c, wenn beide in denselben willkürlichen Einheiten ausgedrückt sind.

3. Die Länge einer Strecke ist die Zeit, in welcher sie mit der Geschwindigkeit 1 durchlaufen wird.

4. Die Masse eines Körpers ist ein Viertel seiner als Zeit ausgedrückten kritischen Entfernung.

Als Einheiten dieses Maasssystems ergeben sich:

I) für die Zeiteinheit die gemeine Secunde;

II) für die Längeneinheit die Länge, welche mit der kritischen Geschwindigkeit in einer Secunde durchlaufen wird, deren Zahlenwerth in gemeinen Einheiten gleich dem von c ist, wenn c in $\frac{\text{m}}{\text{sec}}$ ausgedrückt wird;

III) für die Masseneinheit diejenige Masse, welche einer andern Masse in der Entfernung von c gemeinen Längeneinheiten die gemeine Beschleunigung $c\,\frac{\text{m}}{\text{sec}^2}$ ertheilt.

L. Grnm.

A. LEDIEU. Unités de mécanique et de la physique.

C. R. XCVI, 986-990†; [Mondes (3) IV, 614†; [Cim. (3) XIII, 269.

Als Fundamentalgrössen der Physik sind nach dem Verfasser (s. diese Berichte 1882, XXXVIII, 4) die Begriffe Raum, Zeit, Kraft und Materie anzunehmen; zwischen ihnen besteht die Beziehung

$$F = kLMT^{-2},$$

in welcher der Coefficient k gewöhnlich gleich 1 gesetzt wird. Bei passender Wahl der absoluten Einheiten dieser Grössen ergeben sich aus ihnen leicht durch geometrische und mechanische Betrachtungen alle abgeleiteten Einheiten. *L. Grnm.*

J. D. Everett. Unités et constantes physiques. Traduit de l'anglais par Jules Raynant avec le concours de L. Thevenin, G. B. de la Touanne et E. Massin. Paris: Gauthier-Villars 1883. XVI+200 S. 8°.

Ueber den wesentlichen Inhalt des Everett'schen Werkes ist bereits früher (s. diese Berichte XXXI, 6) nach einem Referate berichtet worden. *L. Grnm.*

Leo Grunmach. Ueber Maass und Messen, insbesondere über die Entwickelung und Begründung des metrischen Maasssystems. Berlin 1883, 28 S.†

Separatabdruck eines in den Verh. Polyt. Ges. Berlin 1882 veröffentlichten Vortrags, über dessen Inhalt bereits im vorigen Jahrgang dieser Berichte S. 3 bis 4 referirt worden ist.

L. Grnm.

H. Landolt und R. Börnstein. Physikalisch-chemische Tabellen. Berlin: Springer 1883. XII+249 S. gr. 8°†. [D. LZtg. IV, 1705-1706.

Das vorliegende Werk, welches einem längst fühlbar gewordenen Bedürfnisse entspricht, bildet eine mit grosser Sorgfalt und in grosser Vollständigkeit ausgeführte Zusammenstellung physikalischer Constanten, und zwar mit Quellenangabe für jede mitgetheilte Zahl. Es enthält 109 Tabellen physikalisch-chemischen Inhalts nebst den erforderlichen Reductionsrechnungen und Formeln. Die meisten Zahlen sind den Originalquellen direct entnommen; die in Journalen veröffentlichten und in die Sammlung aufgenommenen Tafeln sind vorher einer sorgfältigen Revision unterworfen worden. Constanten, die nur in der chemischen Technik vorkommen, sowie einzelne theoretische Zweige, namentlich die Thermochemie, sind nicht berücksichtigt worden, weil sie in besonderen und bekannten Werken enthalten sind. Den Schluss der Tabellen bildet eine ausführliche Zusammenstellung der Jahres- und Bandzahlen der wichtigsten Zeitschriften. Die Ausstattung des Werkes entspricht vollkommen seinem reichen Inhalt.

L. Grnm.

R. LEPSIUS. Die Längenmaasse der Alten.
Berl. Sitzber. 1883 St. XLVI, 1195-1209†.

Aus der vorliegenden Abhandlung, die vorwiegend von archäologischem Interesse ist, sei hier mitgetheilt, dass die Aegypter zwei Ellen besassen, eine grosse von 0.525 m und eine kleine von 0.450 m. Die Länge der griechischen Elle ist der letzteren nahezu gleich. Der ägyptische Fuss ist 0.300 m, der griechische 0.297 m, das römische Maass, der pes monetalis 0.296 m. Die Wegemaasse, namentlich das Stadium, schlossen sich nach dem ägyptischen Systeme stets an die kleine Elle an. Das ägyptische Stadium ist das 400fache der kleinen Elle, also 180 m.

Von dem ägyptischen System, zu dem auch das griechische, römische und hebräische gehört, weicht das orientalische, welches das babylonische, assyrische, persische, sowie das Ptolemäische und Heronische System in sich begreift, entschieden ab. Die orientalische Elle ist nach Hrn. LEPSIUS 0.5328 m; das orientalische Stadium ist 191.80 m; ihm steht das olympische Stadium sehr nahe, welches nach den neuesten Messungen 192.27 m betragen soll. — Der Abhandlung ist anhangsweise eine tabellarische Zusammenstellung der verschiedenen Maasssysteme der Alten beigefügt. *L. Grnm.*

C. WOLF. Historische Untersuchungen über die Urmaasse des Pariser Observatoriums. ZS. f. Instrk. III, 64-69, 176 bis 180, 248-255, 392-397†.

C. Wolf. Ricerche storiche sui campioni di pesi e misure dell' Osservatorio. [Cim. (3) XIV, 75 nach J. de phys. (2) I, 252. 1882.

Es wird in ausführlicher Weise über die historischen Untersuchungen des Hrn. C. Wolf berichtet, welche derselbe in den Ann. chim. phys. (5), XXV, 5-112 niedergelegt hat, und über welche in Kürze in den letzten beiden Jahrgängen dieser Berichte (XXXVII, 23-25, resp. XXXVIII, 6) referirt worden ist.

L. Grnm.

Tresca. Sur deux mètres en platine ayant appartenu à de Prony. C. R. XCVI, 667-672†; [ZS. f. Instrk. III, 181†.

In den Sammlungen der „École des Ponts et Chaussées" hat Hr. Lalanne zwei Platinmeter aufgefunden, welche gegen Ende des vorigen Jahrhunderts von de Prony angefertigt sind, und von denen der eine zugleich End- und Strichmaass ist. Um zu erkennen, bis zu welchem Genauigkeitsgrade man damals End- und Strichmaass hatte zur Uebereinstimmung bringen können, liess Tresca die beiden Meter einer Vergleichung mit dem „Mètre des Archives" unterziehen, welche einen Unterschied zwischen beiden Stäben — als Endmaasse betrachtet — von 6.04 μ ergab. Beim zweiten Stabe differirten End- und Strichmaass um 22.61 μ.

L. Grnm.

M. Thiesen. Die Arbeiten des internationalen Instituts für Maass und Gewicht. ZS. f. Instrk. III, 1-8, 41-46†.

Der Verfasser bespricht die in dem ersten Bande der „Travaux et mémoires du bureau international des poids et mesures" enthaltenen Abhandlungen, über welche vom Referenten im Jahrgange XXXVII dieser Berichte, S. 4-9 und 736-737, bereits berichtet worden ist.

L. Grnm.

Comité international des poids et mesures. Procès-verbaux des séances de 1882. Paris: Gauthier-Villars 1883. 1-158†. [Nature XXVIII, 464-466, 592-596; [Mondes (3) V, 524-526.

Die Sitzungsprotokolle enthalten neben den vom internationalen Bureau mit den einzelnen Regierungen gepflogenen Correspondenzen die Verhandlungen bezüglich der inneren Organisation, bezüglich der Ausrüstung des Bureaus, die Rechnungsabschlüsse, sowie die Berichte und Discussionen über eine grössere Anzahl ausgeführter Arbeiten, nämlich die Volumenbestimmung der neuen Kilogramme, die Vergleichungen der von der französischen Section hergestellten Kilogramme mit dem „Kilogramme des Archives“, über die Vergleichung des Platin-Iridium-Meterstabes J_2 mit dem „Mètre des Archives“, über das Material, aus welchem der geodätische Normalstab herzustellen und die Flüssigkeit, in welcher die geodätischen Stäbe am zweckmässigsten zu vergleichen wären. — Bis zur definitiven Festsetzung der neuen metrischen Prototype werden für die Arbeiten des Bureaus als Einheit für die Länge angenommen „die zwischen den Endstrichen des Platin-Iridium-Stabes J_2 enthaltene Länge bei 0° C. weniger 6 Mikrons“, als Einheit des Gewichts „das Gewicht des Platin-Iridium-Kilogramms K_3“.

Ferner wird das Prüfungsreglement festgesetzt für die von dem internationalen Maass- und Gewichtsbureau in Gemässheit des Artikels 6 der Meterconvention auszuführenden Vergleichungen von Längenmaassen, von Gewichten, von getheilten Scalen, von Präcisions-Thermometern und Barometern, deren Verification und Beglaubigung von Regierungen, Behörden, wissenschaftlichen Instituten, Gelehrten etc. gewünscht wird.

Anhangsweise ist den Protokollen beigefügt der 6. Jahresbericht (pro 1882) des internationalen Comités für Maass und Gewicht an die Signatarmächte der Meter-Convention.

L. Grnm.

Weights and Measures. Report by the Board of Trade on their Proceedings and Business under the Weights and Measures Act, 1881. 1882. [Chem. News XLVII, 153†.

Enthält ein kurzes Referat über einen vom Handelscollegium erstatteten Bericht, in welchem die Wichtigkeit der Metronomie für verschiedene Zweige der Industrie betont und unter Anderem auch auf die von der Normal-Aichungs-Commission in Berlin ausgeführten Untersuchungen über die Entzündungstemperatur des Petroleums hingewiesen wird. *L. Grnm.*

LOEWENHERZ. Die Aufgaben der kaiserlichen Normal-Aichungs-Kommission. [ZS. f. Instrk. III, 218-220†.

In der von der Normal-Aichungs-Commission herausgegebenen Denkschrift, über deren Inhalt im vorigen Jahrgang dieser Berichte (XXXVIII, 7-9) vom Referenten berichtet worden ist, werden unter Anderem die Aufgaben der Normal-Aichungs-Commission ausführlich erörtert; dieselben werden hier in einem Vortrage kurz formulirt. *L. Grnm.*

H. PELLAT. Unità adottate per le misure assolute dal congresso internazionale degli elettricisti. [Cim. (3) XIV, 75 nach J. de phys. (2) I, 255-267. 1882†.

Internationale Conferenz für die elektrischen Einheiten in Paris. [Polyt. Notizbl. XXXVIII, 81-83 nach Arch. f. Post u. Telegr.

Electrical units. [Electricien XI, 122.

Der internationale Elektriker-Congress, welcher im Anschluss an die internationale elektrische Ausstellung zu Paris im Jahre 1881 behufs Fundirung eines einheitlichen universellen elektrischen Maasssystems zusammengetreten war, hat unter Zugrundelegung des von der British Association längst adoptirten Centimeter-Gramm-Secunde-Systems (C.-G.-S.-System) für die in der Elektrotechnik vorkommenden Grössen praktische oder secundäre Einheiten definirt und angenommen, welche aus den entsprechenden theoretischen (absoluten) Einheiten des elektromagnetischen Maasssystems in folgender Weise abgeleitet sind.

1. Theoretische (oder absolute) Einheit der Stromintensität. Ein Kreisstrom vom Radius 1 besitzt die Einheit der Intensität, wenn von einem der Längeneinheit gleichen Theile seiner Peripherie auf den im Mittelpunkte des Kreises befindlichen Magnetpol 1 die Krafteinheit (dyne) ausgeübt wird.

Die praktische (oder secundäre) Einheit der Intensität heisst Ampère und ist durch folgende Gleichung definirt:

$$1 \text{ Ampère} = 10^{-1}[M^{\frac{1}{2}}L^{\frac{1}{2}}T^{-1}]$$

absolute Einheiten der Intensität.

2. Die theoretische Einheit der Elektricitätsmenge ist diejenige Elektricitätsmenge, welche in der Zeiteinheit durch den Querschnitt eines von der Stromintensität 1 durchflossenen Leiters fliesst.

Die praktische Einheit der Elektricitätsmenge heisst Coulomb und ist durch folgende Gleichung definirt:

$$1 \text{ Coulomb} = 10^{-1}[M^{\frac{1}{2}}L^{\frac{1}{2}}]$$

absolute Einheiten der Elektricitätsmenge.

3. Die theoretische Einheit des Widerstandes ist der Widerstand eines Leiters, in welchem die Stromeinheit in der Zeiteinheit die Arbeitseinheit (erg) leistet.

Die praktische Einheit des Widerstandes heisst Ohm und ist durch die Gleichung definirt:

$$1 \text{ Ohm} = 10^{9}[LT^{-1}]$$

absolute Einheiten des Widerstands.

Der internationale Elektrikercongress fasste den Beschluss, ein Urprototyp des Ohms darzustellen mittelst einer Quecksilbersäule von 1 qmm Querschnitt bei der Temperatur 0° C., deren Länge durch neue Untersuchungen mit der Genauigkeit von 1 pro Mille bestimmt werden sollte. Die zweite internationale Conferenz, welche im Jahre 1884 zu Paris stattfand, betrachtete die Uebereinstimmung der dem Congresse unterbreiteten Arbeiten, obschon die verlangte Genauigkeit durch die Mehrzahl der Beobachter noch nicht erreicht war, als ausreichend, um für jene Länge den Mittelwerth 106 cm festzusetzen und demgemäss das „legale Ohm“ zu definiren als den Widerstand einer Quecksilbersäule von 106 cm Länge und 1 qmm Querschnitt bei der Temperatur des schmelzenden Eises, 0° C.

4. Die theoretische Einheit der elektromotorischen Kraft oder der Potenzialdifferenz ist diejenige elektromotorische Kraft, welche der Stromeinheit die Einheit der Energie ertheilt.

Die praktische Einheit der elektromotorischen Kraft heisst Volt und ist durch die Gleichung definirt:

$$1 \text{ Volt} = 10^8[M^{\frac{1}{2}} L^{\frac{3}{2}} T^{-2}]$$

absolute Einheiten der elektromotorischen Kraft.

Demgemäss ist nach dem Vorhergehenden

$$1 \text{ Ampère} = \frac{1 \text{ Volt}}{1 \text{ Ohm}}.$$

5. Theoretische Einheit der Capacität. Ein Condensator besitzt die Capacität 1, wenn dessen Belegungen durch die Einheit der Elektricitätsmenge zur Potentialdifferenz 1 geladen sind.

Die praktische Einheit der Capacität heisst Farad und ist durch die Gleichung definirt:

$$1 \text{ Farad} = 10^{-9}[T^2 L^{-1}]$$

absolute Einheiten der Capacität.

Nach dem Vorhergehenden ist demgemäss

$$1 \text{ Coulomb} = 1 \text{ Farad} \times 1 \text{ Volt}.$$

Wegen der enormen Grösse des Farads hat der Congress für den praktischen Gebrauch angenommen das Mikrofarad, welches den millionsten Theil des Farads repräsentirt.

Weiteres über die Beschlüsse der internationalen Conferenz für elektrische Maasseinheiten soll im nächsten Jahrgange dieser Berichte mitgetheilt werden. *L. Grnm.*

F. Kohlrausch. Ueber die galvanische Ausmessung der Windungsfläche einer Drahtspule. Wied. Ann. XVIII, 513 bis 533†.

Die geometrische Ausmessung der Windungsfläche einer Spirale bietet viel Schwierigkeiten und giebt zu mannichfachen Bedenken Anlass. Der Verfasser theilt daher eine Methode mit, die Grösse der Fläche einer Drahtspule aus der gemessenen Fernwirkung eines Stromes zu ermitteln. Ein und derselbe Strom wird durch die Spule und durch eine Tangentenbussole geleitet. Liegt der Mittelpunkt der Spule, deren Axe ostwestlich gerichtet ist, in der Entfernung *a* östlich oder westlich von der Galvanometernadel (erste Hauptlage), so ergiebt sich die gesuchte Windungsfläche

$$F = \frac{a^3\pi}{R} \frac{\operatorname{tg}\varphi + \operatorname{tg}\varphi'}{\operatorname{tg}\varphi - \operatorname{tg}\varphi'};$$

liegt der Spulenmittelpunkt nördlich oder südlich von der Galvanometernadel (zweite Hauptlage), so ist der Werth von F doppelt so gross. Hier sind φ und φ' die Ablenkungen, welche die Nadel erfährt, wenn der Strom in dem einen oder andren Sinne durch die Tangentenbussole geleitet wird, R ist der Radius der Bussole, und der Abstand a ist so gross vorausgesetzt, dass die Dimensionen der Spule nicht berücksichtigt zu werden brauchen. Es wird nun die Berechnung der Wirkung der Spule auch für den Fall, dass die letztere Beschränkung fortfällt, für beide Hauptlagen durchgeführt.

S. auch Abschnitt V. *L. Grnm.*

F. Himstedt. Zur Bestimmung der Windungsfläche einer Drahtspule. Ber. d. naturf. Ges. Freib. VIII, 2; Wied. Ann. XVIII, 433-441†.

Bezugnehmend auf die von Hrn. F. Kohlrausch angegebene Methode zur Bestimmung der Windungsfläche einer Drahtspule (vergl. den vorhergehenden Bericht) theilt der Verfasser eine früher von ihm angewandte Methode mittelst bifilarer Aufhängung mit, die mit der Kohlrausch'schen darin übereinstimmt, dass die Auswerthung der Windungsfläche durch die Vergleichung mit der Fläche eines einfachen Kreisringes geschieht, bei welcher aber nur Winkelmessungen mit Fernrohr und Spiegelablesung nöthig sind. Um die von der bifilaren Suspension herrührenden Directionskräfte zu eliminiren, kann man zwei verschiedene Versuchsanordnungen wählen:

1) Man macht das Gewicht der Drahtspule gleich dem des Drahtkreises und richtet die Bifilarsuspensionen so ein, dass man leicht die Spule und den Drahtkreis abhängen und mit einander vertauschen kann. Bedeuten dann J die Intensität des durch die Drahtspule geleiteten Stromes, F die gesuchte Windungs-

fläche, Φ und Ψ die beiden Ablenkungswinkel bei der ersten und bei der zweiten Aufhängung, und gelten die analogen Bezeichnungen durch kleine Buchstaben für den Drahtkreis, so ergiebt sich

$$\frac{F^2}{f^2} = \frac{i^2 \operatorname{tg}\Phi \operatorname{tg}\Psi}{J^2 \operatorname{tg}\varphi \operatorname{tg}\psi}.$$

2) Spule und Drahtkreis werden beide zusammen zu gleicher Zeit an dieselben Suspensionsdrähte gehängt, und derselbe Strom durch beide hinter einander geleitet, und zwar einmal in Spule und Ring gleichgerichtet, das andre Mal entgegengesetzt gerichtet. Es ist dann

$$\frac{F+f}{F-f} = \frac{J' \operatorname{tg}\Phi}{J \operatorname{tg}\Phi'}.$$

Hierbei wird angenommen, dass die Stromintensität beide Mal mit demselben Galvanometer gemessen wird, und dass die Horizontalintensität des Erdmagnetismus sich während der beiden Ablesungen nicht ändert. Der Verfasser theilt eine nach der zweiten Methode ausgeführte Beobachtungsreihe mit, aus welcher die Zweckmässigkeit und Güte derselben hervorgeht.

L. Grnm.

K. R. Koch. Ueber eine Methode, die Mikrometerschraube zu prüfen. Ber. d. naturf. Ges. Freib. VIII, 123; Wied. Ann. XVIII, 511-512†.

Zur directen Bestimmung des Fehlers einer Mikrometerschraube für ein bestimmtes Intervall kittet der Verfasser an die Spitze der Schraube senkrecht zur Schraubenaxe ein Glasplättchen und stellt dasselbe der obren Fläche eines durch drei Schrauben passend zu neigenden Reflexionsprismas gegenüber. Bei hinreichend kleiner Neigung der obren Fläche des Reflexionsprismas gegen das Glasplättchen entstehen zwischen denselben im Natriumlichte Interferenzfranzen. Hebt oder senkt man nun die Schraube um eine bestimmte Grösse, so ist letztere gleich dem Producte aus der halben Wellenlänge des Natriumlichtes und der Anzahl der Interferenzstreifen, welche während der

Drehung der Schraube an dem genau in der Verlängerung der Schraubenaxe liegenden Punkte vorübergewandert sind. Es wird eine nach dieser Methode an einer Sphärometerschraube ausgeführte Messungsreihe nebst der daraus abgeleiteten Correctionstabelle mitgetheilt. *L. Grnm.*

Ch. Schmidtgen. Die Herstellung der Originaltheilung an der Kreistheilmaschine der Société genevoise de construction d'instruments de physique. ZS. f. Instrk. III, 52-55†.

Nach Angabe von Hrn. Thury ist die Originaltheilung des Kreises, dessen Durchmesser 1 m beträgt, nach folgender Methode ausgeführt worden: Nahe dem Umfange wurden 32 äquidistante Löcher durch den Kreis gebohrt und durch mit Strichkreuzen versehene Glasplättchen bedeckt. Mittelst zweier diametral gegenüberstehender Mikroskope, welche auf zwei auf demselben Durchmesser liegende Merkplättchen pointirten, wurden zunächst durch abwechselnde Drehung des Kreises und entsprechendes Corrigiren des einen Mikroskops und des einen Merkplättchens zwei genaue Winkel von 180° bestimmt. Sodann wurde mit Hülfe eines auf den Halbirungspunkt des einen Halbkreises pointirenden dritten Mikroskops und des in seinem Gesichtsfelde befindlichen Merkplättchens ebenso verfahren, wie bei der Halbirung des ganzen Kreises, und nach Justirung des dritten Mikroskops und des dritten Merkplättchens das Gleiche im andren Halbkreise ausgeführt. Nunmehr blieben die ersten beiden Mikroskope unverändert, während mittelst des dritten nach und nach die Winkel 45°, 22° 30′, 11° 15′ festgelegt wurden. Die so gewonnene Theilung in 32 bis auf 1″ genau gleiche Theile wurde durch Ablesung von 4 Mikroskopen mittelst des Reisserwerks auf einen der in den Kreis eingelegten Silberstreifen übertragen. Die weitere Eintheilung dieser 32 Intervalle erfolgte mit Hülfe der Längentheilmaschine der Société génévoise, welche mit der Kreistheilmaschine auf einem und demselben Betonblocke von ca. 28 cbm Masse fest fundirt ist. Zu diesem Zwecke wurde am Kreise der Theilmaschine eine um die Axe des Kreises drehbare passend geformte Alidade befestigt, deren Ende durch ein gerades glasbartes stählernes Lineal gebildet wurde, welches gegen eine auf dem Schlitten der Längentheilmaschine befestigte senkrechte glasharte Schneide durch ein über eine Rolle geführtes Gewicht gedrückt wurde. Zwischen der Schraubenmutter und dem Schlitten der Längentheilmaschine wurde ein Keil eingeschoben, dessen Bewegung durch ein an der Wange befestigtes, in der Ebene der Keilbewegung drehbares Lineal geregelt wurde. Es wurde nun die einem $\frac{1}{32}$ des Kreisumfanges entsprechende Linearverschiebung des Schlittens der Längentheilmaschine gemessen und hiernach in erster Annäherung eine Curve ausgefeilt und auf dem Keillineale befestigt. Zur Correction dieser Curve wurde auf dem Kreise ein Sector aufgeschraubt und auf demselben von der Längentheilmaschine automatisch eine Theilung ausgeführt. Dieselbe wurde mittelst eines FRAUNHOFER'schen Mikrometers geprüft, das Prüfungsergebniss zur Berichtigung der ersten Curve benutzt, hierauf eine zweite Theilung ausgeführt und in dieser Weise fortgefahren, bis die einzelnen Intervalle bis auf eine Secunde übereinstimmten, und deren Summe gleich $\frac{1}{32}$ des Kreisumfangs war. *L. Grnm.*

TH. WEGENER. Beschreibung einer Kreistheilmaschine. ZS. f. Instrk. III, 117-120†.

Die Kreistheilmaschine besteht aus zwei in einem Abstande von 0.135 m parallel über einander gelagerten Kreisscheiben aus Rothguss von 1 m Durchmesser, von denen die obere drehbare die Originaltheilung enthält, und zur Aufnahme der zu theilenden Kreise dient, während die untere feststehende die Mikroskope und die Brücke für das Reisserwerk trägt. Die beiden Kreise sind in folgender Weise montirt: Auf einem starken gusseisernen Dreifusse ruht eine starke gusseiserne Hülse mit breitem Flansche, auf welchem der untere Kreis befestigt ist. Der obere Kreis ist mit einem starken in seinem Centrum befestigten Zapfen in dieser Hülse drehbar. Die von dem unteren Kreise getragenen, zur Beobachtung der Originaltheilung dienenden Mikroskope, welche concentrisch zum Kreise verschoben und an beliebigen Stellen desselben festgeklemmt werden können, haben eine 50fache Vergrösserung. Zehn Umdrehungen ihrer Mikrometerschraube entsprechen einem Intervalle von fünf Minuten, dem kleinsten Intervall der Theilung des Originalkreises, 1 Trommeltheil giebt 0.25 Secunden. Auf dem Schlitten des Mikroskops sind zwei Doppelfäden-Paare in einer dem kleinsten Intervall der Originaltheilung genau entsprechenden Distanz befestigt. Auf zwei diametral einander gegenüberstehenden starken Flanschen des unteren Kreises ruhen die Träger für die Brücke des Reisserwerkes, einer dieser Flansche trägt ferner die Schraube, welche die Feinbewegung des Mutterkreises vermittelt. Das Reisserwerk ist eine Copie des Martins'schen Reisserwerkes; es ist mit einem Hebelarm versehen, durch dessen hin- und hergehende Bewegung die Theilung ausgeführt wird. Die mit der Originaltheilung versehene obere Kreisscheibe nimmt die zu theilenden Kreise auf; dieselben werden auf den konisch nach oben sich verjüngenden Zapfen des Kreises aufgeschoben; ihre Horizontirung erfolgt mittelst untergelegter Messingkeile und eines Fühlhebels. In den Originalkreis sind zwei silberne 4 mm breite und 1 mm dicke Streifen eingelassen, die zur Aufnahme von 4 Theilungen dienen können. Die Originaltheilung, welche der eine dieser Streifen trägt, ist in der Weise ausgeführt worden, dass auf ihn zunächst die Theilung eines zehnzölligen in Zwölftelgrade getheilten Prismenkreises übertragen wurde. Diese Theilung wurde sorgfältig untersucht, für jeden Theilstrich derselben der Fehler bestimmt, und unter Anbringung ihrer Fehler die erste Theilung auf den andern Silberstreifen des Kreises übertragen. Diese corrigirte Theilung wurde nun in derselben Weise wie die erste untersucht und unter Anbringung der so erhaltenen zweiten Correctionstabelle auf den ersten Streifen übertragen, nachdem von ihm die ursprüngliche Theilung entfernt worden war. Diese dritte Theilung, deren Fehler eine Secunde nicht überschreiten sollen, gilt als definitive Originaltheilung. *L. Grnm.*

W. Schur. Bestimmung der Theilungsfehler des Repsold'schen Meridiankreises der Strassburger Sternwarte. Astr. Nachr. CVI, Nr. 2532; [ZS. f. Instrk. III, 356-359†.

Der an der Seite der Klemme gelegene Kreis ist mit der horizontalen Axe durch Klemmschrauben fest verbunden und in Intervalle von 2 Minuten getheilt; der an der andern Seite der Axe befindliche Kreis, welcher durch einen Trieb drehbar ist und mit Klemmschrauben an jeder beliebigen Stelle festgeklemmt werden kann, ist in ganze Grade und nur an vier um 90° von einander entfernten Stellen auf je einen Grad Länge in 2 Minuten getheilt; auf die Mitten dieser vier Bogen zeigen, wenn der Kreis mittelst Niveau eingestellt ist, vier Mikroskope. Bei der Messung einer Sternhöhe wird der Kreis so gestellt, dass bei der Einstellung des Fernrohrs auf den Stern die Striche des getheilten Gradbogens, bei der Einstellung auf die Collimatoren und das Nadir oder auf das vom Quecksilberhorizont reflectirte Bild des Sterns ein Gradstrich am Nullpunkt des Mikroskops erscheint. Der Gradkreis dient für fundamentale Untersuchungen, der Zweiminutenkreis für gewöhnliche Zwecke, er braucht nur bezüglich des periodischen Charakters der Theilungsfehler untersucht zu werden. Hr. Schur bestimmte die Theilungsfehler für jeden fünften Grad. Es wurden stets drei aufeinanderfolgende Striche und zwar bei zwei entgegengesetzten Drehungen der Trommel eingestellt, und zwei diametral gegenüberliegende Mikroskope gleichzeitig von zwei Beobachtern abgelesen. Beobachter *A* las zuerst Mikroskop I (links oben), und Beobachter *B* Mikroskop III (rechts unten) ab, darauf *A* Mikroskop IV (links unten) und *B* Mikroskop II (rechts oben). Ferner fanden stets zweckmässig arrangirte Controlbeobachtungen statt. Wegen der Ausgleichungsrechnung — die Beobachtungssätze ergaben 56 Gleichungen mit 36 Unbekannten — muss auf die in den Astr. Nachr. gegebene ausführlichere Mittheilung verwiesen werden. Die gewonnenen Resultate sind in eine Tabelle zusammengefasst, welche fortan bei der Reduction der am Meridiankreise der Strassburger Sternwarte ausgeführten Beobachtungen zur Anwendung kommt. *L. Grnm.*

C. BAMBERG. Apparat zur Anfertigung von Mikrometerschrauben. ZS. f. Instrk. III, 238-241†.

Eine starke gusseiserne Platte trägt mittelst zweier Böcke ein sorgfältig bearbeitetes stählernes Prisma, auf welchem drei Reitstöcke S_1, S_2, S_3 verschiebbar und durch Druckschrauben feststellbar sind. Zwischen den Reitstöcken S_2 und S_3 ist, mit Spitzen in Hohlkörnern laufend, die stählerne Normalschraube von 10 mm Durchmesser und $\frac{1}{4}$ mm Ganghöhe gelagert, welche durch das auf ihr sitzende Zahnrad R_1 mittelst Kurbel und Zahnradgetriebe bewegt wird. Die mit Gewinde zu versehende Spindel wird zwischen die Reitstöcke S_1 und S_2 gleichfalls mit Spitzen in Hohlkörnern laufend eingespannt und erhält ihre Bewegung durch den Mitnehmer des dem Rade R_1 gleichen Rades R, welches lose auf der von dem Reitstocke S_2 getragenen Axe aufsitzt, die gleichzeitig die Hohlkörner für die Spitzen der Normalschraube und der zu schneidenden Spindel führt und in derselben Weise angetrieben wird, wie die Normalschraube. Letztere bewegt durch ihre horizontal getheilte Mutter einen starken, auf dem Prisma sicher geführten justirbaren Rahmen, welcher an seinem freien Ende eine Platte trägt, auf der über einer Durchbohrung die Kluppe in Schwalbenschwanzführung in verticalem Sinne beweglich ist. Die obere Schneidbacke der Kluppe ist durch eine mit einer getheilten Trommel versehene Kopfschraube nachstellbar, die untere dagegen nicht. Um mit derselben Normalschraube Gewinde von verschiedener Ganghöhe herstellen zu können, lässt sich das 20zähnige Rad r_1, durch welches das auf der Normalschraube sitzende Rad R_1 bewegt wird, gegen ein 30- resp. 40zähniges Rad vertauschen. Der zu schneidende Bolzen wird dann im Verhältnisse $\frac{2}{3}$ resp. $\frac{2}{4}$ langsamer gedreht, als die Normalschraube, während die Kluppe ebenso schnell fortschreitet als die Mutter auf der Normalschraube, wodurch also Ganghöhen von $\frac{3}{8}$ resp. $\frac{1}{2}$ mm erzeugt werden. Die Güte der erzeugten Schrauben hängt, abgesehen von dem tadellosen Gange der Räder, hauptsächlich von der Güte der Normalschraube ab. Letztere wurde unter Berücksichtigung aller Vorsichtsmaassregeln auf der Leitspindelbank hergestellt und mittelst eines besonderen Apparates zur Beseitigung der periodischen Fehler auf das Sorgfältigste regulirt.

L. Grnm.

J. Wanschaff. Apparat zur Anfertigung von Mikrometerschrauben. ZS. f. Instrk. III, 350-353†.

Mit dem stählernen Prisma *P* sind die beiden Lagerböcke, in denen die stählerne Normalschraube von 12 mm Durchmesser und $\frac{1}{4}$ mm Ganghöhe mit Zapfen drehbar, aber gegen Längsverschiebung gesichert ist, fest verschraubt. Auf das eine Ende der beiderseits über die Böcke hervorstehenden Normalschraube ist direct die Handkurbel aufgesteckt, während das andre einen Mitnehmer tragende Ende konisch zugespitzt und mit einem sorgfältig centrirten Hohlkörner versehen ist. Der aus zwei Kopfplatten und zwei Verbindungsstangen bestehende Rahmen wird mittelst Lappen, die das Prisma umfassen, und Stellschrauben, die die Lappen durchsetzen, längs der Seitenflächen des Prismas geführt. Die eine der Kopfplatten trägt anstatt einer Mutter aus Metall die beiden Backen aus Buchsbaumholz, welche, mit Hirnflächen in verticalem Sinne durch zwei Schrauben gegen die Normalschraube gepresst, mit ihren Fasern in die Gänge der letzteren eindringen. Die andre Kopfplatte, welche sich mittelst eines Stiftes auf das Prisma stützt, trägt in einem Schlitz die Kluppe, die in prismatischer Führung auf- und niederbewegt und ganz herausgezogen werden kann. Die zu schneidende Spindel wird einerseits direct in den Hohlkörner der Normalschraube, andrerseits in den Hohlkörner eines von einem Reitstocke getragenen cylindrischen Stiftes eingespannt und durch ein Herzstück mit dem Mitnehmer durch Schräubchen festgekuppelt. Mittelst geeigneter Justirungsvorrichtungen kann die Centrirung, die Parallelität der Axe der Normalschraube mit dem Prisma, resp. das Zusammenfallen der Axen der Normalschraube und der Werkspindel bewirkt werden. Durch einen am Rahmen passend angebrachten Anschlag, gegen welchen in einer gewissen Stellung des Rahmens die Kurbel stösst, lässt sich das Schneiden nach einer Seite hin begrenzen.

L. Grnm.

A. LEMAN. Bemerkungen zu den Aufsätzen der HHrn. BAMBERG und WANSCHAFF über Apparate zur Anfertigung von Mikrometerschrauben. ZS. f. Instrk. III, 427 bis 432†.

Bezugnehmend auf die beiden vorangehenden Aufsätze sucht der Verfasser zunächst auf theoretischem Wege die Grösse des Fehlers zu ermitteln, welcher durch nicht vollkommene Parallelität der Normalschraube und der Werkspindel entstehen kann. Es ergiebt sich, dass bei einer Länge der Normalschraube von 100 mm ein Winkel von 2° 1'.8 eine seitliche Verschiebung des einen Endpunktes derselben um mehr als 3.5 mm zur Folge haben würde, dass also schon der hundertste Theil dieses Betrages die Anwendbarkeit des WANSCHAFF'schen Apparates gefährden würde, wenn nicht die grosse Sorgfalt, die bei demselben der Parallelstellung von Normalschraube und Werkspindel gewidmet ist, das Auftreten solcher Fehler von vorneherein ausschlösse. Bezüglich des BAMBERG'schen Apparates (vergl. den vorvorhergehenden Bericht) sucht der Autor die in Folge der Excentricität der Zahnräder auftretenden periodischen Fehler zu bestimmen.

Es ergiebt sich hier, dass für $r_1 = 23$ mm und für die drei angewandten Uebersetzungsverhältnisse 1, $\frac{4}{3}$, 2 schon Excentricitäten von der Grösse

0.029 mm, bezw. 0.016 und 0.011 mm

bei den getriebenen Zahnrädern (und analog bei den treibenden) Fehler von merklicher Grösse hervorbringen können.

L. Grnm.

F. AUERBACH. WILLIAM THOMSON's Patentlothmaschine. ZS. f. Instrk. III, 120-121†.

Bei der THOMSON'schen Patentlothmaschine geschieht die Messung mittelst eines am unteren Ende der Leine befindlichen, in seinen Angaben von der Länge der abgelaufenen Leine gänzlich unabhängigen Druckmessers. Derselbe besteht im Wesentlichen aus einer oben verschlossenen Glasröhre, deren innere Wandung mit einem Belag von chromsaurem Silber versehen ist.

Durch den Druck des Wassers wird die Luft in der Röhre zusammengedrückt, und es dringt das Seewasser in dieselbe ein. In Folge dessen verwandelt sich die rothe Farbe des Belages bis zur Steighöhe des Wassers in eine gelblich weisse, und diese Farbenänderung giebt ein Maass für den Grad der Compression der Luft und demgemäss auch für die erreichte Tiefe. Der Apparat wird vor dem Gebrauche empirisch graduirt.

L. Grnm.

HOFFMANN. Nochmals die THOMSON'sche Lothmaschine. ZS. f. Instrk. III, 198-199†.

Der Verfasser theilt mit, dass die Anwendung der THOMSON-schen Lothmaschine für Tiefen von mehr als 4—500 m ungeeignet, dass sie dagegen für kleinere Tiefen, zur Orientirung auf flachem Wasser bei schneller wie bei langsamer Fahrt gute Dienste leistet; fast jedes Kriegsschiff der deutschen Marine ist deshalb mit einer solchen Maschine ausgerüstet. Der allgemeinen Einführung dieses nützlichen Hülfsmittels der Navigation steht indess leider sein hoher Preis hindernd im Wege. Auch die Entfärbung des Belages von chromsaurem Silber durch das Seewasser hat sich nicht immer vollständig sicher erwiesen; von stark angesüsstem Wasser, z. B. in der Ostsee, wird keine genügend scharfe Entfärbung bewirkt, auch bleicht die rothe Farbe bei längerer Aufbewahrung leicht aus. *L. Grnm.*

THOMAS MARCHER. Topograph oder autographischer Compass. Centrztg. f. Opt. u. Mech. 1882, Nr. 12; [ZS. f. Instrk. III, 32†.

Der Apparat hat den Zweck, die Geschwindigkeit und die Richtungsänderungen der Bewegung eines Schiffes selbstthätig zu registriren. Auf dem aus isolirendem Material hergestellten Kreise des Compasses sind zur Herstellung von Contacten mit der Magnetnadel in gleichen Abständen Metallspitzen angebracht, von denen aus Drähte zu dem eigentlichen Registrirapparat führen. Letzterer besteht im Wesentlichen aus einer von einem Geschwindigkeitsmesser (Log) getriebenen Walze, die eine mit Kaliumeisencyanür und Ammoniumnitrat getränkte Karte proportional der Schiffsgeschwindigkeit fortschiebt. Bei jeder Drehung des Schiffes um einen dem Abstand zweier Spitzen auf dem Compasskreise entsprechenden Winkel wird auf elektromagnetischem Wege ein Strom geschlossen und ein Punkt auf der Karte registrirt. Um ein richtiges Bild von der Schiffsbewegung zu gewinnen, muss der lineare Maassstab der Karte zur Wirklichkeit in demselben Verhältnisse stehen, wie die Geschwindigkeit ihrer Fortbewegung durch das Log zur Geschwindigkeit der Bewegung des Schiffes. *L. Grum.*

F. MILLER. Ein neues Kathetometer. ZS. f. Instrk. III, 409 bis 410†.

Auf einem schweren verstellbaren Dreifusse ist eine Stahlstange von quadratischem Querschnitt befestigt. Auf derselben lässt sich eine Hülse roh und fein verschieben und festklemmen, die an ihrem unteren Ende mit einem Fortsatze versehen ist, auf welchem das mit Niveau versehene Beobachtungsfernrohr montirt ist; das Fernrohr kann sowohl um eine horizontale als auch verticale Axe mikrometrisch gedreht werden. Ueber der vorhin erwähnten Hülse schiebt sich eine zweite Hülse, die mit einem nach entgegengesetzter Seite gelegenen Fortsatze versehen ist, auf welchem ein genau gleiches Beobachtungsfernrohr in derselben Weise montirt ist. Auch die zweite Hülse wird durch eine feine Mikrometerschraube bewegt. *L. Grnm.*

A. TERQUEM. Description du nouveau cathétomètre de M. DUMOULIN-FROMENT. J. de phys. (2) II, 496-503†.

Das Kathetometer, welches zur Messung von Längen bis zu einem halben Meter dient, zeichnet sich bei einfacher Construction durch eine grosse Stabilität aus. Anstatt mit Hülfe eines Nonius werden die Bruchtheile der Millimeter mittelst der mit Trommeltheilung versehenen Mikrometerschraube des Schlittenapparates gemessen. *L. Grnm.*

W. Werner. Die Winkelmessungen bei Tage und bei Nacht. ZS. f. Instrk. III, 225-237†.

Die Abhandlung bildet eine historische und kritische Zusammenstellung der von verschiedenen Beobachtern ausgeführten Versuche, die Nachtsignale in die praktische Geodäsie einzuführen. Nach einem kurzen Hinweis auf die älteren Versuche von Biot, Arago und Everest werden ausführlich behandelt die neueren Versuche von Hrn. Perrier und die im Auftrage der Coast and geodetic survey von Hrn. Boutelle angestellten Versuche, welche einen erschöpfenden Beitrag für die Vergleichung zwischen Tag- und Nachtbeobachtungen liefern, aus welcher an dieser Stelle nur hervorgehoben werden möge, dass man durch Einführung der Nachtbeobachtungen in den Stand gesetzt ist, die durch atmosphärische Einflüsse bedingten systematischen Aenderungen der Visirlinien zu verfolgen und die durch die Lateral-Refraction hervorgerufene Unsicherheit der Beobachtungsresultate quantitativ festzustellen. Auf Grund seiner Untersuchungen hält Hr. Boutelle die Stunden zwischen Sonnenuntergang und Mitternacht in jeder klaren Nacht am geeignetsten für die Beobachtungen. *L. Grnm.*

H. Bruns. Bemerkung zu dem Aufsatze des Hrn. W. Werner: „Die Winkelmessungen bei Tage und bei Nacht". ZS. f. Instrk. III, 308†.

Zur Beseitigung des von Hrn. Werner in dem vorhergehenden Aufsatze erwähnten Nachtheils, welchen ein zu helles Heliotropenlicht oder Nachtsignal bei geodätischen Messungen mit sich führt, schlägt Hr. Bruns das in der astronomischen Praxis längst angewandte Verfahren vor, die Dämpfung des Lichts seitens des Beobachters am Fernrohre durch Vorsetzen von Gitterblenden, Flortuch, Musselin, Drahtgaze etc. herzustellen.

L. Grnm.

F. LORBER. Ueber die Genauigkeit der Planimeter.
Oesterr. ZS. f. Bergw. XXXI. 1883; Civiling. (2) XXIX, 445-448; [ZS. f. Instrk. III, 440-441†.

Es wird vom Verfasser die geschichtliche Entwickelung der Planimeter, und zwar im ersten Capitel die des Linearplanimeters, im zweiten Capitel des Polarplanimeters und im dritten Capitel des Präcisions-Polarplanimeters gegeben und unter Bezugnahme auf frühere Abhandlungen des Verfassers (vergl. z. B. den vorigen Jahrgang dieser Berichte, S. 11-12) die Prüfung, Justirung und Anwendung der Instrumente besprochen und deren Genauigkeit discutirt. *L. Grnm.*

F. KLOHT. Ueber ein neues Planimeter.
D. R. P. Nr. 22558 vom 13. Sept. 1882; ZS. f. Verm. 1883, 97; [ZS. f. Instrk. III, 398, 406†.

Das Instrument ist eine Combination des Polar- und des Linear-Planimeters. Während beim Polarplanimeter sich das Messungsproduct aus einer linearen Grösse und dem absoluten Zahlenwerth einer Function des Winkels zwischen Pol- und Fahrarm zusammensetzt, kommt hier statt des letzteren die zu einer constanten Länge des Fahrarms gehörige lineare Grösse der Function zur Anwendung, so dass sich das Messungsproduct aus zwei linearen Factoren zusammensetzt, deren Multiplication nach dem Princip des Linear-Planimeters bewerkstelligt wird.
L. Grnm.

A. SCHELL. Die Methoden der Tachymetrie bei Anwendung eines Ocular-Filar-Schraubenmikrometers.
Wien: Seidel 8⁰.

Nach einem in der ZS. f. Math. u. Phys. enthaltenen ausführlichen Referate bereits im vorigen Jahrgang dieser Berichte, S. 9-10 vom Referenten besprochen. *L. Grnm.*

M. Thiesen. Normalmaasse für Nivellirlatten. ZS. f. Verm. 1883, 86-88†.

Nach einer Mittheilung von Hrn. Jordan hatten Vergleichungen, welche zu Bern zwischen einem Stahlmeter des Polytechnicums in Karlsruhe und einem Normalmeter der Eisenschiene des Berner Comparators ausgeführt worden waren, für die Länge des ersteren einen Werth ergeben, der um 0.034 mm grösser war, als er aus der früher von der Normal-Aichungs-Commission zu Berlin für ihn festgestellten Gleichung resultirte. Diese Differenz wird nun zwar, wie Hr. Thiesen auseinandersetzt, durch Annahme eines richtigeren Ausdehnungscoefficienten des Berliner Normalmeterstabes, etwas herabgedrückt, indess keineswegs vollständig erklärt. Ob das zu Bern angewandte Vergleichungsverfahren des Karlsruher Stahlmeters, der ein Endmaass ist, mit der Eisenschiene des Comparators grössere constante Fehler bedingt hat, konnte nicht untersucht werden, weil dasselbe von Hrn. Jordan nicht näher beschrieben ist. *L. Grnm.*

J. M. Fébar. Nivellirlatte. Scient. Amer. 6. October 1883; [ZS. f. Instrk. III, 440†.

Zwei identisch getheilte Holzlatten sind so mit einander verbunden, dass ihr Querschnitt die Form eines ⊤ hat. In der Mitte hat jede der beiden Latten einen Ausschnitt zur Aufnahme eines Niveau, mit deren Hülfe die Latte vertical gestellt werden kann. Die Beobachtung erfolgt mittelst eines einfachen Handfernrohrs. *L. Grnm.*

A. Borkowski. Entfernungsmesser. D. R. P. Nr. 20324; [Dingl. J. CCXLVII, 252-253†.

Der Entfernungsmesser besteht aus zwei über einander angeordneten Winkelspiegelpaaren s_1, s_2 und s_3, s_4, von denen je zwei Spiegel s_1, s_3 und s_2, s_4 durch je einen Schlitz in den Gehäusewänden von einander getrennt sind, und von welchen das obere Paar einen etwas grösseren oder kleineren Winkel ($45^{\circ} \pm \alpha$) mit einander bildet, als das untere Paar (45°); für Entfernungen von 2000 bis 3000 Schritt ist α am besten zu 34.4 Minuten, bei grösseren Distanzen jedoch kleiner zu wählen. *L. Grnm.*

R. RIEMER und J. WEYDENER. Entfernungsmesser.

D. R. P. Nr. 21921; [ZS. f. Instrk. III, 297†.

Auf einem Schlitten sind über einander zwei Fernrohre angeordnet, von denen das untere senkrecht und das obere unter demjenigen Winkel zur Scalenrichtung steht, welcher dem Verhältniss der Gesammtlänge der Scale zu einer bestimmten Länge entspricht. Visirt man das Object, dessen Entfernung gemessen werden soll, zunächst mit dem untern Fernrohr an und verschiebt alsdann den Schlitten soweit, bis das Object auch in dem obern Fernrohr erscheint, so liefert die Verschiebungslänge die gesuchte Entfernung. *L. Grnm.*

PRÜSKER's Messinstrument für topographische Aufnahmen.

DINGL. J. CCL, 111-114†.

Eine ausführlichere Beschreibung der Einrichtung und Handhabung des Instrumentes, welches im Wesentlichen im vorigen Jahrgang dieser Berichte, S. 44, vom Referenten besprochen ist. *L. Grnm.*

Der v. PASCHWITZ'sche Distanzmesser. DINGL. J. CCXLVIII, 135†.

Es werden einige kleinere Verbesserungen am PASCHWITZschen Distanzmesser, dessen Einrichtung und Gebrauch im XXXV. Jahrgang dieser Berichte, S. 31-32, vom Referenten beschrieben worden ist, mitgetheilt. *L. Grnm.*

E. Grüneberg's Taschen-Kanalwaage. D. R. P. Nr. 20217; [Dingl. J. CCXLVII, 20†.

Der Apparat wird von einer in sich zu einem Ringe geschlossenen Röhre gebildet, welche an den Visirstellen erweitert und mit zwei den ganzen Hohlraum je zur Hälfte einnehmenden, sich nicht mischenden Flüssigkeiten von verschiedener Farbe und Dichte gefüllt ist. *L. Grnm.*

O. v. Holck. Instrument zum Doppelwinkelmessen. D. R. P. Nr. 18856; [Dingl. J. CCXLVII, 71-72†.

Die Einrichtung des Instruments ist bereits im vorigen Jahrgange dieser Berichte, S. 14, vom Referenten beschrieben worden.

L. Grnm.

E. Bensberg. Entfernungsmesser, D. R. P. Nr. 23237 vom 9. Januar 1883; [ZS. f. Instrk. IV, 72-73†.

Um die Entfernung des Punktes *B* von *A* auszumessen, wird zunächst *B* mittelst des auf dem Nullpunkte eines Maassstabes in *A* befindlichen Fernrohrs anvisirt, hierauf das Fernrohr um 90° gedreht und senkrecht zur jetzigen Visirlinie mittelst eines Hülfsinstruments ein Spiegel aufgestellt. Dann wird der Spiegel um 45° gedreht und nun das Fernrohr auf dem Maassstab so lange verschoben und entsprechend gedreht, bis man durch dasselbe das vom Spiegel reflectirte Bild von *B* erblickt.

L. Grnm.

J. Hensler. Entfernungsmesser. D. R. P. Nr. 26517 vom 18. September 1883; [ZS. f. Instrk. IV, 329†.

An zwei Fernrohren sind parallel zu deren Visiraxen Maassstäbe und vor den Objectivgläsern Spiegel derartig angebracht, dass in letzteren je der Maassstab des nicht zugehörigen Fernrohres beobachtet werden kann, während gleichzeitig durch Oeffnungen in den Spiegeln das Object anvisirt wird.

L. Grnm.

J. VOIGT. Maassstab-Zirkel. D. R. P. Nr. 22397 vom 16. Juli 1882; [ZS. f. Instrk. III, 336†.

Um schnell auf einen Radius von verlangter Länge einstellen zu können, lässt sich in dem einen hohlen Zirkelschenkel eine die Gradtheilung des Nonius in Spirallinien tragende Welle mittelst eines im Zirkelkopfe befindlichen Getriebes drehen resp. an dem neben einem Schenkelschlitze befindlichen Maassstab verschieben. *L. Grnm.*

M. THIESEN. Zur Theorie der Waage und Wägung. ZS. f. Instrk. III, 81-89†.

In Fortsetzung eines früheren Artikels über denselben Gegenstand (s. diese Berichte XXXVIII, 21) erörtert der Verfasser in dem vorliegenden Aufsatze auf theoretischem Wege den Einfluss der Axenneigung auf die Wägungen und gelangt zu dem Resultate, dass der Einfluss einer schiefen Lage der Wagenaxen erstens in einer Aenderung des Gesetzes der Empfindlichkeit der Wage besteht, zweitens darin, dass Aenderungen in der Lage des Schwerpunktes der Last Aenderungen in der Gleichgewichtslage und Empfindlichkeit der Wage bedingen, und drittens in einer scheinbaren Aenderung der Schwerkraft. Die beiden erstgenannten schädlichen Einflüsse lassen sich durch eine richtige Wahl des Punktes, um welchen die Drehung der Schalen stattfindet resp. durch eine sorgfältige Construction der Gehängearretirung beseitigen, während der dritte Einfluss für die Wägung nicht von wesentlicher Bedeutung ist. *L. Grnm.*

JOSIAH PARSONS COOKE. A simple method of correcting the weight of a body for the buoyancy of the atmosphere when the volume is unknown. Proc. Amer. Acad. XVIII, 55-60; SILL. J. (3) XXVI, 38-43†; [ZS. f. Instrk. IV, 68 bis 70†; [Chem. News XLVIII, 39-41; [J. chem. soc. XLVI, 13-14; [ZS. f. anal. Chem. XXIII, 187-188.

Handelt es sich nur um relative Gewichtsbestimmungen eines Körpers, so kann man auch ohne Kenntniss seines Volumens die durch Temperatur- und Druckschwankungen bedingte Correction wegen des Luftauftriebes in folgender Weise bestimmen. Nimmt man 30 Zoll als Normalbarometerstand an, so entspricht einer Zunahme desselben von $\frac{1}{10}$ Zoll (ca. 2.5 mm) eine Zunahme der Dichtigkeit und demgemäss auch des Auftriebes der Luft von $\frac{1}{300}$ des Gesammtwerthes. Nimmt man ferner als Normaltemperatur 27° C. (300° der absoluten Temperaturscale) an, so entspricht einer Temperaturabnahme von 1° C. gleichfalls eine Zunahme der Dichtigkeit und also auch des Auftriebes der Luft von $\frac{1}{300}$ des Gesammtwerthes. Stellt man daher mit einem und demselben Körper mehrere Wägungen bei möglichst verschiedenen Temperaturen und Barometerständen an und reducirt dieselben auf normalen Druck und normale Temperatur, unter Berücksichtigung, dass einer Temperaturdifferenz von 1° C. eine Druckdifferenz von $\frac{1}{10}$ Zoll entspricht, so lässt sich leicht für den Körper eine Constante ermitteln, mit deren Hülfe Wägungen, die unter verschiedenen meteorologischen Verhältnissen angestellt sind, auf einander reducirt werden können. *L. Grnm.*

P. Stückrath. Waage zur graphischen Aufzeichnung veränderlichen Gewichtes. ZS. f. Instrk. III, 95-99†.

Diese zum selbstthätigen Registriren veränderlichen, und zwar continuirlich abnehmenden Gewichts dienende Wage ist von Hrn. Stückrath speciell zu dem Zweck construirt worden, das Brennen einer Kerze während 4- bis 5 Stunden mit Hülfe einer von der Wage verzeichneten Curve verfolgen zu können, um daraus auf die Gleichmässigkeit des Materialverbrauchs, beziehentlich auf die Güte und Gleichmässigkeit des Kerzenmaterials Schlüsse ziehen zu können. In einem allseitig geschlossenen Wagekasten befindet sich eine gute chemische Wage, deren Balken mit seiner Mittelaxe in einer dachförmig ausgeschliffenen Achatpfanne auf einer festen Säule ruht, und auf dessen Endschneiden die beiden Gehänge mit ebensolchen dachförmigen Pfannen ruhen. Das linke Gehänge trägt eine gewöhnliche

Schale, das rechte dagegen zwei Schalen über einander und noch eine Hülse, welche durch eine in der oberen Deckscheibe des Kastens befindliche Oeffnung hindurchgeht und zur Aufnahme des Lichthalters dient. Vor dem Balken, in der Höhe der Axe, befindet sich auf der rechten Seite ein mit 40 äquidistanten Einschnitten versehenes Reiterlineal. Am linken Ende des Balkens ist eine gleichzeitig als Gegengewicht für das Reiterlineal dienende Contactvorrichtung angeschraubt, welche bei einem bestimmten Ausschlag des Balkens einen elektrischen Strom schliesst und auf elektromagnetischem Wege ein Uhrwerk auslöst, welches den Zweck hat, zunächst den Wagebalken zu arretiren, sodann den auf dem Reiterlineal sitzenden Reiter mittelst eines Transporteurlineals um einen Einschnitt weiter nach der Endschneide zu rücken und hierauf den Balken wieder frei zu lassen. Ist der Reiter auf diese Weise nach und nach nach 39 Umläufen des Uhrwerks bis zum 39. Einschnitt gelangt, so findet er bei seiner weiteren Transportirung keinen Einschnitt und wird vom Transporteurlineal abgeworfen; gleichzeitig aber mit dem Abwerfen des Reiters wird dem Transporteur ein neuer Reiter so dargeboten, dass dieser ihn beim nächsten Umgang des Uhrwerks auf den ersten Einschnitt des Reiterlineals aufsetzen kann. Dies geschieht nun mit Hülfe eines zweiten Uhrwerks, welches also immer dann einen Umgang macht, wenn das erste deren 40 vollendet hat. Ein näheres Eingehen auf diese äusserst sinnreich erdachte und präcis ausgefürte Contact- und Auslösungsvorrichtung, sowie eine genauere Beschreibung der Wirkungsweise des Transporteurmechanismus ist ohne complicirte Zeichnung nicht gut möglich, es muss deshalb auf die Originalabhandlung verwiesen werden. Die Zeitintervalle, welche zwischen den aufeinanderfolgenden Umgängen des ersten Uhrwerks verfliessen und welche gleichen Gewichtsabnahmen des Lichtes entsprechen, werden durch einen Registrirapparat graphisch dargestellt. Zu diesem Zwecke ertheilt das Uhrwerk bei jedem Umgange mittelst Winkelgetriebe einer Schraube ohne Ende eine Umdrehung, wobei die den Schreibstift tragende Mutter um je einen Gang fortgeführt, und auf einer von einem gewöhnlichen

Pendeluhrwerk getriebenen, mit Papier umkleideten Trommel eine kurze gerade Linie beschrieben wird. *L. Grnm.*

Ueber Waagen und Wägungen. [ZS. anal. Chem. XXII, 63-67, 546-548†; [Chem. News XLVII, 165-166†.

Enthält kurze Referate über die in der ZS. f. Instrk. I, 84-90, 313-326, II, 358, 365, 385-389, III, 81-89 erschienenen Abhandlungen, welche vom Referenten in diesen Berichten XXXVII, 25-29, XXXVIII Abth. I, 20-21, XXXIX Abth. I, 31-32 besprochen worden sind, sowie einige kleinere von Hrn. Rumann angegebene Constructionen bezüglich der Verwendung grösserer Reitergewichte, der Scaleneinrichtung und der Schwimmkörper bei Wagen.

L. Grnm.

H. Mohr. Controlapparat mit Zählwerk und Uhr zum selbstthätigen Registriren vorgenommener Wägungen. D. R. P. Nr. 22715; [ZS. f. Instrk. III, 370†.

Ein zwischen Schneide und Pfanne der Wage eingeschalteter Winkelhebel lässt sich durch ein Schiebgewicht so justiren, dass er bei einer gewissen Belastung der auf ihm ruhenden Pfanne eine Winkelbewegung macht, welche durch Hebelvermittelung ein Zählwerk oder eine Controluhr beeinflusst. *L. Grnm.*

J. F. Kadow. Neuerungen an der durch das Patent Nr. 8551 geschützten Doppel-Winkelhebelwaage. D. R. P. Nr. 23046; [ZS. f. Instrk. III, 446†.

Bei geringen Schalenbelastungen wird eine grössere und bei grossen Belastungen eine kleinere Scale zur Ablesung des Gewichts benutzt. Dies wird dadurch erreicht, dass mittelst eines Handwirbels und daran sitzenden Armes auf die die beiden Winkelhebel verbindende Platte (vergl. den vorhergehenden Bericht) ein Gewicht aufgesetzt oder von der Platte abgehoben wird, je nachdem bei starker Belastung eine kleinere oder bei geringer Belastung eine grössere Scale dienen soll.

L. Grnm.

Skalenwaage von Hrn. E. UBRIG in Berlin.

D. R. P. Nr. 21787; [DINGL. J. CCXLIX, 278†.

Die Gewichtsschale wird durch einen längeren nach unten staffelförmig dicker werdenden Kegel gebildet. Als Gewichte dienen durchlochte Scheiben, die sich in einem Gefässe mit durchbrochenem Boden befinden. Ist letzteres gehoben, so spielt der Staffelkegel frei in den Oeffnungen der Gewichte, wird es aber mittelst eines Hebels gesenkt, so bleiben die Scheibengewichte der Reihe nach auf den Vorsprüngen des Kegels liegen bis zum Einspielen der Wage. Die Senkung des Gefässes bietet also ein Maass für die Belastung der Wage.

L. Grnm.

A. PICART. Nouvelle disposition du système de bascule romaine, à curseur automatique. C. R. XCVII, 252†.

Diese neue Anordnung der römischen Schnellwage besteht darin, dass der Unterstützungspunkt des Wagebalkens und die beiden Aufhängepunkte der Wageschale und der Brücke in einer Geraden liegen, welche ein wenig oberhalb der geometrischen Axe des Wagebalkens der letzteren parallel verläuft.

L. Grnm.

J. RADEMACHER. Neuerung an Federwaagen.

D. R. P. Nr. 23505 vom 13. März 1883; [ZS. f. Instrk. IV, 73†.

Zur genaueren Ablesung kleinerer Belastungen der Wage ist die Zeigerscale mit bezüglich ihrer Länge abnehmenden Theilintervallen versehen.

L. Grnm.

EMIL UBRIG. Neuerungen an der durch das Patent Nr. 8551 geschützten Doppel-Winkelhebelwaage.

D. R. P. Nr. 21010; [ZS. f. Instrk. III, 186†.

Die Winkelhebel sind durch ein in der Mitte beschwertes Stück verbunden, so dass letzteres durch ein Gelenkparallelogramm geführt wird, dessen 4 Schneiden parallel und nahezu vertical sind. Zur Vermeidung von Längsverschiebungen zwischen Pfanne und Schneide ragt die Holzplatte der letzteren in einen schwalbenschwanzförmigen Einschnitt der Pfanne. *L. Grnm.*

E. Ubrig's Federwaage. D. R. P. Nr. 25378 vom 11. März 1883; [Dingl. J. CCLII, 113†.

Um innerhalb eines grösseren Belastungsgebietes genau wägen zu können, kommen bei der Ubrig'schen Federwage mehrere Federn zur Wirkung. Der die Wageschale tragende, parallel geführte Rahmen hängt mittelst der eingeschalteten inneren Feder am Gehäuse. Ist dieser Rahmen unter einer bestimmten Last um eine entsprechende Länge gesunken, so stösst er auf einen mit der äusseren Feder verbundenen Flansch, und es werden nunmehr bei weiterer Belastung beide Federn in Anspruch genommen. *L. Grnm.*

S. Post. Neuerungen an Waagen. D. R. P. Nr. 20693; [ZS. f. Instrk. III, 149-150†.

Behufs Parallelführung des Gehänges belasten Wägeobject und Gewicht nur die eine Seite unter constantem Druck, da für das Wägeobject entsprechende Gewichte fortgenommen werden. Der untere Gestängetheil ist deshalb mit dem feststehenden Lagerbrett durch ein in Schneiden ruhendes Gelenk verbunden.

L. Grnm.

A. Davis' Wagenkrahn in Quebeck (Canada). Dingl. J. CCXLVII, 318†.

Der Krahn dieser grossartigen Krahnconstruction, deren mit Kessel und Dampfmaschine versehener Krahnwagen auf 14 Rollen läuft, hat eine Tragfähigkeit von 85 Tonnen (1 Tonne gleich 1000 kg), eine Ausladung von etwa 15 m und eine Hubhöhe von 9 m und dient dazu, eine mit Eisenbahnfahrzeug beladene Dampffähre über eine Entfernung von 10 m durch die Luft auf das Ufergeleise zu befördern. *L. Grnm.*

Dopp's bezw. Ward's Krahnwaage. D. R. P. Nr. 19071 bezw. Nr. 19497; [Dingl. J. CCXLVII, 414-415†.

Die Dopp'sche Einrichtung der Krahnwage zeigt die im Allgemeinen für Wagen übliche Hebelübersetzung, zeichnet sich aber durch eine compendiöse Anordnung der Hebel, sowie durch leichte Zugänglichkeit zu den Pfannen, Schneiden und Zapfen aus. Bei der Ward'schen Krahnwage kommt statt der Hebelübersetzung ein Prisma zur Verwendung, welches in einem Eckpunkte so aufgesetzt ist, dass eine seiner Diagonalen wenig gegen die Verticale geneigt ist. Das dadurch auftretende Drehungsmoment wirkt einer an einem Hebel angreifenden Feder entgegen und wird mittelst Hebel und Zahnradgetriebe auf einen über einer Scale spielenden Zeiger übertragen. *L. Grnm.*

Wägeapparat für Eisenbahnfahrzeuge. Dingl. J. CCXLVII, 68-69†.

Die von Hrn. Gutmann construirte Wage ist durch ihre entlang den Schienen stattfindende Aufstellungsart für alle Geleisstellen anwendbar. Das Rad des Fahrzeuges wird von einer Klaue gefasst, die sich auf den Wagenhebel stützt und den von der Last ausgeübten Druck mittelst einer in ihrer Länge regulirbaren Zugstange auf ein Hebelwerk überträgt. *L. Grnm.*

J. Krutwig's neue Waage. Dingl. J. CCXLIX, 85†.

Das Neue an der Wage soll darin bestehen, dass mit dem getheilten Wagebalken noch zwei ebenfalls getheilte parallele Leisten verbunden sind zur Aufnahme von Reitergewichten.

L. Grnm.

Franz Karl Lukas. Neue Methode zur Berechnung der Excentricität bei astronomischen Instrumenten und Uhren. Arch. d. Math. LXX, 268-280†.

Mittelst umständlicher und für den praktischen Gebrauch wenig geeigneter Rechnungen wird die Lösung des in der Ueberschrift angegebenen Problems erreicht. *L. Grnm.*

A. Battandier. L'unification de l'heure. Mondes (3) IV, 404-406†.

Es wird auf die vielfachen Unzuträglichkeiten hingewiesen, die besonders in maritimer Hinsicht dadurch auftreten, dass die einzelnen Nationen ihre Zeitangaben auf verschiedene Meridiane beziehen. Dieselben würden nur durch eine auf internationalem Wege zu treffende Vereinbarung über die Annahme eines Null-Meridians gehoben werden können. *L. Grnm.*

J. F. Tennant. On the change in the adopted unit of time. Month. Not. XLIV, 42-43†.

Der Aufsatz soll erst im Zusammenhange mit den darauf bezüglichen in den Month. Not. XLIV, 82-85, 1884 enthaltenen Bemerkungen der HHrn. J. C. Adams und A. Cayley im nächsten Jahrgange dieser Berichte besprochen werden. *L. Grnm.*

T. S. und J. D. Negus. Regeln zur Behandlung von Chronometern. Ann. d. Hydr. XI, 16-22; [ZS. f. Instrk. III, 175-176†.

Die oben genannten Chronometer-Fabrikanten geben folgende Vorsichtsmaassregeln für die Behandlung von Chronometern:

Schnelle horizontale Drehungen sind zu vermeiden; dieselben können Aenderungen des Chronometerstandes im Betrage von 1 bis 50 Secunden und eine Verlangsamung des Ganges bis zu einer Secunde zur Folge haben. — Die Chronometer sollen stets in ihren Transportkästen bleiben, welche nur beim Ablesen der Zeit und beim Aufziehen zu öffnen sind, und nie in der Nähe von Magneten und Kompassen aufbewahrt werden.

Chronometer, deren Werke 54 bis 56 Stunden gehen, sollen täglich und möglichst zu derselben Zeit, solche, welche 8 Tage gehen, nur einmal wöchentlich aufgezogen werden. — Um ein Chronometer in Gang zu setzen, vermeide man die Zeiger zu verstellen, sondern warte die entsprechende Zeit ab und bringe es dann durch ungefähr eine halbe Drehung in der Ebene des Zifferblattes in Gang. — Beim Transport der Chronometer durch die Eisenbahn soll die Unruhe festgestellt werden. — Die Chronometer sollen mindestens alle $3^1/_2$ Jahre gereinigt und geölt werden. Als Oel wenden die HHrn. Negus eine nicht näher angegebene Mischung des aus der Kinnlade des Delphins (Delphinus phocaena Linn.) gewonnenen Oeles mit anderen Oelen von etwas grösserer Consistenz an. *L. Grnm.*

(V. Knorre.) Zur Verminderung der Temperatur-Störungen bei Quecksilbertropfen-Contacten für Uhren. ZS. f. Instrk. III, 26-27†; [Elektr. ZS. IV, 310.

Eine der gewöhnlichsten Contactvorrichtungen zur elektrischen Registrirung der Pendelschwingungen einer Uhr besteht aus einem in einem kleinen metallischen Näpfchen befindlichen Quecksilbertropfen, welchen ein mit dem Pendel der Uhr verbundenes Platinblättchen in gewissen Schwingungsphasen durchschneidet. Das Näpfchen ist durch ein enges communicirendes Rohr mit einem Quecksilberreservoir verbunden, in welchem ein Stempel mittelst Schraube auf- und niederbewegt werden kann, um den alten Tropfen, wenn er verstaubt oder oxydirt ist, überfliessen zu lassen und durch einen neuen zu ersetzen. Die Grösse des Tropfens ändert sich nun aber in Folge der Temperaturschwankungen fortwährend; und diese fortwährende thermische Volumenänderung übt einen störenden Einfluss auf den Gang der Uhr; bei niedrigen Temperaturen kann ein Versinken des Quecksilbertropfens in die Verbindungsröhre erfolgen, so dass ein Contact nicht mehr stattfindet.

Zur Beseitigung dieser Uebelstände liess nun Hr. Knorre

dicht unter dem Tropfen einen Hahn anbringen, welcher die Communication des Tropfens mit dem Reservoir zu unterbrechen gestattet. Nach Abschluss des Hahnes ist das Quecksilberquantum so klein, dass die Aenderung des Volumens innerhalb des extremsten vorkommenden Temperaturintervalls keinen merklichen Einfluss hat.

Diese Einrichtung in Verbindung mit guten Condensatoren, durch welche der Extrastromfunken bei den Strom-Unterbrechungen und -Schlüssen fast ganz beseitigt wird, hat sich in letzter Zeit gut bewährt. *L. Grnm.*

George Rümker. Bericht über die sechste auf der Deutschen Seewarte im Winter 1882-83 abgehaltene Concurrenzprüfung von Marine-Chronometern. Ann. d. Hydr. XI, 347-353†.

An der in der Zeit von October 1882 bis April 1883 in der IV. Abtheilung der Deutschen Seewarte (Chronometer-Prüfungs-Institut) veranstalteten sechsten Concurrenzprüfung von Marine-Chronometern haben sich 7 deutsche Fabrikanten durch Einsendung von 25 Chronometern betheiligt. Die Chronometer wurden jeden zweiten Tag um 10 Uhr vormittags von einem Beobachter mit der Normaluhr der Sternwarte vermittelst des Registrirapparates auf chronographischem Wege verglichen, ausserdem wurde an jedem Dekadentage von einem zweiten Beobachter eine Controlvergleichung ausgeführt, während die zur Ermittelung des Standes der Normaluhr nothwendigen Zeitbestimmungen am Passagen-Instrumente der Sternwarte angestellt wurden. Die Chronometer wurden innerhalb des Temperaturintervalls von +5° C. bis +30° C. von 5 zu 5° C. untersucht; die Schwankungen in den Tagestemperaturen erreichten nur in seltenen Fällen den Betrag von 1.5° C., an zwei Tagen kamen grössere bis zu 4.5° C. ansteigende Differenzen vor. Die aus der Vergleichung mit der Normaluhr resultirenden Gänge der Chronometer wurden zu 10tägigen Gangsummen vereinigt, deren Beträge in zwei Tabellen, geordnet nach der Zeit und nach den Beobachtungstemperaturen übersichtlich zusammengestellt und nach bei früheren Prüfungen auseinandergesetzten Gesichtspunkten (s. diese Berichte, XXXIV, 17-18) discutirt. Besonders ausgezeichnet, sowohl rücksichtlich der Compensation als auch der Acceleration, erwiesen sich während der Prüfungsperiode zwei von MATTHIAS PETERSON in Altona verfertigte Chronometer, No. 96 und No. 89, deren Gangschwankungen in den Dekadengängen innerhalb der für eine gute Pendeluhr zulässigen Grenzen blieben. Ueberhaupt ergiebt sich aus der Concurrenzprüfung ein für die Deutsche Chronometer-Industrie höchst erfreuliches Resultat, dem zu Folge die Leistungen derselben — soweit das vorliegende Beobachtungsmaterial reicht — denjenigen der anderen Nationen voranstehen. *L. Grnm.*

BÖRGEN. Ueber die Aenderung der Temperatur-Coefficienten der Chronometer. Ann. d. Hydr. XI, 401-403†.

Aus einem Berichte des Verfassers über die Chronometer-Untersuchungen des Observatoriums zu Wilhelmshaven im Winter 1882/1883, in welchem unter Anderem das Verfahren der Berechnung der Temperaturcoefficienten an der Hand eines Beispieles in ausführlicher Weise auseinandergesetzt wird, ergiebt sich, dass die Temperaturcoefficienten aller Chronometer im Laufe eines Jahres mehr oder weniger grosse, zum Theil sehr bedeutende Aenderungen erfahren haben, welche indess, obschon sich über deren Grösse und Sinn keine Regel aufstellen lässt, die reelle Bedeutung der Temperaturcoefficienten selbst nicht in Frage stellen. Wichtiger und bedeutender als die Aenderungen der Temperaturcoefficienten sind die scheinbar regellosen Aenderungen, welche der Anfangsgang g_0 (bei der Temperatur $+15^\circ$ C.) der Chronometer während einer Reise erfährt. Bis zu einem gewissen Grade sollen sich indess auch diese Veränderungen von g_0, wie der Verfasser in einem späteren Aufsatze auseinander zu setzen verspricht, im Voraus bestimmen und in Rechnung ziehen lassen. *L. Grnm.*

J. F. TENNANT. On humidity as a cause of variation of rate in chronometers. Month. Not. XLIV, 22-24; 73†; [Athen. 1883, Nr. 2925, p. 639-640.

Vergleichende Beobachtungen, welche vom Verfasser in Indien zwischen dem Gange eines von THOMAS FLETSCHER in London verfertigten Chronometers und den vom Meteorologischen Observatorium veröffentlichten Tagestemperaturen angestellt worden waren, liessen eine Abhängigkeit des Ganges des Chronometers von der Temperatur nicht erkennen, wohl aber von der Luftfeuchtigkeit, indem stets bei oder nach heftigem Regen ein langsamerer Gang beobachtet wurde. Beim Uebergang von feuchtem zu trocknem Wetter fand ein entsprechender Wechsel des Ganges des Chronometers statt. Ob die Luftfeuchtigkeit als einzige Ursache der Störungen anzusehen war, liess sich schwer entscheiden. Der Verfasser vermuthet, dass das Chronometeröl mehr oder weniger hygroskopisch ist, dass es bei feuchtem Wetter flüssiger wird, und dass dem zu Folge die Oscillationen grösser werden und der Gang verlangsamt wird. Es wäre zu untersuchen, ob und welche Chronometeröle hygroskopisch sind, resp. ob sie es im tropischen Klima, welches auf einige Substanzen (z. B. Gummi elasticum) anders wirke, als das europäische, werden können.

Diese Annahme des Autors wird durch zahlreiche Beobachtungen, welche Hr. F. CHAMBERS in Bombay an einigen 60 Chronometern angestellt hat, bestätigt. *L. Grnm.*

Chronograph von DEPRETZ. [ZS. f. Instrk. III, 397-398† nach L'Electricien 1883, 449-499.

Als Zeitmessapparat dient eine Stimmgabel, die auf elektrischem Wege erregt wird und ihre Schwingungen auf einen Cylinder verzeichnet. Eine grössere Anzahl (10 oder 20) Elektromagnete, die mit Schlittenführung auf einer Schiene neben dem Registrircylinder angeordnet sind und die Bewegungen der Registrirstifte verursachen, sind ausser mit der Stimmgabel mit 10 resp. 20 Manometern, die im Geschützrohr enden, verbunden.

Die Wirkungsweise des Apparats, der dazu dienen soll, den zeitlichen Verlauf des Druckes im Geschützrohre zu beobachten, ist aus dem Inhalt des vorliegenden Referates nicht recht verständlich. *L. Grnm.*

N. F. DUPUIS. Construction of a clock intended to show both mean and sidereal time. Roy. Soc. of Canada; [Nature XXVIII, 283†.

Enthält nur eine kurze Notiz. *L. Grnm.*

A. HEBERLE's Hemmungssystem für Uhren. D. R. P. Nr. 19365; [DINGL. J. CCXLVII, 71†.

Behufs Verminderung der Reibung ist der Durchmesser des Cylinders, gegen welchen die Steigradzähne während der Ruhe anliegen, kleiner, ferner der Hebelarm, vermittelst dessen das Steigrad den Impuls der Unruhe ertheilt, grösser als bei der Cylinderhemmung. *L. Grnm.*

Neuerungen an Vorrichtungen, um Uhren mit einander in Uebereinstimmung zu bringen. D. R. P. Nr. 22539 vom 4. November 1882; [ZS. f. Instrk. IV, 73. 1884†.

Mittelst einer elektromagnetischen Vorrichtung kann ein Frictionsrad, welches bei gewöhnlicher Stellung durch eine Feder gegen das Zeigerrad angedrückt wird, abgezogen und die Einwirkung des Uhrwerks auf den Zeiger aufgehoben werden.
L. Grnm.

LANGE's Keyless watches. Engineering XXXVI, 497-498†.

Beschreibung einer sicheren und zweckmässigen Befestigungsvorrichtung für Kette und Taschenuhr. *L. Grnm.*

James Jackson. Table of different velocities expressed in metres per second. Nature XXVIII, 604†; Mondes (3) VI, 186-188†.

H. Baden Pritchard. Table of different velocities. Nature XXVIII, 612†.

Hr. Jackson giebt eine interessante tabellarische Zusammenstellung der Geschwindigkeiten von fast allen im Universum beobachteten Bewegungen, ausgedrückt in Metern pro Secunde.

L. Grnm.

Bréguet's Elektrischer Wassergeschwindigkeitsmesser. Génie civil III, 198; [Dingl. J. CCXLIX, 94-95†.

Die verticale Axe eines Schaufelrädchens trägt an ihrem unteren Ende einen Hufeisenmagneten, der einen zweiten horizontal über ihm gelegenen und um eine horizontale Axe beweglichen Hufeisenmagneten bei jeder Umdrehung des letzteren anzieht; hierbei schliesst der obere Magnet jedes Mal einen ein Zählwerk enthaltenden elektrischen Stromkreis. *L. Grnm.*

Valessie's Geschwindigkeits-Controlapparat. Portef. écon. des machines 1882, 182; [Dingl. J. CCXLVII, 318-320†.

An der Hand einer Zeichnung wird der vom Schiffskapitän Hrn. Valessie ersonnene und vom Mechaniker Hrn. P. Garnier in Paris ausgeführte Apparat zur Regulirung der mittleren Geschwindigkeit der Bewegungen einer Schiffsmaschiene, dessen wesentliche Einrichtung vom Referenten bereits im XXXIV. Jahrgange dieser Berichte, S. 19-20, besprochen worden ist, beschrieben. *L. Grnm.*

Meurisse. Vélocimètre nautique. C. R. XCVI, 1091†.

Die Construction des Instruments, welches dazu dient, an Stelle des Logs die Geschwindigkeit eines Schiffes zu messen, beziehentlich zu registriren, beruht auf der Anwendung des Centrifugalregulators. *L. Grnm.*

HILDEN's Geschwindigkeitsmesser für Eisenbahnen.

D. R. P. Nr. 20703; [DINGL. J. CCXLVII, 325-326†.

Dieser Geschwindigkeitsmesser kann mittelst Riemen und Riemenscheibe von der Locomotivradaxe aus getrieben werden. Die Umdrehungen der letzteren resp. die vom Rade zurückgelegte Strecke wird durch einen Zeiger an einer entsprechend eingetheilten Scheibe markirt, während die entsprechende Zeit durch eine Sanduhr, deren Auslaufszeit bekannt ist, und deren Umstellung sich durch Vermittelung der Theilscheibe selbstthätig vollzieht, angegeben wird. *L. Grnm.*

H. EHRHARDT's Geschwindigkeitsmesser.

D. R. P. Nr. 22324; [DINGL. J. CCL, 347-348†.

Bei diesem zur Messung der Geschwindigkeit von Eisenbahnzügen dienenden Apparate wird, wie bei früher besprochenen Apparaten (s. z. B. diese Berichte XXXVIII Abth. I, 34), die Geschwindigkeit einer rotirenden Welle durch die Höhe einer Flüssigkeitssäule gemessen, welche durch ein von der Welle (Locomotiv- oder Wagenradaxe) aus bewegtes Flügelrad emporgetrieben wird. Für die in der Praxis vorkommenden Geschwindigkeiten bis zu 75 km in der Stunde beträgt die Länge der empirisch graduirten Scale zur Messung der Flüssigkeitshöhen etwa 350 mm.

L. Grnm.

Geschwindigkeitsmesser von C. PIEPER in Berlin.

D. R. P. Nr. 19431; [DINGL. J. CCXLVII, 371-372†.

Der Apparat beruht auf dem Principe des Centrifugalregulators. Durch die sich bewegende Schwungradsmasse wird mittelst Rolle und Schnurlauf ein Laufgewicht längs einer Scale auf- und abbewegt. *L. Grnm.*

La vitesse kilométrique des chemins de fer.

Rev. scient. (3) V, 87-89†.

Aus einer vergleichenden Zusammenstellung der Fahrgeschwindigkeiten der Eisenbahnen verschiedener europäischer

Bahnlinien ergiebt sich, dass von den französischen Eisenbahnen im Mittel ein Weg von etwa 1 km in der Minute zurückgelegt wird, dass die Eisenbahnen in Deutschland und England nahezu dieselbe Fahrgeschwindigkeit besitzen, dass dagegen die Geschwindigkeit der italienischen und russischen Bahnen eine beträchtlich geringere ist. *L. Grnm.*

C. Resio. Le dynamographe électrique ou appareil enregistreur du travail des machines. C. R. XCVI, 1361 bis 1363†; [Cim. (3) XIV, 61; [Chem. News XLVII, 246.

Der Dynamograph setzt sich aus zwei Theilen zusammen, dem Uebertrager und dem Empfänger oder Registrirapparat. Der Uebertrager besteht aus einer auf der Maschinenaxe angebrachten einfachen mechanischen Vorrichtung, welche einen die Axe umfassenden Ring längs derselben mittelst Torsion der Art gleiten lässt, dass die Verschiebungen proportional der Torsion sind. Eine seitlich vom Ringe parallel zur Axe befindliche Metallstange fasst zwischen zwei Backen den Rand des Ringes und macht demgemäss die der Maschinenaxe parallelen Bewegungen mit, deren Grösse der Torsion proportional sind. Mittelst eines an der Metallstange passend angebrachten Index werden diese Bewegungen auf elektrischem Wege auf einen Registrirapparat übertragen, welcher eine Curve verzeichnet, deren Ordinaten der Torsion, und deren Abscissen der Winkelgeschwindigkeit proportional sind. *L. Grnm.*

C. V. Boys' registrirender Arbeitsmesser. Iron XXII, 280; [Dingl. J. CCLI, 202-204†.

Der Apparat hat den Zweck, die auf den Kolben einer Dampfmaschine in einem beliebigen Zeitraume übertragene Arbeit zu messen. In einem kleinen Cylinder, dessen beide Enden mit den Cylinderenden der zu untersuchenden Dampfmaschine verbunden werden, wird durch eine Schraubenfeder ein leicht beweglicher Kolben in einer mittleren Stellung gehalten, wenn die Pressungen oberhalb und unterhalb des Kolbens gleich sind, die

Feder also in keiner Richtung belastet ist. Ueberwiegt die Pressung oberhalb und unterhalb des Kolbens, so wird die Feder proportional der Belastung zusammengedrückt oder ausgedehnt, die Stellung des Kolbens giebt demnach in jedem Augenblick ein Maass für den auf den Maschinenkolben wirkenden resultirenden Druck. Die Kolbenstange ist am oberen Ende durch Gelenkverbindung mit einer Registrirvorrichtung versehen, durch welche die Stellung des Kolbens auf einer Trommel verzeichnet wird, die die Bewegung des Dampfkolbens in verkleinertem Maassstabe mitmacht. *L. Grnm.*

Ch. V. Boys. Neuerungen an elektrischen Apparaten zum Messen der Quantität von Elektricität, welche durch einen Leiter geführt wird. D. R. P. Nr. 19520 und und Nr. 21446; [ZS. f. Instrk. (3) III, 402-403†.

Eine Axe, welche mittelst Sperrklinke und Sperrrad ein Zählwerk treiben kann, trägt eine mit kreisförmig gebogenen Eisenstücken versehene Unruhe, die durch die anziehende Wirkung zweier vom Strome durchflossenen Spiralen bewegt wird. Zur Ueberwindung der die Schwingungen schwächenden Reibungswiderstände sind zwei weitere Spiralen angeordnet, durch welche von Zeit zu Zeit mittelst einer von der Axe in Thätigkeit versetzten Contactvorrichtung ein Strom geleitet wird, wodurch die schwingenden Segmentstücke einen neuen Bewegungsimpuls erhalten. *L. Grnm.*

S. auch Abschnitt V. 30.

Neuerungen an Arbeitsmessern. Dingl. J. CCXLVIII, 393 bis 399†.

Es wird eine Zusammenstellung verschiedener Constructionen von Kraftmessern gegeben, über welche zum Theil in diesen Berichten (vergl. z. B. XXXV, 34, XXXVIII Abth. I, 35-36 sowie die unmittelbar vorhergehenden Referate) referirt worden ist.

L. Grnm.

J. Imray. Integrating apparatus. Patent 5519; [Engineering XXXVI, 48-49†.

C. Vernon Boys. On meters for power and electricity. Electrician XI, 110-112, 186-188†; Engineer LV, Nr. 1432; CBl. f. Elektrot. VI, Nr. 2.

Es wird die Anwendbarkeit der von den HHrn. Abdank-Abakanowicz in Paris und C. Vernon Boys in London construirten Integratoren (vergl. die vorhergehenden Referate, sowie diese Berichte XXXVII, 42-43) auch für Probleme der Elektrotechnik auseinandergesetzt. *L. Grnm.*

Ayrton and Perry. Dynamometers. Electrician XII, 155; ZS. f. angew. Elektr. 1882.

Das Instrument ist im Wesentlichen ein Dynamometer, dessen feste Spule aus wenigen Windungen starken Drahtes besteht, während die bewegliche aus vielen Windungen eines dünnen Drahtes gebildet ist und einen Widerstand von etwa 100 Ohm hat. Die feste Spule wird in den Hauptstromkreis z. B. einer elektrischen Lampe eingeschaltet, die bewegliche steht mit den Polklemmen der Lampe in Verbindung; der in ihr circulirende Strom kann der Potentialdifferenz e der Klemmen proportional gesetzt werden; das Instrument misst also das Product $e.i$, die Theilung ist angefertigt nach $\frac{e^{\text{Volt}}.i^{\text{Ampère}}}{736}$ d. h. nach Horse powers. *L. Grnm.*

Bremsdynamometer von E. Brauer. D. R. P. 19309; [Dingl. J. CCXLVII, 200-201†.

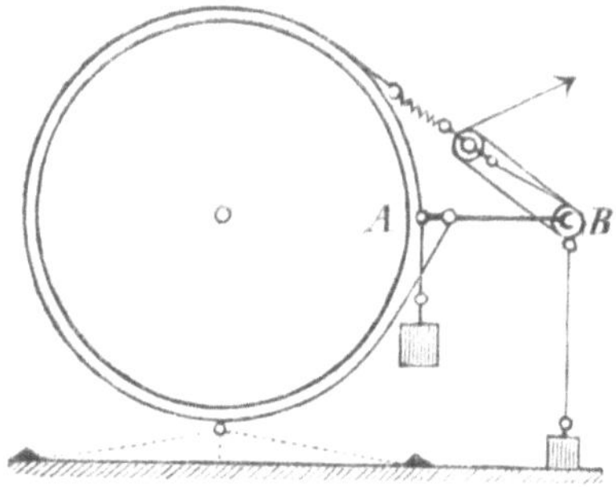

Das Bremsband ist mit dem einen Ende an demjenigen Punkte A eines Hebels befestigt, an welchem zugleich das Bremsgewicht angehängt ist, das andere Ende nahe daran, während ein dritter Punkt (Tangentialpunkt) des

Bandes mit dem Hebel bei *B* verbunden ist durch eine Feder und einen Flaschenzug, dessen freies Ende entweder in die Hand genommen oder derart über eine feste Rolle geführt wird, dass die Verlängerung des Seilendes durch die Axe des Bremsrades geht. In Folge der selbstthätigen Regulirungsvorrichtung erfolgt das Spiel des Bandes ruhig und bleibt auf einen kleinen Schwingungsbogen beschränkt. *L. Grnm.*

W. C. UNWIN. A Flexible Band Dynamometer.

Rep. Brit. Ass. LIII, 656; [Engineering XXXVI, 331†.

An dem einen Ende des Bremsbandes wirkt ein Gewicht, das andere Ende ist mit einer Federwage verbunden.

L. Grnm.

ZUPPINGER's Kraftmesser. DINGL. J. CCXLVII, 480-481†.

Das Instrument dient zur Messung der in einer Wellentransmission fortgeleiteten Kraft und ist nach Art der Scheibenkuppelungen gestaltet. Die beiden Scheiben *c* und *d* sitzen fest auf den sich gegenüberstehenden Enden der Antriebswelle resp. der zu treibenden Welle. Bei Beginn der Kraftmessung ziehen die an der Scheibe *c* diametral angegossenen Lappen die auf der Nabe von *d* befestigten Federn an und biegen sie entsprechend der Kraft durch. Gleichzeitig wird von den Lappen mittelst über Rollen geleiteter Schnüre ein im hohlen Theile der Antriebswelle befindlicher Kolben verschoben, und die Grösse dieser Verschiebung von einem Zeigerring an einer Scale angezeigt. *L. Grnm.*

OSCAR GUTTMANN. Kraftmesser für direct explodirbare Sprengstoffe. DINGL. J. CCL, 118-123†.

Nach einer Discussion der verschiedenen zur Prüfung von Sprengmitteln dienenden Apparate und mehrerer mit denselben angestellten Versuche geht der Verfasser zur Beschreibung eines von ihm construirten Apparates über, bei welchem das auch schon früher von den Obersten DE MONTLUISANT und DE REFFYE angewandte Princip verwendet wird, dass durch die Explosionskraft des Pulvers ein Bleicylinder in einen conischen Kanal gepresst wird. *L. Grnm.*

A. WALTHER's Dynamometer für Spinnereimaschinen etc. D. R. P. Nr. 19064; [DINGL. J. CCXLVII, 282†.

Das Dynamometer, welches den Kraftbedarf einer Maschine während des vollen Ganges ohne Stoss zu messen gestattet, wird zwischen Riemen und Welle innerhalb einer Riemenscheibe angeordnet und benutzt zur Messung die Federkraft von zwei diametral gegenüberstehenden Paaren von Spiralfedern.

L. Grnm.

A. v. OBERMAYER. Vorlesungsversuche mit einem Dynamometer. Rep. d. Phys. XIX, 499-504†.

Nach dem Vorgange von Hrn. MAREY führt der Verfasser zur Veranschaulichung mechanischer Vorgänge einige Vorlesungsversuche mittelst einer Verbindung eines Dynamographen und eines MAREY'schen tambour à levier aus. Eine Kapsel aus Messing oder Neusilber ist mit einer feinen Kautschukmembran überspannt, auf welcher ein Aluminiumplättchen ruht, welches durch zwei Gelenke mit einem Schreibhebel verbunden ist. Aus der Kapsel tritt ein Röhrchen aus, welches durch einen Kautschukschlauch mit dem Dynamographen verbunden wird. Letzterer besteht aus einer der Feder des BURG'schen Dynamographen ähnlichen aber schwächeren Feder, deren einer Arm ein Plättchen trägt, welches auf der Kautschukmembran einer am andren Arm des Dynamographen angebrachten MAREY'schen Kapsel leicht aufliegt; der hohle Stiel der letzteren enthält ein mehrfach durchlöchertes Röhrchen, welches mit einem dasselbe abschliessenden Plättchen durch eine schwache Spiralfeder gegen die Innenseite der Kautschukmembran gedrückt wird. Diese Kapsel communicirt durch ein Röhrchen mit dem MAREY'schen tambour à levier. Wird die Feder gespannt, so wird die Luft comprimirt, und die Spannung auf den Schreibhebel übertragen, dessen Spitze auf einem rotirenden, mit berusstem Papier überzogenen Cylinder eine Curve verzeichnet. Mittelst dieser Vorrichtung erläutert der Verfasser die Arbeit, welche geleistet wird beim Heben eines Gewichtes aus freier Hand mit und ohne Geschwindigkeit, beim Heben eines Gewichts mit Hülfe einer Rolle, beim Treiben einer Influenzmaschine und Aehnliches. *L. Grnm.*

J. E. Stead. Ein neues Chromometer. Engineering XXXV, 459; Chem. News XLVII, 286; [ZS. f. Instrk. III, 436†.

Zur Bestimmung geringer Mengen von Kohlenstoff im Eisen oder Stahl bedient sich der Verfasser folgender Vorrichtung: Auf einem verticalen Gestell sind zwei Glasröhren parallel neben einander aufgestellt; die eine Röhre ist an beiden Enden offen und taucht mit ihrem unteren Ende durch einen Kautschukstopfen hindurch bis auf den Boden einer mit der Normal-Farblösung gefüllten Flasche. Neben dieser Röhre befindet sich eine Scale; die zweite Glasröhre, welche die zu untersuchende Flüssigkeit enthält, ist nur oben offen und unten geschlossen. Mittelst einer Druckvorrichtung wird die Normalfarblösung aus der Flasche in die erstere Glasröhre soweit in die Höhe getrieben, bis die Farben beider Lösungen in einem oben am Gestell unter einem Winkel von 45° angebrachten Spiegel gleich erscheinen. Aus der Höhe der an der Scale abzulesenden Normal-Farblösung soll sich dann der Procentgehalt an Kohlenstoff ermitteln lassen. *L. Grnm.*

1A. Laboratoriumseinrichtungen.

Julius Loewe. Ueber die Aufbewahrung von Sauerstoffgas im Zinkgasometer. Wied. Ann. XVIII, 176†.

Um das Sauerstoffgas im Gasometer vor einer Verunreinigung mit Kohlensäure oder mit sauren Dämpfen aus der Luft zu schützen, bringe man 20 bis 30 g frisch gelöschten Kalk als Pulver in einen starken Leinwandbeutel, und hänge ihn, nachdem er zugeschnürt, in der Nähe der Ausflussröhre des Wassergefässes des Gasometers auf; die Kohlensäure, sowie die sauren Dämpfe, welche das Wasser des Gasometers mit der Zeit aus der Luft absorbirt, werden dann durch das Kalkhydrat absorbirt.

L. Grnm.

L. G. de Saint-Martin. Sur une forme spéciale des gazomètres. Bull. soc. chim. XXXIX, 377-384; [ZS. anal. Chem. XXIII, 56-57†.

Die durch zwei Gegengewichte balancirte Gasometerglocke taucht in einen durch zwei Cylinder gebildeten, ringförmigen Raum, welcher mit einem kleinen Behälter in Verbindung steht, der dazu dient, bei jedem Stande der Glocke die Absperrflüssigkeit auf constantem Niveau zu erhalten. Dadurch ist man in der Lage, nur wenig Sperrflüssigkeit anzuwenden und demgemäss die Absorption und Diffusion fremder Gase möglichst zu beschränken. Die Glocke, welche oben ein kleines Manometer trägt, bewegt sich zwischen zwei Führungsschienen, von denen die eine mit einer Scale versehen ist, welche die in dem Gasometer vorhandene Gasmenge in Litern angiebt. *L. Grnm.*

J. W. Clark. A new mercury destiller. Engineering XXXVI, 562†.

Die Einrichtung des Clark'schen Quecksilberdestillirapparates unterscheidet sich nur unwesentlich von der von Hrn. Weinhold (s. diese Berichte XXXV, 35-36) und Anderen angegebenen Form. Das zu destillirende Quecksilber fliesst aus einem beweglichen Reservoir, einem der Mariotte'schen Flasche ähnlichen Regulator für constantes Niveau, in den Destillirapparat.

L. Grnm.

E. E. Robinson. Automatic filtration. Chem. News XLVIII, 262; [ZS. f. Instrk. IV, 172†.

Ueber das Ende des längeren Schenkels des die Waschflüssigkeit in den Trichter überführenden Hebers ist ein Stückchen Kautschukschlauch gezogen, in welchen der enge conische Hals einer kleinen Glaskugel eingeführt wird, die auf der Flüssigkeitsoberfläche im Trichter schwimmt und bei einem bestimmten Niveaustande derselben einen Verschluss bildet. Sinkt das Niveau im Trichter, so sinkt auch der Schwimmer, der Verschluss öffnet sich, und es fliesst so lange Flüssigkeit zu, bis der Schwimmer wieder zu seinem Niveau gehoben ist, u. s. f. *L. Grnm.*

R. RICHTER. Ueber einen mit Wasserdampf heizbaren Saugtrichter und eine Vorrichtung zum Kühlen von Sublimationsflächen. J. f. prakt. Chem. (2) XXVIII, 309-310†.

1. Zum schnellen Filtriren dient ein Saugtrichter, dessen verlängerter Hals in ein weiteres Glasrohr angeschmolzen ist, an welchem seitlich das mit einer Saugpumpe zu verbindende Rohr sitzt. Wird dieser Saugtrichter mit dünnem Bleirohr umwickelt, so kann er, mit Wasserdampf geheizt, mit Vortheil zum Filtriren von schwer löslichen Substanzen angewandt werden, ohne dass sich der Trichterhals durch ausgeschiedene Substanz verstopft, da derselbe nicht direct mit dem kühlenden Kork, sondern mit warmer Luft in Berührung ist.

2. Zur Sublimation werden auf einem geheizten Sandbad zwei gut auf einander passende Uhrgläser aufgestellt, von denen das obere, als Sublimationsfläche dienende mittelst einer aus spiralförmig aufgewickeltem Bleirohr dargestellten Kühlschlange durch einen kräftigen Wasserstrom gekühlt wird.

L. Grnm.

F. WRIGHT und W. MARKIE. Apparat für Glasgebläse. Engineering vom 8. Decbr. 1882; [ZS. f. Instrk. III, 70-71†.

Die Verfasser haben, veranlasst durch das steigende Bedürfniss nach Glasutensilien für wissenschaftliche Zwecke und besonders nach Incandescenzlampen, einen Apparat für Glasgebläse construirt, bei welchem comprimirte Luft aus einem Reservoir mittelst Hahn und Ventil zur Verwendung kommt.

Auf einer Metallbank sind zwei Supporte montirt, von denen der eine fest, der andre mittelst Trieb und Zahnstange gegen den ersten verschoben werden kann. Jeder Support ist mit einer hohlen Spindel versehen, welche durch einen Motor in Rotation versetzt werden können, und welche die zu formenden Glastuben oder Glasstäbe auf passenden Ansätzen aufnehmen. Eine Löthrohrvorrichtung kann mittelst Zahngetriebe längs derselben bewegt und durch Drehung um eine verticale Axe unter beliebigem Winkel gegen dieselben geneigt werden. Ist die Löthrohrflamme auf irgend einen Theil der Röhre gerichtet, so kann der erhitzte Theil durch Hin- und Herbewegung des einen Supports ausgezogen resp. dicker gepresst werden. Indem man Luft unter bestimmtem Druck aus dem oben erwähnten Reservoir in eine der beiden Spindeln oder in beide einlässt, kann der Glastubus an dem erhitzten Theil zu einer beliebigen, von der Bewegung des Supports abhängenden Form aufgeblasen werden. — Der Apparat soll bei der Anfertigung von Incandescenzlampen bei der Hammond Electrical Light Company ausgedehnte Anwendung finden. *L. Grnm.*

A. Gawalowski. Scheidetrichter und Fettbestimmungsapparat. ZS. anal. Chem. XXII, 30-33†; [Chem. CBl. (3) XIV, 364†.

Um Flüssigkeiten von verschiedenen specifischen Gewichten, welche sich gegenseitig nicht lösen (Oele, Fettsäuren, Wasser) von einander bequem und scharf trennen zu können, bedient sich der Verfasser eines Scheidetrichters, welcher an seinem unteren Ende zwei Hähne hat, zwischen denen sich ein kleiner Hohlraum befindet. Der obere Hahn H_1 hat ausser seiner gewöhnlichen Durchbohrung (senkrecht zur Axe) nach Art des Dreiweghahns noch eine zweite Durchbohrung längs der Axe, die eine Communication des kleinen Hohlraums mit der äusseren Luft herzustellen gestattet. Man lässt zuerst die untere (wässerige) Flüssigkeit, durch den unteren Hahn H_2 auslaufen, während der obere Hahn in gewöhnlicher Weise geöffnet ist und schliesst dann den unteren Hahn. Das in dem kleinen Hohlraum befindliche Wasser- und Oelgemisch scheidet sich, indem das Oel langsam in Tröpfchen aufsteigt und Wasser dafür niedersinkt. Nun bringt man durch Drebung des oberen Hahnes H_1 den Hohlraum mit der äusseren Luft in Verbindung und öffnet dann den Hahn H_2. *L. Grnm.*

J. Habermann. Ueber Destillationsapparate und einige Neuerungen an denselben. Verh. d. naturf. Ver. Brünn XXI, 1. Heft, 51-67†.

Im ersten Theile der Abhandlung beschreibt der Verfasser nach einer etwas breit gehaltenen Erörterung der für die zweckmässigste Construction eines Kühlers nothwendigen Bedingungen den von ihm construirten Kühler, bei welchem nicht eine Kühlröhre, sondern, wie auch schon bei älteren Apparaten, ein ganzes System (etwa 7) von 25 cm langen und 4 bis 5 cm weiten Kühlröhren verwendet ist; letztere durchsetzen mit ihren offenen Enden kreisförmige Metallplatten, welche die Grundflächen von mit cylindrischen Ansätzen versehenen Kegeln bilden. Die Kühlröhren werden von einem an diese Metallplatten anliegenden, mit zwei Ansatzröhren versehenen Metallmantel vollständig umhüllt.

Im zweiten Theile wird ein für fractionirte Destillation geeigneter Kühler beschrieben, bei welchem, zur Erzielung einer möglichst grossen Kühlfläche für die aufsteigenden Dämpfe, in den zur Verlängerung des Kolbenhalses dienenden Glasaufsatz dünne Bleche aus Kupfer, oder Silber oder Platin eingeschoben sind, welche sich federnd an die Innenwand des Aufsatzes anlegen. *L. Grnm.*

V. v. Lang. Notizen über physikalische Apparate.

Der Verfasser beschreibt ein zweckmässig eingerichtetes Modell zur Demonstration der Uhrregulirung, sowie zwei elektromagnetische Apparate zur Demonstration der Rückwirkung bei geradliniger Bewegung und bei der Drehung. *L. Grnm.*

VICTOR MEYER. Vorlesungs- und Laboratoriums-Notizen. III. Ber. d. chem. Ges. XVI, 3000-3001†.

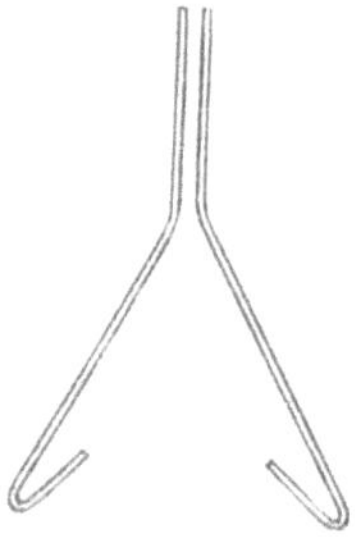

Als Schutzvorrichtung beim Abdampfen von Flüssigkeiten zum Zwecke der quantitativen Analyse hängt der Verfasser über die Abdampfschalen Trichter von nebenstehender Form; die verdampfende Säure entweicht zum grössten Theil, während der durch Condensation niedergeschlagene Theil sich in der Umbiegung des Trichters sammelt. *L. Grnm.*

Neuere Apparate für Laboratorien. DINGL. J. CCL, 160-168†.

Es werden mehrere einfache Apparate für Laboratoriumszwecke beschrieben: ein breitflammiger Brenner, einige Apparate zur Destillation, zur Bestimmung der Dampfdichte, des specifischen Gewichtes, sowie Wasser- und Luftbäder.

L. Grnm.

H. MICHAELIS. Eine Quecksilberzelle als Ersatz für Gummischlauchverbindung. DINGL. J. CCXLVII, 35-36†.

Um zwei Glasröhren *A* und *B* gasdicht und zugleich leicht beweglich mit einander zu verbinden, schlägt der Verfasser folgende, besonders bei Anwendnng von Gummi lösenden Extractionsmitteln praktische Vorrichtung vor: Die Röhre *A* wird an ihrem unteren Ende etwas erweitert, so dass sie in einer Länge von 1 bis 2 cm über Röhre *B* gestülpt werden kann; auf letzterer wird ein an beiden Enden offenes Rohr, etwa von der Weite eines Reagenzglases, mittelst Kork befestigt und soweit mit Quecksilber gefüllt, dass das Niveau desselben ungefähr gleich hoch unter der Mündung von *B* und über der Mündung von *A* steht.

L. Grnm.

A. SCHIFF und F. MILLER. Apparat zum Kalibriren von Glasröhren. Centrztg. f. Opt. u. Mech. 1883, Nr. 10, 110†; [ZS. f. Instrk. III. 326†.

Auf einem etwa 30 cm langen mit 3 Stellschrauben versehenen Brette ist eine starke in Millimeter getheilte Schiene befestigt, längs welcher sich ein mit Ablesemikroskop und Nonius versehener Schlitten mikrometrisch verschieben lässt. Zur Aufnahme der Glasröhren dienen zwei abgeschrägte Leisten, welche genau parallel zur Schiene festgeschraubt sind. *L. Grnm.*

L. TESDORPF. Horizontalstellung mit nur zwei Stellschrauben ohne Anwendung von Federn und Stengelhaken. D. R. P. Nr. 21798; [ZS. f. Instrk. III, 297†.

Ein Untersatz steht mit zwei Platten in Verbindung, die um cylindrische Axen, welche unter sich im Winkel von 90° stehen, bewegt werden können; und zwar wird jede Platte bewegt durch je eine vertical stehende Stellschraube, deren Lagerstücke wiederum in cylindrischen Lagern ruhen. *L. Grnm.*

T. T. MORRELL. Eine neue Gasgebläselampe. ZS. anal. Chem. XXII, 73†.

Der untere Theil derselben ist wie bei den gewöhnlichen Bunsen'schen Brennern eingerichtet, die Mischröhre mündet zur Erzielung einer vollständigen Mischung von Gas und Luft in ein kleines durch eine beliebige Kraft zu treibendes Centrifugalgebläse. Die Austrittsröhre kann unter beliebigem Winkel geneigt werden; auf dieselbe lassen sich, um eine breite oder spitze Flamme zu erhalten, verschiedene Spitzen aufsetzen.

L. Grnm.

W. RAMSAY. A long-flame Bunsen burner. Chem. News XLVIII, 2; [Chem. CBl. (3) XIV, 770; [ZS. f. Instrk. IV, 66-67†.

Zur Erhitzung kurzer Verbrennungsröhren wird eine etwa 20 cm lange horizontale Messingröhre mittelst eines Ansatzstückes auf einen Bunsen-Brenner gesetzt. Die Röhre ist der Länge nach gespalten, an beiden Enden geschlossen und mit 2 entsprechend ausgeschnittenen Trägern zur Aufnahme der Verbrennungsröhre versehen. Um die Messingröhre greift eine in 4 Theile geschnittene Messinghülse, welche ebenfalls der Länge nach gespalten ist. Durch passende Verschiebung der Hülsen lässt sich die Flamme bequem reguliren und in ihrer Breite verändern. *L. Grnm.*

Karl Abraham. Eine Bürette für Flüssigkeiten, welche Kautschuk angreifen. ZS. anal. Chem. XXII, 28-30†.

Sie besteht aus einem graduirten Cylinder und einem heberartig gebogenen Glasrohr, welches mittelst eines Ringes an dem Cylinder so befestigt ist, dass es mit geringer Reibung auf- und abbewegt werden kann. *L. Grnm.*

A. Gawalowski. Die Heberbürette. Chem. CBl. (3) XIV, 806-807†.

Das Messrohr trägt in dem doppelt durchbohrten Korke einerseits ein Heberrohr, andrerseits ein kurzes Blaserohr.

L. Grnm.

Eugen Borgmann. Spritzflasche für heisses Wasser. ZS. anal. Chem. XXII, 60-61†; [Arch. d. Pharm. CCXXI, 212; [Polyt. Notizbl. XXXVIII, 140.

Die Spritzflasche hat einen dreifach durchbohrten Gummistopfen. In der einen Oeffnung befindet sich ein gewöhnliches Steigrohr, in der zweiten ein gläserner Durchlasshahn und in der dritten Oeffnung ein Blaserohr, welches an seinem im Innern der Flasche befindlichen Ende erweitert und mit einem Bunsenschen sich nur nach der Flasche öffnenden Kautschukventil versehen ist. *L. Grnm.*

W. A. SHENSTONE. A Modified LIEBIG's Condenser. J. chem. soc. XLIII, 123; [ZS. anal. Chem. XXIII, 52-53†; [Chem. CBl. (3) XIV, 161†.

In ein weites vom Kühlwasser zu durchfliessendes Glasrohr ist mittelst eines breiten Korkes das innere Glasrohr eingesetzt, in welches nahe unterhalb des Korkes ein etwas engeres nach oben ragendes Glasrohr eingeschmolzen ist, so dass sich zwischen beiden Röhren eine etwa 1 cm hohe Rinne bildet. In diese mündet ein seitliches Rohr, welches verschlossen werden kann, so dass der Apparat zugleich als Kühlrohr und als Rückflusskühler benutzt werden kann. *L. Grnm.*

J. SOBIECSKY. Hahn für Standflaschen mit destillirtem Wasser, Aspiratoren etc. ZS. anal. Chem. XXII, 229-231†; [ZS. f. Instrk. III, 324†; [Chem. CBl. (3) XIV, 777†.

In die mit einem seitlichen Abflussrohre versehene Glasröhre *A* ist einerseits durch einen Kork die Glasröhre *B*, andrerseits ebenfalls durch einen Kork der Glasstab *C* gesteckt. Gegen das kegelförmige und mit Kautschuk umhüllte Ende des Glasstabes lehnt sich das erweiterte Ende der Glasröhre *B*, so dass *B* und *C* wie ein Kegelventil wirken, wenn die Röhre *A* mit dem die Glasröhre *B* nur lose umschliessenden Korke längs der Glasröhre *B* bewegt wird, deren freies Ende in den Gummistopfen des Aspirators oder der Standflasche fest eingesteckt ist.

L. Grnm.

G. HEROTIZKY. Polklemme. D. R. P. Nr. 26452 vom 21. Aug. 1883; [ZS. f. Instrk. IV, 330†.

Die für die Kohlenelektrode bestimmte Polkemme besteht aus einem Holzbügel, durch dessen einen Schenkel eine Klemmschraube und durch dessen andern Schenkel ein isolirter Draht führt; letzterer ist an einen Goldknopf angelöthet, der gegen die Kohle gepresst wird. *L. Grnm.*

LINDSAY's Beisszange für Drath etc. Allg. J. d. Uhrmacherkunst 1883, Nr. 22, aus „Techniker"; [ZS. f. Instrk. III, 224†.

Die vier einzelnen Hauptstücke der Zange bestehen aus Stahl. Die beiden Handgriffe sind durch einen Drehstift mit einander und durch zwei andere mit den Armen der eigentlichen Zange verbunden und wirken demgemäss wie ein Kniehebelgelenk. Durch eine Bandfeder wird die Zange für gewöhnlich offen gehalten. Zur Schonung der Schneidekanten, deren Bewegung immer genau parallel ist, wird die Schliessbewegung durch einen Stift zwischen den beiden Griffhebeln beschränkt. *L. Grnm.*

(HÄNTZCHEL.) Handbohrapparate mit Kuppelungsmechanismus. ZS. f. Instrk. III, 287-288†.

Um schnell und möglichst ohne Reibungsverlust mit Handbohrapparaten arbeiten zu können, bringt der Verfasser bei denselben Bremskuppelungsmechanismen zur Anwendung.

L. Grnm.

EUGEN V. GOTHARDT. Ein einfaches Stativ für GEISSLER-sche Spectralröhren. Centrztg. f. Opt. u. Mech. 1883, Nr. 13, 146-147†; [ZS. f. Instrk. III, 320-321†.

Eine zweckmässig angeordnete Vorrichtung, um ohne Ausschaltung des Inductoriums eine grössere Anzahl trommelartig angeordneter Spectralröhren nach einander vor den Spalt des Spectralapparats zu bringen und in den Stromkreis einzuschalten.

L. Grnm.

Litteratur.

Travaux et mémoires du bureau international des poids et mesures, publiés sous l'autorité du comité international par le directeur du bureau. Tome I. Paris: Gauthier-Villars 1881. 4°. [ZS. f. Met. XVIII, 178-184.

Bereits im vorvorigen Jahrgang dieser Berichte (XXXVII, 4-9 und 736-737) nach dem Original vom Referenten besprochen. *L. Grnm.*

F. KOHLRAUSCH. An Introduction to Physical Measurements. 2nd edit. Translated from the 4th German edit. by Thomas Hutschison Waller and Henry Richardson Procter. London: Churchill. 352 S. 8⁰.

A. WITZ. L'école pratique de physique, cours de manipulations de physique préparatoire à la science. Paris: Gauthier-Villars. 506 S. 8⁰.

E. C. PICKERING. Elements of Physical Manipulations. 2 Parts. London: Macmillan & Co. 8⁰.

CAMPBELL. Alcuni istrumenti per proiezioni di scuola. Atti R. Acc. dei Lincei Mem. (3) XIII, 124-128.

F. Y. EDGEWORTH. The Law of Error. Phil. Mag. (5) XVI, 300-309.

— — The Method of Least Squares. Phil. Mag. (5) XVI, 360-375.

F. BESSELL. Ueber Zahl und Maass. Berlin: Habel.

CONSTANTIN RODENBACH. La coudée, étalon linéaire des Égyptiens: I sous les Pharaons, II sous les Ptolomées, les Romains et les Arabes. Bruxelles: Librairie C. Muquardt. 68 S. 4⁰ u. 1 Taf. — Auszug aus der Arbeit, welche der Acad. de Belg. unter dem Titel eingereicht wurde: L'Etalon prototype universel des mesures … Ueber diese Arbeit wurde in der Sitzung vom 4. Juli 1874 berichtet. S. auch diese Berichte XXX, 13-14.

VASCHY. Sur les unités mécaniques et électriques. Ann. tél. X, Nr. 3. 4.

E. MALAPERT. Dimensions des unités électriques en fonction des unités fondamentales. Nancy: Berger-Levrault & Co. 68 S. 8⁰.

G. LEONHARDT. Eine neue optometrische Methode und ihre Anwendung auf die Praxis. Leipzig: Engelmann.

BREUSING. Ueber die Geschichte des Nonins. Jorn. de sc. math. e astr. (Teixeira) III (?).

W. A. ROGERS. Studies in Metrology. Proc. Amer. Acad. XVIII, 287-298.

W. A. ROGERS and G. F. BALLON. On a Convenient Method of expressing micrometrically the Relations between English and Metric Units of Length on the same Scale. Proc. Amer. Ass. 1881. XXX, 116.

W. A. ROGERS. Definitive determination of the Relation: Imperial Yard + 3.37030 = the meter of the archives. Proc. Amer. Ass. Minneapolis.

— — A Study of the Centimeter marked „A", prepared by the U. S. Bureau of Weights and Measures for the Committee of Micrometry. Proc. Amer. Soc. of Microscop. 1883, 184.

W. F. PETRIE. On the old English mile. Edinb. Roy. Soc. 3. Dec.; [Nature XXIX, 166.

R. H. M. BOSANQUET. On an Arrangement for Dividing Inch- and Metre-Scales. Phil. Mag. (5) XV, 217-218.

CHARLES K. WEAD. To Cut a Millimetre-Screw. Phil. Mag. (5) XV, 438-439.

W. A. ROGERS. On a Method of Determinating the Index Error of a Meridian Circle. Proc. Amer. Acad. XVIII, 284-286.

C. BRAUN. Eine einfache Methode, feine Libellen genau zu prüfen. Astr. Nachr. CIV, Nr. 2490, 279-280.

W. H. MILLER. Messungen an einer Platinperle. [ZS. f. Kryst. VII, 619-620 nach Proc. Cambr. Phil. Soc. 4. Mai 1882.

THIRÉ. Note complémentaire sur le planimètre d'Amsler. Ann. d. mines (8) III, 401-404*.

O. FENNEL. Die WAGNER-FENNEL'schen Tachymeter des math.-mechanischen Instituts von O. FENNEL in Cassel. Cassel: Freyschmidt. 1882.

GUSTAV SCHUBRING. Zur Erinnerung an die Gregorianische Kalenderreform (Oktober 1582). Vortrag gehalten zu Erfurt im Oktober 1882. ZS. f. Naturw. (4) II, 516-538.

A. S. CHRISTIE. On a system of standard time. Bull. Phil. Soc. Wash. V, 112-117.

ERNST VON FLEISCHL. Das Chronautographion. Arch. f. Physiol. 1883, 131-133.

J. ROSENTHAL. Ueber ein neues Myographion und einige mit demselben angestellte Versuche. Arch. f. Physiol. 1883 Suppl. 240-279.

A. GRUENHAGEN. Das Thermotonometer. PFLÜG. Arch. XXXIII, 59-67.

ANDREW JAMIESON. Mechanical Dynamometers. Electrician XII, 139-140.

GISBERT KAPP. On Mechanical Dynamometers. Electrician XII, 13-14, 33-34, 79-80, 103-104, 151-152.

Comte DE SALIS. Note sur un nouveau dynamomètre de rotation. Rev. trav. scient. IV, 38-42.

FREDERIC JOHN SMITH. On a New Form of Ergometer. Phil. Mag. (5) XV, 87-90.

— — A new Form of Horser-power Indicator. Phil. Mag. (5) XV, 434-435.

Filtrirapparat für destillirtes Wasser. Pol. Notizbl. XXXVIII, 9-10.

CARL ROTH. Ueber einen neuen Kühler. Chem. Ztg. VII, Nr. 98-101.

---

2. Dichtigkeit.

E. WIEDEMANN. Arabische specifische Gewichtsbestimmungen. WIED. Ann. XX, 539-541†.

Tabellarische Zusammenstellung einer Reihe von Angaben über die Gewichte verschiedener Körper, welche nöthig sind, um dieselbe Gewichtsmenge Wasser zu verdrängen, nach den Beobachtungen von Abû al-Raiham al Birûnî. Dieselben sind einem türkischen Werke aus dem Jahre 1511 n. Chr. von Jahja Muhammed al Goffârî entlehnt. Der zu den Messungen dienende Apparat ist in einer Skizze abgebildet. *Bgr.*

H. J. CHANCY. Calculations of Densities and Expansions. George E. B. Eyre and Wm. Spottiswoode. 1883.

Nach dem in den Chem. News XLVIII, 70 veröffentlichten Referat enthält das obige kleine Werk eine Anzahl von Formeln und Tabellen, welche zu den bei Dichtigkeitsbestimmungen nothwendigen Correcturen in Bezug auf Aenderungen von Druck und Temperatur der Luft zu verwenden sind. Die drei ersten Abtheilungen beziehen sich auf das Gewicht der Luft, die Ausdehnung des Wassers und die Ausdehnung fester Körper und enthalten die Formeln für die Temperatur- und Druckcorrecturen; die vierte Abtheilung enthält numerische Werthe, welche sich auf diese Formeln beziehen. Einige der Tabellen stimmen abgesehen von geringen Veränderungen mit denen überein, welche von den HHrn. W. H. Miller und G. B. Airy in den Phil. Trans. 1856 veröffentlicht wurden. *Bgr.*

Emil Loevinsohn. Ueber den Einfluss der Vertheilung und der Masse eines Körpers auf die Bestimmung seines specifischen Gewichtes. Inaug.-Diss. Berlin 1883; [Chem. CBl. (3) XV, 22†.

Das specifische Gewicht des auf verschiedene Weise reducirten Silbers wurde bestimmt. Es ergaben sich folgende Zahlen:

	Red. durch $FeSO_4$	Red. durch Na_2S	Gefällt als AgCl, reducirt durch Natron u. Zucker	Red. durch Ameisensäure	Ausgeschieden durch den Strom
Dichte	10.4278	10.4631	10.4731	10.4651	10.4463

In keinem Fall ging die Dichte über den von Cose für das compacte Silber gefundenen Werth: 10.4896 hinaus. Das specifische Gewicht wächst mithin durchaus nicht mit der Feinheit des Niederschlags, und eben so wenig findet eine Verdichtung von Flüssigkeit auf der Oberfläche des Metalls statt. Die Dichte des Chlor-, Brom- und Jodsilbers ist ferner dieselbe, ob die Verbindung frisch gefällt, getrocknet oder geschmolzen angewendet wird. Weder Vertheilung noch Masse eines Körpers üben mithin auf die Bestimmung seines specifischen Gewichtes einen Einfluss aus.

Das specifische Gewicht des Jods (bei 20° bestimmt, auf Wasser von 4° C. und den leeren Raum reducirt) ist gleich 4.9218; das des Siliciums gleich 2.3436. *Bgr.*

W. SPRING. Ueber die vollkommene Elasticität der chemisch bestimmbaren festen Körper. Eine neue Verwandtschaft der festen zu den flüssigen und gasförmigen Körpern. Ber. d. chem. Ges. XVI, 2723-2728†.

Der Verfasser untersuchte, ob das specifische Volumen eines festen Körpers durch den Druck eine bleibende Verringerung erleidet oder nicht. Er unterwarf zu diesem Zwecke eine Reihe von festen Körpern (Metalle, Haloidsalze einfache Sulfate und Alaune) 3 Wochen lang einem Druck von 20000 Atmosphären und bestimmte vor und nach der Pressung das specifische Gewicht der betreffenden Körper. Die Körper wurden dann abermals für einige Tage dem Druck ausgesetzt, um auf's Neue in Bezug auf ihre Dichtigkeit untersucht zu werden. Es zeigte sich, dass zwar beim ersten Druck eine kleine Verdichtung eintrat, dass dann aber das specifische Volumen constant blieb. Die Verdichtung ist so gering, dass sie nur von einem Ausfüllen der Höhlen und Ritzen im Körper herrühren kann. Die festen Körper verhalten sich also in dieser Beziehung genau wie die flüssigen. Nur wenn, wie beim Schwefel oder dem Quecksilberjodid, allotrope Modificationen möglich sind, vermag der Druck eine bleibende Verdichtung (durch Erzeugung des allotropen Zustandes) hervorzubringen (s. diese Berichte XXXVIII Abth. I, 52). Die verschiedenen Aggregatzustände erscheinen hiernach als allotropische Zustände desselben Körpers. Die Elasticitätsgrenze eines Körpers ist der kritische Moment, bei welchem der Stoff unter der Einwirkung der auf ihn gerichteten Kräfte anfängt von einer Stelle des Körpers zur andern zu fliessen. *Bgr.*

W. MÜLLER-ERZBACH. Die Dichtigkeit und die chemische Verwandtschaft der Elemente in verschiedenen allotropischen Zuständen. LIEB. Ann. CCXVIII, 113-120†; [J. chem. soc. XLIV, 779-780.

Der Verfasser sucht an einer Reihe von Elementen, welche allotropische Zustände bilden (S, Se, P, C, Si, B, As, Sn) nachzuweisen, dass mit der Abnahme der Dichtigkeit eine Steigerung der chemischen Affinität verbunden ist, ein Beweis für die früher von ihm aufgestellte Ansicht (Pogg. Ann. CLIV, 197; diese Berichte XXXI, 58), dass der chemische Process mit der Contraction der Masse auf einen kleineren Raum im engen Zusammenhange steht. *Bgr.*

D. Watson. Specifisches Gewicht von käuflichem Kupfer. J. Soc. Chem. Ind. II, 153; [Dingl. J. CCXLIX, 48†; [Chem. CBl. (3) XIV, 588; [J. chem. soc. XLIV, 218-219.

Der Verfasser bestimmte das specifische Gewicht des galvanisch aus Kupfersulfatlösung niedergeschlagenen Kupfers und berechnete, welchen Einfluss die verschiedenen Verunreinigungen des Kupfers, deren wesentlichste das Kupferoxydul ist, auf das specifische Gewicht des Metalls ausüben können.

	Mit	1/4 pCt. Blei	1/2 pCt. Arsen	1/4 pCt. Blei u. 1/2 pCt. Arsen
Kupfer, frei von Kupferoxydul	8.955	8.961	8.939	8.945
Kupfer, 1 pCt. Cu_2O enthaltend	8.925	8.931	8.909	8.915
Kupfer, 2.5 pCt. Cu_2O enthaltend	8.881	8.887	8.865	8.871

Der Verfasser glaubt aus dem specifischen Gewicht des technisch verwendeten Kupfers direct den Gehalt an Cu_2O berechnen zu können, wenn der Gehalt an Blei und Arsen bestimmt ist. *Bgr.*

George Kamensky. Note on the Induction Ballance Effect, and the Densities of Alloys of Copper and Antimony. Chem. News XLVII, 304†; Nature XXVIII, 239†; Lond. Phys. Soc. June 23.

Die Widerstandscurve der Kupfer-Antimonlegirungen gehört zum L-Typus. Sie fällt sehr schnell vom reinen Kupfer bis zu einer Legirung, welche 10 pCt. Antimon enthält; sie fällt dann weiter bis zu einer Legirung, die der Formel $SbCu_4$ entspricht, wendet dann plötzlich um, steigt bis zu der Legirung $SbCu_2$, wendet abermals und geht in die Curve für reines Antimon über. Nach den Beobachtungen von Hrn. ROBERTS erreicht bei Zinn-Kupfer-Legirungen die Widerstandscurve für die Zusammensetzung $SnCu_4$ den niedrigsten Punkt, nämlich die Stelle, welche in der Kupfer-Antimon-Reihe von der Legirung $SbCu_4$ eingenommen wird. In der Kupfer-Zinn-Reihe befindet sich der zweite Wendepunkt der Curve bei der Zusammensetzung $SnCu_3$ (also nicht wie in der Kupfer-Antimon-Reihe bei $SbCu_2$), welche violette Legirung den Venusregulus der Alchemisten bildet. Die Legirung SbCu hat ein höheres specifisches Gewicht als reines Kupfer.

Bgr.

P. GISEVIUS. Ueber die Bestimmung des specifischen Gewichtes von Mineralien und die Trennung der einzelnen Gesteinstheile. Inaug.-Diss. Bonn 1882; [Beibl. VII, 325-326†; [ZS. anal. Chem. XXIII, 51*; [ZS. f. Kryst. VIII, 420-422*; Landwirthschaftl. Versuchs-Stationen XXVIII; [J. chem. soc. XLIV, 1031-1032.

Zweck der Untersuchung war die Auffindung einer hinreichend bequemen und allgemein verwendbaren Methode zur Bestimmung des specifischen Gewichtes von Mineralien, insbesondere von losen Gesteinstrümmern. Deshalb werden zunächst die früher gebräuchlichen Methoden zur Bestimmung des specifischen Gewichtes namentlich mittelst der JOLLY'schen Federwage, des Pyknometers und der hydrostatischen Wage einer Prüfung unterworfen, aus der sich ergiebt, dass die Anwendung jener Apparate bei geringen Substanzmengen, wie es bei Mineralien meistens der Fall ist, nur mehr oder weniger approximative Resultate liefert. Das vom Verfasser construirte Volumenometer ist eine Verbesserung des BRÜGGELMANN'schen Apparates (s. diese Berichte XXXVIII, 51), welche darin besteht, dass die Bürette seitwärts in ein bedeutend engeres Rohr ausläuft, in welchem die durch das Einbringen des festen Körpers hervorgebrachte Volumenzunahme deutlich sichtbar und genau messbar wird. Der Apparat gestattet eine Bestimmung des specifischen Gewichts, die bis zur ersten und bei einem specifischen Gewicht unterhalb 3.3 bis zur zweiten Decimale genau ist. Der Verfasser bestimmte nun das specifische Gewicht einiger Mineralien, die dann nach der Goldschmidt'schen Methode (s. diese Berichte XXXVII, 125) zugleich als Indicatoren dienen:

Opal gelb	1.94	Pollucit	2.81
Opal hell	2.10	Turmalin	2.98
Apophyllit	2.38	Augit	2.97
Quarz	2.61	Dioptas	3.25
Anorthit	2.71	Olivin	3.32

Diese Indicatoren liefern in Verbindung mit der Klein'schen Flüssigkeit (borwolframsaures Cadmium, s. diese Berichte XXXVII, 263), ein Mittel, welches allen Anforderungen hinsichtlich der Bestimmung des specifischen Gewichts genügt. Für die mechanische Scheidung von Mineralgemengen nach dem specifischen Gewicht ist die Klein'sche Lösung der Kaliumquecksilberjodidlösung vorzuziehen. Zur Trennung bedient sich der Verfasser eines besonderen Apparates, in welchem die specifisch leichteren und deshalb oben schwimmenden Theile durch Ueberfliessenlassen, welches durch den Luftdruck bewirkt wird, von den schwereren getrennt werden. Den Schluss der Abhandlung bildet eine Besprechung der für eine vollständige mineralogische Analyse gewonnenen Resultate. *Bgr.*

H. J. Johnston-Lavis. Note on the Comparative Specific Gravities of Molten and Solidified Vesuvian Lavas. [J. geolog. soc. London XXXVIII, 240-241†.

Der Verfasser hatte Gelegenheit Versuche über die Dichtigkeit der geschmolzenen Lava an einem Lavastrom anzustellen. Er warf auf denselben aus der Höhe von 1½ Yard 1) leichte Schlacke: dieselbe floss auf der Oberfläche weiter, 2) feste Lava mit einigen blasenförmigen Höhlungen: dieselbe sank allmählich unter; 3) die dichteste Lava, welche er finden konnte: dieselbe sank sogleich unter. Daraus kann man schliessen, dass die feste Lava dichter ist als die geschmolzene, während Hr. Palmieri der geschmolzenen Lava die Dichte 5.0; der festen dagegen nur die Dichte 2.7 zuschreibt. *Bgr.*

TAIT. Further Note on the Maximum Density Point of Water. Proc. R. Edinb. Soc. XII, 226-230*; [Nature XXVIII, 287†.

Aus Versuchen, die nach einer verbesserten Methode angestellt waren, ergab sich, dass die Temperatur der Maximaldichte des Wassers sich um 2 7° C. für eine Tonne Druck auf den Quadratzoll erniedrigt (s. diese Berichte XXXVIII Abth. I, 54-55).

Bgr.

G. LUNGE et P. NAEF. Poids spécifique de l'acide sulfurique. Chem. Ind. VI, 37-42; [Arch. sc. phys. (3) X, 537†; [Ber. d. chem. Ges. XVI, 953†; [DINGL. J. CCXLVIII, 91; [Chem. CBl. (3) XIV, 399; [J. chem. soc. XLIV, 851-852.

Das specifische Gewicht der concentrirten Schwefelsäure mit Wasser von 4° im leeren Raume verglichen ist:

Procentgehalt an H_2SO_4	Specifisches Gewicht der reinen Säure	Specifisches Gewicht der Säure von Uetikon	BAUMÉ'sche Grade
90	1.8185	1.8202	65.1
*90.20	1.8195	—	—
91	1.8241	1.8254	65.4
*91.48	1.8271	—	—
92	1.8294	1.8306	65.6
*92.83	1.8334	—	—
94	1.8372	1.8374	65.9
*94.84	1.8387	—	—
95	1.8390	—	—
96	1.8406	—	—
97	1.8410	—	—
*97.70	1.8413	1.8486	66.2
98	1.8412	—	—
99	1.8403	—	—
*99.47	1.8395	—	—
100	1.8348	—	—

Die mit * bezeichneten Werthe sind direct beobachtet. Das Monohydrat ist ein prachtvoll krystallisirender Körper, der beim

Ausgiessen bereits bei einer Temperatur von 18—20° C. schwach aber deutlich rauchte. Die Säure von Uetikon ist aus Schwefelkies dargestellt; sie zeigt namentlich in Folge des Arsengehaltes ein höheres specifisches Gewicht. *Bgr.*

G. Lunge. Ueber das Volumgewicht der concentrirten Schwefelsäure und deren Selengehalt. Chem. Ind. VI, 128; [Ber. d. chem. Ges. XVI, 1672†.

Ein Unterschied zwischen dem von dem Verfasser gefundenen Ausdehnungscoefficienten der Schwefelsäure (0.0010) und dem von Hrn. Kohlrausch ermittelten (0.00055) besteht nicht, weil der letztere Werth den procentischen Ausdehnungscoefficienten darstellt, der erstere dagegen die absolute Aenderung der Dichtigkeit bezeichnet. *Bgr.*

Arn. Schertel. Das Volumgewicht des Schwefelsäure-Monohydrates. J. f. prakt. Chem. (2) XXVI, 246-249†; [Chem. CBl. (3) XIV, 35.

Wird reine concentrirte Schwefelsäure auf die Hälfte des Volumens eingedampft, so besitzt der Rückstand bei 0° das specifische Gewicht 1.857 und enthält 98.50 pCt. H_2SO_4. Wird dieselbe Säure destillirt und werden die mit gleichbleibender Zusammensetzung übergehenden letzten Antheile gesondert aufgefangen, so enthalten dieselben 98.66 pCt. H_2SO_4 und zeigen das specifische Gewicht 1.8575 bei 0°. Bei Zusatz von SO_3 zu dieser Säure sinkt das specifische Gewicht, bis die Zusammensetzung des Monohydrats erreicht ist. Dieses zeigt bei 0° das specifische Gewicht 1.854. Ein weiterer Zusatz von SO_3 verursacht ein Steigen des specifischen Gewichts, anfangs in geringem aber steigendem Verhältniss zu der Menge des zugefügten Anhydrids, bis die Säure 83 pCt. an Anhydrid enthält, von wo an die Zunahme an Gehalt und Dichtigkeit in ziemlich gleichbleibender Proportion geschieht. Der Ausdehnungscoefficient der Schwefelsäure wurde nahezu gleich dem von Hrn. Bineau bestimmten gefunden (Ann. chim. phys. (3) XXIV, 337). Die durch Abdampfen erhaltene oder bei der Destillation zuletzt mit constanter Zusammensetzung übergehende concentrirteste Säure ist demnach auch zugleich die Säure vom höchsten Volumengewicht. Das flüssige Monohydrat erfährt bereits bei 0° eine Dissociation.

Bgr.

C. ROHRBACH. Ueber eine neue Flüssigkeit von hohem specifischem Gewicht, hohem Brechungsexponenten und grosser Dispersion. WIED. Ann. XX, 169-174†; [ZS. f. Kryst. VIII, 422-423*; [Chem. CBl. (3) XV, 580; [Polyt. Notizbl. XXXVIII, 327-328; [Chem. News XLVIII, 227; [Mondes (3) VI, 477 bis 478.

Als solche schlägt der Verfasser die Lösung von Baryum-Quecksilberjodid vor, deren Darstellungsmethode genau angegeben wird. Das specifische Gewicht der concentrirten Lösung bei gewöhnlicher Temperatur beträgt 3.575—3.588, sodass der Topas auf ihr schwimmt. Kohlensäure und Carbonate wirken auf dieselbe nicht ein, dagegen zieht sie begierig aus der Luft Wasser an. Die Einstellung auf ein bestimmtes specifisches Gewicht geschieht durch langsamen Zusatz einer verdünnteren Lösung, die man erhält, wenn man in einem Glase über die concentrirte Lösung vorsichtig eine Schicht Wasser bringt, welches sich mit der Lösung allmählich ohne Ausscheidung von HgJ_2 vermischt. Die Abhandlung enthält noch Angaben über die mittelst der Lösung zu trennenden Mineralien und Gesteine, sowie über das bei der mechanischen Trennung selbst einzuschlagende Verfahren.

Bgr.

S. v. WROBLEWSKI. Ueber das specifische Gewicht des flüssigen Sauerstoffs. WIED. XX, 860-870†; C. R. XCVII, 166 bis 168; [Arch. d. Pharm. CCXXII, 319.

DUMAS. Remarques. C. R. XCVII, 168; Mondes (3) V, 498; [J. chem. soc. XLIV, 14.

Mittelst des in der II. Abtheilung zu beschreibenden Compressionsapparates (s. Abschnitt IV, 22, von WROBLEWSKI und

Olszewski, Ueber die Verflüssigung des Sauerstoffs, Stickstoffs und Kohlenoxyds) bestimmte der Verfasser die Dichte des flüssigen Sauerstoffs, indem er die abwärts gebogene Capillarröhre seines Apparates, deren Inhalt genau bekannt war, einmal mit Sauerstoff und dann mit Kohlensäure füllte und nun das Quecksilber bis zur Biegungsstelle der Röhre trieb. Ist dann Q_1 die zum Versuche genommene Sauerstoffmenge, welche bei -130° zum grössten Theile verflüssigt ist (bis auf den Antheil q_1), und bezeichnet v_1 und d_1 Volumen und Dichte des flüssigen Sauerstoffs, so ist

$$Q_1 = v_1 d_1 + q_1.$$

Haben Q_2, v_2, d_2, q_2 ähnliche Bedeutung für die Kohlensäure, so ist

$$Q_2 = v_2 d_2 + q_2,$$

woraus dann

$$d_1 = d_2 \frac{v_2 Q_1}{v_1 Q_2} + \frac{q_2 Q_1 - q_1 Q_2}{v_1 Q_2} \text{ folgt,}$$

in welcher Summe das zweite Glied vernachlässigt werden kann. Auf diese Weise wurde als wahrscheinlicher Werth des specifischen Gewichtes des flüssigen Sauerstoffs, bei der Temperatur von etwa -130° und unter dem Verflüssigungsdrucke gemessen, die Zahl 0.899 gefunden.

Den Schluss der Abhandlung bilden zwei Bemerkungen des Verfassers, in deren einer er im Anschluss an den Zusatz von Hrn. Dumas zu der ersten von ihm der Pariser Akademie gemachten Mittheilung anerkennt, dass in Folge des sehr grossen Ausdehnungscoefficienten der Gase im flüssigen Zustande der flüssige Sauerstoff sehr wohl bei noch stärkerer Abkühlung das specifische Gewicht Eins haben könne, welche Zahl Hr. Dumas aus dem Atomgewicht des Sauerstoffs unter der Annahme des Isomorphismus zwischen Sauerstoff und Schwefel hergeleitet hatte. Die zweite Bemerkung bezieht sich auf den im Gegensatz zu Pictet's Versuchen geringen Verflüssigungsdruck des Sauerstoffs (50 Atmosphären bei der kritischen Temperatur -113°). Der Verfasser erklärt die Abweichung daraus, dass die von Hrn. Pictet angewandte Sauerstoffmenge für den dort benutzten Apparat viel zu gross war, und zeigt, dass das von ihm bestimmte specifische Gewicht des flüssigen Sauerstoffs mit den von Hrn. Pictet beobachteten Versuchsergebnissen im Einklange steht. *Bgr.*

Br. Pawlewski. Zur Dampfdichtebestimmung.

Ber. d. chem. Ges. XVI, 1293-1297†; [J. chem. soc. XLIV, 951.

Der Verfasser hat durch Construction eines einfachen Apparates die Dumas'sche Methode der Dampfdichtebestimmung so modificirt, dass 1) das Volumen der Gefässe auf 20—30 ccm reducirt wurde, wodurch die Menge der verbrauchten Substanz sich auf $^1/_2$—1 ccm verringert; 2) das Zuschmelzen des Ballons durch einen einfachen Verschlussapparat ermöglicht wird; 3) stets derselbe Apparat von bekanntem Volumen angewendet werden kann, wodurch eine wesentliche Vereinfachung in der Berechnung der Dampfdichte herbeigeführt wird. Das Gefäss ist 6—7 cm hoch, sein äusserer Durchmesser beträgt 23—24 mm, sein innerer 18 mm. Es ist oben in eine stumpfwinkelig umgebogene Capillarröhre von 10—12 cm Länge ausgezogen, welche mittelst eines als Hütchen dienenden einseitig geschlossenen und am offenen Ende abgeschliffenen Glasröhrchens verschlossen wird. Das Hütchen ist innen mit einem dickwandigen Kautschukröhrchen ausgefüttert, wodurch ein luftdichter Verschluss hervorgebracht wird. Das Erwärmen des ganzen Apparates erfolgt in einem gewöhnlichen Becherglase mittelst Wasser, Oel, Paraffin u. dgl. Ein zweiter Apparat, der sich bequemer reinigen und trocknen lässt, trägt ausser dem stumpfwinkelig gebogenen noch ein gerades Röhrchen, welches oben in einer Länge von 1.5 cm erweitert und durch einen Glasstopfen geschlossen ist. Am Schluss der Abhandlung finden sich die Resultate über eine Anzahl von Dampfdichtebestimmungen, welche der Verfasser mittelst seines Apparates ausführte. *Bgr.*

H. Schwarz. Ueber eine Vereinfachung der V. Meyer-schen Dampfdichtebestimmung. Ber. d. chem. Ges. XVI,

1051-1056†; [Bull. soc. chim. XL, 426-427; [ZS. f. Instrk. III, 441-442; [Chem. CBl. (3) XIV, 776-777; [J. chem. soc. XLIV, 899-900; [Sill. J. (3) XXVI, 237.

In einem Verbrennungsofen, dessen thönerne Seitenplatten durch zwei Blechplatten ersetzt sind, wird ein Blechtrog aus 1 mm dickem Eisenblech erhitzt, der mit einem abnehmbaren Deckel versehen ist und unten eine Einlage von Asbestpappe trägt. An der Stirnseite des Troges befindet sich ein kreisrunder Ausschnitt zum Hindurchtritt des Verdampfungsrohres, welches von einem resp. zwei Sätteln im Innern getragen wird. Das Verdampfungsrohr ist ein weites Verbrennungsrohr von 170 bis 180 ccm Inhalt, das mit einem durchbohrten Kautschukpfropfen mit Glasrohr verschlossen ist, welches letztere zu dem zur Auffangung der verdrängten Luft dienenden Stickstoffbestimmungsapparat führt. Die Substanz befindet sich in einem Platin- oder Porzellanschiffchen. Das Verdampfungsrohr, von welchem ein etwa 10 cm langes Stück aus dem Ofen hervorragt und durch einen Korkring am Hineinrutschen verhindert wird, wird mit reinem Stickstoff gefüllt und der ganzen Länge nach erhitzt. Der Gasauffangungsapparat ist mit lufthaltigem Wasser vom offenen Rohre aus gefüllt, während das Gaszuleitungsrohr mittelst Schraubenquetschhahn verschlossen ist. Man schiebt nun die abgewogene Substanz in den kalten Theil der Verdampfungsröhre, setzt den Kautschukpfropf fest ein und verbindet die Glasröhre mit dem zum Luftauffangungsapparat führenden Kautschukschlauch, dessen Quetschhahn vorher geöffnet ist. Endlich stellt man den Verbrennungsofen am vorderen Ende durch untergelegte Holzklötze um 20—30 cm höher und lässt durch stossende Bewegungen das Schiffchen im Rohr hinabgleiten. Man lässt das Rohr in der geneigten Stellung und liest das Volumen der verdrängten Luft ab. Die ganze Operation nimmt kaum mehr als eine Viertelstunde in Anspruch. *Bgr.*

J. M. CRAFTS. Ueber die Dichte des Chlors bei hohen Temperaturen. Ber. d. chem. Ges. XVI, 457-461†; [J. chem. soc. XLIV, 710.

Der Verfasser macht darauf aufmerksam, dass das von ihm (Ber. d. chem. Ges. XIII, 1319) angegebene Verfahren zur Bestimmung der Dampfdichte bei einem niedrigeren als dem Atmosphärendruck genauere Resultate giebt, als die von Hrn. V. MEYER angewandte Modification der Verdrängungsmethode (s. diese Berichte XXXVIII Abth. I, 60), und dass er schon früher Versuche zur Bestimmung der Dampfdichte unter dem Atmosphärendruck mit dem von Hrn. F. MEIER und ihm construirten Apparat in Aussicht gestellt hat. — Der Verfasser bespricht dann weiter im Anschluss an eine Mittheilung der HHrn. CARL LANGER und V. MEYER (Ber. d. chem. Ges. XV, 2769-2775) die Resultate, welche hinsichtlich der Dampfdichte mit dem aus Platinchlorid erhaltenen Chlor und dem als Gas angewandten Element erhalten wurden. Er weist namentlich auf den bedeutenden Einfluss hin, welchen die Diffusion bei derartigen Versuchen besitzt. Einige bisher noch nicht veröffentlichte Versuche zeigen, dass das Chlor unter dem atmosphärischen Druck bis 1200° eine normale Dichte besitzt, übereinstimmend mit den Versuchen von Hrn. V. MEYER. *Bgr.*

C. P. WORCESTER. On the Vapor Density of the Chloride, the Bromide and Jodide of Antimony. Proc. Amer. Acad. (2) X, (XVIII) 1882/83. 61†; [SILL. J. (3) XXVI, 144*.

Die Dampfdichtebestimmung geschah mit dem etwas modificirten V. MEYER'schen Apparate.

Es wurden als mittlere Dampfdichten gefunden

			Nach d. Theorie
für Antimontribromid	$SbBr_3$	12 57	12.48
- Antimontrichlorid	$SbCl_3$	7.96	7.85
- Antimontrijodid	SbJ_3	17.59	17.33

Die Ungenauigkeit der Resultate erklärt sich z. Th. dadurch, dass es unmöglich ist, die Temperatur vollständig constant zu erhalten, ausserdem durch theilweise Dampfcondensation.

Sch.

J. Ogier. Sur le chlorure de pyrosulfuryle.

C. R. XCVI, 649-650†; [J. chem. soc. XLIV, 646*.

Hr. Konowaloff hatte (C. R. XCIV, 1284) behauptet, dass der Verfasser bei seinen Untersuchungen (s. diese Berichte XXVIII, 62) nicht die Verbindung $S_2O_5Cl_2$, sondern die Verbindung SO_3HCl (Sulfurylhydroxylchlorid) oder doch ein stark damit verunreinigtes Pyrosulfurylchlorid vor sich gehabt habe. Deshalb hat der Verfasser seine Bestimmungen wiederholt und im Anilindampf die Zahlen 3.53 und 3.65; im Dampfe von Antimontrichlorid 3.59 und 3.81 gefunden. Die Dampfdichte von $S_2O_5Cl_2$ ist also 3.72 nicht 7.4. [Die HHrn. K. Heumann und P. Köchlin haben ebenfalls die Dampfdichte des Pyrosulfurylchlorids bestimmt und dieselbe in der Nähe des Siedepunktes (145—147°) zu 7.42 gefunden. Bei 442° scheint das Molecül $S_2O_5Cl_2$ ganz gespalten, da die Dichte dann nur $^1/_3$ der normalen beträgt, entsprechend der von Rose für die Verbindung aufgestellten Zersetzungsgleichung $S_2O_5Cl_2 = SO_3 + SO_2 + 2Cl$. (Ber. d. chem. Ges. XVI, 479-483)].

Bgr.

J. A. Groshans. Ueber wässerige Lösungen.

Wied. Ann. XX, 492-512†.

Ist ein Theil eines Salzes in w Theilen Wasser gelöst, so lässt sich die Dichtigkeit d der Salzlösung mittelst der Interpolationsformel

$$d = 1 + \frac{\alpha}{w + \beta}$$

berechnen, in welcher α und β Constanten sind. Enthält die Lösung ein Molecül des Körpers in A Molecülen Wasser, so erhält man, wenn a das Moleculargewicht des gelösten Körpers ist, für die Dichte der Lösung die Formel

$$d = 1 + \frac{a\alpha}{18(A+\lambda)},$$

worin $\lambda = \frac{a\beta}{18}$ ist. Wird $w = 0$, so erhält man das specifische Gewicht des gelösten Körpers im wasserfreien Zustande $d = 1 + \frac{\alpha}{\beta}$, welches sich indess nach dem Intervall ändern muss, für welches die Constanten α und β bestimmt worden sind. Für $w = \infty$ ist $\beta = 0$ und man erhält einmal $d = 1$ (Dichte des reinen Wassers); sodann die Beziehungen

$$w(d-1) = \alpha \text{ oder } 18A(d-1) = a\alpha.$$

Die Werthe α und $a\alpha$ nun stehen in directer Beziehung zu einer interessanten Eigenthümlichkeit löslicher Körper, die man mit dem Namen „Rest" bezeichnen und welche dazu dienen kann, die als Contraction der Lösungen bezeichnete Erscheinung nachzuweisen und zu messen. Der Rest r ist der Unterschied zwischen dem Molecularvolumen einer Salzlösung $\frac{18A+a}{d}$ und dem Wasser in der Lösung $18A$, und man findet, dass $a\alpha = a-r$; mithin $r = a(1-\alpha) = a\varrho$ ist, wo ϱ den Rest für 1 g eines in einer sehr grossen Wassermenge gelösten Körpers bezeichnen würde.

Oft haben zwei verschiedene Körper ($NaBr$ und $MgCl_2$, BaN_2O_6 und $SrBr_2$) fast genau dieselbe Interpolationsformel; dann sind die Dichtigkeiten der Lösungen mit der gleichen Zahl von Wassermolecülen einander gleich und das Product $a\alpha$ besitzt für solche ähnliche Körper den gleichen Werth. Der Verfasser berechnet nun für eine Anzahl ähnlicher Salzpaare aus den Versuchen von Hrn. KREMERS die Werthe von $a\alpha$ und findet

Körper	Mittelwerth von $a\alpha$	Körper	Mittelwerth von $a\alpha$
$LiNO_3$, $NaCl$	40.65	$CaBr_2$, SrN_2O_6	166.22
$MgCl_2$, $NaBr$	78.47	BaN_2O_6, $SrBr_2$	211.37
KJ, $ZnCl_2$	120.83	$CdBr_2$, MgJ_2	226.93
$CdCl_2$, $MgBr_2$	152.38	SrJ_2, PbN_2O_6	283.85

Die Werthe der Constanten α sind nicht wesentlich von einander verschieden, ob man $w = \frac{100-p}{p}$ oder $w = \frac{100}{p}$ nimmt (p das Gewicht des in $(100-p)$Theilen Wasser gelösten festen Körpers); die Werthe von β dagegen sind im letzten Falle genau um eine Einheit kleiner als im ersten.

Aus der oben angeführten Tabelle leitet nun der Verfasser einige Folgerungen über die Dichten der Lösungen zweier Körper RX_1 und RX_2 her (unter X_1 und X_2 hat man ein- resp. zweimal Cl, Br, J oder NO_3 zu verstehen; R in RX_1 ist H_2, Li, Na oder K; R in RX_2 ist ein Metall wie Mg, Ca, Zn etc.):

Jedes Element (C, H, O, Cl, Br, J, N, S etc. und die Metalle) wird in der Grösse $a\alpha$ derjenigen Verbindung, in welche es eingetreten ist, durch eine gewisse constante Zahl repräsentirt. Diese Zahl ist einem jeden Elemente eigenthümlich, doch können zwei oder drei Elemente dieselbe Zahl haben. Ist deshalb dasselbe Metall z. B. mit J, Br, Cl verbunden, so findet man

$$J_n - Br_n = Br_n - Cl_n = n.36.90.$$

Aehnliches gilt auch für die Metalle, z. B.

$$Ba - Sr = Sr - Ca = 45.15.$$

Weiter ist

$$SrBr_2 - SrN_2O_6 = Br_2 - N_2O_6 = 45.15.$$

Mithin

$$Br - NO_3 = 22.57.$$

Danach lässt sich berechnen, welchen Werth z. B. $NaNO_3$ haben würde, welches in der Tabelle nicht enthalten ist.

$$NaBr = 78.47; \; NaNO_3 = 78.47 - 22.57 = 55.90.$$

Auf diese Weise würde sich die obige Tabelle leicht vervollständigen lassen.

Die Differenzen der Werthe von $a\alpha$ in der obigen Tabelle sind Multipla von $7.38 = 6 \times 1.23$. Allen Werthen von $a\alpha$ muss man die Constante 18M anfügen; für die Körper der Tabelle und für alle Körper RX_1 und RX_2 ist $M = 1$. Ist $a\alpha$ für einen Körper hinreichend genau bestimmt, so erhält man für die Verbindungen RX_1 und RX_2 aus der Formel

$$B = \frac{a\alpha + 18}{6 \times 1.23}$$

Werthe, welche sich einer ganzen Zahl sehr nähern. Die folgende Tabelle enthält die Werthe von B für die Mittelwerthe von $a\alpha$ der obigen Tabelle berechnet. Gleichzeitig ist die Constante $\gamma = 1.23$ beigefügt, die aus $\gamma = \frac{a\alpha + 18}{6B}$ berechnet ist, wenn für B die als richtig angenommene ganze Zahl gesetzt wird.

Gruppe	Mittelwerth von $a\alpha$	B nach der Formel	B richtiger Werth	γ
1	40.65	7.95	8	1.222
2	78.47	13.07	13	1.237
3	120.83	18.81	19	1.218
4	152.38	23.09	23	1.235
5	166.22	24.96	25	1.228
6	211.37	31.08	31	1.232
7	226.93	31.19	33	1.237
8	283.85	40.90	41	1.227

Mittelst der Werthe von B dieser Tabelle hat nun der Verfasser bestimmte Densitätszahlen B für die in der ersten Tabelle enthaltenen Elemente berechnet.

Körper	O	Li	N	Na = Cl	K = Mg	Ca	Br	Zn	Sr	J	Cd	Ba	Pb
B	1	2	3	4	5	7	9	11	13	14	15	19	29

Hierzu kommt noch C = 1 und H = 1, also für das Wasser $H_2O : 2+1 = 3$ und für A Wassermolecüle 3A.

Am Schluss der Abhandlung giebt der Verfasser (entsprechend der zweiten Tabelle) die Werthe von B für eine grössere Anzahl von Verbindungen RX_1 und RX_2. Wir verweisen wegen derselben auf die Abhandlung. *Bgr.*

C. BENDER. Dichteregelmässigkeiten normaler Salzlösungen. WIED. Ann. XX, 560-578†; Ber. d. chem. Ges. XVI, 2556-2559; XVII, 1-2.

Der Verfasser zeigt, dass das von Hrn. VALSON für verdünnte Lösungen aufgestellte Gesetz der Dichtigkeitsmoduln (C. R. LXXIII, 441; s. diese Berichte XXVIII, 51-52) auch für concentrirte Lösungen gilt. Während Hr. VALSON Lösungen untersuchte, welche neben einem Liter ein Aequivalent des betreffenden wasserfreien Salzes in Grammen enthalten, untersuchte der Verfasser Lösungen, welche allgemein μ Grammmolecüle Salz im Liter enthalten. Die Versuchsresultate sind in folgender Tabelle enthalten

μ	NH_4Cl	KCl	NaCl	LiCl	$\frac{1}{2}(BaCl_2)$
1	1.0157	1.0444	1.0401	1.0235	1.0895
2	1.0308	1.0887	1.0788	1.0464	1.1780
3	1.0451	1.1377	1.1164	—	1.2647
4	1.0587	—	1.1522	1.0902	—
5	1.0728	—	1.1888	1.1110	—

Bildet man die Dichtedifferenzen Δ zwischen einer beliebigen Lösung dieser Tabellen und der Salmiaklösung gleicher Concentration, so sind dieselben bei fortschreitender Concentration für jede Gruppe der Zahl μ proportional, d. h. in jeder Reihe ist der Quotient Δ/μ constant. Der Werth dieses Quotienten nimmt für Salze mit eng begrenzter Löslichkeit mit der Concentration allmählich ab, und die Quotienten sind gleichbedeutend mit Hrn. VALSONS Moduln. Man erhält demnach die Dichte d_μ einer Salzlösung, welche μ Grammmolecüle des wasserfreien Salzes in 1 l enthält, nach der Formel

$$d_\mu = d_{(\mu)\sigma} + \mu(m_b + m_s),$$

wenn $d_{(\mu)\sigma}$ die Dichte einer Salmiaklösung bezeichnet, welche gleich viel Molecüle im Liter enthält, und wenn m_b den Modul der Metallradicale, m_s denjenigen der Säureradicale darstellt. Die Moduln, welche der Verfasser unter Zugrundelegung der Dichtigkeitsbestimmungen anderer Forscher bestimmte, sind folgende (gültig für 18° C.; die Zahlen der Tabelle sind sämmtlich mit 10000 multiplicirt):

a) Metalle.

NH_4 = 0	$\frac{1}{2}$Ba = 739	$\frac{1}{2}$Zn = 410
K = 296	$\frac{1}{2}$Sr = 522	$\frac{1}{2}$Cd = 606
Na = 235	$\frac{1}{2}$Ca = 282	$\frac{1}{2}$Cu = 413
Li = 77	$\frac{1}{2}$Mg = 221	Ag = 1069

b) Säuren.

Cl	= 0	NO_3	= 160
Br	= 370	$\frac{1}{2}(SO_4)$	= 200
J	= 733		

Um danach z. B. die Dichte einer Kaliumbromidlösung mit 3 Grammmolecülen zu berechnen, haben wir zunächst die Dichte der entsprechenden Salmiaklösung 1.0451; dazu 3(296+370) = 1998 giebt 1.2449. Hr. A. SPRUNG beobachtete 1.2443. *Bgr.*

G. LUNGE. Ueber das specifische Gewicht der Kalkmilch.

DINGL. J. CCL, 464-466†; [Ber. d. chem. Ges. XVII, 6.

Der Verfasser hat gefunden, dass die in seinem Handbuch der Sodaindustrie abgedruckte Tabelle von Hrn. MATACZEK über das specifische Gewicht der Kalkmilch unrichtig ist. Er veröffentlicht deshalb die nachstehende Tabelle, deren Zahlen von Hrn. BLATTNER bestimmt sind. Die Tabelle ist für einen jeden

Grad BAUMÉ	Gew. v. 1 l Kalkmilch g	CaO in 1 l. g	CaO Gew.-pCt.	Grad BAUMÉ	Gew. v. 1 l Kalkmilch g	CaO in 1 l. g	CaO Gew.-pCt.
1	1007	7.5	0.745	16	1125	159	14.13
2	1014	16.5	1.64	17	1134	170	15.00
3	1022	26	2.54	18	1142	181	15.85
4	1029	36	3.50	19	1152	193	16.75
5	1037	46	4.43	20	1162	206	17.72
6	1045	56	5.36	21	1171	218	18.61
7	1052	65	6.18	22	1180	229	19.40
8	1060	75	7.08	23	1190	242	20.34
9	1067	84	7.87	24	1200	255	21.25
10	1075	94	8.74	25	1210	268	22.15
11	1083	104	9.60	26	1220	281	23.03
12	1091	115	10.54	27	1231	295	23.96
13	1100	126	11.45	28	1241	309	24.90
14	1108	137	12.35	29	1252	324	25.87
15	1116	148	13.26	30	1263	339	26.84

nicht gar zu unreinen Kalk brauchbar. Um das specifische Gewicht der Kalkmilch mittelst eines Aräometers zu bestimmen, bringt man dieselbe in einen nicht zu engen Cylinder, steckt das Aräometer leicht hinein und beginnt nun den Cylinder langsam zu drehen. In Folge der dadurch dauernd erzeugten schwachen Erschütterung beginnt das Aräometer langsam zu sinken. Man liest ab, sobald das Sinken aufhört. Bringt man das Aräometer einfach in die dicke Kalkmilch, so bleibt es an jeder beliebigen Stelle stecken. Bei dünner Kalkmilch muss die Ablesung rasch erfolgen, weil man sonst, in Folge des Absetzens des Kalkes zu niedrige Werthe erhält. *Bgr.*

G. Lunge und J. H. Smith. Specifische Gewichte der Lösungen von Ammoniak und kohlensaurem Ammon. Chem. Ind. VI, 2; [Chem. CBl. (3) XIV, 458†; Pharm. Centralh. XXIV, 173-174; [Ber. d. chem. Ges. XVI, 777†; [Dingl. J. CCXLVII, 504 bis 505*; [Arch. f. Pharm. CCXXI, 522; [J. chem. soc. XLIV, 849 bis 850*; [Arch. sc. phys. (3) X, 538.

Die Zahlen gelten für 14° C. und sind auf Wasser von 4° und den luftleeren Raum reducirt. Die Bestimmungen wurden mittelst des Pyknometers ausgeführt.

Specifisches Gewicht bei 14°	pCt. NH_3
0.8933	31.0
0.9116	23.8
0.9246	20.4
0.9400	15.6
0.9536	11.7
0.9780	5.1

Eine Vergleichung dieser Zahlen mit den von den HHrn. Carius, Wachsmuth, Ure, Dalton und Davy erhaltenen Tabellen ergiebt, dass die von Hrn. Carius der Wahrheit am nächsten kommt, und deshalb ausschliesslich in Anwendung gebracht werden sollte. — Ueber die specifischen Gewichte und den Procentgehalt der Lösungen von Ammoniumcarbonat existiren noch keine Angaben. Die Daten der folgenden Tabelle sind nach

Bestimmungen von Hrn. SMITH zusammengestellt, der auch die oben angeführten Dichtigkeitsbestimmungen ausführte.

Grade TWADLE	Spec. Gew. bei 12° C.	pCt. kohlensaures Ammon	Veränderungen des spec. Gew. für +1° C.
1	1.005	1.66	0.0002
2	1.010	3.18	0.0002
3	1.015	4.66	0.0003
4	1.020	6.04	—0.0003
5	1.025	7.49	0.0003
6	1.030	8.93	0.0004
7	1.035	10.35	0.0004
8	1.040	11.86	0.0004
9	1.045	13.36	0.0005
10	1.050	14.83	0.0005
11	1.055	16.16	0.0005
12	1.060	17.70	0.0005
13	1.065	19.18	0.0005
14	1.070	20.70	0.0005
15	1.075	22.25	0.0006
16	1.080	23.78	0.0006
17	1.085	25.31	0.0006
18	1.090	26.32	0.0007
19	1.095	28.33	0.0007
20	1.100	29.93	0.0007
21	1.105	31.77	0.0007
22	1.110	33.45	0.0007
23	1.115	35.08	0.0007
24	1.120	36.88	0.0007
25	1.125	38.71	0.0007
26	1.130	40.34	0.0007
27	1.135	42.20	0.0007
28	1.140	44.29	0.0007
—	1.144	44.90	0.0007

Die Factoren der 4. Spalte sind aus dem Expansionscoefficienten berechnet und zeigen, um wie viel man für 1° das specifische Gewicht vergrössern oder verkleinern muss. Das angewandte Ammoniumcarbonat besass nahezu die der Formel:

$$CO_3.H.NH_4+CO_2.NH_4.NH_2$$

entsprechende Zusammensetzung. *Bgr.*

GEORGE BEILBY. On the Specific Gravity of Paraffin Solide, Fused, and in Solution. J. chem. soc. XLIII, 388 bis 390†; [Chem. News XLVII, 221†; [Ber. d. chem. Ges. XVI, 2497.

Der Schmelzpunkt lag bei 38° C., das specifische Gewicht der festen Verbindung ist bei 21° gleich 0.874, der Lösung in schwerem Paraffinöl bei 21° gleich 0.7954. Das specifische Gewicht des geschmolzenen Paraffins würde bei 21° gleich 0.7956 sein (bestimmt durch Verlängerung der Curve bis zu dieser Temperatur, welche man erhält, wenn man das specifische Gewicht des geschmolzenen Paraffins bei verschiedenen Temperaturen bestimmt). *Bgr.*

F. KRAFFT. Zur Darstellung höherer Olefine, insbesondere über Dodecylen $C_{12}H_{24}$, Tetradecylen $C_{14}H_{28}$, Ceten oder Hexadecylen $C_{16}H_{32}$ und Octadecylen $C_{18}H_{36}$. Ber. d. chem. Ges. XVI, 3018-3024†.

Zur Darstellung der C-reicheren Olefine, d. h. der den höheren Normalparaffinen C_nH_{2n+2} entsprechenden Aethylenverbindungen C_nH_{2n}, stellte der Verfasser durch Einwirkung von Palmitylchlorid ($C_{16}H_{31}OCl$) auf die normalen primären Alkohole ($C_nH_{2n+2}O$) die entsprechenden Palmitate

$$[(C_{16}H_{31}O) . C_nH_{2n+1}O)]$$

dar und zerlegte dieselben dann durch Destillation bei gewöhnlichem Atmosphärendruck oder unter höherem Druck (bei stark vermindertem Druck sind sie unzersetzt destillirbar), wobei dann Palmitinsäure und das entsprechende Olefin entsteht, gemäss der Gleichung

$$(C_{16}H_{31}O).(C_nH_{2n+1}O) = C_{16}H_{32}O_2+C_nH_{2n}.$$

Auf diese Weise wurden aus dem normal-primären Dodecylalkohol (Schmelzpunkt 24°), dem Tetradecylalkohol (Schmelzpunkt 38°), dem Cetylalkohol aus Wallrath und dem damit identischen Hexadecylalkohol (Schmelzpunkt 49.5°) aus Palmitinaldehyd und endlich dem Octadecylalkohol (Schmelzpunkt 59°) die in nachstehender Tabelle verzeichneten Olefine erhalten, deren specifisches Gewicht der Verfasser bei ihrem Schmelzpunkte bestimmte.

Formel		Schmelzpunkt	Spec. Gewicht eben geschmolzen	Siedepunkt unter 15 mm Druck
Dodecylen	$C_{12}H_{24}$	-31^0	$d_{-31} = 0.7954$	96°
Tetradecylen	$C_{14}H_{28}$	-12^0	$d_{-12} = 0.7936$	127°
Hexadecylen	$C_{16}H_{32}$	$+4^0$	$d_4 = 0.7917$	155°
Octadecylen	$C_{18}H_{36}$	$+18^0$	$d_{18} = 0.7910$	179°

Das specifische Gewicht der geschmolzenen Verbindungen ist mithin beim Erstarrungspunkte nahezu gleich gross und liegt ferner, in Bestätigung des an den höheren Normalparaffinen beobachteten Volumengesetzes, für den Erstarrungspunkt inmitten des specifischen Gewichts des eben geschmolzenen Stearons

$$C_{35}H_{70}O(d_{88.4} = 0.7979),$$

und des Pentatriacontans $C_{35}H_{72}(d_{74.7} = 0.7816)$, also zwischen den beiden früher erreichten Grenzwerthen (vgl. Ber. d. chem. Ges. XV, 1725). *Bgr.*

FELIX WEGER. Untersuchung gesättigter und ungesättigter Ester und einiger verwandter Verbindungen.

LIEB. Ann. CCXXI, 61-107† (vergl. hierzu die Arbeiten der HHrn. W. LOSSEN und A. ZANDER; diese Berichte XXXVIII Abth. I, 65-68).

Nach der Beschreibung der Untersuchungsmethode und der einzelnen Versuche giebt der Verfasser in einer Tabelle eine Zusammenstellung der Ausdehnung der untersuchten Flüssigkeiten, vermittelst deren sich specifische Gewichtsbestimmungen anderer Beobachter, die nicht auf 0° reducirt sind, leicht mit den von dem Verfasser gegebenen Werthen vergleichen lassen. Diese Tabelle ist in der Abhandlung nachzusehen. Eine zweite Tabelle enthält die Beobachtungen über Siedepunkt, specifisches Gewicht und specifisches Volumen. Dieselbe folgt umstehend:

Name	Formel	Siede-punkt	Spec. Gew. bei 0°	Spec. Gew. bei Siedepunkten bez. auf 0°	Specifisches Volumen Weger.	Specifisches Volumen Mittel der Beobachtungen	Differenz in pCt.
Aethylbenzol	$C_6H_5C_2H_5$	136.5	0.88316	0.7612	138.93	138.74	+0.2
Phenyläthylen	$C_6H_5CHCH_2$	146.2	0.92510	0.7914	131.11	131.05	+0.05
Phenylacetylen	C_6H_5CCH	141.6	0.94658	0.8032	125.80	—	—
Monobrombenzol	C_6H_5Br	155.6	1.5203	1.3080	119.70	119.80	—0.1
Acetylendibromid	$C_2H_2Br_2$	109.4	2.2983	2.0352	91.11	91.72	—0.6
Phenylacrylsäure	$C_6H_5CHCHCO_2H$	300	1.0565[1])	0.90974	162.29	—	—
Phenylacrylsaures Methyl	$C_6H_5CH_6CHCO_2CH_3$	259.6	1.0415[2])	0.85888	188.17	—	—
- Aethyl	$C_6H_5CHCHCO_2C_2H_5$	271.0	1.0662	0.82143	213.75	213.09	+0.35
- Propyl	$C_6H_5CHCHCO_2C_3H_7$	285.1	1.0435	0.79170	239.43	—	—
Phenylpropionsäure	$C_6H_5CH_2CH_2CO_2H$	279.8	2.07115[3])	0.8780	170.44	—	—
Phenylpropionsaures Methyl	$C_6H_5CH_2CH_2CO_2CH_3$	236.6	1.0473	0.83824	195.19	195.95	—0.2
- Aethyl	$C_6H_5CH_2CH_2CO_2C_2H_5$	248.1	1.0348	0.80182	221.48	221.53	—0.02
- Propyl	$C_6H_5CH_2CH_2CO_2C_3H_7$	262.1	1.0512	0.77886	245.96	—	—
Acrylsaures Methyl	$CH_2CHCO_2CH_3$	80.3	0.97388	0.87194	98.4	—	—
- Aethyl	$CH_2CHCO_2C_2H_5$	98.5	0.93928	0.81970	121.71	122.94	—1.1
- Propyl	$CH_2CHCO_2C_3H_7$	122.9	0.91996	0.7847	144.95	—	—
α-β-Dibrompropylalkohol	$CH_2BrCHBrCH_2OH$	219.0	2.1682	1.7535	123.96	—	—
Propionsaures Aethyl	$CH_3CH_2CO_2C_2H_5$	98.3	0.91224	0.79472	128.06	127.99	+0.06
α-β-Dibrompropionsaures Methyl	$CH_2BrCHBrCO_2CH_3$	205.8	1.9777	1.61400	151.99	—	—
- Aethyl	$CH_2BrCHBrCO_2C_2H_5$	214.6	1.8279	1.4554	178.14	179.71	—0.9
- Propyl	$CH_2BrCHBrCO_2C_3H_7$	233.0	1.7014	1.3391	204.09	—	—
Oxalsaures Methyl	$C_2O_4(CH_3)_2$	163.3	1.1579[4])	1.0039	117.26	116.67	+0.05
- Aethyl	$C_2O_4(C_2H_5)_2$	186.0	1.1030	0.87652	166.18	166.12	—0.03
Bernsteinsaures Dimethyl	$C_4H_4O_4(CH_3)_2$	195.2	1.1162[5])	0.91200	159.72	—	—
- Methyläthyl	$C_4H_4O_4CH_3C_2H_5$	208.2	1.0925	0.86482	184.58	—	—
- Diäthyl	$C_4H_4O_4(C_2H_5)_2$	215.4	1.0592	0.82726	209.85	209.35	+0.25
Orthophosphorsaures Trimethyl	$PO_4(CH_3)_3$	197.2	1.2378	1.0019	139.45	—	—
- Dimethyläthyl	$PO_4(CH_3)_3C_2H_5$	203.3	1.1752	0.95188	161.45	—	—

[1]) Bei 133° bez. auf 0°. — [2]) Bei 36° bez. auf 0°. — [3]) Bei 48.7° bez. auf 0°. — [4]) Bei 54° bez. auf 0°. — [5]) Bei 18° bez. auf 0°.

Der Verfasser stellt nun die Zahlenwerthe für entsprechende Verbindungen zusammen und gelangt zu folgenden Resultaten:

Die specifischen Volumina der metameren Verbindungen zeigen, obwohl die mehrwerthigen Atome auf derselben Sättigungsstufe stehen, doch mehrfach Differenzen (am grössten = 6.68 zwischen Oxalsäureäthylester und Bernsteinsäuredimethylester).

Die Differenz der specifischen Volumina homologer Verbindungen ist eine sehr wechselnde. Bei den Estern der Phosphorsäure stimmt sie nahezu mit der KOPP'schen Zahl 22 überein, steigt aber bei den Estern der Oxalsäure, Bernsteinsäure, Dibrompropionsäure, Phenylacrylsäure und Phenylpropionsäure auf 25 oder selbst 26. Die Differenzen im Volumen von CH_2 sind mithin nicht geringer als die Differenzen im Volumen O-haltiger Substanzen, auf Grund deren man das Volumen des O-Atoms oder der Gruppe CO schon lange als wechselnd betrachtet hat. Für die verschiedenen Ester einer und derselben Säure ist das Volumen von CH_2 jedoch constant. Die Volumendifferenz zwischen zwei Estern, welche das nämliche Säureradical und die Radicale verschiedener homologer Alkohole enthalten, scheint mit dem Kohlenstoffgehalte des Säureradicals zu wachsen.

Hinsichtlich der specifischen Volumina der gesättigten und der entsprechenden ungesättigten Verbindungen werden die Beobachtungen von den HHrn. BUFF, ZANDER und SCHIFF bestätigt, nach denen die Differenzen im specifischen Volumen für 2 oder n.2H zwischen 5 und 9 oder einem n-fachen dieser Zahlen schwanken, und zwar haben die ungesättigten C-Atome ein grösseres Volumen als die gesättigten. Es ist im Wesentlichen gleichgültig, ob die ungesättigte Gruppe sich im Alkohol- oder Säureradical befindet.

Die specifischen Volumina der meisten vom Verfasser untersuchten aromatischen Verbindungen endlich sind grösser als die nach KOPP's Regel für dieselben berechneten. Sonach zeigen auch diese Untersuchungen, dass eine allgemeinere Uebereinstimmung der gefundenen specifischen Volumina mit den nach KOPP's Regel berechneten nicht mehr erwartet werden kann. *Bgr.*

J. A. Frey. Die Gewichts- und Volumenveränderung des Holzes. Mitth. d. techn. Gewerbemus., Section für Holzindustrie. Wien 1883, 168; [Dingl. J. CCXLIX, 276-277†.

Untersuchungen über die Schwindung und die Veränderung des specifischen Gewichts vom Holz unserer hauptsächlichsten Waldbäume beim Trocknen, Ausdörren und Verkohlen desselben. Untersucht wurden Eichen-, Eschen-, Buchen-, Kiefern-, Ulmen-, Eiben-, Ahorn-, Aspen-, Lärchen-, Weisstannen-, Fichten- und Lindenholz. Die in einer Tabelle zusammengestellten Resultate sind von rein technologischem Interesse. *Bgr.*

W. W. Nicol. New and Modified Specific Gravity Apparatus. Chem. News XLVII, 85-86†; [ZS. f. Instrk. III, 141 bis 142; [Ber. d. chem. Ges. XVI, 952; [ZS. anal. Chem. XXIII, 52.

Um das specifische Gewicht von Flüssigkeiten zu bestimmen, hat der Verfasser den von Hrn. H. Sprengel construirten Apparat (Pogg. Ann. CL, 759; s. diese Berichte XXIV, 57) einer kleinen Abänderung unterworfen, indem er den einen Schenkel des U-förmigen Rohres durch ein bis auf die Ansatzstellen der Capillarröhren beiderseits geschlossenes Probirröhrchen von 15 mm Durchmesser, den andern durch eine Capillarröhre ersetzte. Um mittelst des Apparates auch das specifische Gewicht fester in Wasser löslicher Körper zu ermitteln, lässt der Verfasser die beiden Capillarröhren am obern Ende des Proberöhrchens münden und versieht es in der Mitte mit einer rechtwinkelig angesetzten Glasröhre, welche, nachdem der feste Körper durch dieselbe eingeschüttet ist, vor dem Gebläse zugeschmolzen wird. Dann wird das Ganze gewogen, der Apparat mit Paraffinöl gefüllt, mittelst der Capillarröhre luftleer gemacht, in ein Bad von bestimmter Temperatur eingetaucht und abermals gewogen. Nach dem Auswaschen mit Wasser und Alkohol und dem Trocknen wird der Apparat wiederum gewogen, erst leer, dann mit ausgekochtem Wasser, endlich mit Paraffinöl gefüllt. Diese fünf Wägungen geben alle Daten, welche zur Bestimmung des specifischen Gewichts nothwendig sind. *Bgr.*

GEORG W. A. KAHLBAUM. Einige kleine Aenderungen am Pyknometer. WIED. Ann. XIX, 378-384†; [Ber. d. chem. Ges. XVI, 1491.

Die Abhandlung enthält zunächst die ohne Zeichnung schwer verständliche Beschreibung von zwei Ansatzstücken an das Pyknometer, wenn mittelst desselben die Dichte eines festen Körpers durch Verdrängen einer Flüssigkeit von bekannter Dichte bestimmt werden soll. Sodann beschreibt der Verfasser eine eigenartige Form, welche er dem Hut des Flaschenpyknometers gegeben hat, um das Verdampfen der Flüssigkeit möglichst zu verhindern. Endlich wird ein Pyknometer beschrieben, welches zu Dichtebestimmungen bei verhältnissmässig geringen Substanzmengen verwendet werden kann. *Bgr.*

S. PAGLIANI. Ueber die Bestimmung des specifischen Gewichtes fester und flüssiger Körper mit dem Pyknometer. Gazz. chim. XIII, 172; Riv. scient. ind. XV, 27-29; [Beibl. VII, 419]†; [J. chem. soc. XLIV, 213; [ZS. anal. Chem. XXIII, 52.

Der Verfasser hat bei Pyknometern aus dünnem Glas mit dünnem Boden die Beobachtung gemacht, dass der Boden derselben schon durch einen geringen Druck so deformirt werden kann, dass Niveauveränderungen in der engen Röhre des Halses eintreten, die eventuell zu fehlerhaften Bestimmungen führen können. *Rth. (Bgr).*

L. REIMANN. Aräometer mit Patentkörper, auch als Substitutionswaage verwendbar. ZS. f. Instrk. III, 317-318†.

Das Aräometer beruht wie die MOHR'sche Wage auf der Anwendung eines Körpers von bekanntem Gewicht und Volumen. An einem von Stellschrauben getragenen Stativ mit hufeisenförmigem Fuss befindet sich ein verschiebbarer Halter für den Cylinder, welcher die zu untersuchenden Flüssigkeiten enthält. Ferner trägt das Stativ das Axenlager des einschenkligen Tragbalkens für den Körper und für die über dem Balken befindliche

Gewichtsschale. Die Reimann'schen Patentkörper verdrängen 1 g, resp. 10 g Wasser bei 15° C. Man legt beim Gebrauch den Tragbalken in das Lager ein, setzt die abnehmbare Schale auf, hängt den Körper ein und stellt mittelst der Fussstellschrauben die Zunge auf Null. Um den durch mehr oder weniger tiefes Eintauchen entstehenden Fehler zu vermeiden, legt man auf die obere Schale ein Gewichtsstück von 1 g, verschiebt den mit destillirtem Wasser gefüllten Körper so lange, bis die Zunge wieder auf Null einspielt und schätzt die Länge des eintauchenden Drahtstückes. Dann taucht man den Körper ebenso tief in die zu untersuchende Flüssigkeit und belastet die Schale so lange mit Gewichten, bis die Zunge wieder auf Null einsteht. Beim Eingrammkörper giebt die Belastung sogleich das specifische Gewicht (bis zur dritten Stelle genau), beim Zehngrammkörper ist das Gewicht noch durch 10 zu dividiren. Man erhält dann das specifische Gewicht bis zur vierten Stelle genau. Die Umwandlung des Aräometers in eine Substitutionswage erfolgt durch Umwechslung des Patentkörpers gegen eine Bügelschale. Dieselbe ist beim Eingrammkörper 2 g leichter als der Körper, welches Gewicht durch Auflegen eines Gewichtssatzes von 1 g bis 1 mg ergänzt wird. Die Wägung geschieht, indem man den Körper in die untere Wagschale legt und oben so viel Gewichtsstücke fortnimmt, bis Gleichgewicht vorhanden ist. Die Empfindlichkeit der Wage ist 1 mg. *Bgr.*

R. B. Bate. Hydrometer. Engineering XXXV, 434-435†.

Dasselbe unterscheidet sich dadurch von anderen Aräometern, dass mittelst einer einfachen Vorrichtung das Gewicht des Apparates verändert werden kann, sodass dieselbe kurze Scala bei der einen Belastung für specifische Gewichte von 970—1000, bei der andern für solche von 1000-1030 u. s. w. brauchbar ist. In der vorstehenden Abhandlung findet sich noch eine ausführliche Theorie des Instrumentes, die sich im Auszuge nicht wiedergeben lässt. *Bgr.*

H. MICHAELIS. Pneumatisches Densimeter. ZS. f. Instrk. III, 268-270†; Druckfehlerberichtigung III, 336*.

Der Apparat beruht auf dem Princip, dass die Höhen unter gleichem Druck befindlicher Flüssigkeiten sich umgekehrt wie ihre specifischen Gewichte verhalten. Das untere Ende eines an einem Fussgestell befestigten Metallrohres trägt einen mittelst einer Mikrometerschraube zusammendrückbaren Gummiball. An der untern Hälfte des Metallrohrs ist ein Traggestell für zwei kleine Glasgefässe verschiebbar befestigt, von denen das eine mit Wasser, das andre mit der zu untersuchenden Flüssigkeit gefüllt wird. Am obern Ende des Metallrohrs ist mittelst eines Gummischlauches ein Glasrohr befestigt, welches nach unten in zwei gleich lange Schenkel ausläuft, deren einer nach einer beliebigen Einheit getheilt ist. Die offenen Enden der Schenkel tauchen in die Glasgefässe. Man presst vor dem Gebrauch durch Drehen der Mikrometerschraube Luft aus dem Gummiball, füllt die Gefässe mit Flüssigkeit und dreht die Schraube zurück. Dann liest man die Höhe der Flüssigkeitssäule in beiden Schenkeln ab, wozu noch eine bequeme Einrichtung angebracht ist. Die Angaben sind bis auf 5 Einheiten der zweiten Decimale genau.

Bgr.

Litteratur.

D. MACALUSO und G. GRIMALDI. Ueber den Einfluss der hygroskopischen Condensation der Glasgefässe bei Bestimmung der Dichte des Wasserdampfes. Rep. d. Phys. XIX, 484-490†; sh. diese Berichte XXXVIII Abth. I, 63.

S. PAGLIANI. Sopra alcune proprietà fisiche dei petrolii, con una osservazione intorno al metodo della boccetta per la determinazione del peso specifico dei corpi solidi e liquidi. Ann. Istit. Tecn. Torino XI. Nicht zugänglich.

W. CHANDLER ROBERTS et T. WRIGHTSON. De la densité de certains métaux à l'état liquide. Traduction de M. CHARLES BAYE. Ann. chim. phys. (5) XXX, 274-288†;

nach Phil. Mag. XIII, 360-367. 1882 übersetzt; sh. diese Berichte XXXVIII Abth. I, 53; [ZS. f. Instrk. III, 70*; [J. de phys. (2) II, 290-291.

J. Biel. Das Volumgewicht der Bromwasserstoffsäure verschiedener Stärke. [ZS. anal. Chem. XXII, 256-257*; Pharm. J. and Trans. 1882, 666; [Ber. d. chem. Ges. XV, 1090; sh. diese Berichte XXXVIII Abth. I, 56.

Th. Edelmann. Apparat zur Bestimmung des specifischen Gewichtes von Gasen. Carl Rep. XVII; [J. de phys. (2) II, 285*; [Nature XXVIII, 309*; sh. diese Berichte XXXVIII Abth. I, 260.

L. Troost. Détermination des densités de vapeur dans des ballons de verre à la température d'ébullition du sélénium. C. R. XCV, 30-33*; [Bull. soc. chim. XXXIX, 511*; sh. diese Berichte XXXVIII Abth. I, 61.

V. Meyer. Remarques sur la densité des vapeurs. [Bull. soc. chim. XXXIX, 443-444 nach Ber. d. chem. Ges. XV, 2775 bis 2778*, [J. chem. soc. XLIV, 618-619; [Arch. sc. phys. (3) X, 103; [ZS. anal. Chem. XXII, 236-237; sh. diese Berichte XXXVIII Abth. I, 60.

L. Valente. Determination of Vapour densities. [Chem. News XLVII, 166; [ZS. anal. Chem. XXII, 71-72*; [Ber. d. chem. Ges. XIV, 1727 nach Gazz. chim. XI, 193; sh. diese Berichte XXXVII, 74.

E. Wiedemann. On a Modification in the Pycnometer. Phil. Mag. (5) XV, 369-371; [Chem. CBl. (3) XIV, 358; [Cim. (3) XIII, 274; nach Wied. Ann. XVII, 983-985; sh. diese Berichte XXXVIII Abth. I, 51.

Eilh. Wiedemann, W. A. Kahlbaum. Eine kleine Veränderung am Pyknometer. [ZS. anal. Chem. XXII, 548; nach Wied. Ann. XVII, 983, XIX, 378; sh. diese Berichte XXXVIII Abth. I, 51 und in diesem Jahrgange S. 89.

3. Molecularphysik.

Sterry Hunt. Chimie céleste depuis l'époque de Newton. Traduction par M. Charles Baye.
Ann. chim. phys. (5) XXVIII, 105-122† (aus Proc. Camb. Soc. IV).

Der Verfasser bespricht zunächst die von den HHrn. Brodie, Lockyer, ihm u. A. geäusserte Idee, dass ideale Elemente, aus denen sich die irdischen zusammensetzen, auf der Sonne und den Sternen zu finden seien. Weiter citirt er einige Bemerkungen von Newton, nach denen dieser den Raum von Materie erfüllt angesehen hätte, die z. B. aus den Kometen ausströme und nachher um die Planeten etc. verdichtet werde. *H.*

F. Moigno. Matière pondérable et impondérable.
Mondes (3) V, 271-273†.

Der Verfasser lässt die Molecüle oder die ersten Elemente der wägbaren Körper aus Atomen des Aethers entstehen, aus welchen zuerst der Wasserstoff entstanden ist. Jeder andere einfache Körper ist ein vielfaches des Wasserstoffmolecüls. Zur Erklärung, wie ein wägbarer Körper aus einem unwägbaren entstehen kann, nimmt der Verfasser an, dass im Anfange die Atome des Aethers Schwingungen von ausserordentlicher Geschwindigkeit vollführt haben, ohne sich aber gegenseitig anzuziehen. Zur gegenseitigen Anziehung war jedoch ein Act der Schöpfung nothwendig, wodurch sie in den wägbaren Zustand übergingen. *H.*

Charles Brame. Sur la constitution et la force moléculaires des corps. Mondes (3) V, 558-562†.

Der Verfasser zeigt, dass sich alle physikalischen und chemischen Erscheinungen auf die Bewegung der Molecüle und lebendige Kraft derselben zurückführen lassen. *H.*

A. BANDSEPT. Mécanique moléculaire. Mondes (3) V, 626 bis 629†.

Bekanntlich hat Hr. TRÈVES beim Stoss mit Elfenbeinkugeln, die mit Metallfeile bedeckt sind, beobachtet, dass die scheinbar in Ruhe bleibenden Zwischenkugeln die Hälfte der Metallfeile in der Richtung des Stosses fortschleudern. Diese Erscheinung erklärt nun Hr. BANDSEPT aus der virtuellen Verschiebung der Zwischenkugeln, welche so schnell und so gering ist, dass sie unsrer Beobachtung entgeht. *H.*

BR. LACHOWICZ. Ein Beitrag zur chemischen Statik. J. f. prakt. Chem. (2) XXVIII, 154-167†.

H. KOLBE. Redactionelle Bemerkung zu vorstehender Abhandlung. J. f. prakt. Chem. (2) XXVIII, 167-168.

Hr. LACHOWICZ betrachtet die Verschiedenheit in der Lage der Atome und Atomgruppen einiger gesättigter und ungesättigter organischer Verbindungen und vergleicht damit ihre Siedepunkte. Aus dieser Vergleichung soll folgen, dass die Flüchtigkeit der Verbindung von der Vertheilung der Masse eines Molecüls im Raume abhängt, und zwar soll die Verbindung um so flüchtiger sein, je mehr die Masse eines Molecüls sich gegen einen Punkt concentrirt und je mehr sich dieser Punkt der geometrischen Mitte des Molecüls nähert. — Nach Hrn. KOLBE zeigt diese Abhandlung von Hrn. LACHOWICZ, wie man auf Grund der Structurchemie zu physikalisch-chemischem Absurden gelangen kann.

H.

W. OSTWALD. Studien zur chemischen Dynamik. J. f. prakt. Chem. (2) XXVII, 1-39, XXVIII, 449-495†; [Ber. d. chem. Ges. XVI, 377-380, XVII, 37-38.

Der Verfasser hat die Geschwindigkeit untersucht, mit welcher sich die Umwandlung des Acetamids in Ammoniumsalz bei Gegenwart verschiedener Säuren vollzieht. Die Beobachtungen wurden bei 65° und bei 100° angestellt. Die Umwandlung fand in wässriger Lösung statt, deren Gehalt so gewählt wurde, dass dasselbe Volumen der Lösung bei allen Versuchen die gleiche Menge Acetamid und eine äquivalente Menge der betreffenden Säure enthielt. Verschiedene Proben derselben Mischung wurden während angemessener Zeiten auf die Versuchstemperatur erhitzt, danach rasch abgekühlt und auf die Menge des gebildeten Ammoniaks untersucht. Die Umsetzung beginnt in allen Fällen mit relativ grosser Geschwindigkeit, jedoch verschieden mit der Natur der angewandten Säure und um so rascher, je stärker die Säure ist. Die Reaction verläuft bei Gegenwart stärkerer Säuren schneller, weil das entstehende Ammoniaksalz beständiger ist. Hr. OSTWALD glaubt daher die Affinitätsgrösse der Säuren durch die Geschwindigkeit der betrachteten Reactionen messen zu können. Zu diesem Zwecke stellt er den zeitlichen Verlauf der Umwandlung durch eine Gleichung dar, indem er annimmt, nach dem Vorgang von Hrn. GULDBERG, dass die Geschwindigkeit den Mengen der einwirkenden Stoffe proportional ist. Es lässt sich ferner aus früheren Entwickelungen des Verfassers für die Beziehung zwischen Geschwindigkeit und Affinitätsgrösse der Satz formuliren: Die Affinitätsgrössen verhalten sich wie die Quadratwurzeln aus den Geschwindigkeiten der durch sie verursachten Reactionen.

Die erhaltenen Zahlen bestätigen vollständig die Voraussetzungen und Schlussfolgerungen des Verfassers.

Methylacetat erfährt in wässriger Lösung eine langsame Zersetzung in Säure und Alkohol, die durch Gegenwart verschiedener Säuren mehr oder weniger beschleunigt wird. Der Verfasser nimmt an, dass diese katalytische Wirkung der Säuren von dem GULDBERG-WAAGE'schen Gesetze in der Art beherrscht werde, dass die Geschwindigkeit der Zersetzung der relativen Menge des Aethers und der Säure proportional sei. Diese Hypothese wird durch Präliminarversuche geprüft und im Wesentlichen bestätigt. Alsdann wird die Constante für eine grosse Anzahl verschiedener Säuren bestimmt. Diese Constante soll nach der Theorie gleich sein dem Quadrate der Affinitätsgrössen, welche nach dem GULDBERG'schen Gesetze auch das chemische Gleichgewicht bestimmen, wo die betreffenden Säuren betheiligt sind. Die erhaltenen Zahlen genügen in der That dieser Forderung mit bemerkenswerther Annäherung. Der Verfasser sieht dadurch seine Ansicht bestätigt, dass jene Affinitätsgrössen Naturconstanten seien, welche alle Affinitätswirkungen im weitesten Umfange bedingen. *H.*

J. MOUTIER. Sur les réactions chimiques opérées dans les espaces capillaires. Bull. soc. philomat. (7) VII, 59-64; Rep. d. Phys. XIX, 810-813†.

Hr. BECQUEREL hat eine sehr wichtige Thatsache entdeckt: die chemischen Reactionen, welche in capillaren Röhren vor sich gehen, können von denen sehr verschieden sein, die sich unter den gewöhnlichen Bedingungen vollziehen. Der Verfasser sucht nun eine Theorie für diese Erscheinung aufzustellen. *H.*

PELOPIDAS. Ueber die Anwendbarkeit der Grundzüge des periodischen Gesetzes der Elemente auf organische Verbindungen. Prot. i. J. d. russ. chem.-phys. Ges. 1883 [1] 364; [Ber. d. chem. Ges. XVI, 1868-1869†.

Der Verfasser findet, dass, gleichwie die Elemente nach den ansteigenden Zahlen ihrer Atomgewichte im periodischen System geordnet werden, so können auch die Kohlenwasserstoffreste und die Reste (Radicale) stickstoffhaltiger organischer Verbindungen ihrer Zusammensetzung nach in einer bestimmten Reihenfolge in Perioden geordnet werden, in denen gleichfalls eine Wiederholung oder ein allmählicher Uebergang der Eigenschaften der einzelnen Glieder der Perioden nachzuweisen ist. Auch die Anzahl der Glieder oder Radicale einer solchen Periode ist eben so gross, wie die der Elemente in einer Periode des natürlichen Systems. *H.*

J. P. Cooke: Possible Variability of the Law of Definite Proportions. Sill. J. (3) XXVI, 310-316; Chem. News XLVIII, 208-210, 281-282†.

Der Verfasser bemerkt anlässlich der Abhandlung von Hrn. Boutlerow, dass er dieselben Ansichten über die Veränderlichkeit der Atomgewichte vor länger als 25 Jahren ausgesprochen hat, die in den Memoirs of the Am. Ac. of Arts and Sciences 1855 veröffentlicht worden sind. *H.*

F. Maxwell Lyte. Atomicity of Elements and Compounds. Chem. News XLVIII, 291-292†.

Der Verfasser bestreitet die Richtigkeit der von vielen Chemikern angenommenen Hypothese, dass die Elemente ihre Werthigkeiten ändern. *H.*

C. W. Blomstrand. Die Frage über die Sättigungscapacität der Grundstoffe, insbesondere des Schwefels. J. f. prakt. Chem. (2) XXVII, 161-199; [Ber. d. chem. Ges. XVI, 1093-1094†.

Nach des Verfassers Versuchen muss der Schwefel vierwerthig sein. *H.*

Arthur Michael. Ueber verschiedene Fälle von Atomumlagerungen im Molecül. Amer. Chem. J. V, 203-204; [Ber. d. chem. Ges. XVI, 2662†.

Sogenannte Atomumlagerungen lassen sich oft durch Zwischenreactionen erklären. Der Verfasser giebt z. B. für die Bildung des secundären (statt des primären) Propylalkohols aus Zinkmethyl und Aethylenjodhydrin folgende Reactionsgleichungen:

$$CH_2J.CH_2.OZnCH_3 = CH_2.CH.OZnCH_3 + HJ$$
$$= CH_2.CH.OH + ZnJCH_3;$$
$$CH_2.CHOH = CH_3.COH; \quad CH_3.COH + Zn(CH_3)_2$$
$$= CH_3.CH(CH_3)(OZnCH_3) \text{ u. s. w.}$$

Der Bildung von Fumarsäureäther aus Maleïnsäureäther und Jod geht gewiss die Bildung von Jodbernsteinsäureäther voran. Die

Umwandlung von Hydrazobenzol in Benzidin durch Säuren wird durch die Annahme einer vorangehenden Bildung von

$$C_6H_5(NHHCl)_2$$

erklärt, welches in $2C_6H_5NH_2$ und 2Cl zerfällt; das Chlor verkettet nun unter Elimination von Wasserstoff je zwei Phenylkerne. Der Bildung von Diazobenzol geht vielleicht diejenige von $C_6H_5NH < \begin{matrix} NOH \\ ONO_2 \end{matrix}$ voraus. *H.*

F. Flawitzky. Ueber die chemische Wechselwirkung der Elemente-Atome. Prot. i. J. d. russ. chem.-phys. Ges. XV [1] 431; [Ber. d. chem. Ges. XVI, 3046-3047†.

Nach der Vorstellung des Verfassers sollen sich die Atome eines Elementes, dessen Molecüle sich im Dissociationszustande befinden, in ein und derselben Richtung und zwar in Kreisen bewegen, die unter sich und mit einer im Raume absolut bestimmt gedachten Fläche parallel sind. Die Kreisflächen der einzelnen Elemente sollen gegen einander geneigt sein und bestimmte Winkel bilden, die für je 2 Elemente immer constant bleiben. Die Bewegungen der Atome analoger Elemente sollen in ein und derselben Richtung, diejenigen aber, die Elementen von entgegengesetzten chemischen Eigenschaften zukommen, in entgegengesetzter Richtung vor sich gehen. Die Atome der Halogene und Alkalien besitzen z. B. entgegengesetzte Bewegung. Ausser der Grösse der Bewegung beeinflussen die chemischen Wechselbeziehungen der Elemente die Richtung der Bewegung und die Winkel zwischen den entsprechenden Bewegungsflächen. Auf Grund dieser Theorie kann man sich nach dem Verfasser leicht von dem verschiedenartig gegenseitigen Verhalten der Elemente eine Vorstellung bilden. *H.*

Ed. Donath und Jos. Mayrhofer. Bemerkungen über Affinität und deren Beziehungen zu Atomvolum, Atomgewicht und specifischem Gewicht. Ber. d. chem. Ges. XVI, 1588-1596†; [J. chem. soc. XLIV, 1048.

Die Verfasser besprechen in vorliegender Abhandlung gewisse gesetzmässige Beziehungen zwischen Affinität und Atomvolumen, wie solche seit Aufstellung des periodischen Systems von den HHrn. MENDELEJEFF und LOTHAR MEYER mehrfach Gegenstand eingehender Betrachtungen geworden sind. Nach einer einleitenden Erörterung der Begriffe Affinität und Atomvolumen und deren bisherige verschiedenartige Auffassung folgen 2 Tabellen, an welche sich eine Reihe von Betrachtungen knüpfen. Tabelle *A* enthält eine Zusammenstellung der Elemente nebst ihren specifischen Gewichten *D* und deren reciproken Werthen $\frac{1}{D}$; letztere stellen das relative Volumen der Gewichtseinheit der Atome dar und werden die specifischen Volumina genannt. In der Tabelle *B* sind die Elemente mit den ihnen zukommenden specifischen Volumen in der Weise angeordnet, dass die Körper mit den grössten Quotienten $\frac{1}{D}$ und zugleich entgegengesetzten chemischen Eigenschaften die Grenzglieder einer Reihe bilden, nach deren Mitte zu sich die anderen Elemente mit abnehmenden Zahlenwerthen ihres Quotienten gruppiren. Die so gebildete Reihe gleicht in vielen Beziehungen der elektrochemischen Spannungsreihe und zeigen im Allgemeinen Körper mit grösserer chemischer Affinität auch grössere Werthe für ihre specifischen Volumina. Es ist jedoch nicht zu verkennen, dass das Schema sehr viele Abweichungen aufweist von der Reihe, die sich ergeben würde, wenn man die Elemente nach ihrer chemischen Aehnlichkeit und zugleich nach der aus ihrem chemischen Verhalten gefolgerten Affinität anordnen würde. Die Verfasser besprechen sodann einige besonders auffallende Unregelmässigkeiten und machen schliesslich auch auf Beziehungen zwischen Verbrennungswärme und specifischem Volumen aufmerksam.

Schön.

L. C. SCHWAB. Untersuchungen über die Bildung der zusammengesetzten Aether. Rec. trav. chim. II, 46-65; Chem. CBl. (3) XIV, 403-407, 417-420.

N. MENSCHUTKIN. Sur la détermination de l'isomérie des acides par la vitesse initiale de leur ethérification. Rec. trav. chim. II, 117; Chem. CBl. (3) XIV, 743.

Vor einigen Jahren haben die HHrn. GULDBERG und WAAGE eine Theorie der chemischen Affinität entwickelt und darin ein Gesetz über die Wechselwirkung chemischer Massen aufgestellt. Der Zweck der Untersuchung von Hrn. SCHWAB war die Richtigkeit dieses Gesetzes zu controliren. Er konnte sich überzeugen, dass die Versuchsresultate mit der Theorie nur unter gewissen Bedingungen übereinstimmten; diese realisiren sich, wenn die Gesammtmenge des flüssigen oder gasförmigen Systems so gross ist, dass der durch die aufeinanderwirkenden Substanzen eingenommene Raum vernachlässigt werden kann. Bei der Untersuchung der Aetherification der Fumarsäure und Maleinsäure zeigt der Verfasser entgegen der Ansicht von MENSCHUTKIN, dass das Studium der Aetherification der Maleinsäure ohne Werth für die Erforschung ihrer Constitution ist.

Hr. MENSCHUTKIN polemisirt gegen die Ausführungen des Hrn. SCHWAB. *H.*

W. MÜLLER-ERZBACH. Die Dichtigkeit und die chemische Verwandtschaft der Elemente in verschiedenen allotropischen Zuständen. LIEB. Ann. CCXVIII, 113-120†; [Ber. d. chem. Ges. XVI, 1358; [SILL. J. (3) XXVI, 317-318.

Der Verfasser weist in einer Zusammenstellung der in verschiedenen allotropischen Zuständen bekannten Elemente (Schwefel, Selen, Phosphor, Kohlenstoff, Silicium, Bor, Arsen, Zinn) nach, dass die Reactionsfähigkeit derselben am grössten ist bei derjenigen Modification, welche die geringste Dichtigkeit besitzt, so dass die Lebhaftigkeit der chemischen Processe abhängig ist von der bei denselben möglichen Erniedrigung des Schwerpunktes der einwirkenden Massen. *H.*

W. MÜLLER-ERZBACH. Die aus der Dichtigkeit abgeleitete chemische Verwandtschaft einiger Gruppen von

Verbindungen und die Raumveränderungen bei der Neutralisation wässeriger Lösungen. LIEB. Ann. CCXXI, 125-132†; [Ber. d. chem. Ges. XVI, 2913; [Chem. CBl. (3) XIV, 740; [J. chem. soc. XLVI, 12-13.

Die wichtigsten Resultate der Abhandlung sind nach dem Verfasser folgende: 1) Nach der Dichtigkeit der Verbindungen haben Phosphor, Bor und Silicium zum Chlor eine grössere Verwandtschaft als zum Brom. 2) Nach den Volumenverhältnissen findet man in Uebereinstimmung mit dem bekannten Verhalten der Verbindungen für Sauerstoff die Verwandschaft des Chlors erheblich schwächer als die des Jods. 3) Kali und Natron erfahren bei ihrer Neutralisation mit Salpetersäure, Salzsäure und Schwefelsäure thatsächlich eine Contraction, die aber durch die Gegenwart grösserer Wassermengen verdeckt wird und in Ausdehnung übergeht. *H.*

MAXIMILIEN GERBER. Sur l'hypothèse de PROUT. Bull. soc. chim. (2) XXXIX, 562-572†; Chem. CBl. (3) XIV, 453 bis 456; [SILL. J. (3) XXVI, 236-237; [Ber. d. chem. Ges. XVI, 1669.

Nach des Verfassers Ansicht sind sämmtliche Atomgewichte einfache Multipla einer der 4 folgenden Zahlen

$$d_1 = 0.769, \quad d_2 = 1.995, \quad d_3 = 1.559, \quad d_4 = 1.245,$$

und zwar gilt d_1 für die monoatomen, d_2 für die tetraatomen Elemente sowie für die Erdalkalien und die dem Sauerstoff und Kohlenstoff verwandten Stoffe, d_3 für die drei- und fünfwerthigen Elemente, d_4 für die Metalle im engeren Sinne. Zwischen jenen 4 Einheiten lässt sich folgendes Verhältniss erkennen

$$d_1 : d_2 : d_3 : d_4 = \tfrac{10}{13} : 2 : (\tfrac{5}{4})^2 : \tfrac{5}{4}.$$

H.

L. MEYER und K. SEUBERT. Die Atomgewichte der Elemente aus den Originalzahlen neu berechnet. Leipzig: Breitkopf & Härtel 1883. [ZS. anal. Chem. XXII, 639-640; [Chem. CBl. (3) XV, 17-18; [Chem. News XLVIII, 211-212.

Die Atomgewichte der Elemente haben die Verfasser aus den Originalzahlen neu berechnet und die Resultate dieser Arbeit in Form eines selbstständigen Buches veröffentlicht. Als Basis der Umrechnung benutzen die HHrn. MEYER und SEUBERT das Verhältniss H : O = 1 : 15.96, bezeichnen dasselbe aber noch nicht als feststehend. *H.*

FRANK WIGGLESWORTH CLARKE. Eine Neuberechnung der Atomgewichte aller Elemente. Chem. News XLVII, 275-277, XLVIII, 3-4, 17-19, 32-34, 42-34, 52-54, 68-69, 78-80, 91-93, 103-105, 115-116, 158, 165, 177-179, 198, 210, 221, 231, 258, 263, 275, 289 (Fortsetzung 1884); [ZS. anal. Chem. XXII, 302-306†.

Der Zweck dieser Arbeit ist eine Zusammenstellung der wahrscheinlichsten Mittelwerthe aus allen Bestimmungen, welche überhaupt als hinreichend genau in Betracht gezogen werden können. Den Rechnungen ist zu Grunde gelegt das Verhältniss von H : O = 1 : 15.9633. *H.*

C. MARIGNAC. Verification de quelques poids atomiques. Arch. sc. phys. (3) X, 5-27, 193-224; [ZS. anal. Chem. XXIII, 118 bis 139†; [Ber. d. chem. Ges. XVI, 3056-3057.

Der Verfasser hat neue Untersuchungen über das Aequivalentgewicht des Wismuths, Zinks, Mangans und Magnesiums angestellt und folgende Werthe erhalten: für Wismuth 208.16, für Mangan 55.07, für Zink 65.37, wenn O = 16 angenommen wird. *H.*

SCHÜTZENBERGER. Sur les poids atomiques. Bull. soc. chim. (2) XXXIX, 258-262†; [Chem. CBl. (3) XIV, 259 bis 261; [ZS. anal. Chem. XXII, 640-641.

Hr. SCHÜTZENBERGER hat zuerst bei der Analyse des kaukasischen Petroleums gefunden, dass unter Umständen die gewogenen Mengen von Wasser und Kohlensäure solchen Quantitäten von C und H entsprachen, dass deren Summe grösser war, als die Menge der angewandten Substanz, während unter anderen Umständen solche Mengen gefunden wurden, die mit der angewandten Quantität Petroleum übereinstimmten. Als der Verfasser die Synthese des Wassers durch Reduction einer gewogenen Menge Kupferoxyd mittelst Wasserstoff ausführte und das Gewicht des gebildeten Wassers bestimmte, ergab sich kein constantes Verhältniss für O : H, es schwankte zwischen 7.95 und 8.15.

Zahlreiche andere Analysen haben gezeigt, dass die Zusammensetzung der Metalloxyde innerhalb gewisser Grenzen, welche von der Art ihrer Bildung abhängen, schwanken kann. Der Verfasser glaubt nicht, dass diese Abweichungen auf experimentelle Fehler zurückzuführen seien; die Resultate führen nothwendig zu dem Schlusse, dass das Gesetz der constanten Verhältnisse nicht in aller Strenge gilt, wenigstens, wenn man nicht in jedem besonderen Falle die Existenz mehr oder weniger oxydirter Verbindungen annehmen will, als die, welche man bis jetzt kennt. *H.*

A. Boutlerow. Notice sur les poids atomiques. Bull. soc. chim. (2) XXXIX, 257-258, 263-268†; [Ber. d. chem. Ges. XVI, 1212; [Chem. News XLVII, 187-188; [Sill. J. (3) XXVI, 63-66; [J. chem. soc. XLIV, 846-847.

Hr. Schützenberger hat beobachtet, dass bei der Analyse von Kohlenwasserstoffen die Rechnung für die Summe des Kohlenstoffs und Wasserstoffs Zahlen giebt, die oft um 100 pCt. höher sind, als sie dem Gewichte der verbrannten Substanz nach sein können. Diese Anomalie sucht der Verfasser aus der Annahme zu erklären, dass der chemische Werth der Elemente Schwankungen unterworfen ist, so dass das Atomgewicht des Kohlenstoffs von 12 zeitweilig auf 11.8 herabgehen könnte. Zur Prüfung dieser Hypothese will der Verfasser untersuchen, ob der rothe und der weisse Phosphor das nämliche Atomgewicht besitzen, ferner ob dieselben Mengen Quecksilberchlorür aus gleichen Quantitäten Metalls entstehen, wenn man das Chlor einmal im Dunkeln, das andre Mal durch Sonnen- oder Magnesiumlicht insolirt wirken lässt. *H.*

H. Baubigny. Détermination des équivalents des métaux, à l'aide de leurs sulfats. C. R. XCVII, 854-856†; Chem. News XLVIII, 232-233; [ZS. anal. Chem. XXIII, 288-290†; [Chem. CBl. (3) XIV, 722†; [Ber. d. chem. Ges. XVI, 2759-2760†.

— — Détermination des équivalents du cuivre et du zinc, à l'aide de leurs sulfats. C. R. XCVII, 906 bis 908†; Chem. News XLVIII, 243-244; [ZS. anal. Chem. XXIII, 290 bis 292†; [Ber. d. chem. Ges. XVI, 2914†.

— — Détermination de l'équivalent du nickel, à l'aide de son sulfate. C. R. XCVII, 951-954†; [ZS. anal. Chem. XXIII, 292-294†; Chem. News XLVIII, 257-258; [Ber. d. chem. Ges. XVI, 3055†.

— — Détermination de l'équivalent de l'aluminium à l'aide de son sulfate. C. R. XCVII, 1369-1371†; [Ber. d. chem. Ges. XVII, 6†; [ZS. anal. Chem. XXIII, 607-609; [Mondes (3) VI, 630.

Der Verfasser bedient sich der Methode der Zersetzung des Sulfates durch Erhitzen. Zur Vermeidung des Uebelstandes, dass bei schwachem Erhitzen ein Ueberschuss an freier Schwefelsäure zurückbleibt, bei zu starkem hingegen das Sulfat selbst sich zersetzt, empfiehlt der Verfasser die Anwendung eines Schwefelbades, dessen Temperatur die Sulfate sämmtlicher Metalle ertragen, ohne eine Zersetzung zu erleiden, während sie andrerseits einen allfälligen Ueberschuss an freier Schwefelsäure vollständig abgeben, (manche allerdings erst nach längerem Erhitzen und unter Anwendung von besonderen Kunstgriffen). Das auf diese Weise hergestellte Sulfat wird sodann durch Glühen in Oxyd verwandelt, und so das Aequivalentgewicht des Metalles bestimmt. Nur bei Metallen, deren Sulfate mit oder ohne Zersetzung flüchtig sind, oder deren Basen bei sehr hoher Temperatur flüchtig sind, bedient man sich mit Vortheil der Analyse auf nassem Wege. Bezüglich der speciellen Ausführung muss auf die Originalabhandlung verwiesen werden.

Nach vorstehender Methode hat der Verfasser das Aequivalentgewicht von Kupfer, Zink, Nickel und Aluminium bestimmt. Für Kupfer, dessen schwefelsaures Oxyd aus Oxychlorid $CuCl+3(CuO.HO)$, dem künstlichen Atakamit, dargestellt wurde, ergab das Mittel aus 2 Bestimmungen

Cu = 31.734 bezogen auf S = 16.037 (nach STAS)

oder

Cu = 31.698 bezogen auf S = 16.

Für Zink wurde gefunden

Zn = 32.704 bezogen auf S = 16.037

oder

Zn = 32.667 bezogen auf S = 16.

Die beiden Bestimmungen mit Nickelsulfat, dessen Reingewinnung ausführlich beschrieben wird, ergeben im Mittel

Ni = 29.374 bezogen auf S = 16.037

oder

Ni = 29.339 bezogen auf S = 16.

Bei Aluminium hat sich die Herstellung eines völlig neutralen Sulfates nur durch Erhitzen allein als sehr schwierig erwiesen und machte daher eine weitere Behandlung nothwendig. Aus dem Gewichtsverlust, den das so gewonnene $Al_2(SO_4)_3$ bei der Calcination erleidet, ergiebt sich das Aequivalentgewicht (als Mittel von 2 Bestimmungen)

Al = 13.522 bezogen auf S = 16.037

oder

Al = 13.508 bezogen auf S = 16.

Schön.

B. BRAUNER. Ueber das Atomgewicht des Tellurs.
Prot. i. J. d. russ. chem.-phys. Ges. XV, [1] 433; [Ber. d. chem. Ges. XVI, 3055-3056†.

Der Verfasser hat sich die Aufgabe gestellt, etwaige Fehler in den früheren Atomgewichtsbestimmungen des Tellurs aufzudecken und unter Benutzung verschiedener, theilweise neuer und von einander unabhängiger Methoden neue Bestimmungen vorzunehmen, um die Sonderstellung dieses Elementes im periodischen System aufzuklären eventuell richtig zu stellen. Das Tellur wurde zu diesem Zwecke auf eine sehr umständliche Weise von Selen befreit und mehrmals in einer Wasserstoffatmosphäre destillirt, wobei es theils als krystallinische Masse, theils aber in schönen Krystallen resultirte. Zur Bestimmung des Atomgewichts wurde das Tellur nach dem Vorgange von Berzelius, jedoch mit sorgfältiger Beseitigung der dieser Methode anhaftenden Fehlerquellen mit Hülfe von sehr complicirten Apparaten, in Tellurigsäureanhydrid, TeO_2, übergeführt. Zur Controle dient die vom Verfasser zuerst dargestellte Verbindung $Te_2O_4.SO_3$, ein basisch schwefelsaures Salz von grosser Beständigkeit.

Endlich wurde noch eine Synthese des Tellurkupfers Cu_2Te aus einer bestimmten Menge Tellur ausgeführt.

Die vom Verfasser gefundenen Werthe für das Atomgewicht schwanken zwischen 124.94 und 125.40 (O = 16), so dass im Mittel die Zahl 125 angenommen werden kann. Nach den älteren, ohne Beobachtung der erwähnten Vorsichtsmaassregeln ausgeführten Methoden ergeben sich Werthe von 126.63 bis 127.56.

Schön.

J. Bongartz. Atomgewichtsbestimmung des Antimons. Ber. d. chem. Ges. XVI, 1942-1945†; [J. chem. soc. XLIV, 1056-1057; [Sill. J. (3) XXVII, 55; [ZS. anal. Chem. XXIII, 294-296; [Arch. d. Pharm. CCXXI, 771-772.

Der Verfasser bespricht zunächst die Reihe der bisherigen Versuche, die zur Atomgewichtsbestimmung des Antimons von den Chemikern Berzelius, Schneider, Dexter, Bunsen, Dumas, Kessler, Cooke und Pfeifer unternommen worden sind. Eine von Hrn. Professor Classen ausgeführte Arbeit über die Bestimmung von Schwefelmetallen durch Oxydation des Schwefelwasserstoffes mittelst Wasserstoffsuperoxyd (Ber. d. chem. Ges. XVI, 1061) gab dem Verfasser Veranlassung, das Atomgewicht des Antimons neuerdings zu bestimmen. Es wurde zu diesem Zwecke reines, metallisches Antimon in Schwefelantimon übergeführt und in diesem der Schwefel resp. der sich mit Salzsäure entwickelnde Schwefelwasserstoff nach der vorerwähnten Methode bestimmt. Die Versuche ergaben als Mittel von 12 Bestimmungen für das Atomgewicht des Antimons die Zahl 120.193.

Zur Darstellung des metallischen Antimons wurde reines Chlorantimon mit reinem überschüssigen Schwefelammonium in einer Platinschale digerirt und das Antimon nach dem von Hrn. CLASSEN angegebenen Verfahren elektrolytisch abgeschieden. Zur Vermeidung der Salzsäure und der hierdurch bedingten Uebelstände bei der Fällung mit Schwefelwasserstoff wurde das gewogene Antimon direct mit einer concentrirten Lösung von Schwefelkalium in der Wärme behandelt. Bei Bestimmung des Schwefels in dem erhaltenen Schwefelantimon bediente sich der Verfasser des von Hrn. CLASSEN angegebenen Apparates und hielt sich genau an dessen Verfahren. *Schön.*

J. LÖWE. Ueber die Darstellung von arsenfreiem Wismuthmetall und das Atomgewicht des Wismuths.
ZS. anal. Chem. XXII, 498-505†; [Ber. d. chem. Ges. XVI, 3061†; [Arch. d. Pharm. CCXXII, 30-31.

Der Verfasser bespricht zunächst die bisherigen Methoden zur Reinigung des Wismuths von Arsen nebst deren Mängel, und beschreibt sodann ein neues Verfahren. Das reine Wismuthmetall wird aus einer mit Glycerin versetzten alkalischen Lösung des Oxyds dargestellt, indem zunächst alles in der Kälte reducirbare Metall mittelst Traubenzucker durch längeres Stehenlassen der Lösung bei gewöhnlicher Temperatur ausgefällt und hierauf durch Kochen des Filtrats das Wismuth in Form eines grauen Schlammes metallisch niedergeschlagen wird. Dieser Schlamm wird sorgfältig ausgewaschen und getrocknet und endlich das Metall in einem mit Kienruss bedeckten Tiegel niedergeschmolzen.

Zum Zwecke der Atomgewichtsbestimmung wird das metallische Wismuth mittelst Salpetersäure gelöst, und das Nitrat durch Glühen in einer Platinflasche bis zum Schmelzen des Oxyds erhitzt. Die Menge des gefundenen Oxyds ergab für das Atomgewicht des Wismuths als Mittel 207.330 für O = 15.96, oder 207.846 für O = 16. *Schön.*

T. E. THORPE. On the Atomic Weight of Titanium. Proc. Roy. Soc. XXXVI, 43-47; Chem. News XLVIII, 251-253; Ber. d. chem. Ges. XVI, 3014-3018†; [Chem. CBl. (3) XV, 57; [Arch. d. Pharm. CCXII, 166; [ZS. anal. Chem. XXIII, 609-611.

Wie für viele andere Elemente zeigen auch für Titan die vorhandenen Atomgewichtsbestimmungen erhebliche Differenzen. So fand ROSE im Jahre 1829 den Werth Ti = 48.13 bis 49.48, während PIERRE 1847 Ti = 50.25 fand. Gewöhnlich wird der von PIERRE ermittelte Werth als Atomgewicht des Titans angenommen, wogegen Hr. MENDELEJEFF in seinem auf das periodische Gesetz gegründeten System der Elemente die Zahl 48 vorzieht. Der Verfasser hat nun eine Reihe von Versuchen angestellt, um das Atomgewicht dieses Elementes durch Analysen des Tetrachlorids, Tetrabromids und Dioxyds zu ermitteln.

Die vorliegende Abhandlung enthält jedoch nur die Resultate, die sich aus der Analyse des Chlorids ergaben.

Es wurden 3 Versuchsreihen ausgeführt; die erste derselbe ergab

$$TiCl_4 : 4Ag = 34.390\,04 : 78.169\,99 \text{ also } Ti = 48.014;$$

die zweite

$$TiCl_4 : 4AgCl = 22.937\,96 : 69.259\,83 \quad Ti = 48.016;$$

die dritte

$$TiCl_4 : TiO_2 = 48.299\,48 : 20.790\,32.$$

Das Mittel aus diesen 3 Bestimmungen ist Ti = 48.000 (H = 1), wonach also das Titan den Elementen zugerechnet werden muss, deren Atomgewichte einfache Multiplen des Wasserstoffs sind. Die Mittheilung der Versuchsergebnisse mit dem Tetrabromid behält der Verfasser einer späteren Publication vor. *Schön.*

OTTO V. D. PFORDTEN. Das Aequivalentgewicht des Molybdäns. Diss. Giessen 1883; [ZS. anal. Chem. XXIII, 611-612†.

Das Aequivalentgewicht des Molybdäns wurde aus Analysen des molybdänsauren Ammons bestimmt und zu 95.8876 gefunden, wenn O = 15.96 angenommen wird. *H.*

DEWAR and H. SCOTT. On the Atomic Weight of Manganese and the Molecular Weight of substituted Ammonias. Proc. Roy. Soc. XXXV, 347-350; [Nature XXVIII, 551; [Chem. CBl. (3) XIV, 262, XV, 216†; [Ber. d. chem. Ges. XVI, 2498 bis 2499; Ann. chim. phys. (5) XXX, 494-499.

Die Verfasser haben die Atomgewichtsbestimmung des Mangans durch eine Reihe von Analysen des Silberpermanganats revidirt und als Mittel aus 8 übereinstimmenden Beobachtungen 55.038 gefunden, wenn O = 16 und Ag = 107.93 angenommen wird. Versuche, welche sie zur Bestimmung des Moleculargewichtes von Tetraäthylammoniumbromid ausgeführt haben, ergaben für verschiedene Proben etwas abweichende Zahlen, als wahrscheinlichsten Werth für $(C_2H_5)_3NHBr$ 182.012; für das Triäthylammonium berechnet sich daraus der Werth 102.601.

H.

T. S. HUMPIDGE. On the Atomic Weight of Glucinum (Beryllium). Proc. Roy. Soc. XXXV, 137-138†; [Chem. News XLVII, 181; [Ber. d. chem. Ges. XVI, 2494†; [Chem. CBl. (3) XIV, 380†.

J. EMERSON REYNOLDS. Note on the Atomic Weight of Glucinum or Beryllium. Proc. Roy. Soc. XXXV, 248-250†; [Chem. News XLVII, 261; [Ber. d. chem. Ges. XVI, 2494†.

T. S. HUMPIDGE. Reply to a Note by Prof. J. E. REYNOLDS on the Atomic Weight of Glucinum or Beryllium. Proc. Roy. Soc. XXXV, 358-359†.

J. EMERSON REYNOLDS. Note relative to Beryllium. Chem. News XLVIII, 9†.

Hr. HUMPIDGE hat mittelst der specifischen Wärme das Atomgewicht des Berylliums bestimmt. Dieses wurde aus Berylliumchlorid dargestellt, dessen Dämpfe über Natrium strichen, und enthielt nach Angabe des Verfassers 4.71 pCt. Berylliumoxyd, 1.32 pCt. Eisen und Spuren von Silicium.

Die Bestimmung der specifischen Wärme wurde nach der Methode von REGNAULT vorgenommen mit Anwendung einer kleinen Modification; sie ergab als Mittel von 4 Versuchen den Werth 0.4316 oder nach Correctur für die Beimengungen 0.4453, woraus sich das Atomgewicht zu 13.65, die Atomwärme zu 6.08 berechnet.

Hr. J. E. Reynolds macht dagegen seine früheren Bestimmungen der specifischen Wärme geltend, die mit Rücksicht auf die Reinheit des von ihm benutzten Präparates mehr Wahrscheinlichkeit haben und überdiess in den spectroskopischen Untersuchungen von Hrn. Hartley eine Stütze finden.

Hr. Humpidge hält seinerseits an dem von ihm gefundenen Werthe fest, worauf Hr. Reynolds nochmals antwortet.

Schön.

James Dewar and Alexander Scott. On the Atomic Weight of Manganese. Proc. Roy. Soc. XXXV, 44-48†; Chem. News XLVI, 98-100; [J. chem. soc. XLIV, 856; [Ber. d. chem. Ges. XVI, 1673-1674†; [ZS. anal. Chem. XXII, 482-484†.

Die Verfasser haben zur Bestimmung des Atomgewichts des Mangans einen ganz andren Weg eingeschlagen, als die früheren Forscher Turner, Berzelius, Dumas, Brandes, v. Hauer, Schneider und Rewack. Sie bedienten sich dabei des Silberpermanganats, $AgMnO_4$, welches wasserfrei, nicht hygroskopisch und seiner Schwerlöslichkeit wegen durch Umkrystallisiren leicht rein zu erhalten ist. Dasselbe wurde hergestellt durch Fällen von übermangansaurem Kali mit salpetersaurem Silberoxyd oder dadurch, dass aus Chlorbarium und übermangansaurem Silberoxyd zuerst übermangansaurer Baryt gewonnen und dieser durch schwefelsaures Silberoxyd wieder zersetzt wurde. Zur Bestimmung des Atomgewichtes wurde das übermangansaure Silberoxyd unter Zusatz eines Reductionsmittels (schwefelige Säure, ameisensaures Natron, salpetrigsaures Kali, Wasserstoff) in verdünnter Salpetersäure aufgelöst und in dieser Lösung das Silber durch Fällen mittelst Bromkalium ermittelt. Der Durchschnittswerth aus 8 Versuchen betrug 55.038 (für $O = 16$, $Ag = 107.93$).

Schön.

P. T. Clève. Sur le poids atomique de l'yttrium.

Bull. soc. chim. (2) XXXIX, 120-122; C. R. XCV, 1225†; [Chem. News XLVII, 4; [Sill. J. (3) XXV, 381-382; [Ber. d. chem. Ges. XVI, 77†; [Chem. CBl. (3) XIV, 36†; [ZS. anal. Chem. XXII, 484.

Der Verfasser hat eine neue Atomgewichtsbestimmung für Yttrium vorgenommen. Zu diesem Zwecke wurde nahezu reine salpetersaure Yttererde mit Oxalsäure fractionirt gefällt und die letzte Fraction, deren Moleculargewicht constant blieb, benutzt. Das hieraus dargestellte Sulfat ergab für das Atomgewicht des Yttriums als Mittel von 12 Bestimmungen den Werth 89.02. Eine frühere Bestimmung des Verfassers vom Jahre 1872 hatte 89.485 ergeben, doch war das Yttrium nicht frei von Terbinerde, die sich durch eine gelbliche Färbung zu erkennen giebt, während die reine Yttererde völlig weiss ist. *Schön.*

P. T. Clève. Sur le poids atomique du lanthane.

Bull. soc. chim. (2) XXXIX, 151-155†; [Ber. d. chem. Ges. XVI, 775 bis 776†; [J. chem. soc. XLIV, 553-554; [Chem. News XLVII, 154 bis 155.

Die vorliegende Untersuchung wurde veranlasst durch eine neue Atomgewichtsbestimmung des Lanthan von Hrn. Brauner, welche im Vergleich zu dessen früherem mit den Versuchsergebnissen des Verfassers übereinstimmenden Werthe 138.88 ein etwas niederes Resultat 138.28 ergeben hatte. Auch sollte die Frage entschieden werden, ob (dem Atomgewichte nach) zwischen dem Lanthan und Didym ein neues Element liege oder nicht. Zu diesem Zwecke wurde zunächst eine grössere Menge der aus Orthit, Cerit, Gadolinit etc. ausgefällten Oxyde von Lanthan und Didym in die Nitrate verwandelt und bis zur partiellen Zersetzung erhitzt. Nach Abscheidung des Ceriums und Thoriums wurde der Rest der Basen mit verdünntem Ammoniak in wiederholten Fractionen ausgefällt. Die siebente Fraction enthielt fast reines Lanthan und wurde in das Sulfat verwandelt, aus welchem sich durch fractionirte Krystallisation völlig didymfreie Anschüsse ergaben, die einen übereinstimmenden Gehalt an Lanthanoxyd zeigten, das dem zu Folge kein Gemisch sein kann. Das hieraus berechnete Atomgewicht des Lanthans beträgt, wenn $SO_3 = 80$ gesetzt wird, 138.22 in Uebereinstimmung mit dem von Hrn. Brauner gefundenen Werthe. Das Lanthan mit dem höheren Atomgewicht war didymhaltig, was auch daraus erhellt, dass eine nachweisslich Didym enthaltende Fraction La = 138.69 ergab. *Schön.*

P. T. Clève. Sur le poids atomique du didyme.

C. R. XCIV, 1528-1530; Bull. soc. chim. (2) XXXIX, 289-291†; [J. chem. soc. XLIV, 852-853; [Ber. d. chem. Ges. XVI, 1212-1213.

Zu dieser Bestimmung benutzte der Verfasser die Mutterlaugen, die er bei den Krystallisationen des Lanthanoxyds erhalten hatte (siehe vorstehende Abhandlung). Aus diesen erhielt er durch Fractionirung mit Oxalsäure und verdünntem Ammoniak Didymoxyd, dessen Sulfat als Mittel von 10 Bestimmungen für das Atomgewicht des Didyms den Werth 142.33 ergab ($SO_3 = 80$ gesetzt). Die früher gefundene zu grosse Zahl 147 dürfte auf einen Gehalt des Didyms an (dem damals unbekannten) Samarium zurückzuführen sein. *Schön.*

P. T. Clève. On Samarium and its Compounds. Atomic Weight of Samarium.

C. R. XCVII, 94-96†; J. chem. soc. XLIII, 365-366; Chem. News XLVIII, 74-76; [Chem. CBl. (3) XIV, 586†; [Ber. d. chem. Ges. XVI, 2493-2494†.

Durch eine lange Reihe complicirter, mühsamer Operationen hat der Verfasser didymfreies Samariumoxyd gewonnen, welches mit Zugrundelegung der Formel Sm_2O_3 als Mittel von 6 Bestimmungen (durch Ueberführung in das Sulfat) das Moleculargewicht 150.021 ergab. Das Samariumoxyd ist ein weissliches Pulver mit einem kaum merklichen Stich ins Gelbe, welcher die Gegenwart von Erbium anzeigt, es löst sich leicht in Säuren und bildet Salze, deren Färbung dem Topas ähnelt. Es werden beschrieben: Das Hydrat, Chlorid, Chloroplatinat, Platincyanid, Nitrat, Acetat, Sulfat, Seleniat, Kalium- und Ammonium-Doppelsulfat, Selenit und Oxalat. Sämmtliche Samariumsalze zeigen in ihrer Zusammensetzung und in ihrem chemischen Verhalten eine grosse Aehnlichkeit mit denen des Didyms. Ihr Spectrum besteht aus mehreren Streifen, von denen besonders 4 im Blau charakteristisch sind. *Schön.*

D. Tommasi. Sur le poids atomique du lithium.

Mondes (3) IV, 51-54; [Chem. News XLVII, 72-73.

Das Atomgewicht des Lithiums beträgt bekanntlich 7, welche Zahl mit dem Gesetze von Dulong und Petit im Einklange steht.

Die physikalischen und chemischen Eigenschaften dieses Metalles haben eine grosse Analogie mit denen der Alkalimetalle, so dass die Chemiker nicht gezögert haben, dieses Metall als der Familie (Kalium, Natrium) angehörig und als einwerthig zu betrachten. Jedoch die Salze des Lithiums haben keine Aehnlichkeit mit denen des Kaliums und Natriums, wohl aber mit denen der 2werthigen Metalle, z. B. besonders mit denen des Magnesiums. Hr. Tommasi glaubt daher, dass das Atomgewicht des Lithiums in den Verbindungen das doppelte ist von dem im freien Zustande. Nachdem Hr. F. M. Raoult gezeigt hat, dass die Lösung irgend eines Moleculs in 100 Molecülen irgend einer Flüssigkeit den Gefrierpunkt derselben von 0.62° erniedrigt, lässt sich z. B. durch Lösung von Chlorlithium die Haltbarkeit der Hypothese Tommasi's darthun; der Verfasser ersucht daher schliesslich Hrn. Raoult diesen Versuch auszuführen. *H.*

Hermann Kopp. Ueber die sog. specifischen Volume flüssiger Substanzen. Ber. d. chem. Ges. XVI, 2458-2460†.

Gelegentlich der verschiedenen neuerdings über die specifischen Volumina angestellten Untersuchungen, in welchen auf seine früheren Versuchsresultate und Folgerungen Bezug genommen wird, macht Hr. Kopp die Bemerkung, dass er keineswegs die von ihm angegebenen Beziehungen zwischen der Zusammensetzung und dem Molecularvolumen als mit Sicherheit aufgestellt, sie vielmehr ausdrücklich nur als zur Zeit brauchbare Interpolationsausdrücke betrachtet hatte. *H.*

M. SCHALFEJEFF. Ueber die Volumina der Elemente in flüssigen und festen Körpern. J. d. russ. chem.-phys. Ges. 1883 [1] 210; [Ber. d. chem. Ges. XVI, 1853-1854†.

Der Verfasser vergleicht die theoretischen und die durch Versuche gefundenen specifischen Volumina folgender Verbindungen: ungesättigte Kohlenwasserstoffe von der Zusammensetzung C_nH_{2n}, C_nH_{2n-2}, C_nH_{2n-4}, C_nH_{2n-6}, Glycole $C_nH_{2n+2}O_2$, Aether der Glycole und Glycerine, verschiedene mehrwerthige Säuren, Ester mehrwerthiger Säuren und Alkohole, einfache und gemischte Aether und Ester ungesättigter Säuren, endlich die aromatischen Verbindungen Kohlenwasserstoff, Aldehyde, Ketone, Phenole und Alkohole. In allen Fällen erweisen sich die theoretischen Volumina übereinstimmend mit den durch Versuche bei leicht zugänglichen Temperaturen ermittelten. Bezüglich der specifischen Volumina des Wasserstoffs, Sauerstoffs und Kohlenstoffs gelangt der Verfasser zu folgenden Schlussfolgerungen: 1) Die Volumina des Kohlenstoffs hängen von der Sättigung, Structur und dem Typus der Verbindungen ab. 2) Die Verbindungen der Fettreihe sind Derivate des Kohlenstoffs, dessen Volumina durch ungerade Zahlen ausgedrückt werden. 3) Die Verbindungen der aromatischen Reihe sind Derivate des Kohlenstoffs, dessen Volumina geraden Zahlen entsprechen. 4) Bei gleicher Sättigung ist das Volumen des Kohlenstoffs in den Verbindungen der Fettreihe grösser, als in denen der aromatischen Reihe. In den Kohlenwasserstoffen C_nH_{2n} ist für erstere $C_1 = 21$, für letztere $C_1 = 12$. Bei geschlossener Kette dagegen ist in den Verbindungen der Fettreihe das Volumen des Kohlenstoffs kleiner, als in den aromatischen Verbindungen. 5) Die Ausdrücke: einfache, doppelte und dreifache Bindung entsprechen nicht dem wirklichen Verhalten der Kohlenstoffatome unter einander. 6) Die Volumina des Wasserstoffs und Sauerstoffs sind veränderlich und werden durch den Typus der Verbindung bedingt. 7) Die Volumina des Kohlenstoffs, Wasserstoffs und des Sauerstoffs werden durch ganze Zahlen ausgedrückt.

$$C = 3, 6, 9 \ldots 18 \quad H = 7, 14 \quad O = 4, 8, 16.$$

Schön.

EMIL ELSÄSSER. Ueber die specifischen Volumina der Ester der Fettreihe. Inaug.-Diss. Tübingen 1881; LIEB. Ann. CCXVIII, 302-338†; [Chem. CBl. (3) XIV, 486-488; [Ber. d. chem. Ges. XVI, 2276-2277; [J. chem. soc. XLIV, 967-968.

Der Verfasser hat die Bestimmung der specifischen Volumina der Ester der Fettreihe unternommen, einerseits um die Untersuchungen anderer Forscher zu vervollständigen, andrerseits um zu sehen, ob sich das specifische Volumen ändere, wenn anstatt eines normalen Alkohols oder einer Säure die Isoverbindungen eintreten. Die Resultate ergaben nun, dass das Letztere weder verneint noch bejaht werden kann. Die specifischen Volumina von 4 Estern der Isobuttersäure sind kleiner als die entsprechenden der normalen Buttersäureester, eines dagegen ist grösser. Von den 4 kleineren sind aber zwei den Estern der normalen Säure nahezu gleich. Die Unterschiede der beiden anderen sind aber nicht sehr gross. Ferner sind die specifischen Volumina der Ester des Isobutylalkohols mit Ausnahme eines einzigen grösser als die seiner Isomeren. Die specifischen Volumina der Amylalkoholester scheinen dagegen etwas kleiner zu sein. *H.*

FELIX WEGER. Untersuchung gesättigter und ungesättigter Ester und einiger verwandter Verbindungen. LIEB. Ann. CCXXI, 61-107†; [Ber. d. chem. Ges. XVI, 2912-2913; [J. chem. soc. XLVI, 8-12.

Zweck der Untersuchung war, die specifischen Volumina einer Anzahl von gesättigten und ungesättigten Verbindungen mit einander zu vergleichen. Verglichen wurden einige Ester der Propionsäure und α-β-Dibrompropionsäure mit den entsprechenden Acrylsäureestern, Phenylpropionsäure und einige Ester derselben mit Phenylacrylsäure und deren Estern, Aethylbenzol mit Styrol und Phenylacetylen, α-β-Dibrompropylalkohol mit Allylalkohol, Aethylenbromid mit Acetylendibromid. *H.*

Sh. auch S. 85.

SCHIFF. Sui volumi moleculari delle sostanze liquide. Atti R. Acc. dei Lincei Mem. (3) XIV, 195-258; [Gazz. chim. XIII,

177-279; [Chem. News XLVIII, 292; Lieb. Ann. CCXX, 71-113, 278-334†; [Ber. d. chem. Ges. XV, 2878, XVI, 2656-2658 u. 2759; [Chem. CBl. (3) XIV, 738-740; [Chem. Ztg. VII, Nr. 72 u. 73.

Als die wichtigsten Resultate dieser ausführlichen Arbeit giebt der Verfasser Folgendes an:

1. Die specifischen Volumina des Kohlenstoffs und Sauerstoffs sind veränderlich. Sie variiren mit dem Variiren der Atomverkettung.

2. Die Anwesenheit einer sogenannten doppelten Bindung vermehrt stets das Molecularvolumen. Für jede dieser Bindungen zwischen Kohlenstoff und Kohlenstoff beträgt die Vermehrung 4 Einheiten.

3. Der Benzolkern kann keine doppelten, sondern nur einfache Bindungen enthalten.

4. Es giebt keine doppelten Bindungen; wo man sie bisher annahm, muss man sie durch Lücken ersetzen, durch ungesättigte Atome mit gelockerten Beziehungen, wie sie den gewöhnlich angenommenen einfachen Bindungen entsprechen. *H.*

W. W. J. Nicol. The Nature of Solution. Phil. Mag. (5) XV, 91-101; [Ber. d. chem. Ges. XVI, 564.

— — The Molecular Volumes of Salt-Solutions. Phil. Mag. (5) XVI, 121-131; [Chem. CBl. (3) XIV, 786-788; [Ber. d. chem. Ges. XVI, 2658; [Beibl. VII, 737-739.

— — On the Volume Alteration attending the Mixture of Salt Solutions. J. chem. soc. XLIII, 135-140; [Sill. J. (3) XXV, 379-380.

Nach des Verfassers Hypothese ist die Lösung dadurch bedingt, dass die Wassermolecüle grössere Anziehung auf das Salzmolecül ausüben, als die Salzmolecüle unter einander. In einer gesättigten Lösung hat sich die Attraction zwischen ungleichartigen Molecülen (Wasser und Salz) mit derjenigen zwischen gleichartigen ins Gleichgewicht gesetzt, vermehrt sich letztere so scheidet sich Salz aus. Des Verfassers Hypothese stützt sich auf eine Reihe von Dichtebestimmungen, deren Genauigkeitsgrad zunächst an einigen Beispielen gezeigt wird. – Durch Versuche bestätigt und mit der Hypothese in Einklang gebracht werden ferner: 1) Die Beobachtungen von Hrn. KREMERS, nach welchen die Dichte eines Salzes von der Temperatur abhängt, bei welcher es sich aus der Lösung abschied; 2) GERLACH's Sätze über die Beziehungen zwischen Dichte der Lösung und deren Salzgehalt; auch die Wahrnehmungen von Hrn. BERTHELOT, dass frisch geschmolzene Salze grössere Lösungswärme besitzen; endlich werden die Beobachtungen bezüglich des Ausdehnungscoefficienten der Lösungen verschiedener Concentration vom Stande der neuen Hypothese interpretirt.

Um Einblick zu gewinnen in die Natur der Lösung und in die Constitution der Salze selbst, bestimmt und vergleicht der Verfasser das Molecularvolumen, welches er nach der Formel $(xM+n.18):\delta$ berechnet, wo $M =$ Moleculargewicht des Salzes, δ das specifische Gewicht der Lösung, x die Anzahl der Salzmolecüle, n diejenige der Wassermolecüle bedeuten; er erfährt hierdurch den Raum, den die die Einheit der Lösung ausmachenden Salz- und Wassermolecüle sammt den sie trennenden Zwischenräumen einnehmen. Der Vergleich gleich starker d. h. gleich viel Molecüle enthaltender Lösungen ergiebt, dass eine Aenderung im Molecularvolumen hervorgerufen wird: 1) beim Ersatz von Natrium durch Kalium um +10.00 bis +10.56, 2) beim Ersatz von Chlor durch NO_3 in Kalisalzen: um +10.98 bis +11.4, in Natriumsalzen um +11.28 bis +11.51 u. s. w.

Die Volumina obiger Elemente resp. Gruppen sind demnach unter obigen Bedingungen unabhängig von der Art, wie sie mit einander combinirt werden und der Verfasser glaubt schliessen zu können, dass in den verschiedenen Salzlösungen die molecularen Zwischenräume annähernd gleich sind. Mit Hülfe der oben aufgestellten Theorie erklärt der Verfasser sodann, in welcher Weise die Schwankungen der oben angeführten Zahlen mit der Concentration der jedesmal verglichenen beiden Lösungen zusammenhängen; es zeigt sich, dass die Steigerung des Molecularvolumens durch Concentration am grössten ist beim weniger wasserlöslichen Salz. *H.*

G. Flink. Ueber die Molecularvolumina von Benzol und Phenol in starrem und flüssigem Zustande. Öfvers. Svensk. Vet. Ak. Förh. 1883, Nr. 5, 6; [Ber. d. chem. Ges. XVII, 46†.

Die Bestimmungen sind mit dem Petterson'schen Dilatometer gemacht. Für Benzol sind die Volumina von —12.35° an bis 80.37° (Sdp.) und für Phenol von —8.85° an bis 180.99° (Sdp.) bestimmt. Die bei Benzol erhaltenen Zahlen stimmen fast vollständig mit Kopp's Angaben überein. Das Molecularvolumen des Benzols findet der Verfasser bei 0° = 86.726 (Kopp berechnete 86.752) und beim Siedepunkt (80.37°) = 95.908. *H.*

F. P. Treadwell und Victor Meyer. Ueber die Moleculargrösse des Isoïndols. Ber. d. chem. Ges. XVI, 342 bis 344†; [Arch. sc. phys. (3) XI, 193.

Die Thatsache, dass durch Reduction des Isonitrosoacetons weder Amidoaceton noch dessen Anhydrid, sondern durch Zusammentritt zweier Molecüle das Ketin $C_6H_8N_2$ also eine Base mit 6 Atomen Kohlenstoff entsteht, lässt es unwahrscheinlich erscheinen, dass dem Einwirkungsproduct des Ammoniaks auf gebromtes Acetophenon, d. h. dem Isoïndol die einfache Formel C_8H_7N zukommen soll. Auch die heteorogenen Eigenschaften des mit dem Isoïndol isomeren Indols legen die Vermuthung nahe, dass Ersterem ein höheres Moleculargewicht zukomme. Durch diese Erwägungen veranlasst, haben die Verfasser Versuche angestellt, um die Moleculargrösse des Isoïndols neu zu ermitteln. Es wurde das Gasverdrängungsverfahren angewendet. Sie operirten im Schwefeldampf und in einer Stickgasatmosphäre und fanden, dass die Substanz sehr rasch und vollständig verdampfte und dass die Bestimmungen überhaupt in normaler Weise verliefen.

Die Versuche ergaben die Werthe 7.99 und 7.91 pCt. die Rechnung hingegen für C_8H_7N 4.045, für $C_{16}H_{14}N_2$ 8.09. Das Isoïndol enthält demnach nicht 8, sondern 16 Atome Kohlenstoff, steht also mit dem Indol und Methylketol in keiner Beziehung, sondern erscheint eher den Ketinen analog.

Die Abhandlung enthält noch die Mittheilung einer kleinen Modification des angewendeten Verfahrens der Dampfdichtebestimmung, darin bestehend, dass die Substanz in compacten, gegossenen Stäbchen angewendet wird. *Schön.*

H. SCHRÖDER. Fernere Untersuchungen über die Abhängigkeit der Molecularrefraction flüssiger Verbindungen von ihrer chemischen Constitution. WIED. Ann. XVIII, 148-175†.

Der Verfasser hat in einer früheren Mittheilung nachgewiesen, dass sich sehr einfache Gesetze über die Abhängigkeit der Molecularrefraction von der chemischen Zusammensetzung ergeben, wenn man nach dem Vorgang der HHrn. LANDOLT und BRÜHL mit den empirischen Constanten $\frac{\mu-1}{d}$, wo μ den Brechungsexponenten und d die Dichtigkeit bezeichnet, die Molecularrefraction $P.\frac{\mu-1}{d}$ berechnet, worin P das Moleculargewicht der Verbindung ausdrückt. Die HHrn. A. LORENTZ und L. LORENZ sind auf theoretischem Wege zu dem übereinstimmenden Resultate gelangt, dass die Formel $\frac{\mu^2-1}{(\mu^2+2)d}$ eine Constante sein müsse. Hr. LANDOLT hat nun gezeigt, dass die theoretische Formel $\frac{\mu^2-1}{(\mu^2+2)d}$ zu ganz den nämlichen Regeln zwischen chemischer Zusammensetzung und Lichtbrechung führt, wie sie von ihm und von Hrn. BRÜHL für den empirischen Ausdruck $\frac{n-1}{d}$ aufgestellt worden sind.

Der Verfasser hat nun geprüft, ob sich für die mit der LORENZ'schen Formel berechnete Molecularrefraction der Verbindungen auch die nämlichen einfachen Gesetzmässigkeiten ergeben würden, welche er für die mit den empirischen Constanten $\frac{\mu-1}{d}$ berechnete Molecularrefraction nachgewiesen hat. Die erhaltenen Resultate constatiren, dass die nach den LORENZ'schen Constanten berechneten Molecularrefractionen Schritt für Schritt zu den nämlichen Regeln führen; doch treten die einfachen Beziehungen der Einflüsse der Componenten und beziehungsweise der Elementaratome in noch schärferer und prägnanterer Weise hervor. Es ergiebt sich auch hier, dass es vortheilhafter ist, die wirklich beobachteten Brechungsexponenten bei der Rechnung anzuwenden. *H.*

J. H. Gladstone. (The elements.) Address to the Chemical Section of British Association. Rep. Brit. Ass. Southport 1883, 448-454; Chem. News XLVIII, 151-154†; Nature XXVIII, 500-503; Athen. 1883, Nr. 2918, 406.

Enthält eine Uebersicht über die in der letzten Zeit gemachten Untersuchungen im Gebiete der physikalischen Chemie. Hr. Gladstone spricht über Spectralanalyse, über die Atomgewichte, specifische Brechungsvermögen etc. *H.*

Berthelot. On the element carbon. J. de pharm. et de chim. 1883 Mars; [Athen. 1883, Nr. 2893, 447†.

Nach dem Verfasser ist das eigentliche Element Kohlenstoff wahrscheinlich noch ganz unbekannt, Diamant und Graphit sind Substanzen verschiedener Ordnung. Das wahre Element Kohlenstoff muss bei gewöhnlicher Temperatur gasförmig sein; so dass die verschiedenen Arten des in der Natur vorkommenden Kohlenstoffs polymere Producte dieses gasförmigen Elementes sind. Die Spectralanalyse bestätigt diese Ansichten, indem das zweite in den Geissler'schen Röhren auftretende Spectrum wahrscheinlich dem gasförmigen Kohlenstoff angehört. *H.*

Aron. Ueber künstlichen Graphit. Elektrot. ZS. IV, 248 bis 249†.

W. Siemens. Bemerkung dazu. Elektrot. ZS. IV, 249†.

Der Verfasser weist darauf hin, dass die Glühlichtkohle mit dem natürlichen Graphit zwei wichtige physikalische Eigenschaften gemeinschaftlich hat, nämlich die gute elektrische Leitungsfähigkeit und die schwere Entzündlichkeit und belegt sie in diesem Sinne mit dem Namen: künstlicher Graphit. Diese graphitartigen Eigenschaften der Kohle sind nun nach der Ansicht des Verfassers durch die Einwirkung der hohen Temperatur entstanden. Wie bekannt, wird die gute Leitungsfähigkeit vegetabilischer Stoffe durch Glühen bei hoher Temperatur erzielt, wobei die Stoffe selber aber noch verhältnissmässig leicht entzündlich bleiben können. Die schwere Entzündlichkeit wird erst durch eine sehr helle Weissgluth erreicht, sodass also die Elektricität und das Vacuum nur in so fern eine Rolle spielen, als durch sie ein Glühen bei sehr hoher Temperatur ermöglicht wird. Der Verfasser hat nun verschiedene vegetabilische Stoffe (Gewebe, Papier, Russ) diesbezüglichen Versuchen unterworfen. Hierbei zeigte sich, dass 3 Stadien der Carbonisirung unterschieden werden können; im ersten Stadium bleiben die Stoffe leicht entzündlich und leiten die Elektricität nicht; im zweiten Stadium, bei einer hohen Temperatur, werden sie leitend, bleiben aber noch leicht entzündlich; in einem dritten Stadium, bei noch höherer Temperatur, bleiben sie leitend und werden schwer entzündlich, werden also in gewissem Sinne graphitirt. Der natürliche Graphit unterscheidet sich jedoch von diesem künstlichen durch seine krystallinische Beschaffenheit, womit seine Weichheit und Schmierfähigkeit zusammenhängt, Eigenschaften, die den künstlich graphitirten Stoffen völlig abgehen. — Hr. Siemens bezweifelt die Identität carbonisirter Stoffe mit Graphit und ist der Meinung, dass die Leitungsfähigkeit hoch erhitzter Holzkohle und ihre schwere Verbrennlichkeit bedingt sei durch einen geringen Gehalt an Wasserstoff, den die Holzkohle noch enthält und der durch die hohen Temperaturen ausgetrieben werde. Es folgt noch eine kurze Entgegnung des Hrn. Aron. *Schön.*

L. F. Nilson. Détermination de l'équivalent du thorium.
Ann. chim. phys. (5) XXX, 563-567; C. R. XCV, 729-730. 1882; Ber. d. chem. Ges. XV, 2527-2537. 1882; [Bull. soc. chim. (2) XXXIX, 516; [Sill. J. (3) XXV, 146-147; [ZS. anal. Chem. XXII, 307-308; [J. chem. soc. XLIV, 152.

— — Sur les propriétés du thorium métallique.
Ann. chim. phys. (5) XXX, 568-573; Ber. d. chem. Ges. XV, 2537 bis

2547. 1882; C. R. XCV, 727-729; [Bull. soc. chim. (2) XXXIX, 515 bis 516; [SILL. J. (3) XXV, 146; [J. chem. soc. XLIV, 152-153.

L. F. NILSON. Ueber die specifische Wärme und die Valenz des Thoriums. Öfvers. Svensk. Vet. Ak. Förh. 1883, Nr. 1; Ber. d. chem. Ges. XVI, 153-163; C. R. XCVI, 346-348; [J. chem. soc. XLIV, 649-650; [Bull. soc. chim. (2) XXXIX, 516-517; [Chem. News XLVIII, 105-106; [Mondes (3) IV, 239-240; [Chem. CBl. (3) XIV, 171.

Der Verfasser nahm zur Reduction des Thoriums Kaliumthoriumchlorid. Es wurde in Form von einem grauen glimmernden Pulver erhalten, das schwer schmelzbar ist und an der Luft sowohl bei gewöhnlicher Temperatur als auch bei 100°—120° unveränderlich bleibt. Die Dichte des Thoriums ist = 11, das Aequivalentgewicht = 232.4, die specifische Wärme = 0.027 87, woraus sich die Vierwerthigkeit des Thoriums ergiebt, denn die Atomwärme wird vollkommen normal = 6.4. *H.*

S. auch diese Berichte XXXVIII Abth. I, 107-108 und in diesem Jahrgange Abschnitt IV 23.

E. HAGEN. Ueber die Wärme-Ausdehnung des Natriums, des Kaliums und der bei gewöhnlicher Temperatur flüssigen Legirung beider in festem und in geschmolzenem Zustande, sowie über die Bestimmung ihrer Capillaritätsconstanten. Verh. d. physik. Ges. Berlin 1882, Nr. 13, 1-8; [Naturf. XVI, 37; [Chem. CBl. (3) XIV, 129†.

Der Verfasser hat Natrium und Kalium in stark entleerten Vacuumröhren eingeschlossen und unter diesen Verhältnissen einige physikalische Eigenschaften dieser Metalle bestimmt.

1. Natrium, Schmelzpunkt 97.6°. Zwischen 0° und 95° war die Ausdehnung der Temperatur proportional (mittlerer linearer Ausdehnungscoefficient = 0.000071; im Moment des Schmelzens trat eine Volumenvermehrung von fast 2.5 pCt. ein. Ausdehnungscoefficient für das geschmolzene Metall zwischen 97.6° und 169° = 0.000 278 1.

2. Kalium, Schmelzpunkt 62.1°, Ausdehnungscoefficient zwischen 0° und 50° = 0.000 084; oberhalb 50° rasches Ansteigen der Curve, Sprung des Volumens beim Schmelzen etwa 2.6 pCt.

Oberhalb des Schmelzpunktes war der Ausdehnungscoefficient = 0.000 29.

3. Kalium-Natrium-Legirung, Schmelzpunkt 4.5°. Zwischen —10° und +5° sehr rasches Ansteigen der Ausdehnungscurve, Ausdehnungscoefficient zwischen 10° und 100° = 0.002 861.

Der Verfasser hat auch die Capillarconstanten bestimmt. Als Mittel aus mehreren Beobachtungen wurde erhalten: für Na 27.23 mg, für K 14 17 und für die K-Na-Legirung 17.86. *H.*

JULIAN SCHRAMM. Ueber die Stellung des Thaliums in der chemischen Systematik und dessen Vorkommen im Sylvin und Carnallit von Kalusz. LIEB. Ann. CCXIX, 374-384†.

Der Verfasser hat im Carnallit von Kalusz spectroskopische Spuren von Rubidium und von Thallium, im Sylvin Spuren von Thallium aber kein Rubidium und kein Cäsium gefunden. Im Kainit konnten weder Thallium, noch Rubidium noch Cäsium aufgefunden werden. Der Verfasser zählt das Thallium auf Grund aller bisherigen Erfahrungen über dasselbe zu den Alkalien. *H.*

R. ENGEL. Allotropie de l'arsenic. C. R. XCVI, 497 u. 1314†; [Bull. soc. chim. XL, 297; [Chem. CBl. (3) XIV, 467; [J. chem. soc. XLIV, 901-902.

Der Verfasser schliesst aus seinen Versuchen, dass es nur zwei allotrope Zustände des Arsens giebt. Sobald man Arsen auf feuchtem oder trockenem Wege unterhalb 360° abscheidet, bildet sich amorphes Arsen dunkelbraun oder schwarz und unveränderlich durch die feuchte Luft. Seine Dichte liegt zwischen 4.6 und 4.7. Auf 360° erhitzt verwandelt es sich in Arsen von der Dichte 5.7; dies ist stahlgrau und krystallisirt. Der Verfasser zeigt dann noch die Analogie, die zwischen den allotropen Zuständen des Phosphors und des Arsens besteht.

Die gewöhnliche Angabe, dass Arsen bei 180° sublimirt, ist nicht richtig. Das amorphe Arsen beginnt im Vacuum bei 260° zu sublimiren, das krystallisirte sublimirt selbst bei 360° nicht. Die Umwandlung von amorphem in krystallisirtes Arsen findet bei 370° statt. *H.*

Alexander Dick. Deltametall, eine neue Legirung. ZS. f. Opt. u. Mech. 1883, 82; [Polyt. Not. XXXVIII, 199; [Chem. CBl. (3) XIV, 556†.

Dem Verfasser ist es gelungen eine praktisch verwerthbare Legirung aus Eisen, Kupfer und Zink herzustellen, indem er zuerst geschmolzenes Eisen mit dem Zink legirte. Das dargestellte Metall zeigt grosse Härte und Zähigkeit. Eine Gussprobe davon ergab eine Zugfestigkeit von 22 Tonnen pro Q-Zoll. Das Metall ist leicht zu bearbeiten, nimmt eine hohe Politur an, wird weniger leicht trübe als Messing. *H.*

A. Geuther. Ueber das gelbe und das rothe Bleioxyd. Ann. Chem. Pharm. CCXIX, 56-71; [Ber. d. chem. Ges. XVI, 2281-2282†.

Der Verfasser hat diese beiden Modificationen des Bleioxyds in reinem Zustande dargestellt. Das gelbe Bleioxyd ist schwefelgelb, hat das specifische Gewicht 9.29 bei 15° und wird durch Druck und Reiben gelbroth; das rothe Bleioxyd ist mennig- bis granatroth, hat das specifische Gewicht 9.125 bei 14° und bildet tetragonale Krystalle, während das gelbe Oxyd im rhombischen System krystallisirt. Bis nahe zum Schmelzpunkt erhitzt, geht die rothe Modification in die gelbe über, während bei gewöhnlicher Temperatur durch mechanische Kräfte die gelbe Modification in die rothe umgewandelt wird. *H.*

D. Macaluso. Ueber die spontane Oxydation des Quecksilbers. Atti dell' Acad. di Catania (3) XVII; Rep. d. Phys. XIX, 801-805†; [Chem. CBl. (3) XIV, 788.

Hr. Berthelot hat gezeigt, dass das Häutchen, welches sich an der Oberfläche des Quecksilbers in Berührung mit der Luft bildet, in der That Quecksilberoxyd ist. Der Verfasser hat nun untersucht, unter welchen Bedingungen die Bildung dieses Häutchens eintritt.

a) In den mit feuchter Luft gefüllten Röhren oxydirt das Quecksilber rapid.

b) In den mit trockener Luft gefüllten Röhren zeigt das

Quecksilber selbst nach 2 Monaten auch nicht die geringste Veränderung.

c) Das Gleiche traf ein in den Röhren mit nicht gesättigtem Wasserdampf. *H.*

A. GEUTHER. Ueber die Constitution der Doppelverbindungen von Salzen der Sulfonsäuren mit neutralen Schwelfelsäureäthern, und über die Constitution der Sulfate, sowie über den Grund ihrer Dimorphie. LIEB. Ann. CCXVIII, 288; [Arch. d. Pharm. CCXXI, 685-686.

Der Verfasser erklärt den Dimorphismus verschiedener gleich zusammengesetzter Sulfate dadurch, dass er das eine Salz als von der Monoschwefelsäure, das andre als von der Dischwefelsäure abstammend annimmt. *H.*

SPENCER UMFREVILLE PICKERING. On the Constitution of Molecular Compounds. J. chem. soc. XLIII, 182-185; [Ber. d. chem. Ges. XVI, 1097†; [Chem. CBl. (3) XIV, 130.

Zur Bezeichnung der basischen Verbindungen bedient man sich zweier Formeln; so z. B. für das basische Ferrisulfat $2Fe_2O_3SO_3$ oder $Fe_2(SO_4)_3 5Fe_2O_3$. In der letzteren ist eine Analogie zwischen einem basischen Salze und einem Hydrate angedeutet. Wenn die erste Formel correct ist, so muss das Moleculargewicht 400 sein, während die letztere 1200 verlangt. Der Verfasser hat versucht das Moleculargewicht dieses Salzes festzustellen, indem er die Wassermenge bestimmte, welche aus einem Hydrate desselben auszutreiben ist. Er macht in seiner Arbeit ausführliche Mittheilung über Darstellung des Sulfates und Hydrates desselben und über den Wasserverlust unter verschiedenen Bedingungen. Wenn das Moleculargewicht 1200 ist, so sind 33 verschiedene Hydrate möglich. Der Verfasser hat 14 erhalten, welche alle für die Zahl 1200 sprechen, und entscheidet sich deshalb für die zweite Formel. *H.*

LOUIS HENRY. Sur le bromure de méthylène. Ann. chim. phys. (5) XXX, 266-274†.

Der Verfasser stellt das Methylenbromid nach Hrn. BOUTLEROW's Angaben her und prüft dessen Eigenschaften. Es stellt eine farblose, leicht bewegliche, vollkommen durchsichtige Flüssigkeit von angenehmem chloroformähnlichen Geruche und süssem zugleich stechendem Geschmacke dar. Im Lichte wird es, wenn es völlig rein ist, nicht verändert, siedet bei 98.5° (756 mm Druck), specifisches Gewicht 2.493 bei 0° bezogen auf Wasser von der gleichen Temperatur. Ausdehnungscoefficient 0.001 001 bei 10° und 0.000 973 6 bei 0°; Dampfdichte, gefunden 5.96, berechnet 6.01; in einer Kältemischung von $-12°$ bleibt es noch flüssig. In Wasser, Alkohol, Aether etc. ist es unlöslich. *H.*

DE FORCRAND. Recherches sur les hydrates sulfhydrés. Ann. chim. phys. (5) XXVIII, 5-67†; [SILL. J. (3) XXV, 307-308; [Ber. d. chem. Ges. XVI, 565.

Der Verfasser hat eine grössere Reihe der Verbindungen, welche bei niederen Temperaturen beim Einleiten von Schwefelwasserstoff in unter Wasser befindlichen Alkylhaloiden entstehen, dargestellt. Alle diese Verbindungen haben vollkommen analoge Zusammensetzung ($x+2H_2S+23H_2O$, $x =$ Alkylhaloid), krystallisiren in regulären Octaëdern und zersetzen sich schon wenige Grade über 0° in ihre Componenten. Von verschiedenen dieser Verbindungen hat der Verfasser die Tension der sich zersetzenden Substanzen für verschiedene Temperaturen bestimmt, ebenso wie die Bildungswärme, die für das Chloroformhydrat = 37.5 beträgt. Wie mit Schwefelwasserstoff liefern die meisten Alkylhaloide auch mit Selenwasserstoff bei Gegenwart von Wasser Hydrate derselben Zusammensetzung. Dem von WÖHLER zuerst dargestellten Schwefelwasserstoffhydrat schreibt der Verfasser die Formel $H_2S.12H_2O$ statt $H_2S.15H_2O$ zu. *H.*

N. MENSCHUTKIN. Sur les déplacements mutuels des bases dans les sels neutres, les systèmes restant homogènes. C. R. XCVI, 256-259, 348-350, 381-383; Chem. CBl. (3) XIV, 164-168; Ber. d. chem. Ges. XVI, 315-324; [SILL. J. (3) XXV, 380-381; [J. chem. soc. XLIV, 550, 708-709.

„Das Anilin zeigt gegen Phenolphtaleïn und Rosolsäure keine alkalische Reaction. Die Anilinsalze reagiren alle sauer. Setzt man zu einer wässerigen Lösung eines Anilinsalzes einen der genannten Indicatoren und die Lösung irgend einer Base, welche alkalisch reagirt, so erkennt man, dass das Anilin verdrängt wird, weil eine alkalische Reaction der Lösung nicht auftritt.“ Die Versuche, ausgeführt mit dem Chlorhydrat, dem Nitrat und dem Acetat des Anilins in wässerigen Lösungen und mit Ammoniak, Triäthylamin und Baryt zeigten, dass das Anilin vollständig aus seinen Salzen durch eine äquivalente Menge Base verdrängt wird, zu welchem Resultat auch Hr. Thomsen gekommen ist. Die chemische Masse des Anilins hat entgegen der Theorie von Berthollet keinen Einfluss hierauf, das System bleibt während des Versuches vollkommen homogen, und die Reaction vollzieht sich bei gewöhnlicher Temperatur. Der Verfasser bespricht ferner die Verdrängung des Triäthylamins durch andere Basen. Die Versuche ergaben, dass die chemische Masse des Triäthylamins bei alkoholischen Lösungen keinen Einfluss auf seine Verdrängung ausübt; in wässerigen Lösungen macht sich dagegen der Einfluss der chemischen Masse geltend. Ueber die Einwirkung des Bariumalkoholats auf Ammoniaksalze macht der Verfasser folgende Mittheilungen: Absoluter Alkohol löst reichliche Mengen Baryt. Es wurde Bariumalkoholat auf Ammoniumbromid und Ammoniumnitrat in alkoholischer Lösung zur Einwirkung gebracht, mit dem Ersteren tritt vollständige Verdrängung ein, mit dem Letzteren ist die Reaction verwickelter Natur. *H.*

Alfred Ditte. Recherches relatives à l'action qu'exercent les alcalis sur l'oxyde de plomb et sur ses sels. Ann. chim. phys. (5) XXVIII, 122-133†.

Der Verfasser hat die Zersetzung der Bleisalze durch Alkalien näher untersucht. Bei der Einwirkung von Kalilauge auf Bleichlorid bildet sich ein Bleioxydchlorid $PbCl_2 2PbO$; ähnlich wie Bleichlorid verhalten sich Bleibromid und Bleijodid, auch die Amphidsalze des Bleis, z. B. Bleinitrat, werden durch vorsichtigen

Zusatz von Alkalihydrat unvollständig zersetzt und geben zuerst basische Salze von verschiedener Zusammensetzung. Eines derselben, basisches Bleinitrat $Pb(NO_3)OH$, kann leicht in krystallisirter Form erhalten werden. Der Verfasser untersucht ferner die Einwirkung des Kalis auf Bleioxyd. *H.*

W. Spring. Bildung von Arseniden durch Druck.

Ber. d. chem. Ges. XVI, 324-326†; [J. chem. soc. XLIV, 650; [Sill. J. (3) XXV, 381; Bull. de Belg. (3) V, 229-236; [Naturf. XVI, 125-126†.

Der Verfasser hat seine Untersuchungen über die Bildung fester Körper durch Druck auch auf chemische Individuen ausgedehnt und zwar auf Gemische von verschiedenen Metallen mit pulverförmigem Arsen. Zunächst wurde ein Gemenge von Zinkfeilspähnen und pulverförmigem Arsen in einer Zusammensetzung, entsprechend der Formel Zn_3As_2, einem Drucke von 6500 Atmosphären unterworfen, der erhaltene Block durch Feilen gepulvert und das Pulver neuerdings gepresst. Es ergab sich eine homogene, metallisch glänzende Masse, die sich völlig verhält wie die Verbindung Zn_3As_2. Die Verbindung von Zink und Arsen zu Zinkarsenid erfolgt hierbei durch mechanische Energie und nicht durch Wärmeentwickelung, da selbst bei plötzlichem Druck die Temperaturerhöhung nicht 10^0 beträgt. Ein Gemenge von Bleifeilspähnen und Arsen von einer Zusammensetzung, entsprechend der Formel Pb_3As_2, ergab nach 2 Pressungen Bleiarsenid. Sehr leicht verbanden sich Zinn und Arsen durch Druck, schwieriger Kupfer oder Silber und Arsen. Bei Cadmium und Arsen war die Verbindung nach 3 Pressungen eine vollständige. Zum Schlusse hat der Verfasser amorphes, in einem Kohlensäurestrom verflüchtigtes Arsen dem Drucke unterworfen, um zu erforschen, ob nicht das Arsen eben so wie der amorphe Schwefel in einen andren Zustand übergeht. Eine Pressung von 6500 Atmosphären verwandelte das schwarze, amorphe Arsenpulver in eine Masse von metallischem Glanz auf der Oberfläche, aber mattem Innern. Das gefundene specifische Gewicht liess schliessen, dass etwa nur der vierte Theil des Pulvers in das krystallinische Metalloïd übergegangen war. *Schön.*

W. Spring. Bildung von Sulfiden durch Druck; Betrachtungen über die chemische Natur des rothen Phosphors und des amorphen Kohlenstoffs. Bull. soc. chim. (2) XXXIX, 641-647; Bull. de Belgique (3) V, 492-504; [Chem. CBl. (3) XIV, 497-498†; [Arch. d. Pharm. CCXXI, 546-547 u. 710 bis 713; [Ber. d. chem. Ges. XVI, 999-1004†; [J. chem. soc. XLIV, 904; [Sill. J. (3) XXVI, 238-239; [Chem. News XLVIII, 66-67; [Dingl. J. CCL, 139; [Naturf. XVI, 219-220.

Nachdem es dem Verfasser gelungen war, Arsenide durch Druck zu bilden, untersuchte er die Einwirkung des Schwefels auf verschiedene Metalle und Metalloïde unter Anwendung eines Druckes von 6500 Atmosphären. Es gelang ihm auf diese Weise Sulfide zu bilden, doch verlief auffallender Weise dieser Process fast ohne Temperaturerhöhung. Der Verfasser vermuthet, dass diese Thatsache einerseits in dem Umstande begründet sei, dass die Verbindung der Metallfeilspähne und des gepulverten Schwefels nach einer einmaligen Pressung nur sehr unvollständig ist, indem viel Metall und Schwefel ungebunden zurückbleibt, andrerseits durch die Wände des metallenen Compressionscylinders eine starke Abkühlung hervorgerufen werde. Auf dem angedeuteten Wege wurden gebildet: Verbindungen des Schwefels mit Magnesium, Zink, Eisen, Cadmium, Wismuth, Blei, Silber, Kupfer, Zinn und Antimon. Mit Aluminium gelang die Verbindung nur unvollständig. Ein vollständig negatives Resultat ergaben die Versuche einer Vereinigung des Schwefels mit rothem Phosphor und mit Kohlenstoff, woraus der Verfasser schliesst, dass sowohl rother Phosphor als amorpher Kohlenstoff polymere Verbindungen der entsprechenden Elemente, und nicht sogenannte allotropische Modificationen derselben seien. Indem sie sich mit sich selbst zu der polymeren Verbindung vereinigten, verloren sie die Anziehungskräfte, d. h. die Beweglichkeit ihrer Atome, welche sonst dem Schwefel gegenüber zur Geltung gekommen wäre. Auch der amorphe Kohlenstoff ist demnach nur ein allotropischer (polymerer) des Kohlenstoffelementes. *Schön.*

W. Spring. Ueber die vollkommene Elasticität der chemisch bestimmbaren festen Körper. Eine neue Verwandtschaft der festen zu den flüssigen und gasförmigen Körpern. Ber. d. chem. Ges. XVI, 2723-2728†; Bull. soc. chim. (2) XL, 515-520; [Naturf. XVI, 474-475†.

Der Verfasser hat eine Reihe von Versuchen angestellt zur Lösung der Frage, ob das specifische Volumen eines chemisch bestimmbaren festen Körpers durch Druck bleibend verringert werden kann. Die Veranlassung zu dieser Untersuchung gab die bekannte Thatsache, dass das specifische Gewicht von Metallen je nach dem Zustande, in dem es sich befindet (gegossen, geglättet, gewalzt oder gehämmert) verschieden ist. Der Verfasser sucht nun zu ermitteln, ob diese Differenzen auf eine wirkliche Verdichtung in Folge des ausgeübten Druckes oder auf das Verschwinden kleiner gasförmiger Einschlüsse zurückzuführen sei, und unterwirft zu diesem Zwecke verschiedene Metalle und einige chemisch reine Salze einem Drucke von 20000 Atmosphären. Hierbei ergab sich in der That, dass einige der untersuchten Metalle nach der Pressung ein höheres specifisches Gewicht besassen als vorher, jedoch bei einer zweiten Pressung von gleicher Stärke die neue Dichte behielten. Eine bleibende Verdichtung erlitten die Körper nicht, sondern es war die Erhöhung ihres specifischen Gewichtes wesentlich zurückzuführen auf ausgetriebene resp. vorher eingeschlossene Gase, auch wenn es sich zeigte, dass sie nicht völlig incompressibel waren. Nach Aufhören des Druckes erhöhte sich indess ihr Volumen wieder auf das ursprüngliche. Demnach verhalten sich die festen Körper in dieser Beziehung genau wie die flüssigen und gasförmigen und kann also ihre Dichte nur dann eine bleibend andere werden, wenn sie verschiedenen Temperaturen ausgesetzt sind. Der Verfasser bespricht weiter den scheinbaren Widerspruch dieser Resultate mit der schon früher beobachteten und beschriebenen Umwandlung von amorphem Schwefel in krystallinischen etc. durch Druck und gelangt schliesslich zu der Ansicht, dass, wenn ein Körper selbst unter dem hohen Drucke von 20000 Atmosphären wohl etwas, aber nur so lange verdichtet werde, als der

Druck anhält, die Elasticität desselben eine vollkommene sei. Die Elasticitätsgrenze sei nur der kritische Moment, bei welchem der Stoff unter der Einwirkung der auf ihn gerichteten Kräfte anfängt zu fliessen und ein zerbrechlicher Körper sei ein solcher, der keine innere Verschiebung aushält, dem also die Eigenschaft des Fliessens unter Druck abgehe. *Schön.*

W. SPRING. Kupfersulfid im Colloïdzustande. Ber. d. chem. Ges. XVI, 1142-1143†; [J. chem. soc. XLIV, 904-905; [Chem. News XLVIII, 101.

Im Anschlusse an die Beobachtung von Hrn. SCHULZE (J. prakt. Chem. (2) XXVII, 320) über colloïdales Antimonsulfid hat der Verfasser auch das Vorkommen von Kupfersulfid im Colloïdalzustande constatirt und die Darstellung eingehend beschrieben. Die Lösung des Sulfids ist eine schwarze Flüssigkeit, die eine kleine Fluorescenz in's Grüne zeigt; beim Eindampfen bleibt das Sulfid als schwarzer Firniss zurück, welcher schon durch Trocknen bei gewöhnlicher Temperatur im Wasser seine Löslichkeit einbüsst. Auch das durch Behandeln von Manganoxydulhydrat mit unterchloriger Säure dargestellte Manganhyperoxyd geht nach vollständigem Auswaschen in eine tiefbraune Lösung über; desgleichen zeigen Antimontrioxyd, Zinnoxyd und Zinnsulfid ein ähnliches Verhalten. *Schön.*

W. SPRING. Bemerkungen über die Arbeit der HHrn. JANNETTAZ, NEEL und CLERMONT über die Krystallisation des Körpers unter hohem Druck. Ber. d. chem. Ges. XVI, 2833-2835†.

Die HHrn. JANNETTAZ, NEEL und CLERMONT haben auf Veranlassung des Hrn. FRIEDEL die Pulver einiger fester Körper einem starken Drucke ausgesetzt in der Absicht, die Resültate, die der Verfasser unter denselben Bedingungen erhalten hatte, einer Controlle zu unterwerfen, und haben die vom Verfasser veröffentlichten Beobachtungen über das Schweissen der Pulver sowie über die Bildung chemischer Verbindungen unter hohem Druck in Zweifel gezogen. Hierdurch veranlasst hat der Verfasser seine Versuche in Gegenwart von Zeugen wiederholt und findet seine früheren Ergebnisse bestätigt. *Schön*

Ed. Jannettaz, Neel et Clermont. Note sur la cristallisation des corps à de hautes pressions. Bull. soc. chim. (2) XL, 51-54; [Arch. d. Pharm. CCXXI, 776-777; [Ber. d. chem. Ges. XVI, 2659†.

Die Verfasser haben die Versuche von Hrn. Spring mit einer Maschine, welche einen Druck von 10000 kg pro Quadratcentimeter auszuüben gestattete, wiederholt und kamen zu dem Resultat, dass die untersuchten gepulverten Substanzen unter diesem Druck nicht krystallisiren; eine grosse Zahl derselben nimmt jedoch eine schiefrige Structur an. *H.*

C. Friedel. Observations sur les expériences de M. W. Spring relatives à l'action de la pression sur les corps solides en poudre. Bull. soc. chim. (2) XL, 526-528†.

Versuche, die der Verfasser bezüglich der Wirkung des Druckes auf die festen Körper ausgeführt hat, zeigten, dass gepulvertes Schwefelzink und Schwefelblei unter starkem Druck nicht in den krystallinischen Zustand übergehen Bei der Untersuchung der von Hrn. Spring erhaltenen Probestücke zeigte es sich, dass nur Wismuth in den krystallinischen Zustand übergegangen ist, doch scheint dies nicht lediglich durch Druck verwirklicht worden zu sein. Hrn. Spring's Versuche beweisen somit nur, dass durch Druck das Zusammenschweissen und Vereinigen von Stoffen zu einer chemischen Verbindung stattfindet. *H.*

Edmund J. Mills and William M. D. Mackey. On Lines of no Chemical Change. Phil. Mag. (5) XVI, 429 bis 433; [Chem. CBl. (3) XV, 692†.

Die Verfasser haben auf folgende Betrachtungen hin die Grenzen der chemischen Umsetzung zwischen Zink und Schwefelsäure zu bestimmen versucht. Bezeichnet man mit y die procentische Stärke der Schwefelsäure und mit x die in ccm ausgedrückte Menge des Wasserstoffs, der sich entwickelt, so ist

$$y = a+bx+cx^2;$$

in welcher a, b und c zu berechnende Constanten sind. Ist $x = 0$, so wird kein Gas entbunden, es ist also auch die chemische Wirkung gleich Null und in diesem Falle wird $y = a$. Bei den in einer Tabelle zusammengestellten Versuchsresultaten wurde nun zwar in keinem Falle $y = a$ gefunden, doch ergab sich, 1) dass, wenn die Anfangstemperatur 0.68°, die Temperatur bei der Gasentbindung 0.82° betrug und zwischen beiden 19 Minuten verstrichen waren, in diesem Falle a und y ungefähr gleich waren.

$$[y(58.42) = 58.706-0.010964x-0.00008932x^2].$$

2) ergab sich, dass die Constante a bei allgemein abnehmenden y von 1° bis 9° wuchs, von 16° bis 27° abnahm, um dann auf einmal wieder bei 35° erheblich zu wachsen. Die Grenzen einer chemischen Thätigkeit sind also hiernach keineswegs in einen einfachen Zusammenhang zwischen Temperatur und Stärke des wirkenden Agens zu bringen. *H.*

H. LANDOLT. Ueber die Existenzdauer der unterschwefligen Säure in wässerigen Lösungen. Ber. d. chem. Ges. XVI, 2958-2967†.

Fügt man zu einer Lösung von Natriumhyposulfit eine Säure, so trübt sich nach kurzer Zeit die Flüssigkeit, indem die freie unterschweflige Säure in schweflige Säure und Schwefel zerfällt ($H_2S_2O_3 = H_2SO_3+S$). Hr. LANDOLT untersucht nun den Einfluss der Wassermenge, so wie den der Temperatur auf die Existenzdauer der unterschwefligen Säure. Vorversuche weisen nach, dass unter gleichen Bedingungen diese Zeit überhaupt constant ist, dass dabei die Natur der angewandten Säure keinerlei Wirkung ausübt, dass ferner Ueberschuss von unterschwefligsaurem Natron oder von zugesetzter Säure eben so wenig wie die absolute Menge der Flüssigkeit von Einfluss ist. Aus genaueren Versuchen, in denen Oxalsäure verwendet wurde, ergiebt sich dann, dass die Existenzdauer der unterschwefligen Säure in ihren wässerigen Lösungen bei constanter Temperatur genau der auf einen Gewichtstheil $H_2S_2O_3$ vorhandenen Anzahl Gewichtstheile Wasser proportional ist.

Die Zersetzung tritt um so rascher ein, je höher die Temperatur ist, doch nimmt der beschleunigende Einfluss der Wärme fortwährend ab. Sämmtliche Beobachtungen lassen sich in folgende Formel zusammenfassen, in welcher n eine zwischen 51 und 279 liegende Anzahl Gewichtstheile Wasser auf einen Gewichtstheil $H_2S_2O_3$ und t eine zwischen 10° und 50° liegende Temperatur bezeichnet:

$$E_1 = n(0.6428-0.02553t+0.000272t^2).$$

H.

A. Potilitzin. Ueber die Geschwindigkeit chemischer Reactionen. J. d. russ. chem.-phys. Ges. XV, [1] 479; [Ber. d. chem. Ges. XVI, 3051-3054†.

Die vorliegenden Versuche erscheinen wieder als eine Bestätigung der vom Verfasser schon aus seinen früheren Untersuchungen gezogenen Schlussfolgerungen: 1) dass auf Grundlage der thermochemischen Aequivalente nur die Richtung, in welcher die vorherrschende Reaction verlaufen wird, im Voraus bestimmt werden kann, nicht aber wie Hr. Berthelot meinte, ob letztere ausschliesslich hiernach verlaufen, beziehungsweise gar nicht stattfinden werde; 2) dass die bei der Wechselwirkung zweier Körper in Gegenwart anderer reactionsfähiger Verbindungen entstehende Wärmemenge nicht der ganzen Affinitätsarbeit dieser beiden Körper äquivalent ist, und 3) dass die thermochemischen Aequivalente den Reactionsgeschwindigkeiten in den ersten Momenten proportional sind. *H.*

L. Th. Reicher. Sur la vitesse de formation de l'anhydride maléique. Rec. trav. chim. II, 308; Chem. CBl. (3) XV, 87-90†; [Ber. d. chem. Ges. XVII, 38.

Hr. Schwab beobachtete, dass von der Fumarsäure nur 3 pCt., von der Maleïnsäure dagegen 44.9 pCt. in 8 Stunden ätherificirt werden und schrieb diese abnorme Anfangsgeschwindigkeit der Aetherification der letzteren Säure der Bildung von Anhydrid zu. Der Verfasser bestätigt SCHWAB's Ansicht, indem er zeigt, dass Maleïnsäure im Vacuum auf 100° erhitzt Maleïnsäureanhydrid liefert; der entwickelte Dampf besteht lediglich aus Anhydrid und Wasser; im HOFMANN'schen Dampfdichteapparat wurde nämlich beobachtet $D = 28.4$, berechnet 29, und zwar vergasten sich unter den gegebenen Bedingungen 55 pCt. in 2 Stunden. Bei einem zweiten Versuch waren nach 1 Stunde 11.6 nach 11½ Stunden 91.3 pCt. Anhydrid gebildet. *H.*

ISAMBERT. Dissociation du bromhydrate d'hydrogène phosphoré. C. R. XCVI, 643†; [Rev. trav. sc. IV, 195-196.

Der Verfasser hat die Dampfspannung des Bromphosphoriums in derselben Weise untersucht, wie früher diejenige des Ammoniumsulfhydrates und dabei ganz analoge Resultate erhalten. Die Spannung im leeren Raume beträgt z. B. bei 7.6° 118.6 mm bei 19.8° 266.8 mm. Wenn einer der Bestandtheile des Dampfes (HBr oder PH_3) im Ueberschuss hinzugefügt wird, so vermindert sich die Spannung; der Gesammtdruck beträgt $P = \sqrt{p^2 + h^2}$, wenn p die Spannung ohne Ueberschuss bei derselben Temperatur und h der Druck des überschüssigen Bestandtheiles ist.

H.

IRA REMSEN und E. H. REISER. Weisser Phosphor. Amer. chem. J. IV, 459-461; Chem. News XLVIII, 201-203; [Chem. CBl. (3) XIV, 546-547†; [Ber. d. chem. Ges. XVI, 1095; [J. chem. soc. XLVI, 154-155. 1884.

Wird Phosphor im Wasserstoffstrome in eine Vorlage destillirt, welche Wasser und zerstossenes Eis enthält, so condensirt sich derselbe als schneeweisse auf dem Wasser schwimmende Schicht. Der weisse Phosphor ist leicht und plastisch, er schmilzt bei der gleichen Temperatur wie gewöhnlicher Phosphor und verwandelt sich in diesen. Im Schwefelkohlenstoff löst er sich leicht, gegen Licht ist er weniger empfindlich, als der gewöhnliche. Man hat sonach nicht eine allotropische Modification, sondern nach den Verfassern eine Erscheinungsform vor sich, welche zum gewöhnlichen Phosphor sich verhält, wie Schwefelblumen zum Stangenschwefel. *H.*

DANIEL KLEIN. Sur l'isomorphisme de masse. Bull. soc. chim. (2) XXXIX, 10-14†; C. R. XCV, 781-784; [SILL. J. (3) XXV, 226-227; [J. chem. soc. XLIV, 147.

Der Verfasser schlägt vor, das MITSCHERLICH'sche Gesetz des Isomorphismus folgendermaassen zu formuliren: 1) Zwei Körper sind isomorph, wenn sie die gleiche Krystallform besitzen und in allen Verhältnissen in der gleichen Form krystallisiren, 2) zwei isomorphe Körper besitzen entweder eine analoge Constitution, oder enthalten wenigstens in der Mehrzahl eine Gruppe von Elementen mit analoger chemischer Function (Isomorphismus der Masse). Er unterscheidet demnach zwischen einem Isomorphismus der Constitution und einem Isomorphismus der Masse, welche beide Arten indess auch für zwei Körper zusammenfallen können. Hr. KLEIN stützt sich dabei auf die vielen von den HHrn. MARIGNAC, SCHEIBLER, WYROUBOFF, FOCK und von ihm selbst festgestellten Thatsachen, wonach die Borwolframsäure isomorph ist mit dem monobasischen borwolframsauren Natrium, sowie der Silicowolframsäure von Hrn. MARIGNAC. *H.*

P. CAZENEUVE. Sur un cas d'isomerie physique du camphre monochloré. Bull. soc. chim. (2) XXXIX, 116-119; C. R. XCV, 1358-1361; [Ber. d. chem. Ges. XVI, 218; [J. chem. soc. XLIV, 598-599; [Chem. CBl. (3) XIV, 60-61.

Durch Einleiten von Chlor in eine alkalische Campherlösung hat der Verfasser ausser zwei isomeren Dichlorcamphern einen neuen Monochlorcampher erhalten, welcher von dem bereits bekannten Chlorcampher verschieden ist, bei 83°—84° schmilzt und aus Alkohol in voluminösen Prismen krystallisirt. Ausser diesem Chlorcampher kann ein isomerer aus den Mutterlaugen isolirt werden, der weit leichter löslich ist, als der erstere, ein anderes Rotationsvermögen besitzt, bei 100° schmilzt, bei 98° erstarrt. Beim Kochen mit alkoholischer Kalilauge geht er aber in die bei 83°—84° schmelzende harte Modification über, weshalb der Verfasser glaubt, dass hier ein Fall physikalischer Isomerie vorliege. *H.*

V. VON ZEPHAROVICH. Formen des Bibromkampher $C_{10}H_{14}Br_2O$. ZS. f. Kryst. VII, 587-589† (aus Wiener Sitzber. [2] LXXXV mit Zusätzen).

Durch Erhitzen des Monobromcampher mit Brom in zugeschmolzenen Röhren wurden von den HHrn. KACHLER und SPITZER zweierlei Bibromcampher gewonnen, deren Krystalle sich physikalisch und chemisch different verhalten, demnach zwei isomere Verbindungen darstellen; sie krystallisiren in wesentlich gleichen rhombisch-hemiëdrischen Combinationen mit sehr ähnlichen Neigungen in einer Zone; ihre Elemente sind:

(α) Schmelzpunkt 61° C. $a:b:c = 0.7925:1:0.5143$

(β) 115° C. $a:b:c = 0.9527:1:0.5186.$

H.

RUD. FITTIG und FRIEDR. ROEDER. Ueber eine neue mit der Crotonsäure isomere Säure. Ber. d. chem. Ges. XVI, 2592-2593†.

Die Verfasser haben bereits in einer früheren Mittheilung über eine neue mit der Itaconsäure isomere ungesättigte Säure (Ber. d. chem. Ges. XVI, 372-373) erwähnt, dass die Vinylmalonsäure bei der Destillation neben etwas Butyrolaceton als Hauptproduct eine basische Säure $C_4H_6O_2$ liefere, die nach der Formel $CH_2 = CH-CH_2-CO-OH$ constituirt sei und daher mit der sogenannten Isocrotonsäure identisch sein sollte. Diese neue Säure zeigt indess ganz andere Eigenschaften als die Isocrotonsäure. Die Verfasser halten es nun für wahrscheinlich, dass die obige Formel wohl der ersteren, nicht aber der letzteren zukomme und dass zwischen der Crotonsäure und der Isocrontonsäure dasselbe merkwürdige, durch unsere heutigen Formeln nicht ausdrückbare Isomerieverhältniss bestehe, das viele andere ungesättigte Säuren zeigen. Weitere Mittheilungen werden in Aussicht gestellt. *Schön.*

S. Cannizzaro und G. Carnelutti. Ueber zwei neue isomere Säuren, die Santonsäure und Isosantonsäure. Gazz. chim. XII, 293; [Ber. d. chem. Ges. XVI, 427-428†.

Versuche der Verfasser ergaben, dass die Santonsäure $C_{15}H_{20}O_3$ mit der Isontantonsäure isomer ist. *H.*

Ferd. Tiemann und R. Ludwig. Bemerkungen zu den isomeren Nitromethylmetoxybenzaldehyden. Ber. d. chem. Ges. XV, 3052-3057†; [J. chem. soc. XLIV, 586.

Der γ Nitromethylmetoxybenzaldehyd (Schmelzpunkt 138) wird von den Verfassern als ein Gemisch von α und β Nitromethylmetoxybenzaldehyd gefunden, welche bei 125° und 166° schmelzen. *H.*

A. Renard. Ueber ein Isomeres des Laurols. C. R. XCVII, 328†; [Ber. d. chem. Ges. XVI, 2510.

Der Verfasser hat aus den bei 180°—200° siedenden Antheilen der Harzessenz einen von der Schwefelsäure nicht angreifbaren bei 193°—195° siedenden Kohlenwasserstoff $C_{11}H_{16}$ isolirt, der die Dichte 0.8588 bei 19° besitzt. Der Verfasser hält diesen Kohlenwasserstoff für *m*-Aethylpropylbenzol. *H.*

C. Graebe. Un isomère de l'euxanthone. Arch. sc. phys. (3) XI, 438-439; Ber. d. chem. Ges. XVI, 862-864.

Die HHrn. Wichelhaus und Salzmann hatten aus dem aus Euxanthon dargestellten Carbodiphenylenoxyd eine bei 260° schmelzende Binitroverbindung erhalten. Diese entsteht auch aus dem aus Phenol oder aus Salicylsäure dargestellten Diphenylenketonoxyd. Mit Zinn und Salzsäure reducirt wurde eine Biamidoverbindung $C_{13}H_6O_2(NH_2)_2$ gebildet, welche in gelben Nadeln krystallisirt und sublimirt. Der Verfasser hat vergeblich versucht, diese Base durch salpetrige Säure in eine Bioxydverbindung überzuführen. Es entstand ein gelbroth gefärbter, stickstofffreier Körper, der in Alkalien unlöslich ist. Beim Erhitzen der Base mit verdünnter Salzsäure auf 220°—260° gelang aber die Umwandlung in ein Bioxydiphenylketonoxyd $C_{13}H_6O_2(OH)_2$, welches grosse Aehnlichkeit mit Euxanthon zeigt, aber nicht mit demselben identisch ist. Es krystallisirt aus Alkohol und Aether, worin es leicht löslich ist, in gelben Nadeln und liefert sublimirt Krystalle von derselben Form und von gelber Farbe. Diese Krystalle sind aber kleiner, weniger intensiv gefärbt, als die des Euxanthons. *H.*

EUG. LELLMANN. Ueber einen Fall von physikalischer Isomerie. Ber. d. chem. Ges. XV, 2835-2837†; [Bull. soc. chim. (2) XXXIX, 479; [SILL. J. (3) XXV, 227.

Der Verfasser hat die Bildung einer physikalisch-isomeren Modification von Dibenzoyldiamidodibromdiphenyl beobachtet, welche sich durch das eigenthümliche Verhalten derselben in Bezug auf den Schmelzpunkt zu erkennen giebt. Der erwähnte Körper krystallisirt aus heissem Alkohol in feinen, farblosen Nadeln, welche in Capillarröhrchen bei 195° schmelzen. Nimmt man, nachdem die Masse flüssig geworden ist, das Röhrchen plötzlich aus dem Bade heraus, so dass eine rasche Abkühlung eintritt, so erstarrt der Inhalt zu einer durchsichtigen glasigen Masse, welche bei allmählich zunehmender Wiedererwärmung in einem Bade schon bei 99° schmilzt. Dieser Schmelzpunkt kommt der physikalisch-isomeren Modification zu. Bei fortgesetztem Erhitzen erstarrt die Flüssigkeit zwischen 125° und 130° zu einer undurchsichtigen krystallinischen Masse, welche wiederum bei 195° schmilzt. Der Uebergang vom hoch- zum niedrig-schmelzenden Zustand scheint durch die plötzliche Abkühlung von 195° auf die gewöhnliche Temperatur hervorgerufen zu werden, denn lässt man die bei + 195° im Röhrchen geschmolzene Substanz langsam im Bade erkalten, so erstarrt sie undurchsichtig krystallinisch und schmilzt nicht bei 99°, sondern erst bei 195°.

Schön.

HERMANN ARON. Ueber die Herleitung der Krystallsysteme aus der Theorie der Elasticität. WIED. Ann. XX, 272-279†; [ZS. f. Kryst. IX, 218-219†.

Der Verfasser hat die Discussion der Gleichungen der Elasticität durchgeführt mit Rücksicht auf die möglichen Symmetrieebenen und zwar ohne jede beschränkende Annahme über die Lage derselben, ein Problem, das in dieser Allgemeinheit bisher nicht gelöst wurde. Bezüglich des Ganges der Rechnung und der Interpretation der gefundenen Resultate muss auf die Abhandlung verwiesen werden. *Schön.*

W. Barlow. Probable Nature of the Internal Symmetry of Crystals. Nature XXIX, 186-188, 205-207.

L. Sohncke. Probable Nature of the Internal Symmetry of Crystals. Nature XXIX, 383-384. 1884.

Während man bisher die Krystalle aus gleichartigen Molecülen aufgebaut voraussetzte, sucht Hr. Barlow zu zeigen, dass man direct die Atome als Bausteine aufzufassen hat. Denkt man sich z. B. einen Würfel durch drei Systeme von parallelen Ebenen in lauter kleine congruente Würfel zerlegt und setzt in ihre Schwerpunkte K-Atome, in ihre Ecken Cl-Atome, so würde das Bild eines KCl-Krystalles entstehen. Der Verfasser erläutert durch Wort und Bild fünf „völlig symmetrische“ Arten des Aufbaus von Krystallen, welche ihm die möglichen Formen zu erschöpfen scheinen. 1) ist oben schon erwähnt, umfasst Schwerpunkte und Ecken des Würfelsystems. Jeder Punkt hat gleichen Abstand von acht nächsten Punkten. 2) Nur die Schwerpunkte der Würfel, oder ihre Eckpunkte sind beibehalten. Jeden Punkt umgeben sechs nächste Punkte in gleichem Abstande. 3) umfasst nur die Mittelpunkte abwechselnder Würfel. Jeder Punkt ist in gleichem Abstande von zwölf nächsten Punkten. Um 4) zu bilden, denke man sich Kugeln in Ebenen angeordnet, so dass in diesen eine Kugel von sechs anderen berührt wird, lege solche Schichten so über einander, dass eine Kugel in gleichem Abstande von zwölf nächsten ist und dass die Kugeln abwechselnder Schichten über einander liegen. 5) entsteht aus der vierten Form, wenn man in der Mitte zwischen je zwei nächsten Kugeln eine neue einschaltet. Wie bei 3) und 4) umgeben jeden Punkt zwölf gleich entfernte nächste.

Die Winkelabweichungen, welche die Krystalle der Natur von den durch obige Bilder dargestellten zeigen, erklärt der Verfasser durch Zusammenziehungen oder Ausdehnungen, welche bei der Krystallisation stattfinden, während die Atome kurz zuvor in der Flüssigkeit die beschriebene regelmässige Stellung einnahmen. Als Beispiel wird Kalkspath näher behandelt.

Bemerkungen über Hemiëdrie, Isomorphismus, Dimorphismus schliessen die Arbeit.

Hr. L. SOHNCKE knüpft an die Ausführungen von Hrn. BARLOW einige Entgegnungen. Er weist darauf hin, dass jene „fünf völlig symmetrische" Formen sehr willkürlich gewählt sind, dass man leicht noch andere, ähnliche aufstellen kann. Er bemerkt, dass Hr. BARLOW die sonst so bedeutungsvolle Moleculartheorie aufgiebt, und beanstandet die künstliche Hypothese des veränderlichen Atomvolumens. *E. Wt.*

L. SOHNCKE. Zurückweisung eines Einwurfs gegen die neue Theorie der Krystallstructur. WIED. Ann. VI, 545 bis 552.

Die Ueberlegung von Hrn. DE LAPPARENT (Ann. de la soc. scient. de Bruxelles 1878), welche die Nichtübereinstimmung der SOHNCKE'schen Theorie der Krystallstructur mit der Erfahrung nachweisen soll, ist folgende:

In krystallisirten, homogenen Körpern sind die physikalischen Eigenschaften, wenn man sie, von beliebigen Punkten des Krystalles ausgehend, untersucht, nur von der Richtung, welche man einschlägt, nicht von der Lage des Ausgangspunktes abhängig. Hieraus folgt, dass es im Krystall unendlich viele Punkte giebt, um deren jeden die physikalischen Eigenschaften in gleicher Weise vertheilt sind. Es ist gezeigt (von den HHrn. DELAFOSSE und BRAVAIS), dass diese Punkte eine parallelepipedische Anordnung besitzen müssen. (Hr. SOHNCKE nennt solche Punktsysteme Raumgitter). Indem nun Hr. DE LAPPARENT mit Hrn. BRAVAIS diese homologen Punkte als Centren der Krystallmolecüle annimmt, schliesst er, dass alle Krystallmolecüle parallel geordnet sein müssen. Dieses ergiebt die SOHNCKE'sche Theorie nicht, folglich ist sie mit der Erfahrung im Widerspruch.

Hiergegen Hr. SOHNCKE: Dass die oben näher ins Auge gefassten homologen Punkte allein Centren von Molecülen sind, ist eine beschränkende und nicht gerechtfertigte Annahme; denn verschiebt man jenes System von homologen Punkten irgend wie parallel sich selbst, so erhält man neue, zunächst dem obigen gleichberechtigte Systeme, welche ebenfalls Massenpunkte enthalten können. Unter diesen Systemen sind bei allen Krystallen, mit Ausnahme der triklinen, ausgezeichnet diejenigen — von Hrn. SOHNCKE Hauptnetze genannt —, durch deren Punkte Symmetrieaxen verlaufen, d. h. Linien, um welche man durch Drehung in neue Lagen das System mit sich selbst zur Deckung bringen kann. Hr. BRAVAIS nimmt nur die Punkte der Hauptnetze mit Massentheilen besetzt an. Hr. SOHNCKE verlässt diese Annahme als unnöthig speciell, findet dann durch Drehung zu einem System von Massenpunkten noch weitere — bis 23 — zugehörige Systeme in Raumgittern, welche parallel stehen, deren Massentheile aber gedreht erscheinen. Es bleibt bestehen, dass durch Drehen und Verschieben der ganze Krystall so zur völligen Deckung zu bringen ist, dass jedes Molecül mit jedem beliebigen andren zusammenfällt. Zur Erläuterung kann eine ebene Anordnung von Punkten in den Ecken eines Gitters von regelmässigen Sechsecken dienen. Die Punkte sind hier in zwei ineinandergestellten Raumgittern geordnet. Die Theile, welche in zwei aufeinanderfolgenden Ecken eines Sechseckes stehen, erscheinen um 30° gegen einander gedreht. *E. Wt.*

A. SCHRAUF. Eine einfache Zonenformel. ZS. f. Kryst. VIII, 238-239†.

Die vom Verfasser aufgestellte Zonengleichung lautet

$$\frac{\operatorname{cotang} CP - \operatorname{cotang} CA}{\operatorname{cotang} CQ - \operatorname{cotang} CA} = \frac{l_0}{r_0}.$$

Sie dient zur Bestimmung der Indices oder Winkel von Q und gilt für alle Zonenbüschel, welche sich in dem Normalpunkte einer der drei pinakoidischen Flächen schneiden, weil sie vom Parametersystem unabhängig ist. Der Buchstabe C kann nach Bedarf mit den Flächen (100), (010), (001) identificirt werden, wobei dann A eine Fläche der Zonen [001, 010], [100, 001], [100, 010] bedeutet. Ist $AC = 90^{0}$, so erhält man die bekannte Gleichung der orthogonalen Systeme. Der Verfasser giebt auch eine kurze Ableitung dieser Gleichung und einige praktische Beispiele für ihre Benutzung. *Schön.*

G. Brügelmann. Krystallisations-Versuche als Beispiele für Berthollet's Lehre von der Verwandtschaft. Ber. d. chem. Ges. XV, 1840-1841†; [J. chem. soc. XLIV, 148.

Der Verfasser hat Krystallisations-Versuche unternommen zum Zwecke der experimentellen Bestätigung des von Berthollet aufgestellten Satzes, dass eine Flüssigkeit, in welcher zwei Salze eingetragen sind, für den Fall des Ausbleibens einer Abscheidung in Wirklichkeit deren vier enthalte. Aus einer Mischung gleicher Volumina einer kalt gesättigten Kobaltchlorür- und Nickelsulfat-Lösung schieden sich Krystalle aus, welche beide Metalle enthielten, aber gebunden an Schwefelsäure.

Analoge Versuche mit Kupfervitriol und Kobaltchlorür ergaben grosse, fast weinrothe Krystalle, welche in der Hauptsache aus Sulfaten der beiden vorhandenen Metalle bestanden, denen jedoch die Chloride in beträchtlicher Menge beigemischt waren. Zu analogen Resultaten führten die Versuche mit Kupfervitriol und zweifach chromsaurem Kali.

S. diese Berichte XXXVIII Abth. I, 138-139. *Schön.*

G. Brügelmann. Ueber die Krystallisation, Beobachtungen und Folgerungen. Chem. CBl. (3) XIV, 471-480, 493-496, 507-511; [Ber. d. chem. Ges. XVI, 2759; [ZS. f. Kryst. VIII, 523-526.

Der Verfasser hat früher für das gemischte Krystallisiren den Satz aufgestellt, dass dieses für die verschiedensten Verbindungen und in veränderlichen Mengen nach Maassgabe gleicher Verhältnisse für den Uebergang aus dem flüssigen oder gasförmigen in den festen Zustand stattfindet. Kürzer und allgemeiner noch drückt sich der Verfasser jetzt so aus, dass das gemischte Krystallisiren nach Maassgabe gleichzeitigen Ueberganges aus dem amorphen in den krystallisirten Zustand statthat und bezeichnet den Satz als das Grundgesetz der gemischten Krystallisation. In der vorliegenden Abhandlung beabsichtigt der Verfasser den quantitativ analytischen Nachweis für die Gültigkeit dieses Satzes zu bringen, nachdem er vorher gezeigt hat, dass dieser Satz a priori den richtigen Ausgangspunkt zur einheitlichen Auffassung der Erscheinungen des gemischten Krystallisirens bildet. Zur experimentellen Prüfung des Satzes wurden sechs Combinationen, sämmtliche wässerige Lösungen untersucht und zwar Salze mit gleicher Basis und den verschiedensten Säuren oder umgekehrt. Aus den in verschiedenen Tabellen zusammengestellten Zahlen folgt, dass das Zusammenkrystallisiren fortwährend bald grösseren bald kleineren Schwankungen unterworfen ist, welche sich nicht einmal nur auf verschiedene Krystalle, sondern sogar auf verschiedene Theile desselben Krystalles erstrecken können. Ferner vereinigen sich organische mit unorganischen, wasserhaltige mit wasserfreien Verbindungen zu einheitlichen Krystallen, auch schwankt der Wassergehalt fortwährend. Es folgt daraus, dass Mischkrystalle, welche sich bei verschiedener Temperatur gebildet haben, chemisch inhomogen sind. Demnach hätten Untersuchungen, in welcher Weise die Eigenschaften der Componenten des Krystalles in demselben modificirt oder wiederzuerkennen sind, nur dann einen Sinn, wenn der Krystall in einer constanten die Löslichkeits- und Abscheidungsverhältnisse von Anfang bis zu Ende gleichmässig regelnden Temperatur gewachsen und somit chemisch homogen ist. Auch ist danach eine Combination von Misch- und Schicht-Krystallen, — combinirte Krystallisation — leicht verständlich, die dann eintreten würde, wenn, gleiche Prädisposition rücksichtlich der Annahme der Form vorausgesetzt, constante Temperaturen oder allmähliche Temperaturschwankungen mit plötzlichen wechseln. Aus den Untersuchungen des Verfassers folgt, dass das Zusammenkrystallisiren lediglich von physikalischen Bedingungen abhängt. Der Verfasser führt weiter aus der chemischen Litteratur eine Anzahl bereits bekannter aber nicht als solche erkannter isomorphen Mischungen ungleich constituirter Verbindungen an. *H.*

O. Lehmann. Mikrokrystallographische Untersuchungen. ZS. f. Kryst. VIII, 433-454†.

Der Verfasser hat die Krystallformen von Nitroorthotoluidin, Nitroorthokresol, Amidokresol, Silbersalz von Nitroorthokresol, Nitrat und Sulfat des Nitroorthotoluidins beschrieben. Von diesen zeigen die vier letzteren zwei physikalisch metamere Modificationen.

Der Verfasser beschreibt eingehend die Erscheinungen, welche eintreten, wenn man Salmiaklösungen mit Lösungen anderer Chloride mischt und krystallisiren lässt.

Die Trichitenbildung, d. h. die Bildung haarartiger gekrümmter Krystalle, welche sich bei fortschreitender Verdickung plötzlich gerade strecken, zuweilen zerbrechen, sucht der Verfasser durch die Wirkung von Capillarkräften zu erklären, welche Strömungen der Flüssigkeit in der Nähe des wachsenden Krystalles bedingen. *H.*

O. Lehmann. Ueber Krystallanalyse, Mischkrystalle und übersättigte Lösungen. ZS. f. Kryst. VIII, 526-529, 529-530; Chem. CBl. (3) XIV, 705-709†.

Die früher vom Verfasser erhaltenen Resultate mikrokrystallographischer Untersuchungen (Wied. Ann. XIII, 506-522. 1881; s. diese Berichte XXXVII, 127-128) sind im Wesentlichen in Uebereinstimmung mit den Erscheinungen, die neuerdings von Hrn. Brügelmann beobachtet wurden. Doch bezweifelt Hr. Lehmann das Gesetz von Hrn. Brügelmann und möchte die Bildung der Mischkrystalle mehr als Ausnahmefall denn als regelmässige Erscheinung im Sinne dieses Gesetzes aufgefasst wissen. Nach Hrn. Lehmann ist bei der Krystallisation eines Gemenges die zur Ausscheidung gelangende Substanz in dem Gemenge der übrigen gelöst, so dass also die Krystallisation dann eintritt, sobald der Sättigungspunkt dieser Lösung überschritten ist. Für eine der beigemengten Substanzen wird immer der Sättigungspunkt zuerst erreicht, dann wird durch seine Ausscheidung die Zusammensetzung des Gemisches geändert, und schliesslich gelangt eine zweite Substanz zur Ausscheidung. Schichtbildung, resp. Einlagerung und Bildung von Mischkrystallen tritt dann ein, wenn zwei Substanzen zu gleicher Zeit in Bezug auf eine derselben ihren Sättigungspunkt erreichen. Dabei wird vorausgesetzt, dass es mehrere Sättigungspunkte einer Flüssigkeit giebt, nämlich einen bezüglich eines Krystalles der gelösten Substanz und im Uebrigen Sättigungspunkte in Bezug auf beliebig andere feste Körper, z. B. die Substanz des Gefässes Liegt letzterer relativ tief, soist Uebersättigung möglich. *H.*

A. Famitzin. Studien über Krystalle und Krystallite. Bull. de St. Pétersb. XXIX, 1-3; [Naturf. XII, 28; [Beibl. VIII, 760.

Zu den unten beschriebenen Beobachtungen gelangte der Verfasser, indem er nach Gebilden suchte, welche in ihrem Verhalten zwischen Organismen und Krystallen stehen. Sie beziehen sich auf Krystalle aus einem Lösungsgemisch von saurem phosphorsaurem Kalium und schwefelsaurem Magnesium. Es zeigten sich sehr häufig die späteren Formen der Krystalle von den früheren verschieden. Aus rhombischen Plättchen entwickelten sich Pyramiden, mehrere dünne Plättchen verwuchsen zu einem voll ausgebildeten Krystall. Durch örtliche Lösung zerfielen Krystalle in mehrere gesonderte Stücke, welche wieder in voll ausgebildete Krystalle übergingen. Glatte Flächen bedeckten sich mit Hervorragungen, die selbstständig weiterwuchsen.

E. Wi.

H. Topsøe. Krystallographisch-chemische Untersuchungen homologer Verbindungen. Overs. k. dan. Vidensk. Selsk. Forh. 1882, 1-142 mit 6 Taf.; [ZS. f. Kryst. VIII, 246-296†.

Der Verfasser hat sich die Aufgabe gestellt, die Aenderungen der Krystallformen durch den Eintritt monovalenter Alkoholradicale C_nH_{2n+1} für H und die Abhängigkeit dieser Aenderung von der Zahl der eintretenden Radicale und der Grösse des Molecüls der Verbindung zu untersuchen, und hat hierzu die substituirten Ammonium-Doppelsalze gewählt, weil bei diesen sowohl der Eintritt verschiedener Alkoholradicale für dasselbe Wasserstoffatom, als auch die Substitution verschiedener Wasserstoffatome durch dasselbe Radical sich vergleichen lässt. Bezüglich der Ergebnisse dieser ziemlich umfangreichen Untersuchung muss auf den detaillirten Auszug in der ZS. f. Kryst. verwiesen werden, der auch einige kritische Bemerkungen des Referenten, Hrn. P. GROTH, enthält. *Schön.*

K. HAUSHOFER. Krystallographische Untersuchungen. ZS. f. Kryst. VIII, 378-398†.

Der Verfasser hat nachstehende Körper einer krystallographischen Untersuchung unterzogen, bezüglich deren Ergebnisse auf die Abhandlung verwiesen werden muss:

Sulfomolybdänsaures Ammonium und Kalium, saccharinsaures Kalium, Saccharon, Saccharonnatrium von der Zusammensetzung $C_6H_7O_6Na + H_2O$ und $C_6H_7O_6Na$, Saccharonammonium, Isosaccharin, Bromzimmtsäure, Phenyltribrompropionsäure aus β-Bromzimmtsäure, polymere β-Bromzimmtsäure und die Phenyltribrompropionsäure aus derselben, Benzoylimidozimmtsäure, polymeres Phenyläthylenoxyd, Phenylimidopropionitril, Methyläthylamidoessigsäure, salzsaure und schwefelsaure Methyläthylamidoessigsäure, methyläthylamidoessigsaures Kupfer, Acetophenonacetin, Phenylglycerinsäure, salzsaures Tyrosin und Phenyläthylamin, Dibenzoylmethan, Carbonsäure des Benzoyltetramethylens und Benzoyldimethylens, Chinaldinsulfosäure in drei Modificationen, α-Oxyhydromethylchinolin, Methyl-Kairin, Hydroparacumarsäure, Dinitrohydroparacumarsäure, schwefelsaures Diamidophenol und salzsaures Chinolinmonocarbonsäure-Platinchlorid.

Schön.

L. STOLTZER. Sur des cristaux observés dans l'intérieur d'une barre de fer de Suède cémentée. C. R. XCVI, 490; [Mondes (3) IV, 355; [Chem. CBl. (3) XIV, 281†.

Bei der Darstellung dieses Stahles werden in der Regel 25000—28000 kg Eisen angewendet, welche man mit Holzkohlenpulver in Thonkästen unter einer Sandschicht erhitzt. Nach 35 Tagen, welche Zeit die Anheizung und auch die Abkühlung umfasst, ist die Cementation beendet. Der Stahl enthält etwa 1.60 pCt. Kohlenstoff. In einem Stabe desselben, welcher in dem heissesten Theile des Ofens gelegen hatte, bemerkte man nach der Concentration Aufblähungen, welche mit Krystallen besetzt waren. Der Verfasser hat dieselben von Hrn. DES CLOIZEAUX untersuchen lassen, welcher sie für reguläre Octaëder erklärte, wie sie häufig im Gusseisen vorkommen. *H.*

S. A. VON LASAULX. Ueber Zwillingskrystalle von gediegen Kupfer von der Grube Ohligerzug bei Daaden, Revier Betzdorf a. d. Sieg. Sitzber. d. Niederrh. Ges. 1882, 95-99; [ZS. f. Kryst. VIII, 301-303†.

Auf dem Brauneisenstein jener Grube findet sich Kupfer in kleinen Blättchen und dendritischen Bildungen. In den Hohlräumen einer Stufe zerfressenen zelligen Brauneisensteins beobachtete der Verfasser kleine zierliche Kupferkrystalle, die sich durch polysynthetische Zwillingsverwachsungen auszeichnen.

H.

W. C. BRÖGGER. Ueber Krystalle von Thorium. Bih. Sv. Vet. Ak. Handl. VIII, Nr. 5, S. 1-8*; ZS. f. Kryst. VII, 442 bis 446†.

Die Untersuchung der dem Verfasser von Hrn. NILSON zur Verfügung gestellten Krystalle von Thorium ergab, dass sie dem regulären System angehören und Combinationen von Oktaëder und Würfel darstellen. *H.*

H. SCHULZE und A. STELZNER. Ueber die Umwandlung der Destillationsgefässe der Zinköfen in Zinkspinell und Tridymit. Jahrb. f. Min. 1881 I, 120-161; [ZS. f. Kryst. VII, 602-604†.

Die beim Zinkhüttenprocess zur Verwendung gelangenden porösen Destillationsgefässe (Muffeln), welche durch Zusammenfritten eines Gemenges von Thon und Chamottebröckchen hergestellt sind, erleiden bekanntlich schon nach Gebrauch von wenigen Wochen eine Veränderung dahin, dass sie eine Neigung zu grobstängeliger Absonderung gewinnen und eine blaue Farbe annehmen. Das Wesen dieses blauen Farbstoffes versuchten die Verfasser durch chemische und mikroskopische Untersuchung zu ergründen. Zwar blieb das directe Ziel unerreicht, doch wurde durch die Arbeit nachgewiesen, dass die blauen Thon-Muffeln umgewandelt waren in eine hyalokrystalline Masse, bestehend aus einer mehr oder weniger reich entwickelten Glasbasis und zahlreichen Kryställchen von Zinkspinell und Tridymit. *H.*

A. ARZRUNI. Schwefel von Zielenzig. ZS. f. Kryst. VIII, 338 bis 342†.

Dieser Schwefel findet sich in Gestalt von ca. 2 mm grossen, ausgezeichnet scharfen und glänzenden Schwefelkrystallen in den Rissen und Spalten der Braunkohle aus der Grube Phönix bei Zielenzig (Provinz Brandenburg), von der das mineralogische Museum in Breslau einige Handstücke nebst einer ausführlichen Mittheilung des Hrn. Bergrathes VON GELLHORN über das geologische Vorkommen derselben zugeschickt erhielt. Aus dieser Beschreibung folgert nun der Verfasser, dass es nicht sedimentärer, sondern sublimirter Schwefel sei und zwar eine Folge der durch Oxydation und Sulfatbildung bedingten gewaltigen Wärmeentwicklung, die einerseits zu Kohlenbränden und Bildung von Sublimaten, andrerseits zur stürmischen Zersetzung der Kiese und Destillation des Schwefels, welcher hierbei sublimirt, führen kann. Der Verfasser führt einige Stellen in der Litteratur an, an denen dieser Process angedeutet wird. Bezüglich des Ergebnisses der goniometrischen Untersuchung muss auf die Abhandlung verwiesen werden. *Schön.*

C. Decharme. Un procédé de conservation et de reproduction des formes cristallines de l'eau. C. R. XCVI, 869; [Mondes (3) IV, 539†.

Man kühlt eine Glasplatte, bedeckt mit einer Mennige enthaltenden Wasserschicht, ab. Während des Festwerdens des Wassers gruppiren sich die Mennigetheilchen in Form der Eisnadeln; beim Erwärmen und Verdampfen des Wassers bleiben die Mennigetheilchen an ihrem Platz, es genügt, die Platte zu firnissen, um die Figuren ein- für allemal zu fixiren und sie zur Projection zu benützen. *H.*

A. Ditte. Ueber die Krystallisation des Chlorhydrats. C. R. XCV, 1283-1284. 1882†; [Ber. d. chem. Ges. XVI, 232†.

Der Verfasser berichtet über eine Methode, nach welcher schöne, deutliche Krystalle von Chlorhydrat gewonnen werden können. Zu diesem Zwecke führt man dasselbe in den einen Schenkel einer U-förmig gestalteten Röhre ein, welche hierauf zugeschmolzen wird, zersetzt das Hydrat durch Erwärmen und kühlt gleichzeitig den andren Schenkel durch eine Kältemischung ab, um das frei gewordene Chlor zu condensiren. Bringt man nun die ganze Röhre in einen Raum von nahezu constanter Temperatur und sorgt dafür, dass sich der das Chlor enthaltende Schenkel in freier Luft, der andre aber in einem mit Wasser gefüllten Gefässe befindet, so bilden sich im Laufe eines längern Zeitraumes ca. 3 mm grosse, stark glänzende, octaëdrische Krystalle, welche dem regulären Systeme anzugehören scheinen.

Schön.

L. Fletcher. Crystallographic Notes. X. On Twins of Copper Pyrites. Phil. Mag. (5) XIV, 276-291†.

— — Ueber die Zwillingsverwachsungen des Kupferkieses. ZS. f. Kryst. VII, 321-336†.

Der Verfasser weist nach, dass Zwillinge von Kupferkies vorkommen, die nach folgendem Gesetz gebildet sind: Zwillingsebene eine Fläche der Form (101), Zusammensetzungsfläche parallel und nicht senkrecht zur Zwillingsebene. Durch einfache Drehung des Individuums um 180° lassen sich die beiden Individuen nicht zur Deckung bringen. *B. Ht.*

A. ARZRUNI und C. BÄRWALD. Beziehungen zwischen Krystallform und Zusammensetzung bei den Eisenarsenkiesen. ZS. f. Kryst. VII, 337-343†.

Durch Vergleichung der Resultate, welche die krystallographische und chemische Untersuchung von neuen Eisenarsenkiesvarietäten ergeben hat, erhält man folgende Sätze:

Die Arsenkiese repräsentiren keine constante Verbindung und unterscheiden sich durch die Grösse ihres Prismenwinkels, indem einer Aenderung um 0.0236 pCt. des Schwefelgehaltes eine Aenderung des Verhältnisses $a:b$ um 0.00001 entspricht.

Das Arseneisen und der Markasit gehören indessen nicht in diese Reihe hinein, so dass die Auffassung, dass die Arsenkiese isomorphe Mischungen von FeS_2 und $FeAs_2$ seien, nicht statthaft ist. *B. Ht.*

A. CATHREIN. Ueber Titaneisen, Leukoxen und Titanomorphit. ZS. f. Kryst. VI, 244-257. 1882†.

Der Verfasser weist nach, dass Leukoxen und Titanomorphit mit Titanit identisch sind und dass diese Mineralien, so wie auch scheinbar homogenes Titaneisen, mikroskopische Beimengungen von Rutil enthalten. Die Entstehung der Sphenränder des Titaneisens sei durch Umwandlung zu erklären und die der Rutilsäume und Rutilkerne durch Auflösung des Titaneisens und Blosslegung des beigemengten Rutils. *B. Ht.*

H. BAUMHAUER. Ueber den Nephelin. ZS. f. Kryst. VI, 209 bis 217. 1882†.

Der Verfasser hat durch Aetzen von Nephelinkrystallen mit verdünnter wässeriger Flusssäure und erwärmter verdünnter Salzsäure gefunden, dass die Krystalle aus vier durch einander gewachsenen Individuen bestehen, welche nach den beiden folgenden Gesetzen verzwillingt sind; Zwillingsebene $\infty P2$ und Zwillingsebene $0P$. Die einzelnen Individuen sind pyramidal hemiedrisch resp. trapezoedrisch und hemimorph nach der Hauptaxe. *B. Ht.*

A. Michel Lévy et L. Bourgeois. Sur les formes cristallines de la zircon et sur les déductions à en tirer pour la détermination qualitative du zircon. C. R. XCIV, 812-815. 1882†.

Schmilzt man Zirkon mit Soda im Platintiegel, so krystallisirt der Zirkon in zwei verschiedenen Modificationen je nach der Temperatur, auf welche die Schmelze gebracht ist, und nach dem Verhältniss der Soda zu dem Zirkon. Ist letzteres 2 : 1, so haben die Krystalle hexagonalen Habitus; für das Verhältniss 10 : 1 ist der Habitus tetragonal. Die Krystalle sind oft durch Platinaufnahme gelb gefärbt. *B. Ht.*

W. A. Krat. Die Mikrostructur künstlich erzeugter Steinsalzkrystalle. Verh. russ. min. Ges. (2) XVII, 356. 1882; Sitzungsprotokolle 1881; [ZS. f. Kryst. VII, 393†.

Es werden Versuche über die Krystallisation von Steinsalz aus bewegter Flüssigkeit mitgetheilt. *B. Ht.*

O. Meyer. Aetzversuche an Kalkspath. Jahrb. f. Min. 1883 I, 74-78†.

Aetzt man eine Spaltungsfläche von Kalkspath mit HCl, so entstehen rundliche dreieckige Vertiefungen, mit Essigsäure ätzend, erhält man fünfeckige Vertiefungen, so dass die beiden Säuren in verschiedener Art wirken. Der Verfasser hat nun eine Kugel aus Kalkspath mit Essigsäure geätzt. Dabei traten auf, entsprechend 1) den Endflächen zwei grosse Dreiecke, 2) dem Rhomboëder Fünfecke, 3) dem Gegenrhomboëder Rechtecke, 4) einem spitzen Rhomboeder kleinere Dreiecke, 5) den Säulen spitze Parallelogramme. Die Endform bei sehr langer Behandlung lässt sich als eine Combination einer Endfläche mit spitzem Rhomboeder auffassen. Die Gestalt weicht somit wesentlich von derjenigen einer hexagonalen Pyramide ab, wie sie Hr. Lavizzari beim Aetzen mit Salzsäure erhielt. *H.*

C. Klein. Optische Untersuchung der Substanz (Kalkspath), in welche erhitzte Aragonitkrystalle zerfallen. Gött. Nachr. 1883, 341-345; [Beibl. VIII, 223. 1884†.

Was G. Rose, gestützt auf Beobachtungen des specifischen Gewichtes aussprach, findet Hr. Klein nach langen vergeblichen Versuchen auf optischem Wege bestätigt: Der Aragonit zerfällt bei der Erhitzung in Kalkspathkryställchen. Die optische Axe derselben zeigte sich genau parallel der früheren ersten Mittellinie. Sehr erschwert werden die Beobachtungen durch die schnell eintretende Trübung. *E. Wt.*

C. Bärwald. Der Albit von Kasbék. ZS. f. Kryst. VIII, 48 bis 53†.

Nach den Untersuchungen von den HHrn. Tschermak, Schuster und Mallard sind die Kalknatronfeldspathe isomorphe Mischungen zweier Grenzglieder, nämlich des reinen Natronfeldspathes, des Albits, und des reinen Kalkfeldspathes, des Anorthits, und bilden sowohl in chemischer als auch in physikalischer Beziehung eine continuirliche Reihe vom Anorthit zum Albit. Während ersterer schon länger bekannt ist, hatte man letzteren bisher noch nicht aufgefunden. Der Verfasser erhielt nun von Hrn. Arzruni eine Stufe dieses interessanten Minerals nebst einer ausführlichen Mittheilung über Auffindung und Vorkommen und hat dasselbe einer krystallographischen Untersuchung unterzogen. Die goniometrischen Messungen ergaben:

$$a : b : c = 0.59858 : 1 : 0.54796,$$
$$\alpha = 91^\circ 6' 50'' \quad \beta = 116^\circ 58' 12'' \quad \gamma = 85^\circ 20' 24''.$$

In physikalischer und geometrischer Beziehung findet der Verfasser die bisher theoretisch behauptete Stellung des Albits als

Grenzglied der Kalknatronfeldspathe durch das Ergebniss seiner Untersuchungen sehr annähernd bestätigt. *Schön.*

E. Reusch. Ueber eine neue Spaltungsrichtung am Gypsspath. Berl. Sitzber. 1883, 259-264†.

Der Verfasser kommt auf den früher von ihm gefundenen Bruch β des Gypses zurück und weist nach, dass derselbe der von Hessenberg am Gyps von Wasenweiler gefundenen Fläche β $(\bar{5}09)$ entspricht. Besonders günstig zur Entstehung von β ist ein Abknicken nach (101), welches ungefähr gleiche Winkel mit jenem und mit (100) bildet, daher beide in häufiger Wiederholung an der Knickungslinie auftreten. An sehr klaren Brüchen dieser Art wurde der Winkel von β gegen den Faserbruch sehr nahe gleich dem berechneten Werthe für $(\bar{5}09) = 14^{\circ}\,4'$ gefunden. Die Herstellung von β gelingt dagegen auf die angegebene Weise nicht an sehr weichem Gyps. *H.*

A. Kundt. Benutzung der Schlierenmethode zur Untersuchung von Verwachsungen im Quarz. Wied. Ann. XX, 688-690†.

Der Verfasser constatirt, dass mittelst der Schlierenmethode Verwachsungen im Quarz, die sich sonst dem Auge durchaus entziehen, sehr schön und deutlich wahrgenommen werden können.

Vor einen Argandbrenner wurde ein Schirm mit kreisrunder Oeffnung gebracht, der Durchmesser konnte leicht von 1.5 mm bis ca. 5 mm geändert werden. Eine achromatische Linse L, deren Brennweite etwas mehr als 1 m betrug, entwarf von der Oeffnung in 6 m Entfernung von letzterer ein reelles Bild. Ein Fernrohr von 50 mm Objectivöffnung wurde dann so aufgestellt, dass das reelle Bild der kreisrunden Oeffnung dicht vor das Objectiv des Fernrohrs fiel. Die zu untersuchende Quarzplatte wird dicht vor die Linse L gebracht und das Fernrohr so eingestellt, dass dasselbe ein scharfes Bild der Quarzplatte giebt. Blendet man dann das reelle Bild vor dem Objectiv mit einem

Stückchen Papier in geeigneter Weise ab, so werden sofort alle Schlieren in der Quarzplatte sichtbar; es tritt eben an der Grenze jeder Verwachsung eine meist auf eine enge Zone begrenzte Aenderung des Brechungsvermögens auf. *H.*

E. Mallard. Ueber die Wirkung der Wärme auf die Boracitkrystalle. Bull. soc. min. V, 144-159. 1882; [Beibl. VII, 14-16†.

Der Verfasser findet, dass vor der Calcination alle Boracitkrystalle und jeder Theil eines solchen dasselbe optische Elasticitätsellipsoid besitzt. In demselben Krystall ändert sich die Orientirung des Ellipsoids von Punkt zu Punkt, doch stets in der Weise, dass die grosse Axe desselben mit einer der sechs binären Axen des Würfels zusammenfällt. Die Calcination verändert weder die Gestalt des Ellipsoides noch die Lage der sechs Orientirungen, die man ihm geben kann. Nach sehr langer Wirkung der Wärme bestehen alle Schichten des Krystalles aus einer Reihe äusserst dünner hemitroper Lamellen, die von dem abwechselnden Auftreten zweier zu einander senkrechten der sechs möglichen Orientirungen auftreten. Die Ebenen der Hemitropie, welche die abwechselnden Lamellen trennen, stehen senkrecht auf der Ebene dieser beiden grossen Axen und halbiren den Winkel zwischen den beiden grossen Axen. Der Verfasser sucht die Erscheinung zu erklären, indem er annimmt, dass das Netz, das die Schwerpunkte bilden, genau cubisch ist; die durch optische Eigenschaften angezeigte rhombische Symmetrie muss daher von der rhombischen Symmetrie der Molecüle herrühren. Wenn auch das Netz unbeweglich bleibt, so kann doch ein Molecül, dessen Schwerpunkt fest ist, um diesen sich so drehen, dass eine seiner Nebenaxen nach einander mit einer der sechs binären Axen des cubischen Netzes zusammenfällt. Dies wird eben durch die Erwärmung hervorgerufen. *H.*

D. Ingermann Künstliche Krystalle. Bull. soc. min. IV, 269. 1881; [ZS. f. Kryst. VIII, 307-308†.

Dem Verfasser ist es gelungen, das Magnesiumdithionat mit dem entsprechenden Zinksalze zum Zusammenkrystallisiren zu bringen und somit die Isomorphie der beiden Verbindungen

$$MgS_2O_6 + 6H_2O \text{ und } ZnS_2O_6 + 6H_2O$$

nachzuweisen. Bei Kaliumchlorid wurde die bisher blos bei Chlornatrium bekannte Wachsthumsform — vierflächige hohle Prismen — beobachtet, auch vierstrahlige Sterne. Beim Zinnchlorürmetaphenylendiamin

$$C_6H_4(NH_4)_2(HCl)_2SnCl_2$$

gruppiren sich die Krystalle radial, eben so bei der Chlorwasserverbindung des Metaphenylendiamins. *H.*

HAUSHOFER. Krystallographische Untersuchung des Metasaccharins. Ber. d. chem. Ges. XVI, 2627†.

In den Ber. d. chem. Ges. XVI, 2625-2629 beschreibt Hr. HEINRICH KILIANI ein neues Saccharin aus Milchzucker, das er zum Unterschiede vom Saccharin PELIGOT's und dem Isosaccharin QUISINIER's als Metasaccharin bezeichnet. Hr. HAUSHOFER hat dasselbe krystallographisch untersucht und gefunden: Krystallsystem rhombisch; $a:b:c = 0.6236:1:0.8988$. Wasserhelle, nach der Basis tafelförmige Krystalle der Combination

$$oP(c),\ \infty P(p),\ \check{P}\infty(r),\ 2\check{P}\infty(s),$$

an einigen Krystallen auch $\infty\check{P}\infty$. Vollkommen spaltbar nach $\infty\check{P}\infty$, ziemlich deutlich nach $\infty\bar{P}\infty$. *Schön.*

MALLARD et LE CHATELIER. Sur le dimorphisme de l'iodure d'argent. C. R. XCVII, 102-105†: [Ber. d. chem. Ges. XVI, 2487; [Mondes (3) V, 458.

Die Verfasser haben gefunden, dass das hexagonal krystallisirende, stark doppelbrechende Jodsilber bei 146° unter plötzlicher Umwandlung seiner gelbweissen Farbe in Tiefgelb regulär krystallinisch und einfach brechend wird. Der Uebergang des Salzes aus der hexagonalen in die reguläre Form ist mit Wärmeabsorption verknüpft. *H.*

G. WYROUBOFF. Ueber einige Alkalidoppelsulfate.
Bull. soc. min. V, 35-43. 1882; [Beibl. VII, 14†.

Der Verfasser hat früher gezeigt, dass die Krystallformen der wasserfreien isomorphen Sulfate, Chromate und Selenate sich auf das Axenverhältniss $\sqrt{\frac{1}{3}} : 1 : \sqrt{3}$ beziehen lassen. Dasselbe gilt für die Doppelsulfate der Formel $LiMSO_4$, worin

$M = K$, Na, Rb oder NH_4 bedeutet.

Für diese Salze findet der Verfasser, dass ein chemischer Isomorphismus besteht zwischen dem Rb- und K-Salze, da beide leicht saure Salze bilden; ein geometrischer besteht für alle Salze. Das Rb-Salz ist bei gewöhnlicher Temperatur einaxig, bei Erwärmung aber zweiaxig, das Axenverhältniss ist 0.5493 : 1.

Der Verfasser schlägt folgende Definition für den Begriff der Dimorphie vor: Polymorphe Körper besitzen verschiedene Formen, welche mitunter aber auf einander bezogen werden können, haben verschiedene Dichten und wandeln sich mehr oder weniger leicht in einander um. *H.*

AD. CARNOT et RICHARD. Silicophosphate de chaux cristallisé produit dans la déphosphoration des fontes.
C. R. XCVII, 316-320†; [J. chem. soc. XLVI, 157-158.

Aus den Eisenwerken von Joeuf (Meurthe-et-Moselle) erhielten die Verfasser eine Bessemerschlacke, welche in einer basischen Birne erblasen war und eine grosse Zahl kleiner blauer durchscheinender Krystalle einschloss. Die Analysen ergaben, dass diese Krystalle Calciumsilicophosphate mit geringen Mengen Eisenoxyd und Thonerde sind. *H.*

A. BEN. SAUDE. Ueber den Perowskit. [ZS. f. Kryst. VII, 612-615† (Ref. von Hrn. H. BAUMHAUER nach gekrönter Preisschrift. Göttingen 1882); [Miner. u. petrogr. Mitth. 1882, 194.

Die Abhandlung zerfällt in I. historische Einleitung, II. Untersuchung der Perowskit-Krystalle und zwar: 1) optische Untersuchung, 2) Untersuchung der Aetzerscheinungen, 3) Einfluss der Wärme auf die optischen Eigenschaften des Perowskit, III. Aufbau der Krystalle, IV. Kritische Bemerkungen über die früheren Erklärungsweisen und Schluss. Der Bericht in der ZS. f. Kryst. enthält eine Reihe kritischer Bemerkungen des Hrn. Ref. H. Baumhauer. *Schön.*

G. vom Rath. Mineralogische Mittheilungen. (Neue Folge.) 16-18. ZS. f. Kryst. VIII, 25-47†.

Die Abhandlung enthält zunächst unter Nr. 16 einen Beitrag zur Kenntniss der Krystallform des Miargyrit's, in welchem der Verfasser eine Uebersicht aller bekannten und einiger neuen Flächen giebt und dieser eine neue Berechnung der Axenelemente und sämmtlicher Formen beifügt. Eine zweite Mittheilung unter Nr. 17 betrifft den Cuspidin vom Vesuv. Schon am 7. November 1881 hat der Verfasser der Niederrheinischen Gesellschaft für Natur- und Heilkunde Cuspidinstufen sowie die betreffenden Messungen vorgelegt. Seither ist er in den Besitz neuer Stufen gelangt, welche indess weder unzersetzte Substanz zur Analyse boten noch Krystalle, welche eine wesentliche Ergänzung der früheren Ergebnisse ermöglichten. Die Mittheilung enthält auch den Bericht über einige Forschungsresultate der Hrn. E. Fischer und P. Groth. Im dritten Abschnitt (Nr. 18) berichtet der Verfasser über neue Flächen am Diopsid. Als neu werden bezeichnet

$$\Gamma = -3P3(311) \text{ und } s = -3P\infty(301);$$

letztere Fläche erscheint zwar nur untergeordnet, doch sehr glatt und glänzend. Ihre Neigung zu $a(\infty P\infty)$ wurde sehr nahe $= 27^\circ$ bestimmt. Γ fällt in die Zonen $s:b$, $u:a$, $c:f$. Die Kante $s:\Gamma$ wurde annähernd $= 15^\circ$ gefunden. *Schön.*

W. H. Melville. Krystallform der Tribromacrylsäure. Amer. Chem. J. IV, 277-279. 1882; [Ber. d. chem. Ges. XVI, 80†.]

Monoklinisches System;

$$a:b:c = 0.502:1:0.559 \quad XZ = 64^\circ 29.5'.$$

Nach F. Becke (Wien. Sitzber. [2] LXXXIII, 286) sind die Krystalle triklin. *(Gabriel) H.*

L. Fletcher. Crystallographic Notes. X. Skutterudite Phil. Mag. (5) XIII, 474-480. 1882†.

Der Verfasser hat durch Untersuchungen einer Reihe von Krystallen des Skutterudits (Tesseralkies, Arsenikkobaltkies) gefunden, dass derselbe zur pentagonal-hemiedrischen Abtheilung des regulären Systems gehört. *B. Ht.*

F. Barner. Krystallographische Untersuchung einiger organischer Verbindungen. Inaug.-Diss. Göttingen 1882. 45 S. u. 1 Taf.; [Ber. d. chem. Ges. XV, 2302-2305. 1882†.

Der Verfasser giebt krystallographische und optische Bestimmungen folgender Verbindungen:

1. (α β) Dinitroparaxylol $C_6H_2(CH_3)_2(NO_2)_2$.
2. (α) Dinitroparaxylol $C_6H_2(CH_3)_2(NO_2)_2$.
3. Para-Kresolbenzoat $C_6H_4\begin{cases}CH_3\\OCOC_6H_5\end{cases}$.
4. Benzoylparadinitrodischenylamin

$$C_6H_5CO\overset{\mathrm{I}}{N}\left\langle\begin{matrix}C_6H_4^p\,NO_2\\C_6H_4^p\,NO_2\end{matrix}\right..$$

5. Benzanishydroxansäure-Aethylester

$$ON(C_7\overset{1}{H_5}O)(C_8\overset{2}{H_7}O_2)(C_2\overset{3}{H_5}).$$

6. Dimetanitrotoluol

$$C_6H_3\begin{cases}{}^1CH_3\\{}^mNO_2\\{}^mNO_2\end{cases}.$$

7. Phtalylmetanitroparatoluidid

$$C_6H_2\begin{cases}{}^1CH_3\\{}^pN\left\langle\begin{matrix}CO\\CO\end{matrix}\right\rangle C_6H_4\\{}^mNO_2\end{cases}.$$

B. Ht.

A. Fock. Krystallographisch-chemische Untersuchungen. ZS. f. Kryst. VII, 36-64†.

Der Verfasser theilt krystallographische Bestimmungen folgender Verbindungen mit:

1. Isodinitrodiphenyl $C^6H^4_{(2)}NO^2$
   $|^{(1)}$
   $C^6H^4_{(4)}NO^2$.
2. Isoamidonitrodiphenyl $C^6H^4_{(2)}NO^2$
   $|^{(1)}$
   $C^6H^4_{(4)}NH^2$.
3. Isobromnitrodiphenyl $C^6H^4_{(2)}NO^2$
   $|^{(1)}$
   $C^6H^4_{(4)}Br$.
4. Orthonitrodiphenyl $C^6H^4_{(2)}NO^2$
   $|^{(1)}$
   C^6H^5.
5. Schwefelsaures Diphenylin $C^{12}H^{12}N^2.H^2SO^4$.
6. Monochlorhydrochinon $C^6H^3Cl(OH)^2$.
7. α-Diacetyldichlorhydrochinon $C^6H^2Cl^2(O-CO-CH^3)^2$.
8. α-Dichlorchinon $C^6H^2Cl^2O^2$.
9. Tetrachlorchinon (Chloranil) $C^6Cl^4O^2$.
10. Tetrachlorhydrochinon $C^6Cl^4(OH)^2$.
11. Monochlormonobromchinon $C^6H^2ClBrO^2$.
12. Trichlorbromhydrochinon $C^6Cl^3Br(OH)^2$.
13. Trichlorbromchinon $C^6Cl^3BrO^2$.
14. Orthoazotoluol $CH^3_{(2)}C^6H^4_{(1)}N = N_{(1)}C^6H^4_{(2)}CH^3$.
15. Orthoamidoazotoluol
    $CH^3_{(2)}C^6H^4_{(1)}N = N_{(1)}C^6H^3.NH^2_{(4)}.CH^3_{(3)}$.
16. Toluoldisulfoxyd $C^{14}H^{14}S^2O^2$.
17. Aethylphenylsulfon $C^6H^5-SO^2-C^2H^5$.
18. Aethylparatolylsulfon $C^6H^4\langle{}^{CH^3}_{SO-O-C^2H^5}$.
19. Paratoluolsulfonsäureäthyläther
    $C^6H^4\langle{}^{CH^3}_{SO^2-O-C^2H^5}$.
20. Hydromuconsäureanhydrid $C^6H^6O^3$.
21. Jodwasserstoffsaures Hyoscin $C^{17}H^{23}NO^3.HJ + \frac{1}{2}H^2O$.
22. Bromwasserstoffsaures Hyoscin $C^{17}H^{23}NO^3.HBr + 3\frac{1}{2}H^2O$.
23. Dijodmethylcinchonidin $C^{19}H^{22}N^2O.2CH^3J + H^2O$.
24. Jodmethylcinchonidinäthyljodid $C^{19}H^{22}N^2O.CH^3J.C^2H^5J$.
25. Dijodäthylcinchonidin $C^{19}H^{22}N^2O, 2C^2H^5J$.

26. Jodäthylcinchonidinmethyljodid
$C^{19}H^{22}N^2O.C^2H^5J.CH^3J + 2H^2O$.
27. Dijodäthylcinchonidin $C^{19}H^{22}N^2O, 2C^2H^5J + 2H^2O$.
28. Jodwasserstoffsaures Cinchonidinmethyljodid.
$C^{19}H^{22}N^2O.CH^3J.HJ + H^2O$.
29. Bromäthylcinchonin $C^{19}H^{22}N^2O.C^2H^5Br + H^2O$.
30. Neutrales salzsaures Cinchonidin
$C^{19}H^{22}N^2O.HCl + H^2O$.
31. Jodmethylchininäthyljodid
$C^{20}H^{24}N^2O^2.C^2H^5J.CH^3J + H^2O$.
32. Brommethylcinchonin $C^{19}H^{22}N^2O.CH^3Br + H^2O$.
33. Chinolinbenzylchlorid $C^9H^7NC^7H^7Cl + 3H^2O$.
34. Abietinsäure $C^{44}H^{64}O^5$.
35. Teraconsäure

$$C^5H^8\langle{CO-OH \atop CO-OH}.$$

36. γ-Acetobuttersäure $C^6H^{10}O^3 + H^2O$.
37. Aconsaures Natrium $C^5H^3O^4Na + 3H^2O$.
38. Ameisensaures Natrium $NaC^2H^3O^2$ (wasserfrei).
39. Oxyvaleriansaures Silber $C^5H^9O^3Ag$.
40. Cyansilber-Cyankalium KCy + AgCy.
41. Schwefelsaures Kalium K^2SO^4.
42. Thonerde-Baryt $2BaO, Al^2O^3, 5H^2O$.

Von den Verbindungen 1, 3, 4, 6—8, 12, 14, 15, 17—19 und 35 werden auch die Schmelzpunkte angegeben. Angaben über das optische Verhalten sind bei 14, 16—24, 26, 28—35, 37, 38 und 40 gemacht. *B. Ht.*

W. J. Lewis. Crystallographic Notes. Phil. Mag. (5) XIV, 119-123. 1882†.

Der Verfasser macht krystallographische Angaben über Pseudobrookit, Ludlamit, Idokras, Zoisit und Quarz.

B. Ht.

L i t t e r a t u r.

AUGUST STADLER. KANT's Theorie der Materie. Leipzig: Hirzel. IX+268 S. 8°. [D. LZtg. V, 1753-1754.

J. BARSILOFFSKY. Die Hypothese von der Einheit der Materie. Nachrichten (Iswestija) der Univ. Kiew XXII, Nr. 9, III, 1-18.

Enthält eine historische Uebersicht der Arbeiten von BERZELIUS, PROUST, DUMAS, MARIGNAC, STASS und LOCKYER. *O. Chw.*

CORNELIUS. Ueber das Problem der Materie mit Rücksicht auf die neuere betreffende Litteratur. ZS. f. exacte Philosophie XII. Heft 3.

MARINO POMPEI. La materia considerata come forma d'energia. Pesaro: Premiato. 8°.

MARCELIN LANGLOIS. Sur le mouvement des infiniment petits. Mondes (3) V, 294-298.

— — Du mouvement atomique. Mondes (3) V, 466-471, VI, 189-191, 423-426.

L. WEIS. Der Glaube an die Atome und der Streit über die metaphysischen und chemischen Atome. ZS. f. Philosoph. u. phil. Kritik (2) LXXXIII. Nr. 1.

VICTOR MEYER. Die Umwälzung in der Atomlehre. D. Rundschau X, Heft 3.

G. A. LOVE. Étude sur la constitution moléculaire des corps, ··· . Paris: Gauthier-Villars. 1883. 8°.

Sir WILLIAM THOMSON. The Size of Atoms. Nature XXVIII, 203-205, 250-254, 274-278.

L. MANN. Die Atomgestalt der chemischen Grundstoffe. Mit 1 Taf. Berlin: Luckhardt. 43 S. 8°. [D. LZtg. IV, 1623-1625; [Lit. CBl. 1883, 1829-1830.

LOTHAR MEYER. Die modernen Theorien der Chemie und ihre Bedeutung für die chemische Mechanik. 4. umgearbeitete Auflage. 3. Buch: Dynamik der Atome. Breslau: Maruschke & Berendt 1883, XXVII + S. 377-607. 8°. [Arch. d. Math. LXX Lit.-Ber. 18.

W. C. Wittwer. Grundzüge der mathematischen Chemie IV. ZS. f. Math. XXVIII, 217-228.

W. C. Wittwer. Application of the Fundamental Laws of Physics to Chemistry. Chem. News XLVIII, 206-207†. (Uebers. aus Tagebl. d. Naturf.-Vers. in Freiburg.)

Der Verfasser entwickelt die Grundprincipien seiner mathematischen Chemie; nach ihm ist jedes chemische Element eine Verbinbindung zweier Substanzen, deren eine der Aether, die andre die Masse ist. Beide gehorchen folgenden Gesetzen: 1) Zwischen homogenen Theilchen ist gegenseitige Abstossung, zwischen heterogenen gegenseitige Anziehung. 2) Die Kräfte nehmen ab umgekehrt wie die Quadrate der Entfernungen. *H.*

Richard Bresch. Der Chemismus, Magnetismus und Diamagnetismus im Lichte mehrdimensionaler Raumanschauung. Leipzig 1882. 146.S. 8°. [ZS. f. Math. XXVIII, hist.-lit. Abt. 230-231.

Boltzmann. Ueber das Arbeitsquantum, welches bei chemischen Verbindungen gewonnen werden kann. Wien. Ber. [2] LXXXVIII, 861-896.

Bohnslav Brauner. Contribution to the Chemistry of the Cerite Metals. J. chem. soc. XLIII, 278-289; [Ber. d. chem. Ges. XVI, 1860-1861.

Aus dieser Abhandlung ist hier der erste Abschnitt: Atomic Weight of Didymium (S. 278-281) zu erwähnen. Sh. auch diese Berichte XXXVIII Abth. I, 84.

— — Didymium. [J. chem. soc. XLIV, 18. Referat nach C. R. XCIV, 1718-1719. 1882.

Die Aequivalentgewichte des Lanthans, Didyms, Decipiums und Samariums. [ZS. f. anal. Chem. XXIII, 140-141.

Die von verschiedenen Chemikern erhaltenen Werthe für die Aequivalentgewichte obiger Elemente sind folgende, wenn O = 16 angenommen wird:

Für Didym erhielt Cleve 147 (Bull. soc. chim. (2) XXI, 246), später 142.12 (Bull. soc. chim. (2) XXXIX, 289), Brauner 146.58 (Monatsh. f. Chem. III, 1) und 145.42 (Monatsh. f. Chem. III, 486).

Für Lanthan bekam Marignac 138.81 (Ann. chim. phys. (4) XXX, 67), Cleve 139.15 (Bull. soc. chim. (2) XXI, 196), später

138.22 (Bull. soc. chim. XXXIX, 131), BRAUNER 138.88 (Monatsh. f. Chem. III, 1) und 138.28 (Monatsh. f. Chem. III, 486).

Für Decipium erhielt DELAFONTAINE 171 (Arch. sc. phys. (3) III, 250 und C. R. XCIII, 63).

Für Samarium fand MARIGNAC 139.4 (Arch. sc. phys. (3) III, 413), DELAFONTAINE 151.5 (C. R. XCIII, 63), CLEVE 150.021 (C. R. XCVII, 95). *H.*

Sh. auch S. 111-113.

H. E. ROSCOE. Das Aequivalentgewicht des Kohlenstoffs. [ZS. anal. Chem. XXII, 306-307 nach Ann. d. chim. et phys. (5) XXVI, 136. 1882.

Der Verfasser hat das Aequivalentgewicht des Kohlenstoffs durch Verbrennung von Capdiamanten im Sauerstoffstrom bestimmt und zu 11.9758 für O = 15.96 und zu 12.0058 für O = 16 gefunden. *H.*

Sh. diese Berichte XXXVIII Abth. I, 112.

CH. F. HEYCOCK. Das Aequivalentgewicht des Rubidiums. [ZS. anal. Chem. XXII, 484† nach Nature XXVI, 444. 1882; [Beibl. VI, 838. 1882.

Durch Analysiren von Brom- und Chlorrubidium wurden für das Aequivalentgewicht des Rubidiums die Werthe 85.387 und 85.344 gefunden. *H.*

E. MULDER und H. G. L. VAN DER MEULEN. Ozon in Gegenwart von Platinschwarz. Rec. trav. chim. I, 167-173. 1882; [Arch. d. Pharm. CCXXI, 549; [Beibl. VII, 180-181†.

Die Verfasser leiten ozonisirten Sauerstoff durch eine Röhre mit Platinschwarz und constatiren durch eine Reihe von Versuchen, dass das Ozon sowohl im trockenen, als auch im feuchten Zustande durch Anwesenheit von Platinschwarz in gewöhnlichen Sauerstoff umgewandelt wird. *H.*

F. M. RAOULT. Loi de congélation des solutions acqueuses des matières organiques. Ann. chim. phys. (5) XXVIII, 133-144; [Naturf. XVI, 43-44.

Enthält eine Zusammenstellung aller Versuche des Verfassers und die daraus gezogenen Folgerungen, worüber schon in diesen Berichten XXXVIII Abth. II, 350 ff. referirt wurde. *H.*

H. PELLAT. Einfluss des Metalles auf die Natur der Oberfläche eines anderen in sehr kleiner Entfernung befindlichen Metalles. Rep. d. Phys. XIX, 115-117†; Uebersetzung von C. R. XCIV, 1247-1249; s. diese Berichte XXXVIII Abth. I, 104-105.

S. KALISCHER. Ueber die Molecularstructur der Metalle und ihre Beziehung zur elektrischen Leitungsfähigkeit. [J. de phys. (2) IV, 285; CARL Rep. XVIII, 292-303. 1882†; [Polyt. Not. XXXVIII, 75-76; s. diese Berichte XXXVIII Abth. I, 136 und Abth. II, 551.

CHR. GAENGE. Ueber die Isodimorphie der arsenigen Säure und der antimonigen Säure. [ZS. f. Kryst. VII, 604† nach Sitzber. d. Jen. Ges. f. Med. u. Nat. f. 1878, 2-6 (1879).

Der Verfasser hat die Versuche DEBRAY's zur Darstellung angeblich rhombischer Krystalle von arseniger Säure (durch Erhitzen von amorpher Säure in einem zugescholzenen Glasrohre auf 200°—400° wiederholt, aber nicht die von DEBRAY beobachteten mit freiem Auge erkennbaren Prismen erhalten, sondern lange, schmale, spiessige Krystallgebilde, die sich unter dem Mikroskop als geradlinig an einander gereihte Octaeder auflösten. Auf Grund seiner Versuche glaubt der Verfasser annehmen zu dürfen, dass auch DEBRAY auf die beschriebene Weise keine rhombischen Krystalle von arseniger Säure erhalten hat, mindestens aber DEBRAY's Ansicht hinfällig geworden ist, dass sich die arsenige Säure bei mehr als 200° stets in der rhombischen Modification absetzt. *H.*

Sh. auch diese Berichte XXXIII Abth. I, 148.

E. FEODOROFF. Theorie der Krystallstructur. Schriften (Sapiski) der St. Petersb. Kais. Mineralog. Ges. (2) XVIII, 281. *O. Chw.*

ERNEST MALLARD. Traité de cristallographie géometrique et physique. Tome II. Cristallographie physique. Paris: Dunod. VI+600 S. 8° mit 184 Fig. u. 8 Taf.

A. DE LAPPARENT. La cristallographie rationelle. Mondes (3) V, 562-567, VI, 7-13, 68-76, 104-111.

G. BRÜGELMANN. Observations on Crystallisation. [J. chem. soc. XLIV, 147-148†.

Referat nach Ber. d. chem. Ges. XV, 1833-1839; sh. diese Berichte für 1882 XXXVIII Abth. I, 138.

R. H. SOLLY. Crystallographic Examination of the Crystals of Antimoniopotassic Chlorobromide. J. chem. soc. XLIII, 293.

4. Mechanik.

F. NEUMANN. Einleitung in die theoretische Physik. Vorlesungen gehalten an der Universität Königsberg. Herausgegeben von C. PAPE. Leipzig: Teubner. X+291 S. gr. 8°. [Dtsch. LZtg. IV, 1478; [Lit. CBl. 7884, 115.

FR. NEUMANN's Vorlesungen haben nicht nur ein historisches Interesse, in so fern sie die ersten und lange Zeit die einzigen Vorlesungen in Deutschland waren, die das ganze Gebiet der theoretischen Physik behandelten, sondern sie sind in Folge des meisterhaft angelegten Planes, der zweckmässigen Auswahl der behandelten Gegenstände, der Klarheit und Eleganz der Darstellung noch jetzt von hohem Werthe. Die Herausgabe dieser Vorlesungen, zu der sich einige frühere Schüler NEUMANN's vereinigt haben, ist daher als eine dankenswerthe Bereicherung der mathematisch-physikalischen Litteratur zu begrüssen. Durch sie wird allen, die sich mit theoretischer Physik zu beschäftigen anfangen, das Studium dieser Disciplin erleichtert werden; aus ihnen werden künftig weitere Kreise Anregungen empfangen, wie sie früher den unmittelbaren Schülern NEUMANN's in reichem Masse zu Theil geworden sind.

Der vorliegende Band, dem im Jahre 1881 ein kleineres Heft, die Vorlesungen über Magnetismus enthaltend, voraufgegangen (s. diese Berichte XXXVII, 900), giebt unter dem Titel einer Einleitung in die theoretische Physik die mechanischen Grundlagen dieser Disciplin. Dabei handelt es sich nicht um eine systematische Darstellung der analytischen Mechanik. Vielmehr knüpft NEUMANN in eigenartiger Weise an die Erscheinungen der Schwere an und entwickelt an den Stellen, an denen das Bedürfniss gerade hervortritt, die Grundbegriffe und wichtigsten Sätze der Mechanik. Sehr ausführlich wird das einfache und das zusammengesetzte Pendel behandelt; neben der Entwickelung der Theorie finden dabei die Methoden der Pendelbeobachtung, insbesondere die BESSEL'schen Arbeiten, eingehende Berücksichtigung. Im Anschluss an das Pendel wird die Theorie der bifilaren Aufhängung, die Berechnung der Schwingungsdauer einer Magnetnadel, die Theorie der Wage, ferner die allgemeine Gravitation und die Bestimmung der Dichtigkeit der Erde besprochen.

An den die Erscheinungen der Schwere behandelnden Theil, der mehr als ein Drittel des ganzen Bandes einnimmt, schliesst sich die Hydrostatik und Aerostatik; hier kommen hauptsächlich die Gleichgewichtsfiguren rotirender Flüssigkeiten, die statische Theorie der Ebbe und Fluth, der Flüssigkeitsdruck, die Bestimmung des specifischen Gewichts, die barometrischen Höhenmessungen, die Gestalt der Atmosphäre zur Sprache.

Daran schliesst sich zunächst ein Capitel über den Satz von der lebendigen Kraft und die Fälle, in denen er nicht ohne Weiteres gilt, während die beiden letzten Capitel die Hydrodynamik und Aerodynamik enthalten. Ohne auf die allgemeinen hydrodynamischen Gleichungen einzugehen, leitet NEUMANN aus dem Satze der lebendigen Kraft die Erscheinungen beim Ausfluss der Flüssigkeiten und Gase, die Reaction der Flüssigkeits- und Gasstrahlen, sowie die Bewegungen in engen Röhren unter Einfluss der Reibung ab. Dabei wird vielfach auf Beobachtungen, namentlich die DANIEL BERNOULLI's, Rücksicht genommen.

Dies der Inhalt der Vorlesungen, die von Hrn. C. PAPE herausgegeben sind. Für eine folgende Auflage wird es erwünscht sein, den einzelnen Capiteln Hinweise auf die neuere Litteratur beizufügen, wie das bei den später herausgegebenen Vorlesungen NEUMANN's geschehen ist. Auch dürfte es sich empfehlen, die vorkommenden Zahlenangaben sämmtlich auf ein und dasselbe Maasssystem zu beziehen. Einige Incorrectheiten, wie z. B. S. 36, wo Geschwindigkeit statt Quadrat der Geschwindigkeit steht, und S. 137, wo der Radius der Erde falsch angegeben ist, sind leicht zu berichtigen. *Wn.*

H. STREINTZ. Die physikalischen Grundlagen der Mechanik. Leipzig: Teubner. 141 S. 8°. ZS. f. Math. XXX hist.-lit. Abt. 58-59.

Die analytische Mechanik muss physikalische Grundlagen haben. Diese Erfahrungsthatsachen nennt man die Principien der Mechanik im strengeren Sinne. Gewöhnlich werden deren drei angeführt, nämlich 1) das GALILEI'sche oder Trägheitsprincip, 2) das Unabhängigkeitsprincip, 3) das Princip der Wechselwirkung. Abschnitt I. Das GALILEI'sche Princip. Dieses Princip leidet in der Form, wie es gewöhnlich ausgesprochen wird, einmal an dem Mangel eines Bezugssystems der Bewegung. C. NEUMANN hat diesen Mangel durch seinen Körper Alpha, Mach durch Beziehung auf das ganze Fixsternsystem zu beseitigen gesucht. Die Gedanken beider finden sich schon implicite bei NEWTON und EULER. Die Mängel dieser Aushülfsversuche werden auseinandergesetzt. Abschnitt II. Ermittelung des den Gleichungen der Physik zu Grunde liegenden Coordinatensystems. Die Aufgabe dieses Capitels ist folgende: „Es soll dasjenige Coordinatensystem physikalisch bestimmt werden, für welches das GALILEI'sche Princip in der NEWTON'schen Form Gültigkeit hat.“ Translationsbewegung kann als eine absolute nicht nachgewiesen werden, sondern ist immer eine relative. Für die Rotationsbewegung dagegen ist in dem FOUCAULT'schen Versuch, sowie in den sonstigen Gyroskopen ein Mittel gefunden, sie auch als absolute nachzuweisen. Von dem fraglichen Bezugssystem aber muss vor allen Dingen gefordert werden, dass es von unveränderlicher Richtung sei, und zwar absolut, so dass diese Eigenschaft durch physikalische Beobachtung erkannt werden kann. Diese Forderung lässt sich für die Translation nur in negativer Form ausdrücken. Das GALILEI'sche Princip gestaltet sich danach folgendermaassen: „Ein materieller Punkt, der keiner fremden Einwirkung unterworfen ist, bewegt sich hinsichtlich eines Körpers, der gleichfalls keiner fremden Einwirkung unterworfen ist und keine Drehbewegung vollführt, in gerader Linie und mit constanter Geschwindigkeit.“ Solch' ein Körper heisst Fundamentalkörper und ein mit ihm verbundenes Coordinatensystem Fundamental-Coordinatensystem. Daraus ergiebt sich dann folgender Satz: „Jedes aus den für ein bestimmtes Fundamental-Coordinatensystem aufgestellten Differentialgleichungen der Bewegung hergeleitete Resultat, das von den Werthen der Integrationsconstanten unabhängig ist, gilt auch für jedes beliebige andere, dem ersten parallele Coordinatensystem in gleicher Weise." Zum Schluss wird auf den Unterschied zwischen dem physikalischen und geometrischen Coordinatensystem aufmerksam gemacht. Abschnitt III. Historisch-kritische Umschau. Die Besprechung erstreckt sich, von C. NEUMANN und MACH abgesehen, die schon erwähnt wurden, auf EULER, PEMBERTON (den Herausgeber NEWTON's), LAPLACE, POISSON, COMTE, LAGRANGE, NARR, RIEMANN, JACOBI, THOMSON und TAIT, KIRCHHOFF, SCHELL, POINSOT, MAXWELL, CLAUSIUS und DÜHRING. Abschnitt IV. Die Zeitmessung. Ein zweiter Mangel in der gewöhnlichen Formulirung des GALILEI'schen Princips ist die Nichtberücksichtigung des Fundamentes zur Zeitmessung, wie sie in der Bezeichnung der „gleichförmigen Bewegung" liegt. Diesen Mangel hat bereits D'ALEMBERT bemerkt und POISSON in klarer und übersichtlicher Weise gehoben. C. NEUMANN's Versuch, diese Schwierigkeit zu lösen, ist in Folge einer zu weiten Definition nicht gelungen. Besprochen werden noch weiter die Ansichten von SCHELL, MAXWELL und LAPLACE über diesen Punkt. Abschnitt V. Kraft und Masse. Masse wird als diejenige Eigenschaft der materiellen Körper definirt, zu Folge welcher diese als Glieder gleichwerthiger Beschleunigungssysteme verschieden grosse Beschleunigungen annehmen, während Kraft die Eigenschaft materieller Systeme ist, zu Folge welcher bei gewissen Configurationen der Lage und der Geschwindigkeitsvectoren ihrer Glieder diese (sämmtlich oder zum Theil) Beschleunigungen annehmen. Der Begriff der Gravitation wird einer besonderen Besprechung unterzogen. Den Schluss bildet wieder die Besprechung der Ansichten von EULER, WÜLLNER, KIRCHHOFF, SCHELL, MACH und HERWIG. Abschnitt VI. Das Unabhängigkeitsprincip. Dasselbe wird folgendermaassen formulirt: „Wenn ein materieller Punkt gleichzeitig der Wirkung mehrerer Kräfte unterworfen ist, so tritt die jeder Kraft entsprechende Beschleunigung unabhängig von den gleichzeitigen Beschleunigungen der andern Kräfte auf, weshalb der Punkt diejenige Beschleunigung annimmt, welche aus den einzelnen gegebenen Beschleunigungen nach den Regeln der

Parallelogramm-Construction folgt." Nach Charakterisirung dieses Satzes als Erfahrungssatzes folgt wiederum eine Bespechung der Ansichten anderer Mathematiker, besonders NEWTON's und POISSON's. Abschnitt VII. Das Princip der Wechselwirkung. „Alle Kräfte eines Beschleunigungssystemes treten paarweise auf in der Art, dass zwei zu einem Paare gehörende Kraftvectoren gleiche Grösse und Richtung, aber entgegengesetzten Sinn haben." Der letzte, Abschnitt VIII., enthält ergänzende Bemerkungen.

O.

ERNST MACH. Die Mechanik in ihrer Entwickelung, historisch-kritisch dargestellt. (Internationale wissenschaftliche Bibliothek Bd. 59.) Leipzig: Brockhaus.

Das Werk giebt nach Maassgabe der historischen Entstehung in Capitel I. die Entwickelung der Principien der Statik, in II. die Entwickelung der Principien der Dynamik, in III. die weitere Verwendung der Principien und die deductive Entwickelung der Mechanik, in IV. die formelle Entwickelung der Mechanik, in V. die Beziehung der Mechanik zu anderen Wissenschaften. Das vorliegende Buch ist „kein Lehrbuch zur Einübung der Sätze der Mechanik," sondern untersucht die Fragen, „worin der naturwissenschaftliche Inhalt der Mechanik besteht, wie wir zu demselben gelangt sind, aus welchen Quellen wir ihn geschöpft haben, wie weit derselbe als ein gesicherter Besitz betrachtet werden kann".

Durch frühere Publicationen desselben Verfassers vorbereitet, bildet diese zusammenhängende Darstellung der Principien der Mechanik eine Ergänzung der Lehrbücher der Mechanik, die meistens die mathematische Behandlung in den Vordergrund rücken. Obgleich sich der Verfasser auf den sicheren Boden der reinen Erfahrung stellt und gegen jeden „Uebergriff der speculativen Methode" entschieden Opposition macht, so gelingt es ihm dennoch, das „echt philosophische Streben" zu bethätigen, „alles Wissen in einen Strom zusammenzuleiten" und an dem Beispiele der Mechanik seine „Grundansicht über die Natur aller Wissenschaft als einer Oekonomie des Denkens" zu beweisen.

Er ermüdet den Leser nicht durch weitläufige Rechnungen und Formeln, sondern fesselt ihn durch vorsichtige Entwickelung der Begriffe und durch Prüfung der Beweismethoden auf ihren Werth. In den letzten Capiteln sind Betrachtungen von so eindringender Ueberzeugungskraft enthalten, dass ihre Aufnahme in die verschiedensten Wissenschaften, wie z. B. Theologie und Philosophie, zu wünschen wäre. *Lp.*

William B. Taylor. Annual address on physics and occult qualities. Bull. Phil. Soc. Wash. V, 126-173†.

Ohne gerade etwas Neues zu bieten, verdient die Rede Erwähnung, weil sie die Ansichten für und gegen die Anwendung des Kraftbegriffes in objectiver und klarer Weise zusammenstellt. Der erste Theil behandelt die „dynamische und die kinetische Theorie“ der Kraft und bespricht ihre Beziehungen zur Erklärung der Cohäsions- und Elasticitäts-Erscheinungen. Im zweiten Theile werden die Grundgedanken der Theorie der molecularen Kinetik vorgeführt, nämlich der Vibrationstheorie für Wärme und Licht und der kinetischen Gastheorie. Der interessanteste Theil, der dritte, ist betitelt „der Trug der kinematischen Theorien.“ Mit einem gewissen Humor, aber auch mit ernster und scharfer Schlussweise zeigt der Verfasser, dass die sehr künstlich ausgedachten kinematischen Theorien die fundamentalen Gesetze der Logik und der Physik verletzen. Sehr ergötzlich ist z. B. sein Beweis, dass, da die Kinematiker die Einwirkung eines Körpers auf einen andern in die Ferne leugnen, überhaupt keine Einwirkung stattfinden könne. *Lp.*

W. R. Browne. On central forces and the conservation of energy. Phil. Mag. (5) XV, 35-42, 228†; Proc. Phys. Soc. V, 159-167; [Jahrb. d. Math. 1883 XV, 804.

Der Verfasser sucht zu zeigen, dass das Princip von der Erhaltung der Energie und die Annahme centraler Kräfte von einander untrennbar seien. Er beschränkt sich auf den einfachsten Fall der Wirkung zweier Partikelchen auf einander.

O.

M. H. Close. On the meaning of force. Phil. Mag. (5) XV, 248-251†; Proc. R. Dublin Soc. (2) III, 336-343.

W. R. Browne. On the sense of the terme „force". Phil. Mag. (5) XV, 368-369†.

Hr. Close macht darauf aufmerksam, dass das Wort „force" noch immer in verschiedener Bedeutung, nämlich in dem eigentlichen Sinne „Kraft" F und in dem Sinne „Energie" $\int F ds$ gebraucht werde. Die Doppelsinnigkeit findet sich schon bei Newton. Der Verfasser giebt nun eine nähere Erläuterung der verschiedenen Bedeutungen, die dem Wort „force" untergelegt werden. Hr. Brown beschäftigt sich mit demselben Gegenstand. *O.*

G. W. von Tunzelmann. On central forces and the conservation of energy. Phil. Mag. (5) XV, 152, 299†.

Bemerkung über eine Stelle der Arbeit des Hrn. Browne (Phil. Mag. (5) XV, 37). *O.*

H. Onnen. Over Energie. Voordracht, gehouden in de algemeene vergadering van 22 November 1880. Nat. Tijdsch. v. Need.-Indië (8) II, 218-234†.

Ein populärer Vortrag über die verschiedenen Arten der Energie und ihre Verwandlung in einander, gehalten bei der 30. allgemeinen Versammlung der Königlichen Naturwissenschaftlichen Gesellschaft im Niederländischen Indien. *Lp.*

S. H. Burbury. A Theorem on the Dissipation of Energy. Phil. Mag. (5) XIII, 417-419. 1882†.

Beweis des Satzes, dass, wenn ein unter Wirkung von äusseren Kräften stehendes System, welches der Zerstreuung von Energie unterliegt, und in welchem die äusseren Kräfte bestimmte Geschwindigkeiten constant erhalten, in einen Zustand gelangt, welcher ohne Energiezerstreuung und ohne äussere Kräfte aufrecht gehalten wird, die in diesem Zustande für die Zeiteinheit zerstreute Energie ein Minimum ist. Eine Anwendung dieses Satzes wird auf die Wärmeerzeugung des elektrischen Stromes in verzweigten Leitern gemacht. *Nn.*

Walter R. Browne. On the reality of force. Phil. Mag. (5) XVI, 387-393†.

In einem Artikel der Encyclopaedia Britannica und in einer Abhandlung „Essay on the laws of Motion", welche in den Schriften der Royal Society von Edinburgh erschienen ist, hat Hr. Tait die Realität der Kraft geleugnet und als einzige reale Begriffe die Masse und die Energie hingestellt, weil sie allein dem Gesetze von der „Erhaltung" folgen. Hr. Browne greift die Schlussweise des Hrn. Tait an verschiedenen Punkten an, eben so das von diesem skizzirte System der Mechanik, aus welchem das Wort Kraft verbannt ist. *Lp.*

P. G. Tait. On the Laws of Motion. Phil. Mag. (5) XVI, 439-447†; (Zuschrift an die Herausgeber und die Abhandlung Proc. R. Soc. Edinb. XII, 8-18 ausser den beiden ersten Absätzen); [Nature XXVII, 283.

Zur Abwehr des im vorangehenden Berichte erwähnten Angriffs erklärt Hr. Tait, sein Vorschlag gehe auf Beseitigung des sinnlich gefassten Begriffes der Kraft und Einführung der objectiven Realität der Energie an seiner Statt hinaus. Zugleich schiebt er Hrn. Browne unter, derselbe construire seine physikalische Welt mittelst des Kraftbegriffes allein, und werfe Masse und Energie über Bord. Der im Auszuge mitgetheilte Gedankengang seiner Abhandlung geht von den Newton'schen Principien der Mechanik aus, die von den Engländern ja als unübertrefflich und alle späteren Entdeckungen enthaltend hingestellt werden. Aus diesen Principien möchte aber Hr. Tait die Wörter Kraft und Wirkung (actio) wegen ihres Mangels an objectiver Existenz entfernen. Während der erste Theil der Abhandlung sich mit dieser Kritik der Principien beschäftigt, giebt der zweite eine

Skizze für einen elementaren Lehrgang der Mechanik, der die Begriffe Masse und Energie an die Spitze stellt, den Kraftbegriff aber gar nicht verwendet. *Lp.*

O. Lodge. The ether and its functions. Nature XXVII, 304-306, 328-330†.

Nachdem der Verfasser die Unmöglichkeit einer Fernwirkung durch einfache Ueberlegungen zu beweisen versucht hat, entwickelt er nach einer kurzen Kritik der atomistischen Vorstellung von der Natur des Aethers seine Ideen über den Aether, den er sich als vollkommen homogen, starr, nicht zusammendrückbar, continuirlich, nicht molecular aufgebaut, nicht in einfache Elemente zerlegbar vorstellt. Die Constanten desselben werden nach den Angaben verschiedener Autoren zusammengestellt. *Lp.*

S. Tolver Preston. The ether and its functions. Nature XXVII, 579†.

Lodge's Ansicht von der Continuität der Natur des Aethers wird als Rückschritt bezeichnet, da aller Stoff molecular angenommen werde und der Aether keine Ausnahme machen dürfe. *Lp.*

Charles Morris. The matter of space. Nature XXVII, 349 bis 351; XXVIII, 148-150†.

Der Verfasser geht von der Kant-Laplace'schen Hypothese aus, der Weltenraum sei mit sehr fein vertheilter Masse angefüllt gewesen. Die Verdichtung des einen Theils derselben zu Fixsternen, Planeten etc. habe eine bedeutende Verfeinerung des anderen Theils zur nothwendigen physikalischen Folge gehabt. Der Aether sei diese durch äusserst weit getriebene „Disintegration“ entstandene Masse. Die Darlegung der Vorstellungen über die verschiedenen physikalischen Processe bildet den weiteren Inhalt. *Lp.*

A. S. HERSCHEL. The matter of space. Nature XXVIII, 294 bis 297†.

Auf die gleich betitelte Note von Hrn. MORRIS bezugnehmend (s. das vorangehende Referat), erklärt der Verfasser sein volles Einverständniss mit dem dort aufgestellten Grundsatze, „dass alle Bewegung von Natur dahin strebt, einen stationären Zustand zu erreichen, in welchem sie zwar noch beständig hierhin und dorthin springt und schwingt, aber doch beständig in einem gewissen festen Felde localisirt ist, das innerhalb bestimmter einschliessender Schranken enthalten ist" Dagegen warnt der Verfasser entschieden vor der Darstellung des Aethers als einer äusserst fein vertheilten Masse, der Masse als stark condensirten Aethers, weil kein Experiment diesen Uebergang bewerkstelligen könne. Er verwirft daher den Ausdruck „vierter Aggregatzustand" für den Aether und möchte ihn lieber als „Masse zweiter Klasse" bezeichnen. Während dieser negative Theil der Note sich gewiss des Beifalls aller derer erfreut, die auf dem Boden der Thatsachen stehen bleiben, können wir die phantastische zweite Hälfte nur denen empfehlen, die eine moderne Hesiodische Kosmogonie dichten wollen. Die Nomenclatur cyklopische, titanische, gemeine, ätherische, elixirische Welt, umschlossen von der Kette der Bewegungswirkungen der Materie, und die zugehörigen Bilder von den Ballungen der Masse sind alle gegeben. *Lp.*

N. SLOUGINOFF. Ueber eine Identität und deren Bedeutung für die Physik. J. d. russ. chem.-phys. Ges. [2] XV, 75-91; [Beibl. VIII, 7-9. 1884.

Durch zweimalige Summirung, zuerst nach i dann nach k, der Ausdrücke

$$a_i a_k (x_i - x_k)^2, \quad a_i a_k (x_i - x_k)(y_i - y_k),$$

und

$$(b_i x_k - b_k x_i)(a_i y_k - a_k y_i)$$

werden die folgenden Identitäten entwickelt:

$$(\Sigma a_i x_i^2)\Sigma a_i = (\Sigma a_i x_i)^2 + \Sigma a_i a_k (x_i - x_k)^2,$$

$$\Sigma a_i x_i y_i \Sigma a_i = \Sigma a_i y_i \Sigma a_i x_i + \Sigma a_i a_k (x_i - x_k)(y_i - y_k),$$

$$\Sigma a_i x_i \Sigma b_i y_i = \Sigma a_i b_i \Sigma x_i y_i - \Sigma (b_i x_k - b_k x_i)(a_i y_k - a_k y_i).$$

Diese Formeln werden zur Lösung verschiedener physikalischer Probleme angewandt.

1. Das LAGRANGE'sche Theorem über den Massenmittelpunkt wird direct erhalten und zwar in der Form

$$\Sigma m_i v_i^2 = Mv^2 + \frac{1}{M} \Sigma m_i m_k \{v_i^2 + v_k^2 - 2v_i v_k \cos(v_i, v_k)\},$$

wo $M = \Sigma m_i$ und v die Geschwindigkeit des Massenmittelpunktes sind.

2. Verlust lebendiger Kraft beim Zusammenstoss zweier Kugeln.

3. Verlust elektrischer Energie bei der Verbindung mehrerer Condensatoren. Derselbe ist gleich

$$\frac{1}{2C} \Sigma c_i c_k (v_i - v_k)^2,$$

wo c_i die Capacitäten der einzelnen Condensatoren, $C = \Sigma c_i$ und v_i die Potentiale sind, bis zu welchen die Condensatoren vor ihrer Verbindung geladen waren.

4. Wärme, welche in mehreren parallel verbundenen Elementen entwickelt wird.

5. Es wird bewiesen, dass

$$a^n \int_0^a \{F(x)\}^n dx > \left\{\int_0^a F(x) dx\right\}^n \text{ ist.}$$

6. Die mittlere elektrodynamische Stromstärke J_1 ist grösser, als die mittlere galvanometrische J', wo

$$\tau J_1^2 = \int_0^\tau J^2 dt,$$

und

$$\tau J' = \int_0^\tau J\, dt.$$

7. Messung der Zeitdauer momentaner Ströme.

8. Erwärmung durch Reihen von Momentanströmen.

O. Chw.

R. MEHMKE. Ueber eine neue Construction für die Axe der Schraubenbewegung, durch welche ein starrer Körper aus einer gegebenen Lage in eine zweite übergeführt werden kann. Civiling. (2) XXIX, 207-208†.

Die Construction von CHASLES wird darin ergänzt, dass ein Punkt dieser Geraden (nach vorheriger Construction ihrer Richtung) durch eine einfache Methode gefunden wird. Der Beweis des Verfahrens wird nicht mitgetheilt; in der im folgenden Referate besprochenen Abhandlung wird er jedoch auf einen dort aufgestellten Satz zurückgeführt. *Lp.*

R. MEHMKE. Ueber die Geschwindigkeiten beliebiger Ordnung eines in seiner Ebene bewegten ähnlich-veränderlichen Systems. Civiling. (2) XXIX, 487-508†.

Hr. BURMESTER hat im Civiling. (2) XXIV, 147. 1878 (s. diese Berichte XXXIV, 129) dasselbe Thema nach synthetischen Methoden behandelt. Von den Untersuchungen, die Hr. MEHMKE ankündigt, ist dieses die erste. Hauptsächlich leitet er in ihr die Resultate des Hrn. BURMESTER nach der von MÖBIUS zuerst angewandten, später von GRASSMANN methodisch ausgebildeten Rechnung mit geometrischen Grössen her; doch kommt in der vorliegenden Publication nur die Addition von Strecken zur Anwendung. Die Ergebnisse werden mit bemerkenswerther Leichtigkeit gefunden und oft über die von Hrn. BURMESTER hinaus erweitert. Nach den einleitenden Bemerkungen wird zuerst die Bewegung einer ähnlich - veränderlichen Punktreihe, dann die eines ähnlich-veränderlichen ebenen Punktsystems in seiner Ebene besprochen. Den hieraus gezogenen Folgerungen und der Behandlung der Geschwindigkeitspole folgt eine Darstellung der Geschwindigkeiten beliebiger Ordnung, der Dehnungs-, Drehungs- und Schiebungs-Geschwindigkeiten, die Zerlegung der Geschwindigkeiten höherer Ordnung in Componenten, die Betrachtung der Wechselgeschwindigkeit des Geschwindigkeitspoles; die Wechselgeschwindigkeit der Geschwindigkeitspole höherer Ordnung macht den Beschluss. *Lp.*

R. Mehmke. Ueber den geometrischen Ort der Punkte ohne Normalbeschleunigung in einer Phase eines starren oder affin-veränderlichen Systems. Civiling. (2) XXIX, 581-582†.

Der Ort dieser Punkte ist von verschiedenen Autoren (Resal, Schell, Burmester) unrichtig, von Somoff unvollständig bestimmt worden. Auf Grund der Betrachtungen, über welche eben berichtet ist, findet der Verfasser den Satz: In jeder Phase eines affin-veränderlichen Systems liegen die Punkte, welche augenblicklich Wendepunkte ihrer Bahn durchlaufen, d. h. die Punkte, deren Normalbeschleunigungen verschwinden, im Allgemeinen auf einer Raumcurve dritter Ordnung. *Lp.*

A. Jarolimek. Geradführung mit beschleunigtem Rückgang. Dingl. J. CCXLVII, 481-483†.

Beschreibung eines Stangensystems, bei dem sich durch Drehung der Kurbel in der einen Richtung der Niedergang einer (nahezu geradlinigen) Höhe in der doppelten Zeit vollzieht, wie der Aufhub, während bei der Drehung der Kurbel in entgegengesetztem Sinne dies umgekehrt geschieht. *O.*

.M. Grübler. Allgemeine Eigenschaften der zwangläufigen ebenen kinematischen Ketten. Civiling. (2) XXIX, 167-200†.

Zwangläufig nennt der Verfasser eine Kette, wenn sich die Punkte jedes Gliedes gegen jedes andre in bestimmten Curven bewegen. Die Arbeit, deren Resultate in der technischen Mechanik wohl zu verwerthen sind, enthält die Ableitung und Darlegung einer Reihe von allgemeinen Eigenschaften der zwangläufig geschlossenen ebenen kinematischen Ketten und zwar ausschliesslich solcher Eigenschaften, welche auf gewissen Relationen zwischen der Anzahl der gegen einander sich bewegenden Glieder der Ketten und der Anzahl ihrer Verbindungen beruhen, welche sich also durch einfache Abzählungen ergeben. Geometrisch betrachtet, behandelt die Arbeit die Frage, auf welche Weise starre Figuren (oder Punkte) der Ebene durch Strecken von unveränderlicher Länge so unter einander verbunden werden können, dass die Hinzufügung einer neuen Verbindungsstrecke das ganze System oder einzelne Theile starr macht. Die Untersuchung zeigt manche Analogien mit derjenigen über die Möglichkeit, Polyeder nach gegebenen Gesetzen zu begrenzen. *Lp.*

SC. CAPPA. Sulla trasmissione del movimento fra due assi qualunque. Atti di Torino XVIII, 733-740†.

Beweis des Satzes: „Wenn zwei Systeme von unveränderlicher Form, die um Axen von beliebiger Richtung rotiren, sich die Bewegung direct oder vermittelst einer Verbindung von unveränderlicher Länge mittheilen, stehen die Winkelgeschwindigkeiten beider Systeme im umgekehrten Verhältnisse der Lothe, die bezw. auf jede Axe von dem Schnittpunkte der Wirkungslinie mit der durch diese Axe parallel zur anderen gelegten Ebene gefällt werden können.“ Oder auch kürzer: „Die Winkelgeschwindigkeiten zweier rotirenden Systeme stehen im umgekehrten Verhältnisse der Producte der kleinsten Abstände der Wirkungslinie von den Axen in die Sinus der bezüglichen Winkel, die von dieser Wirkungslinie mit denselben Axen gebildet werden.“ *Lp.*

H. LAMB. The basis of statics. Phil. Mag. (5) XV, 187-191†.

Der Verfasser will den Lehren der Statik einige Gesetze der Kinematik vorausschicken und dadurch die Theorie des Gleichgewichts der Körper von dem Gebrauche eines starren Hülfskörpers frei machen, innerhalb dessen der Angriffspunkt einer Kraft auf ihrer Richtung verschiebbar angenommen wird. Statt der bisher gebrauchten „Principien der Statik“ hat man dann nur das „Princip von der geradlinigen und der Winkelbewegung“ nöthig. Nach Ansicht des Referenten ist die Frage unerheblich, wie viele Sätze der Erfahrung man als „Principien“ einführt, da ja doch die Fundamentalbegriffe alle durch die Erfahrung geliefert werden. Man vergleiche hierüber das sehr verständige Werk von Mach, über das S. 170-171 berichtet ist.

Lp.

A. F. Sundell. Das Princip der virtuellen Geschwindigkeiten und damit verwandte Sätze der analytischen Mechanik. ZS. f. Math. XXVIII, 24-30†.

Die Note entwickelt unter Anwendung des Satzes vom Kräftepolygon einen Beweis für das Princip der virtuellen Geschwindigkeiten, indem sie „das betreffende Princip aus nur gegebenen Umständen, d. h. aus der Bedingung, dass die Angriffspunkte der Kräfte gewissen geometrischen Relationen genügen müssen, herleitet.“ Da bei der analytischen Entwickelung so viel neue Bedingungen eingeführt werden, dass das System vollständige Verbindungen besitzt, d. h. die Punkte sich nur auf vorgeschriebenen Curven bewegen können, so erscheint dem Referenten der Beweis nur der Form, nicht dem Wesen nach von dem Beweise verschieden, den z. B. Duhamel's Cours de mécanique giebt. Durch eine ähnliche Schlussweise wird das d'Alembert'sche Princip, unabhängig vom Princip der virtuellen Geschwindigkeiten, gefolgert. Endlich werden in die Formeln für die Principe allgemeinere Coordinaten eingesetzt. *Lp.*

Fouret. Sur une propriété relative à deux systèmes matériels, composés d'un même nombre de points ayant des masses égales chacune à chacune. Bull. soc. math. XI, 53-59†

„Wenn zwei materielle Systeme aus derselben Anzahl von Punkten bestehen, so dass je zwei correspondirende Punkte gleiche Massen besitzen, so ist die Summe der Producte aus den Quadraten der Abstände zweier entsprechenden Punkte in die gemeinsame Masse gleich dem Producte aus dem Quadrate des Abstandes der Schwerpunkte beider Systeme in die Gesammtmasse plus der Summe der Producte der gemeinsamen Masse zweier entsprechenden Punkte in das Quadrat desjenigen neuen

Abstandes beider Punkte, den sie haben würden, falls die Schwerpunkte beider Systeme durch Parallelverschiebung zur Deckung gebracht würden." Aus diesem allgemeinen Satze werden verschiedene bekannte Sätze über Schwerpunkte, Trägheitsmomente und kinetische Energie von Massensystemen abgeleitet.

Lp.

J. DE TILLY. Sur le théorème de Chasles relatif aux axes centraux. Bull. de Belg. (3) V, 401-403†.

Hr. SAUREL hat den Verfasser auf einen Mangel des von ihm 1873 an demselben Orte veröffentlichten elementaren Beweises für die Existenz der Centralaxe aufmerksam gemacht. Die Note giebt eine Abänderung dieses Beweises, welche die Schwierigkeit zu heben bestimmt ist. *Lp.*

SC. CAPPA. Sopra l'equilibrio di un sistema di quattro forze nello spazio. Atti di Torino XVIII, 619-627†.

Die Note zeigt durch sehr einfache geometrische Betrachtungen, dass vier Kräfte, die sich an einem starren Systeme in Gleichgewicht halten, vier Erzeugende derselben Schaar einer geradlinigen Fläche zweiter Ordnung sind, und folgert hieraus den Satz, auf den schon Hr. ZUCCHETTI 1876 in seinem Studio relativo alla statica dei sistemi di forze nello spazio (Atti di Torino XII, 44-54) hinwies: Für ein System von vier im Gleichgewicht befindlichen Kräften, die nicht zu je zweien in einer Ebene liegen, kann man unendlich viele geschlossene Seilpolygone construiren, deren nicht auf einander folgende Ecken paarweise auf zwei Geraden liegen, welche die Richtungslinien aller vier Kräfte schneiden. Der Satz wird dann benutzt, um die Aufgaben zu lösen: Ein System zweier im Raume beliebig gegebener Kräfte in ein äquivalentes System zweier anderen Kräfte zu verwandeln, von denen 1) die eine eine gegebene Richtungslinie hat, 2) die eine nach Grösse, Richtung und Sinn gegeben ist. *Lp.*

Hüppner. Constructionen zur Vereinigung von Kräften im Raume. Civiling. (2) XXXIX, 145-152†.

Im Anschlusse an die Abhandlung von Hrn. Mohr: „Ueber die Zusammensetzung der Kräfte im Raume" (Civiling. XXII, 1876) werden einige Constructionen der Graphostatik ausgeführt, welche zur Vereinigung von Raumkräften benutzt werden können. Obgleich unabhängig von den Mohr'schen Sätzen entstanden, charakterisirt sich der erste Theil als directe Anwendung des von jenem Autor zum Ausgange genommenen Satzes. Der übrige Theil enthält einige Constructionen, die unter Umständen neben den von Hrn. Mohr gegebenen zu benutzen sind. *Lp.*

G. Jung. Sui sistemi privi di baricentro. Rend. Ist. Lomb. (2) XVI, 621-624†.

Hr. Jung beweist folgenden Satz: Wenn ein System von n mit Coefficienten behafteten Punkten indifferent ist, so sind die centralen quadratischen Flächen von allen Gruppen aus je $n-1$ zum Systeme gehörenden Punkten ähnlich und ähnlich liegend. Hr. Reye, dem dieses Theorem von Hrn. Jung mitgetheilt war, sandte diesem den folgenden ähnlichen Satz: Die centralen quadratischen Flächen, die man aus einem gegebenen indifferenten Systeme vermittelst der Hinzunahme eines willkürlichen mit einem beliebigen Coefficienten behafteten Punktes ableiten kann, sind ähnlich und ähnlich liegend. Folgender Satz macht den Beschluss der Note: Ein System S werde so bewegt, dass alle seine Punkte parallele Gerade zu einer gegebenen Richtung r beschreiben. Dann findet man als Ebenen, in Bezug auf welche die statischen und die Trägheitsmomente während der Bewegung ungeändert bleiben: 1) wenn das System schwer ist (Schwerpunkt O), jede Ebene parallel zu r; 2) wenn das System magnetisch ist (Schwerpunkt im Unendlichen auf der z-Axe), jede Ebene parallel zu r und jede Ebene parallel zu z; 3) wenn das System indifferent ist (Schwerpunkt unbestimmt), alle Ebenen des Raumes. *Lp.*

M. GEBBIA. Sugli sforzi interni dei sistemi articolati.
Atti R. Acc. dei Lincei Mem. (3) XIII, 259-273†.

Die Arbeit giebt als Erweiterungen früherer Theoreme des Verfassers die Beweise folgender Sätze:

1) Wenn $a, b, c, \ldots, l$ die Seiten eines beliebigen gegliederten Systems mit überzähligen Linien sind und $a', b', \ldots, l'$ die bezüglichen inneren Kräfte in Folge einer Vertheilung solcher Kräfte, die mit dem inneren Gleichgewicht verträglich sind, so hat man identisch

$$aa'+bb'+cc'+\cdots+ll'=0.$$

2) Es seien

$$a_1, \ldots, a_k, \ldots, a_m$$

die Seiten eines gegliederten Systems mit k überzähligen Linien und

$$a^{(1)}, \ldots, a_k^{(1)}, \ldots, a_m^{(1)}; \;\ldots\; ; a_1^{(k)}, \ldots, a_k^{(k)}, \ldots, a_m^{(k)}$$

die bezüglichen inneren Kräfte in Folge von k verschiedenen Vertheilungen solcher Kräfte, die alle mit dem inneren Gleichgewicht verträglich sind. Es seien ferner

$$F^{(1)}=0, \ldots, F^{(k)}=0$$

k verschiedene Relationen, denen die Längen $a_1, \ldots, a_m$ genügen müssen, und man bilde die beiden Matrices:

$$\begin{vmatrix} a_1^{(1)} & \ldots & a_k^{(1)} & \ldots & a_m^{(1)} \\ \cdot & \ldots & \cdot & \ldots & \cdot \\ \cdot & \ldots & \cdot & \ldots & \cdot \\ a_1^{(k)} & \ldots & a_k^{(k)} & \ldots & a_m^{(k)} \end{vmatrix}, \quad \begin{vmatrix} \frac{\partial F^{(1)}}{\partial a_1} & \ldots & \frac{\partial F^{(1)}}{\partial a_k} & \ldots & \frac{\partial F^{(1)}}{\partial a_m} \\ \cdot & \ldots & \cdot & \ldots & \cdot \\ \cdot & \ldots & \cdot & \ldots & \cdot \\ \frac{\partial F^{(k)}}{\partial a_1} & \ldots & \frac{\partial F^{(k)}}{\partial a_k} & \ldots & \frac{\partial F^{(k)}}{\partial a_m} \end{vmatrix}$$

Dann werden die Determinanten von der Ordnung k aus der einen Matrix den entsprechenden aus der andren proportional sein. Ferner ergiebt sich: Das Virial der äusseren Kräfte ist gleich, aber mit entgegengesetztem Zeichen, demjenigen der inneren. Zuletzt wird ein elementarer Beweis des Satzes von der Minimalarbeit der Deformation aus den aufgestellten Formeln abgeleitet. *Lp.*

Appell. Réduction à la forme canonique des équations d'équilibre d'un fil flexible et inextensible. C. R. XCVI, 688-691†.

Die Note führt die Gleichgewichtsbedingungen für einen Faden auf eine kanonische Form zurück, vermittelst deren man die dynamischen Sätze von Jacobi auf die Gleichgewichtsprobleme eines Fadens anwenden kann, sie fasst also die zerstreuten Bemerkungen über die schon öfter wahrgenommenen Analogien systematisch zusammen. Wegen der Einzelheiten ist die Note selbst nachzulesen. *Lp.*

W. J. C. Sharp. Solution of question 7203. Ed. Times XXXIX, 99†.

Die Gestalt der Schnur eines Drachens, wenn die Windstärke eine Function der Höhe ist, wird durch die Differentialgleichung bestimmt:

$$\{\varphi(y)+c\}\frac{d^2y}{dx^2}+\varphi'(y)\left(\frac{dy}{dx}\right)^2+w\left\{1+\left(\frac{dy}{dx}\right)^2\right\}^{\frac{3}{2}}=0.$$

Die y-Axe ist vertical, die x-Axe horizontal, $\varphi(y)$ giebt die Windstärke in der Höhe y, w das Gewicht der Längeneinheit der Schnur. *Lp.*

F. August. Gleichgewicht eines über eine Fläche gespannten Fadens mit Berücksichtigung der Reibung. Arch. d. Math. LXX, 225-238†.

Ueber diesen Gegenstand ist Genaueres bisher in den Werken über Mechanik nicht angegeben worden. Nach einer kurzen Wiederholung der Lehren über die Gleichgewichtslage eines über eine Fläche gespannten Fadens ohne Reibung werden zuerst hauptsächlich die beiden Fragen untersucht: 1) Wenn die Gestalt des Fadens und die Spannung in jedem Punkte gegeben ist, zu untersuchen, ob der Faden im Gleichgewichte ist. 2) Die äussersten Grenzfälle für die Gleichgewichtszustände unter gewissen Voraussetzungen zu bestimmen. Für die danach folgende Beurtheilung der Art des Gleichgewichts ist der Winkel ψ von Wichtigkeit, den die Hauptnormale der Curve mit der Normale der

Fläche bildet. Die auf der Fläche dadurch definirten Curven, dass ψ constant gleich dem Reibungswinkel $\pm\mu$ ist, grenzen die Flächenstreifen ab, innerhalb deren unendlich viele Gleichgewichtscurven verlaufen. Im letzten Abschnitt werden die Curven ψ = constant untersucht; namentlich für Kugeln und cylindrische Flächen sind sie durch Quadraturen bestimmbar. Zur Charakterisirung des Gleichgewichts wird der Begriff des „zähen" Gleichgewichts eingeführt. Der Verfasser wendet diesen Namen an, wenn das in der Gleichgewichtslage ruhende System durch ein System unendlich kleiner Kräfte nicht in Bewegung gesetzt werden kann, wenn es aber andrerseits auch nicht das Bestreben hat, in jene Lage zurückzukehren, falls es (durch endliche Kräfte) aus jener Lage in eine Nachbarlage gebracht ist. Ehe ein solches zähes Gleichgewicht aufhört, tritt ein Zustand ein, welcher Grenzzustand benannt und dadurch charakterisirt ist, dass sich das System gewissen Bewegungsantrieben gegenüber wie ein zähes verhält, während andere Antriebe, selbst wenn sie beliebig klein sind, eine endliche Bewegung einleiten. *Lp.*

P. PLETTENBERG. Die Gleichgewichtscurve eines rotirenden unelastischen Fadens. Diss. Halle a. S.†

Die Endpunkte C und D des unausdehnbaren unelastischen homogenen Fadens von der Länge $CD = b$ haben von der Rotationsaxe bezw. die Abstände $AC = r_0$ und $BD = r_1$, letztere bilden im Raume den Winkel ψ und haben den kürzesten Abstand $AB = a$ auf der Rotationsaxe. Die Winkelgeschwindigkeit w wird constant vorausgesetzt; von der Einwirkung äusserer Kräfte, wie z. B. der Schwere, wird abgesehen. Umschlingt der Faden AB mehrere Male, so ist ψ grösser als 2π, 4π, etc. zu nehmen.

Die Integration der Differentialgleichungen für die Gleichgewichtslage eines Fadens führt unter diesen Voraussetzungen auf elliptische Integrale. Nach genauer Discussion der von der Beschaffenheit der gegebenen Constanten abhängenden möglichen Fälle werden diese Integrale mit Hülfe der WEIERSTRASS'schen $\wp$-Functionen durch σ Functionen ausgedrückt. Zehn allgemeine

Sätze, die aus der Discussion der Formeln gefolgert werden, führen zu geometrischen Eigenschaften der Gleichgewichtscurve. Endlich werden die Bedingungen für die besonderen Fälle aufgestellt, in denen die Curve eben ist oder zu einer Schraubenlinie wird. *Lp.*

G. Morera. Sull'equilibrio delle superficie flessibili ed inestensibili. Atti R. Acc. dei Lincei Mem. (3) VII, 268-270†.

Ist ein auf eine biegsame und unausdehnbare Fläche einwirkendes Kräftesystem in Gleichgewicht, so lässt sich dieses System auf unendlich viele Arten in zwei andere zerlegen, von denen jedes dieselbe Oberfläche im Gleichgewicht erhält, so dass man mittels der Kräfte eines der beiden Systeme die Oberfläche in unendlich schmale Streifen theilen kann, von denen jeder für sich wie eine Fadencurve in Gleichgewicht ist. *Lp.*

F. Kötter. Ueber das Gleichgewicht biegsamer, unausdehnbarer Flächen. Diss. Halle a. S.†

Die umfassenderen Arbeiten der HHrn. Lecornu (Thèse. 1880. Bericht in Bull. de math. (2) IV_1) und Beltrami (Mem. di Bologna (4) III.), welche die allgemeine Aufgabe behandelt und insbesondre ihren Zusammenhang mit der Theorie der Biegung der Flächen hervorgehoben haben, sind dem Verfasser unbekannt gewesen, so dass er bei der Abfassung den analytischen Ansatz der Aufgabe selber zu suchen genöthigt war.

Die Untersuchung ist auf solche homogenen Flächenstücke beschränkt, die ursprünglich eben waren und die in der Ebene ein derartiges gemischtliniges Viereck bilden, dass zwei Gegenseiten (die nachher als starre Aufhängelinien benutzt werden) gerade, die beiden anderen beliebige Curvenbogen sind. Ferner ist als äussere einwirkende Kraft nur die Schwere angenommen.

Von den vier Abschnitten sind der erste und der letzte der Aufsuchung allgemeiner Eigenschaften für die eine abwickelbare Fläche darstellende Gleichgewichtslage gewidmet. Ein besondres Gewicht legt der Verfasser auf folgenden Satz: Zerschneidet man die Gleichgewichtsfläche durch ihre auf einander folgenden geraden Erzeugenden in Elementarstreifen, so bilden die Schwerpunkte derselben eine ebene Kettenlinie, deren Punkte mit den Massen der Flächenstreifen besetzt sind.

In den Abschnitten II und III werden für gegebene Flächenstücke die Gleichgewichtslagen ermittelt. Abschnitt II: Nimmt man in dem oben beschriebenen Flächenstück die eine (krumme) Seite gleich Null, so erhält man einen ebenen Sector, dessen begrenzende Geraden die starren Aufhängelinien bilden. Ist dann die den Sector schliessende Linie ebenfalls gerade, oder aber ein Kreisbogen, dessen Centrum im Schnitt der festen Geraden liegt, so hängt die völlige Lösung der Aufgabe von elliptischen Functionen ab, die Hr. F. Kötter in der Weierstrass'schen Form anwendet. Abschnitt III entwickelt die Bedingungen dafür, dass die Gleichgewichtslage eine Cylinderfläche ist. *Lp.*

Wolstenholme. Solution of question 7307. Ed. Times XXXIX, 105-106†.

Es seien MA, MB, MC die Hauptträgheitsmomente eines Körpers von der Masse M in Bezug auf die Hauptaxe des Centralellipsoids. Vertheilt man dann die Gesammtmasse M auf die vier Ecken eines Maximaltetraeders, das dem Ellipsoide

$$\frac{x^2}{B+C-A}+\frac{y^2}{C+A-B}+\frac{z^2}{A+B-C}=\frac{3}{2}$$

einschreibbar ist (so dass also jede Ecke die Masse $\frac{1}{4}M$ erhält), so kann der Körper kinetisch durch diese vier Punkte vertreten werden. *Lp.*

Georges Dostor. Les moments d'inertie polaires du triangle par rapport à ses points remarquables. Nouv. Ann. (3) II, 469-471†.

Ausdrücke für die im Titel bezeichneten Trägheitsmomente durch die drei Seiten und die Radien der ein- und umgeschriebenen Kreise. *Lp.*

F. Siacci. Teorema fondamentale nella teoria delle equazioni canoniche del moto. Atti R. Acc. dei Lincei Mem. (3) XII, 423-436. 1882†.

Der Verfasser geht von der Ueberlegung aus, wie die ganze Dynamik in einer Differentialgleichung eingeschlossen liege, so könne man sich ein solches allgemeines analytisches Theorem denken, welches, auf diese Gleichung angewandt, die Lösungen aller Bewegungsaufgaben nach Art von Zusätzen erzeuge. In Ermangelung eines solchen, zu dem man vielleicht nie gelangen würde, wolle er einen Zweig in dieser Weise bearbeiten. Der von ihm an die Spitze gestellte Satz lautet: „Wenn n Gleichungen zwischen den Variablen $x_1, y_1, x_2, y_2, \ldots, x_n, y_n$ in Bezug auf n von diesen gelöst, die Relation erfüllen:

$$(f) \qquad \Sigma_r (dy_r\,\delta x_r - \delta y_r\,dx_r) = 0, \qquad (r = 1, 2, \ldots, n),$$

so können die n Gleichungen stets in die Form gesetzt werden:

$$(s) \qquad y_r = \frac{\partial \varphi}{\partial x_r} + \lambda_1 \frac{\partial \psi_1}{\partial x_r} + \lambda_2 \frac{\partial \psi_2}{\partial x_r} + \cdots + \lambda_k \frac{\partial \psi_k}{\partial x_k},$$

wo $\varphi, \psi_1, \psi_2, \ldots, \psi_k$ Functionen der x_i sind, und $\lambda_1, \lambda_2, \ldots, \lambda_k$ so bestimmt vorausgesetzt werden, dass die (s) die Gleichungen erfüllen:

$$\psi_1 = 0, \; \psi_2 = 0, \ldots, \psi_k = 0.\text{“}$$

Dieser (im Hinblick auf den, von diesem natürlich ganz verschiedenen, Jacobi'schen Fundamentalsatz) Fundamentaltheorem genannte und bewiesene Satz wird nun vom Verfasser benutzt, die Gleichungen der virtuellen Bewegungen in eine Form zu bringen, die zu (f) analog ist und von ihm Fundamentalform genannt wird. Durch eine andere ähnliche Transformation wird sofort zum Satze von der charakteristischen Function und zu den Gleichungen der gestörten Bewegung übergegangen. Endlich werden die Beziehungen aufgesucht zwischen verschiedenen Systemen von kanonischen Variabeln; unter ihnen ist der Jacobi'sche Fundamentalsatz enthalten. *Lp.*

N. UMOFF. 1. Theorie unendlich kleiner Schwingungen eines conservativen Systems um die stabile Gleichgewichtslage.

2. Schwingungen eines Systems, welches einen Grad von Freiheit besitzt. Mittönen und Absorption. Odessa 1883 (russisch, nach einem Referat des Verfassers).

Beide Abhandlungen sind Bearbeitungen von Vorlesungen über mathematische Physik.

Die erste Abhandlung enthält eine vollständige Theorie der Schwingungen eines conservativen Systems. Zuerst wird ausführlich der Fall betrachtet, dass die Determinante der Differentialgleichungen der Bewegung multiple Wurzeln besitzt (WEIERSTRASS 1858 und 1879, SOMOFF 1859 und ROUTH 1877). Die Abhängigkeit der Multiplicität der Wurzeln der Unterdeterminanten von der Multiplicität der Wurzeln der Hauptdeterminante wird abgeleitet unter Zugrundelegung der WEIERSTRASS'schen Methode. Auf eine ganz selbstständige Weise werden die allgemeinen Integrale der Bewegungsgleichungen mit der gehörigen Anzahl von Constanten für jenen Fall gleicher Wurzeln aufgesucht. Wegen des Näheren muss auf das Original verwiesen werden.

In der zweiten Arbeit werden die Schwingungen eines Systems, welches einen Grad von Freiheit besitzt, unter Berücksichtigung der Reibung und der Einwirkung äusserer Kräfte, untersucht. Unter Anderem weist Hr. UMOFF auf die Bedingungen hin, unter welchen es gestattet ist, Schlüsse, die sich auf ein System, welches einen Grad von Freiheit besitzt, beziehen, auf ein solches System anzuwenden, welches aus vielen materiellen Punkten besteht. Wird der Ausdruck für die potentielle Energie eines Systems erster Art nach wachsenden Potenzen der unabhängigen Coordinate entwickelt und begnügt man sich mit einer endlichen Anzahl von Gliedern, so ist zu bemerken, dass die Anwesenheit ungerader Potenzen nur möglich ist für ein asymmetrisches System. Es ist daher die Anwendung der für solche Systeme erhaltenen Resultate bezüglich isotroper Körper unrichtig und die von DE ST. VENANT (C. R. LXXXIII. 1876) gegebene Erklärung der calorischen Ausdehnung unhaltbar.

Eine Anwendung jener Resultate ist dagegen wohl möglich bezüglich der Bewegung materieller Punkte in der Nähe der Oberfläche eines Körpers oder bezüglich der Bewegung eines solchen Systems, welches aus einer begrenzten Anzahl materieller Punkte besteht, z. B. eines Molecüles.

Durch derartige Anwendungen gelangt der Autor zu folgenden Resultaten:

Wenn die Theilchen eines Körpers in Schwingungen gerathen, ändert sich die Dichte der Oberflächenschicht.

Der Schwingungszustand eines Molecüles bringt eine Aenderung seines Volumens mit sich.

Eine äussere constante Kraft und überhaupt eine Dehnung vergrössern die Energie der natürlichen Schwingungen eines asymmetrischen Systems.

Anwendungen des Obigen führen Hrn. Umoff zu bestimmten Schlüssen bezüglich der Absorptionsstreifen im Spectrum von Dämpfen und Lösungen solcher Körper, deren Molecüle einen asymmetrischen Bau haben.

Zum Schluss zeigt Hr. Umoff, dass die von einem System absorbirte Energie während der Zeit t durch

$$\int_0^t (mV\psi' - 2a\psi'^2)\,dt$$

ausgedrückt wird, wo V die äussere Kraft, ψ' der Differentialquotient der unabhängigen Coordinate nach der Zeit ist. Dieser Ausdruck wird für mehrere Specialfälle genauer untersucht.

O. Chw.

D. Bobyleff. Ueber einige Probleme der Bewegung starrer Systeme im widerstehenden Mittel.

J. d. russ. chem.-phys. Ges. [2] XV, 109.

1. Ein starres System materieller Punkte ist Kräften ausgesetzt, deren Drehungsmoment in Bezug auf den Massenmittelpunkt Null ist; der Widerstand des Mittels gegen die Bewegung ist für jeden Punkt kmv, wo k für alle Massenpunkte gleichen Werth hat. In diesem Falle findet die Drehbewegung des Systems um den Massenmittelpunkt so statt, dass das Hauptmoment der Be-

wegungsquantitäten K bei unveränderter Richtung nach dem Gesetze

$$K = K_0 e^{-kt},$$

und die lebendige Kraft T der Drehung nach dem Gesetze

$$T = T_0 e^{-2kt}$$

abnimmt.

2. Ein massiver fester Rotationskörper rotirt um seinen unbeweglichen Massenmittelpunkt. Die Symmetrieaxe der Oberfläche ist zugleich Symmetrieaxe der Massenvertheilung. Aeussere Kräfte sind nicht vorhanden. Der Widerstand des Mittels ist an jedem Flächenelement σ, dessen Bewegungsrichtung mit der äusseren Normale einen spitzen Winkel bildet, proportional der Projection dieser Geschwindigkeit auf diese Normale und hat die Richtung der inneren Normale.

In diesem Falle ist die Projection der Winkelgeschwindigkeit auf die Symmetrieaxe constant; die Projection auf die Aequatorebene nimmt nach dem Gesetze

$$\sqrt{p^2+q^2} = \sqrt{p_0^2+q_0^2}\, e^{-kt}$$

ab. Die Symmetrieaxe beschreibt eine konische Spiralfläche und nähert sich asymptotisch einer constanten Richtung.

O. Chw.

A. de Saint-Germain. Étude sur le mouvement d'un point pesant. Nouv. Ann. (3) II, 542-554†.

In einer 1862 im Liouville'schen Journale erschienenen Arbeit hat Bour den Satz ausgesprochen: Wenn man die Erdanziehung nach Grösse und Richtung als constant ansieht, so scheint ein schwerer Punkt sich für uns auf einer Parabel zu bewegen, die sich gleichförmig um eine Axe dreht. Hr. Resal hat dieses Resultat 1872 in den Nouvelles Annales bestritten (Fortschr. d. Math. 1872. IV, 474). Jetzt zeigt jedoch Hr. de Saint-Germain, dass die Formeln des Verfassers der Mécanique générale genau zu diesem Satze führen. Macht man ferner über die Centrifugalkraft dieselbe angenäherte Voraussetzung der Constanz nach Grösse und Richtung, so folgt, dass der Punkt sich auf einer Parabel bewegt, die ihrerseits eine kreisförmige Translation um eine Parallele zur Weltaxe besitzt. Es wird weiter gezeigt, dass unter den genannten Voraussetzungen die berechnete Südabweichung eines frei fallenden Punktes gegen die von Reich beobachtete zu klein ist. Um eine grössere zu erhalten, nimmt der Verfasser die Erde als homogenes Ellipsoid an und findet durch Reihenentwickelungen den angenäherten Werth $\frac{11}{8}\frac{\omega^2 h^2}{g}\sin 2\varphi$, der zwar grösser ist als unter den ersten Voraussetzungen, aber immer noch viel zu klein, um die von Reich gefundene Südabweichung zu erklären. In Bezug auf den letzten Theil der Arbeit ist auf die viel früher (1869) erschienene Programmabhandlung des Hrn. Bertram zu verweisen, der dasselbe Thema unter gleicher Voraussetzung ausführlich bearbeitet hat. *Lp.*

E. Steffenhagen. Ein mechanisches Problem. Progr. Stettin†.

Auf einer verticalen Geraden, um die sich eine Ebene mit constanter Winkelgeschwindigkeit ω dreht, befindet sich ein fester Punkt O, der einem in der Ebene frei beweglichen schweren Punkt P eine nach O gerichtete, der Entfernung $OP = r$ proportionale Beschleunigung $\lambda^2 r$ ertheilt; die Bewegung von P ist zu untersuchen. Es sei O der Coordinatenanfang, die Rotationsaxe die der Schwere entgegengesetzt gerichtete η-Axe, die ξ-Axe senkrecht zu ihr in der rotirenden Ebene, dann sind die Differentialgleichungen der Bewegung innerhalb der Ebene:

$$\frac{d^2\xi}{dt^2} = (\omega^2 - \lambda^2)\xi, \quad \frac{d^2\eta}{dt^2} = -\lambda^2\left(\frac{g}{\lambda^2} + \eta\right).$$

Nimmt man daher eine neue ξ-Axe im Abstande $\frac{-g}{\lambda^2}$ von der alten an, so sind die beiden Beschleunigungen parallel zu den neuen Axen proportional den Coordinaten. Damit ist die Aufgabe auf bekannte Grundaufgaben zurückgeführt. Der Verfasser, der diese Bemerkung nicht gemacht hat, entwickelt für mehrere Specialfälle und den allgemeinen Fall die Lösungen und giebt auch für einige Zahlwerthe der Constanten Abbildungen der Bahncurven, unterlässt es aber zu bemerken, dass manche als Resultanten zweier harmonischen Bewegungen ($\omega^2-\lambda^2<0$) unter dem Namen der LISSAJOUS'schen Curven bekannt sind. Die absolute Bewegung im Raume ist natürlich aus der in der Ebene leicht zu finden. *Lp.*

H. RESAL. Sur la théorie des tautochrones. Nouv. Ann. (3) II, 481-493†.

Besitzt die bewegende Kraft ein Potential $f(\chi)$ einer Variablen χ, die im Anfangspunkte A_0 des Bogens s den Werth χ_0, im Endpunkte A_1 den Werth χ_1 besitzt, so ist die zur Durchlaufung des Bogens A_0A_1 nöthige Zeit τ:

$$\tau = \frac{1}{\sqrt{2}}\int_{\chi_1}^{\chi_0} \frac{ds}{d\chi}\cdot\frac{d\chi}{\sqrt{f(\chi_0)-f(\chi)}}.$$

Setzt man

$$f(\chi_0)-f(\chi_1) = h,\quad f(\chi)-f(\chi_1) = x,\quad ds = \varphi(x)dx,$$

so wird

$$\tau = \frac{1}{\sqrt{2}}\int_0^h \frac{\varphi(x)dx}{\sqrt{h-x}}.$$

Die nothwendige Bedingung, dass dieses Integral von h unabhängig sei, ist $\varphi(x) = \frac{C}{\sqrt{x}}$, oder $s = 2C\sqrt{f(\chi)-f(\chi_1)}$, woraus $\tau\sqrt{2} = \pi C$ folgt.

Hr. RESAL führt die Erfindung dieser von ihm selbst in seinem Traité de mécanique générale I, 84 benutzten Methode zur Behandlung der Tautochronen auf PUISEUX zurück (LIOUV. J. IX. 1844), nach dessen Vorgang die Rechnung für den Fall der Schwerkraft auch in STURM's Cours de Mécanique durchgeführt ist. Ausser diesem Beispiele wird nun die ebene Tautochrone für eine der Entfernung proportionale centrale Kraft behandelt, die zuerst anziehend, dann abstossend vorausgesetzt wird. Zuletzt wird gezeigt, auf welche Weise die Tautochrone in einem Mittel, dessen Widerstand dem Quadrate der Geschwindigkeit proportional, also gleich kv^2 ist, nach der nämlichen Methode erhalten werden kann. *Lp.*

F. Amodeo. Sopra alcune proprietà del moto tautocrono di un punto lungo una curva scabra o in un mezzo resistente. Rend. di Napoli XXII, 175-190†.

— — Monografia delle curve tautocrone. Avellino: Tulimiero e C†.

Ueber die erste Abhandlung, die in das zweite selbständige Werk fast wörtlich einverleibt ist, braucht nicht besonders referirt zu werden.

Eine historische Skizze über das Thema, welche die bekannte Arbeit von C. Ohrtmann „Das Problem der Tautochronen" ergänzt und bis auf die letzten Jahre weiterführt, charakterisirt auf 13 Seiten der Monographie die verschiedenen Gesichtspunkte, unter denen die Frage im Laufe der Zeit behandelt worden ist. Für den Fall, bei welchem die Zeit des Durchlaufens eines Curvenbogens gleich einer gegebenen Function dieses Bogens ist, wird der Name „hypertautochrone" Bewegung eingeführt.

Es folgt auf S. 15-18 eine nach den Autoren alphabetisch geordnete Bibliographie der einschlägigen Arbeiten; Referent vermisst hier: „J. W. H. Lehmann, Theorie der Cykloide als Tautochrona." Crelle J. VI, 49-66.

Die Theorie der tautochronen Curven wird in fünf Paragraphen entwickelt.

Im § 1 (S. 19-41) wird die Tautochrone im leeren Raume behandelt. Die Methode, welche auch in den späteren Abschnitten fast durchweg festgehalten wird, ist die, jede Aufgabe auf den Satz zurückzuführen: Das Integral $\int_0^l \frac{\varphi'(u)\,du}{\sqrt{l-u}}$ ist von l unabhängig, wenn $\varphi'(u).\sqrt{u} = c$ ist. (Man vergleiche das vorangehende Referat über die Arbeit des Hrn. Resal, der diese Methode dem Puiseux zuschreibt). Indessen werden auch die einfachen Schlüsse mitgetheilt, durch welche Newton mehrere der bezüglichen Aufgaben auf die Bewegung eines Punktes reducirt hat, auf den eine der Entfernung proportionale centrale Kraft einwirkt.

Von den besonderen Fällen werden zuerst diejenigen bei constant gerichteter Kraft, sodann die bei centraler Kraft unter verschiedenen Annahmen über das Gesetz der Intensität vorgeführt. Der Paragraph schliesst mit der Betrachtung der isochronen Curven.

Der zweite Abschnitt giebt (S. 42-56) die Theorie der reibungslosen Tautochronen in einem widerstehenden Mittel. Nach dem Beweise des Satzes, dass jede im leeren Raume tautochrone Curve auch in einem Medium tautochron bleibt, dessen Widerstand der Geschwindigkeit proportional ist, folgt die Untersuchung der Tautochrone in einem Mittel, dessen Widerstand dem Quadrate der Geschwindigkeit proportional ist. (Von hier an stimmt die „Monographie" im Wesentlichen mit der ersten in der Ueberschrift genannten Abhandlung überein). Die allgemeine Gleichung der Curve zwischen dem variablen Bogen s und der Tangentialcomponente F_t der gegebenen Kraft wird entwickelt und auf die beiden Fälle einer Kraft von constanter Richtung und einer centralen Kraft angewandt. Die Beziehung zwischen dem ab- und aufsteigenden Aste der Tautochrone und der Isochrone, deren Theile nicht tautochron sind, wird ausführlich untersucht. In einer Schlussnummer des Paragraphen wird endlich der Satz bewiesen: „Jede Tautochrone in einem Mittel, dessen Widerstand dem Quadrate der Geschwindigkeit proportional ist, bleibt auch tautochron, wenn dieser Widerstand um ein der Geschwindigkeit proportionales Glied vermehrt wird."

Der dritte Paragraph behandelt (S. 56-61) die mit Reibung behaftete Tautochrone zunächst im widerstandslosen Mittel bei parallel gerichteten und bei centralen Kräften, sodann auch im widerstehenden Mittel.

Der vierte Abschnitt (S. 61-69) bespricht die allgemeine Gleichung der tangentialen Kraft, die geeignet ist, eine tautochrone oder hypertautochrone Bewegung zu erzeugen und geht unter Berücksichtigung der früheren Arbeiten von LAGRANGE, FONTAINE, BERTRAND besonders auf die durch Hrn. BRIOSCHI hierüber angestellten Untersuchungen ein. (Man vergleiche jedoch das folgende Referat über die Note des Hrn. FORMENTI). In den Anwendungen der beiden Formeln wird zuerst der Widerstand des Mittels als eine beliebige Function der Geschwindigkeit angenommen, dann aber die Rechnung für einen der ersten Potenz derselben proportionalen Widerstand durchgeführt.

Im fünften Paragraphen endlich (S. 70-74) wird die Theorie des Hypertautochronismus unter den verschiedenen Voraussetzungen wie beim Tautochronismus allgemein entwickelt. *Lp.*

C. Formenti. Espressione generale di Lagrange della forza atta a produrre un movimento tautocrono.
Rend. Lomb. Ist. (2) XVI, 927-936†.

Ausser demjenigen Ausdrucke von Lagrange für die beschleunigende Kraft p bei der tautochronen Bewegung, der bis in die Neuzeit wiederholte Controversen veranlasst hat:

$$(1) \quad p = \frac{u^2}{\xi}\left(\varphi\left(\frac{u}{\xi}\right) - \frac{d\xi}{dx}\right)$$

(u Geschwindigkeit, x der noch zu durchlaufende Bogen, ξ eine beliebige Function von x), und der als nicht allgemein gültig erkannt ist, findet sich in den Abhandlungen der Berl. Akademie ein anderer von Lagrange am 30. April 1767 in folgender Form mitgetheilter:

$$(2) \quad p = \frac{Nu}{M} - \frac{1}{MY},$$

worin N, M, Y Functionen von x und u sind. Hr. Formenti macht darauf aufmerksam, dass dieser zweite Ausdruck bisher (u. a. von Ohrtmann und neuerdings von Amodeo) übersehen ist, dass er aber gerade der allgemeine ist. Lagrange selbst scheint durch eine fehlerhafte Reduction von (2) auf (1) dieses Uebersehen verschuldet zu haben. Die beiden Beweise von Lagrange für (2) werden reproducirt, ausserdem ein dritter von d'Alembert. Ferner wird der Zusammenhang von (2) mit den Ausdrücken beleuchtet, die Hr. Brioschi in seinen Arbeiten über Tautochronismus gegeben hat. Endlich vertheidigt sich Hr. Formenti gegen den Vorwurf der Ungenauigkeit, den Hr. Amodeo in der Monographie über die Tautochronen (s. d. vorangehende Referat) gegen eine Schlussweise des Hrn. Formenti in einer den gleichen Gegenstand behandelnden Note von 1880 (Rend. Ist. Lomb. (2) XIII, 266-281) erhoben hat. *Lp.*

D. BESSO. Sulla durata dell' oscillazione del pendolo semplice circolare. Ann. Ist. Tecn. 1-6†.

Elementare Behandlung des im Titel bezeichneten Themas. Mit Hülfe des zunächst bewiesenen Lehrsatzes: „Wenn die positive ganze Zahl n unendlich wird, so hat die Summe

$$\frac{1}{\sqrt{n^2-1^2}}+\frac{1}{\sqrt{n^2-2^2}}+\frac{1}{\sqrt{n^2-3^2}}+\cdots+\frac{1}{\sqrt{n^2-(n-1)^2}}$$

$\frac{1}{2}\pi$ zur Grenze" wird ein Grenzwerth für die Differenz $T-\pi\sqrt{\frac{l}{g}}$ aufgesucht, wo T die Schwingungsdauer, l die Länge des mathematischen Pendels bezeichnet. Ist der Ausschlag $2\alpha < 96^0$, so wird die Differenz kleiner als $\frac{1}{8}\alpha^2\pi\sqrt{\frac{l}{g}}$ gefunden.

Lp.

J. BOTH. Ueber die Bewegung eines Pendels mit beweglichem Aufhängepunkt. Progr. Gymn. Jever†.

Untersuchung der Schwingungen eines mathematischen Pendels, dessen Aufhängepunkt sich auf einer gegebenen festen Horizontallinie ohne Reibung bewegen kann. *Lp.*

J. W. L. GLAISHER. Note on the time of descent down the arc of a vertical parabola. Quart. J. XIX, 141-145†.

Die positive x-Axe sei vertical nach oben gerichtet, die Gleichung der Parabel $y^2 = 4ax$. Setzt man $x = h\cos^2\varphi$, so ist die Zeit t, welche ein Punkt braucht, um auf der Parabel von der Höhe $x = h$, wo er die Geschwindigkeit Null hat, bis zur Höhe x hinabzugleiten, durch das elliptische Integral zweiter Gattung ausgedrückt:

$$t = \sqrt{\frac{2(a+h)}{g}}\int_0^{\varphi_0} d\varphi \sqrt{1-\frac{h}{a+h}\sin^2\varphi},$$

wo

$$\varphi_0 = \arccos\sqrt{\frac{x}{h}}.$$

Im Arch. d. Math. XI, 88-94 hat Dienger für dieselbe Zeit einen fehlerhaften Ausdruck aufgestellt. Nach Berichtigung eines bei der Auswerthung eines elliptischen Integrals dort begangenen Fehlers giebt Hr. Glaisher auch noch die Zeit t für den Fall eines auf der Parabel mit vertical abwärts gerichteter Hauptaxe gleitenden Punktes, wenn die Geschwindigkeit im Scheitel c ist. Setzt man hier $x = c\,\mathrm{ctg}^2\varphi$, so wird

$$t = \sqrt{\frac{2}{g}}\int_0^{\varphi_0} d\varphi \sqrt{a\cos^2\varphi + c\sin^2\varphi},$$

wo

$$\varphi_0 = \mathrm{arc\,tg}\sqrt{\frac{c}{x}}.$$

Lp.

Reisky. Ueber den Einfluss der Schwungkraft auf die Bewegung eines schweren in einer rotirenden Parabel befindlichen Atoms. Progr. Gymn. Sagan†.

Die positive z-Axe sei vertical nach oben gerichtet, die Gleichung der Parabel $x^2 = 2pz$; die Parabel rotire um ihre Hauptaxe mit der constanten Winkelgeschwindigkeit w; für $z = h$ sei die Geschwindigkeit v gleich Null. Man findet sofort

$$v^2 = 2w^2\left(\frac{g}{w^2} - p\right)(h-z).$$

Da nun für die ruhende Parabel $v^2 = 2g(h-z)$ ist, so kann hieraus sofort geschlossen werden, dass die Lösung des hier behandelten Falles aus dem der ruhenden Parabel (s. den vorangehenden Bericht) abgeleitet werden kann, wenn man g mit $w^2\left(\frac{g}{w^2} - p\right)$ vertauscht. Der Verfasser, der diese Bemerkung nicht gemacht hat, behandelt die Aufgabe als selbständige weiter und führt für die beiden zu unterscheidenden Fälle $pw^2 > g$ und $pw^2 < g$ den Ausdruck von t nach zwei verschiedenen Methoden auf die Normalformen der elliptischen Integrale und auf θ-Functionen zurück.

Lp.

Borgwardt. Ueber die relative Bewegung eines materiellen Punktes auf einer Kugeloberfläche. Progr. Gymn. Neustettin†.

„Es rotire eine Ebene um eine verticale Axe mit constanter Winkelgeschwindigkeit w; in dieser Ebene bewege sich ein materieller Punkt mit der Masse gleich 1, welcher der Bedingung unterworfen ist, dass er auf einer Kugeloberfläche mit dem Radius gleich r verbleiben soll, deren Mittelpunkt in der Rotationsaxe liegt. Es soll das relative Bewegungsgesetz des Punktes bestimmt werden.“ Der Ausdruck für die Zeit ergiebt sich als ein elliptisches Integral erster Gattung, dessen Reduction auf die Normalform und weitere Behandlung je nach den gegebenen Constanten auf zwei wesentlich unterschiedene Fälle führt. Ueber die Bedeutung der Aufgabe spricht sich der Verfasser am Schlusse wie folgt aus: „Die soeben beschriebene Bewegung haben wir bei dem Watt'schen Centrifugalregulator, abgesehen davon, dass daselbst zwei symmetrische Hälften sind.... Ersetzen wir die massiven Arme und Kugeln des Regulators durch mathematische Linien und materielle Punkte, so haben wir in der behandelten Aufgabe die Theorie für die Bewegung derselben.“ *Lp.*

W. R. W. Roberts. On the motion of a particle on the surface of an ellipsoid. Proc. Lond. Math. Soc. XIV, 230-235†.

Es seien μ und ν die primären Axen der durch den betrachteten Punkt gehenden beiden confocalen Oberflächen, so wird gezeigt: Wenn

$$d\sigma = \sqrt{\frac{(\mu^2-\nu^2)(a^2-\mu^2)}{(\mu^2-h^2)(k^2-\mu^2)}}\,d\mu,\quad d\sigma' = \sqrt{\frac{(\mu^2-\nu^2)(a^2-\nu^2)}{(h^2-\nu^2)(k^2-\nu^2)}}\,d\nu$$

gesetzt ist, und wenn v^2 die Form hat

$$v^2 = \frac{\Phi(\mu)+\Psi(\nu)}{\mu^2-\nu^2},$$

wo $\Phi(\mu)$ und $\Psi(\nu)$ ausser den Variabeln μ und ν noch die Anfangscoordinaten μ' und ν' nebst der Anfangsgeschwindigkeit β enthalten, so ist die Differentialgleichung der Bewegung:

$$\frac{d\sigma}{\sqrt{\Phi(\mu)-C}} \pm \frac{d\sigma'}{\sqrt{\Psi(\nu)+C}} = 0.$$

Eine Reihe von Beispielen, in denen die Voraussetzung über v^2 erfüllt ist, wird danach behandelt, besonders wenn die Bahncurve eine Krümmungslinie des Ellipsoids ist. *Lp.*

ZÜGE. Bewegung eines schweren Punktes auf einem Rotationsparaboloid. Arch. d. Math. LXX, 58-74†.

Die Aufgabe der Bewegung eines schweren Punktes auf einem Rotationsparaboloide, dessen Rotationsaxe senkrecht aufwärts gerichtet ist, führt auf elliptische Integrale. Die vorliegende Arbeit giebt die vollständige Durchführung aller nöthigen Rechnungen und fasst das Resultat wie folgt zusammen (S. 71):

Ein schwerer Punkt auf einem Rotationsparaboloide mit verticaler Axe schwingt zwischen den Peripherien zweier Kreisschnitte hin und her. Innerhalb einer bestimmten Periode wird dieselbe Höhe wieder erlangt und dieselbe Verticalgeschwindigkeit. Eine durch den Punkt und die Rotationsaxe gelegte Ebene bewegt sich mit zunehmender Geschwindigkeit beim Hinabfallen, mit abnehmender beim Steigen des Punktes immer in derselben Drehungsrichtung. In gleichen Zeiten vor und nach Erreichen der tiefsten Stelle werden gleiche Wege zurückgelegt. Die Bahn des Punktes besteht aus lauter congruenten Theilen, den Wegen zwischen je einer ganzen Schwingung, jeder solcher Weg besteht wiederum aus zwei congruenten Theilen. In gewissen Fällen kann die Bewegung auf einem Kreise oder einer Parabel stattfinden.

Zum Schlusse wird ein Zahlenbeispiel vollständig durchgerechnet. *Lp.*

FR. ROTH. Die Trägheitsbahn auf der Erdoberfläche. Progr. Bügersch. Buxtehude 1882; [ZS. f. Met. XVIII, 140-144†.

Nach dem Bericht in der ZS. f. Met. zerfällt die Programmabhandlung in drei Abschnitte. Im ersten wird die dem Verfasser bekannte Litteratur bis zu den Arbeiten von SPRUNG besprochen.

Der zweite bringt die nähere Ausführung eines im XVI. Bande der Zeitschrift für Meteorologie vom Verfasser veröffentlichten Aufsatzes „Beitrag zur SPRUNG'schen Trägheitscurve.“ Der dritte endlich behandelt die Aufgabe: Welches ist die Bahn eines freien Theilchens in Beziehung zu der sich drehenden Erdkugel, wenn es gezwungen ist, auf deren Oberfläche zu bleiben, aber ohne Reibung auf derselben hingleitet, und ohne dass längs der Kugelfläche solche Kräfte wirken, die auch bestehen bleiben würden, wenn man die Bewegung auf feststehende Axen bezöge?

Die gefundene Trägheitsbahn beschreibt der Verfasser wie folgt. Sie ist ein gleichmässig durchlaufener Hauptkreis, der zugleich mit unveränderter Geschwindigkeit in einem Tage von *E* nach *W* um die Erdaxe sich herumbewegt. Näher als an denjenigen Stellen dieses Kreises, wo ein vom Pol aus senkrecht gelegter Bogen eines Längenkreises auftritt, kann das bewegte Theilchen den Polen niemals kommen. *Lp.*

H. BRUNS. Die Trägheitsbahn auf der Erdoberfläche. Ann. d. Math. XXII, 296-298†.

Während man bisher in den betreffenden Arbeiten (s. den vorstehenden Bericht) die Erdoberfläche als vollkommen glatt vorausgesetzt hat, die Aufgabe also „als blosse Rechenübung“ und nicht „zur besseren Einsicht in meteorologische Vorgänge“ hat verwerthen können, werden durch Hrn. BRUNS die Differentialgleichungen mit Hülfe des Potentials V für die Gravitation, Q für die Schwungkraft und der Componenten der Reibung aufgestellt. Von den hieraus gezogenen Folgerungen sei nur erwähnt, dass, wenn die Erde als Rotationskörper vorausgesetzt wird, die von der Erdrotation verursachte Azimutdrehung völlig unabhängig von der Reibung ist. *Lp.*

E. TÖPLER. Zwei materielle Punkte M und M' mit den Massen m und m' befinden sich auf einer Kreislinie und sind in derselben frei beweglich; sie stossen sich gegenseitig ab mit einer Kraft, die direct ihren Massen und umgekehrt proportional dem Quadrat ihrer Entfernung *MM'* ist. Wie bewegen sich dieselben?

Progr. Realsch. Grossenhain†.

Zuerst wird der Fall behandelt, wo die beiden Punkte keine Anfangsgeschwindigkeit haben. Der Ausdruck für die Zeit wird ein elliptisches Integral dritter Gattung. Dasselbe wird in die Jacobi'sche Form umgesetzt, und mit Hülfe der aufgestellten Formeln wird die Lösung genau discutirt. Auf den letzten drei Seiten wird auch der Fall besprochen, wo die beiden Punkte beliebige Anfangsgeschwindigkeiten besitzen. *Lp.*

M. Luxenberg. Ueber das zweigliedrige Pendel.

ZS. f. Math. XXVIII, 309-315†.

Der Ausdruck „zweigliedriges Pendel" für ein System zweier mathematischen Pendel, von denen das eine einen festen Aufhängepunkt besitzt, während der Aufhängepunkt des zweiten durch den schweren Punkt des ersten gebildet ist, wird auf L. Euler und D. Bernoulli zurückgeführt, welche dieses Pendel für den Fall ebener Schwingungen behandelt haben. Hr. Resal hat die Aufgabe mit derselben Beschränkung 1876 (s. diese Berichte 1876. XXXII, 153) anscheinend ohne Kenntniss dieser älteren Arbeiten behandelt. Hr. Luxenberg untersucht die räumlichen Schwingungen eines solchen zweigliedrigen Pendels für den Fall unendlich kleiner Ausschläge, wobei also die in der Richtung der Schwerkraft genommene Coordinate beider materiellen Punkte als constant angesehen wird. Unter dieser Voraussetzung werden die Differentialgleichungen der Bewegung leicht integrirbar, und die Pendelbahnen erweisen sich als Curven, die man nach der Art der Lissajous'schen Figuren erhält, wenn man einen Lichtstrahl nach einander von vier schwingenden Stimmgabeln reflectiren lässt, von denen je zwei gleiche Schwingungsdauer haben. Uebrigens hat schon Hr. Jackwitz vor der eben besprochenen Arbeit den Fall räumlicher Schwingungen eingehend untersucht. Prog. Posen; s. Jahrb. d. Math. 1881. XIII, 707-708). *Lp.*

H. Resal. Remarques relatives au problème dit des deux chaînes, proposé par M. Piarron de Mondésir. C. R. XCVII, 1239-1242†.

Hr. de Mondésir hatte der Akademie am 22. October 1883 eine Note übergeben, deren Thema nach Hrn. Resal war:

1) Ein Faden, dessen Masse zu vernachlässigen ist, geht über eine Rolle, deren Mittelpunkt O und deren Radius ϱ ist. Die Enden des Fadens sind an zwei schweren Ketten (A) und (A') befestigt. Am Anfange liegt die erste dieser Ketten gänzlich auf einer Horizontalebene (P), während die andere zum Theil auf derselben Ebene liegend, die Bewegung hervorruft.

Das Gesetz der Bewegung zu bestimmen, indem von der Trägheit der Rolle und den passiven Widerständen abgesehen wird.

2) Ist das Princip von der virtuellen Arbeit auf diese Aufgabe anwendbar?

Hr. Resal macht zuerst darauf aufmerksam, dass nach Versuchen, die er angestellt hat, die mathematischen Voraussetzungen der Aufgabe physikalisch unerfüllbar sind, weil die Kette in spiraligen Windungen von willkürlicher Form der Ebene aufliegt und beim Aufheben weder senkrecht von der Ebene sich abhebt, noch auch in einzelnen Gliedern. Nimmt man die Aufgabe abstract, so kann man die von Hrn. de Mondésir unter Annahme vollständiger Ruhe aller Elemente der liegenden Kette gegebene und durch Hrn. Resal kurz skizzirte Ableitung der Differentialgleichung der Bewegung durch eine andere Ableitung aus dem Principe von der virtuellen Arbeit ersetzen, wenn man die Bewegungsgrösse des plötzlich aus der Ruhe in die volle Geschwindigkeit eintretenden Elementes mit seinem mittleren Werthe, also zur Hälfte, in die Rechnung einstellt. *Lp.*

H. Resal. Développement sur un point de la théorie de la rotation des corps solides. J. éc. pol. Cah. LIII, 17 bis 31†.

Diese Entwickelungen sollen die Rechnungen der bekannten Arbeit von Poinsot über die Drehung eines Körpers um einen festen Punkt ohne Einwirkung äusserer Kräfte an einigen Stellen vereinfachen und die Zweideutigkeit eines doppelten Vorzeichens in POINSOT's Abhandlung beseitigen. Nach der Aufstellung der zum Verständnisse nöthigen Ausdrücke werden die Coordinaten des Poles der Drehung (des Berührungspunktes des Trägheitsellipsoides mit der festen Ebene) als Functionen seines Leitstrahles *r* gefunden, ebenso das Bogenelement der vom Pol auf dem Ellipsoide beschriebenen Curve, ferner das Bogenelement der vom Pol in der festen Ebene beschriebenen Curve durch Polarcoordinaten in derselben Ebene, endlich die Geschwindigkeit des Poles der Drehung auf jeder der beiden Curven. In jedem Falle wird die Bestimmung der etwa auftretenden doppelten Vorzeichen der Quadratwurzeln vollzogen. *Lp.*

D. TUREZZA. Di un nuovo teorema relativo alla rotazione di un corpo ad un asse. Amer. J. of Math. V, 382-384†.

Behandlung der Aufgabe: „Gegeben sei ein starres System von der Masse *m*, das durch zwei Zapfen *A* und *B* gehalten wird, um die es sich frei drehen kann; diesem System wird eine bestimmte Bewegungsgrösse *mF* in gegebener Richtung mitgetheilt; gesucht wird die anfängliche Winkelgeschwindigkeit, die das System annehmen wird, und die Druckkräfte, welche die Zapfenlager auszuhalten haben." *Lp.*

O. BÖKLEN. Ueber das physische Pendel. ZS. f. Math. XXVIII, 304-309†.

Die Arbeit schliesst sich an die von demselben Verfasser in CRELLE J. XCIII, 177-183 (diese Berichte XXXVIII Abth. I, 174 bis 176) veröffentlichte Abhandlung über die Aufhängepunkte eines physischen Pendels für isochrone Schwingungen an und giebt hauptsächlich ein durchgeführtes Beispiel für ein rechtwinkliges Parallelepiped mit den Kanten 10, 60, 120 mm. Insbesondere wird gezeigt, dass durch den Schwerpunkt von jedem Körper zwei Gerade gehen, die in der Ebene des grössten und kleinsten Trägheitsradius liegen, von der Eigenschaft, dass, wenn der

Körper in irgend einem ihrer Punkte aufgehängt wird, er um jede durch diesen Punkt senkrecht zur Aufhängelinie gehende Axe isochrone Schwingungen macht. Einer bestimmten Schwingungsdauer entsprechen jedesmal vier Punkte. Ein vom Mechanikus HIMMEL in Tübingen nach Vorschrift des Verfassers construirter Apparat dient zur praktischen Veranschaulichung des Satzes.

Lp.

R. HOPPE. Oscillationen eines Bifilarpendels. Arch. d. Math. LXX, 188-196†.

Ein Körper sei an zwei Fäden (undehnbaren gewichtslosen geraden Linien) aufgehängt, die oberen Enden der Fäden im Raume, die unteren am Körper fest. Dann liegen die vier Anknüpfungspunkte und der Schwerpunkt des Körpers bei der Gleichgewichtslage in einer Vertialebene. Die genauere Untersuchung der Gleichgewichtsbedingungen, wenn die Längen der Fäden, die Lage ihrer Anknüpfungspunkte und des Schwerpunktes gegeben sind, führt zu Gleichungen, die in der Arbeit aufgestellt, wegen des hohen Grades der zu lösenden Endgleichung aber nicht gelöst werden. Für die Schwingungen eines solchen Bifilarpendels werden die beiden wichtigsten Fälle berechnet: 1) Die Oscillationen finden in einer Verticalebene statt. Im Allgemeinen führt das Resultat auf eine complicirte Quadratur für die Zeit, im Besonderen aber, falls die vier Aufhängepunkte die Ecken eines Parallelogramms sind, schwingt das Bifilarpendel wie ein einfaches. 2) Bei der Oscillation bewegt sich der Schwerpunkt vertical. Die hierzu nothwendigen Bedingungen werden entwickelt. Das Integral, welches die Zeit giebt, kann unter gewissen in der Abhandlung angegebenen Bedingungen zwischen den Constanten der Aufgabe elliptisch werden. *Lp.*

CH. BURRELL's Regulator. [DINGL. J. CCL, 190-191†.

Die Beschreibung und Zeichnung des BURRELL'schen Centrifugalregulators ist aus Engineering XXXVI, 105 (1883) entnommen. Derselbe unterscheidet sich dadurch von anderen, dass er keine Gelenkverbindungen hat. Die Kugeln werden auf Bolzen geführt, und die Hülse hängt an zwei Stahlbändern, welche über Rollen geführt an den Kugeln angehängt sind. Die Hülsenbelastung wird durch eine Schraubenfeder gebildet. Der Beschreibung folgt die Bestimmung der Bedingungen für die Stabilität des Gleichgewichts dieses Regulators. Er empfiehlt sich durch die bequeme Einstellbarkeit auf einen gewünschten Stabilitätsgrad. *O.*

W. Kankelwitz. Vorrichtungen zum Uebertragen der Bewegung und zum Reguliren der übertragenen Kraft und Geschwindigkeit. D. R. P. Kl. 47 Nr. 21647. 1882; [Dingl. J. CCL, 191-194†.

Es handelt sich in der vorliegenden Notiz der Hauptsache nach um zwei Vorrichtungen. Die eine, eine Kraftmaschinen-Kuppelung dient dazu, die Betriebskraft zweier Kraftquellen der Art auf eine Welle zu übertragen, dass, wenn einer der Motoren still steht oder sich langsamer zu bewegen beginnt, derselbe sich selbstthätig von der Welle löst. Die zweite besteht der Hauptsache nach aus einer Reibungskuppelung und kann zur Uebertragung sowohl bestimmter Kraftmomente als bestimmter Bewegungen verwandt werden. Der Inhalt ist der Hauptsache nach von technischem Interesse. *O.*

X. Kretz. Sur la détermination des volants de machines-outils. C. R. XCVI, 1869-1770; [Dingl. J. CCLI, 527†.

Der Verfasser stellt für das Gewicht des Schwungringes einer Werkzeugsmaschine die Formel

$$P = a^2 \cdot \frac{E}{g} \cdot \frac{\theta^2}{\operatorname{arc}^2\cos\left(1 - \frac{E^2}{2}\right)}$$

auf, wo a das Verhältniss des Durchmessers der Riemenscheibe zu dem des Schwungrades bezeichnet. E ist die relative Verschiebung, welche der Angriffspunkt der Kraft unter der Belastung von 1 kg gegen den des Widerstandes erleidet, θ die Dauer der Widerstandszunahme, ε das Verhältniss der Veränderlichkeit des Widerstandes zu der der Spannung. *O.*

P. LA COUR. Neuerungen an elektrischen Regulatoren zur Erzeugung synchroner Bewegungen.
D. R. P. Nr. 22404. 1882; [ZS. f. Instrk. III, 260†.

Die Schwingungsdauer einer durch elektrische Selbstunterbrechung functionirenden Stimmgabel lässt sich verlängern entweder dadurch, dass man die Pole des Elektromagneten den Schenkeln der Stimmgabel nähert oder dadurch, dass man den Strom aus dem Elektromagneten verstärkt. In der vorliegenden Notiz werden Einrichtungen für die beiden Wege beschrieben.

O.

A. LEMAN. YVON VILLARCEAU's astatischer Windflügelregulator. ZS. f. Instrk. III, 242-245.

Der Verfasser beschreibt einen Flügelregulator von sehr einfacher Construction, den Hr. VILLARCEAU im Bulletin de la Société Archéologique, Scientifique et Littéraire du Vendômois XXI beschrieben hat. Der Apparat gehört zu den astatischen Regulatoren und scheint sich nach der vorliegenden Mittheilung namentlich auch zur Messung der Constante der Erdbeschleunigung benutzen zu lassen. Das Bureau de Longitude in Paris hat von Hrn. BREGUET einen Apparat dieser Art anfertigen lassen. Das Verhältniss $\frac{g_1}{g}$ ergab sich daraus bis aus $\frac{1}{26000}$ genau.

O.

E. VALLIER. Étude sur les lois de la résistance de l'air.
J. de math. (3) IX, 147-194†.

Der Titel der Abhandlung, der nicht genau dem Inhalte entspricht, sollte heissen: Ballistische Studien auf Grund der Formel für das Gesetz des Luftwiderstandes

$$R = p_0 S(e^{bv^2} - e^{-bv^2}).$$

Hierin bedeutet p_0 den mittleren Druck der Luft, in welcher die Bewegung stattfindet, S den Querschnitt der senkrecht gegen die Bewegungsrichtung gestellten ebenen Oberfläche, b die Constante $\frac{\delta}{2gp^2} \cdot \frac{273}{T}$, worin δ das specifische Gewicht der Luft bei 0°

und beim Drucke p_0 bezeichnet, g die Beschleunigung des freien Falles, T die (constant vorausgesetzte) absolute Temperatur der Luft, v die Geschwindigkeit des Geschosses. Die Formel, in ihren ersten Gliedern mit $Av^2 + Bv^6$ übereinstimmend, ist durch DUPRÉ aus einer Formel von NAVIER abgeleitet, die dieser für die Differenz der Quadrate der Geschwindigkeiten strömender Luft an zwei verschiedenen Punkten aufgestellt hat. Bildet dagegen die Normale des bewegten Oberflächen-Elements $d\sigma$ mit der Bewegungsrichtung den Winkel θ, so folgert Hr. VALLIER die in der negativen Bewegungsrichtung liegende Componente des Widerstandes in der Form:

$$p_0 e^{bv^2 \sin^2\theta} . \cos\theta . d\sigma.$$

Der Verfasser giebt selbst zu, dass die theoretische Begründung dieser Formeln erheblichen Zweifeln unterworfen ist; eine auf anderen Voraussetzungen beruhende Formel von ZEUNER habe er nicht benutzt, weil sie der weiteren Rechnung zu grosse Schwierigkeiten entgegenstelle. Er braucht eben diese ihm bequemeren Formeln für seine analytischen Entwickelungen und vergleicht dann die Ergebnisse seiner Rechnung mit den Zahlen der Schusstabellen. Da der Verfasser also den schwachen Punkt seiner Untersuchung selbst hervorhebt, so will Referent nur einen einzigen neuen Einwand machen. Für ein constantes θ, d. h. bei ebenen Platten, würde nach des Verfassers Voraussetzungen folgen, dass der Angriffspunkt des Luftwiderstandes im Schwerpunkte der ebenen Platte liegt. Dies ist aber nach den bekannten Versuchen von KUMMER an rechteckigen Platten unrichtig. Mithin kann aus der angenäherten Uebereinstimmung der Rechnungsresultate mit der Praxis nicht, wie der Verfasser glauben möchte, auf die Richtigkeit des von ihm angenommenen Gesetzes für den Luftwiderstand geschlossen werden.

Die mathematischen Entwickelungen, welche auf Grund der vorausgesetzten Formeln gegeben werden, erfolgen mit Hülfe der in der theoretischen Ballistik üblichen Methoden, insbesondere der Reihenentwickelungen, bieten somit vom mathematischen Standpunkte nichts Neues, was bemerkenswerth wäre.

Der Fortschritt der Arbeit für das oft behandelte Gebiet der theoretischen Ballistik liegt in zwei Richtungen. Erstens sind sämmtliche Constanten der Formeln nicht aus Schiessversuchen ermittelt, sondern aus den oben angegebenen rein physikalischen Constanten berechnet. Zweitens zeigt sich bei der Rechnung sehr deutlich der Einfluss der Form des Geschosses. Das Geschoss ist bei dem durchgeführten Beispiele als Langgeschoss angenommen, bei welchem der hintere Theil cylindrisch ist, die Oberfläche des zugespitzten vorderen Endes dagegen durch Rotation eines Kreisbogens um die Cylinderaxe entsteht. Vernachlässigt ist der Werth des Luftdrucks auf die hintere Kreisbasis des Cylinders. Den Einfluss desselben zu untersuchen, behält sich der Verfasser noch vor. Substituirt man einen materiellen Punkt anstatt des Geschosses, so ergiebt die Theorie Resultate, welche mit den Schusstabellen nicht übereinstimmen.

In den Zahlenbeispielen ist immer nur die anfängliche Elevation des Geschosses aus der Schussweite berechnet, und es ist in der That überraschend, dass manche Zahlen nahezu genau mit den Schusstabellen übereinstimmen; andere weichen allerdings bedeutend ab. Eine weitere Controlle durch Berechnung anderer Grössen, wie z. B. der Schusszeit, wäre zu wünschen, da bei den verschiedenen theoretischen Voraussetzungen in der Ballistik zuweilen die eine Grösse durch die Formeln richtig erhalten wird, eine andre zugehörige dagegen nicht.

Zur Veranschaulichung möge das folgende Zahlenbeispiel dienen:

Schussweite in Metern.	Elevationswinkel, der gegeben wird aus der 1. Formel für den materiellen Punkt.	2. Formel für das Geschoss.	3. Schusstabelle.
1000	1°49′	1°19′	1°23′
2000	5°18′	2°52′	3°
3000	9°44′	4°45′	4°52′
4000	18°52′	7° 3′	6°58′
5000	imaginär	9°56′	9°19′.

Lp.

E. DE JONQUIÈRES. Sur le ricochet des projectiles sphériques à la surface de l'eau. C. R. XCVII, 1278-1281†.

Der General Howard Douglas führt in seinem Werke über Marine-Artillerie die Thatsache an, dass kugelförmige Geschosse von 0.16 m mit der horizontalen Anfangsgeschwindigkeit 455 m im Mittel 22 Sprünge (ricochets) auf dem Wasser machten und eine Wurfweite von 2470 m erreichten. Mit Hülfe willkürlicher, jedoch angenähert wohl richtiger Annahmen führt Hr. de Jonquières eine Rechnung durch, um aus dem mittleren Verlust an Geschwindigkeit bei jedem Sprunge einen Schluss auf die Tiefe des Eindringens der Kugel ins Wasser zu machen. Diese ergiebt sich hiernach sehr klein. Ein annähernd abgeschätzter Werth (etwa 8′) für den Ueberschuss des Reflexionswinkels über den jedesmaligen Einfallswinkel wurde einer anderen Rechnung zu Grunde gelegt und durch Versuche (1500 Schüsse) bestätigt gefunden. *Lp.*

A. Lindstedt. Sur la forme des expressions des distances mutuelles dans le problème des trois corps. C. R. XCVII, 1276-1278, 1353-1355†; Astr. Nachr. CVII, 197-214.

Es seien M, m, m' die Massen der drei Körper; r, r', Δ ihre Entfernungen; ferner

$$u = \frac{dr^2}{dt}, \quad u' = \frac{dr'^2}{dt}, \quad v = \frac{d\Delta^2}{dt}.$$

Der Verfasser beschränkt seine Untersuchung auf den Fall, wo man setzen darf

$$r^2 = a^2(1+\varrho), \quad r'^2 = a'^2(1+\varrho'), \quad \Delta^2 = d^2(1+\delta),$$

unter a, a', d Constanten, unter ϱ, ϱ', δ variable Brüche kleiner als Eins verstanden. Durch diese Substitutionen gelingt es, die drei Lagrange'schen Differentialgleichungen dritter Ordnung für die Aufgabe durch vier lineare Gleichungen zweiter Ordnung mit den Variablen u, u', v und einer Hülfsvariablen g zu ersetzen; allerdings kommen in den Coefficienten noch ϱ, ϱ', δ vor.

Die Methode besteht nun darin, die Integrale dieser Gleichungen nach Potenzen von vier Integrationsconstanten η, η', ζ, $\varkappa$ zu entwickeln. Dies geschieht durch eine Reihe von Operationen, durch welche allmählich die Glieder erster, zweiter Dimension, etc. aufgesucht werden. Ein vom Verfasser in einem Beitrage zur Störungstheorie bereits benutzter Kunstgriff dient dazu, die Potenzen von t wegzuschaffen, die bei Anwendung des gewöhnlichen Integrationsverfahrens vorkommen würden. *Lp.*

H. POINCARÉ. Sur certaines solutions particulières du problème des trois corps. C. R. XCVII, 251-252†.

Die kurze Note zieht aus einem functionentheoretischen Satze des Hrn. L. KRONECKER ohne nähere Begründung folgende Schlüsse für den Fall, dass die Massen zweier der Körper sehr klein sind: „Dieses Problem lässt unendlich viele particuläre Lösungen zu ... Die Bewegung ist periodisch, d. h. wenn die Zeit um eine constante Periode zunimmt, nehmen die drei Körper dieselbe relative Stellung wieder ein. Am Ende einer Periode nehmen die Abstände der drei Körper ihren Anfangswerth wieder an, eben so die entweder nach der Richtung des Leitstrahles oder senkrecht dagegen geschätzten relativen Geschwindigkeiten. Das ganze System hat sich nur um einen gewissen Winkel um den als fest vorausgesetzten Massenmittelpunkt gedreht. Die Excentricitäten sind sehr klein und von der Ordnung der Massen, aber die Neigungen können jedwede Werthe haben" ...

Lp.

GÖRAN DILLNER. Sur l'intégration des équations différentielles du problème des N corps. Ann. di mat. (2) XI, 56-64†.

Der Verfasser hat schon 1877 in den N. Act. Ups. (s. Jahrb. d. Math. 1877. IX, 788) eine Abhandlung über das Problem der N Körper veröffentlicht. Im engen Anschlusse an dieselbe und auf Grund seiner inzwischen angestellten Untersuchungen im Gebiete der Differentialgleichungen bringt er die Differentialgleichungen der Aufgabe in gewisse symmetrische Gestalten und giebt zwei Systeme von Integralen derselben an.

Lp.

A. B. Basset. On certain physical problems connected with surfaces which are the inverses of ellipsoids of revolution. Quart. J. of Math. XIX, 349-374†.

Im ersten Theile werden die inversen Flächen der verlängerten Rotationsellipsoide behandelt und folgende Aufgaben gelöst: I. Das Potential eines geladenen Conductors dieser Form zu finden, α) wenn der Conductor von elektrischen Kräften nicht beeinflusst wird; β) wenn der Conductor in ein gleichmässiges Feld einer zur Axe parallelen Kraft gestellt wird; γ) wenn der Conductor in ein gleichmässiges Feld einer Kraft gestellt wird, die senkrecht zu einer die Axe enthaltenden Ebene ist; δ) wenn die Oberfläche unter der Einwirkung einer Ladung e im Brennpunkte steht. Rückwärts schliessend findet man hieraus das Potential eines verlängerten Rotationsellipsoids, wenn die Oberfläche einschliesst: ε) eine Ladung im Mittelpunkte, ζ) ein System, dessen Potential proportional ist mit $\frac{x}{r^3}$, η) ein System, dessen Potential proportional ist mit $\frac{z}{r^3}$, θ) eine Ladung im Brennpunkte. II. α) Die Attraction des homogen vorausgesetzten Körpers parallel der Axe zu finden. β) Die Anziehung senkrecht zur Axe zu finden. Im zweiten Theile beschäftigt sich der Verfasser mit ähnlichen Aufgaben über die inversen Flächen der abgeplatteten Rotationsellipsoide. *Lp.*

S. Tolver Preston. Eine dynamische Erklärung der Gravitation. Wien, Ber. [2] LXXXVII, 795-805†.

A. Jarolimek. Ueber die Gravitation. Wien. Ber. [2] LXXXVIII, 897-911†.

Ueber die Vorstellungen des Hrn. Tolver Preston in Betreff des Aethers (den er sich von der Natur der Gase denkt) ist in diesen Berichten (s. XXXVI, 371 ff.), wiederholt berichtet worden. Zur Erklärung der Gravitation fordert er, 1) damit die mittlere Weglänge sehr gross, mindestens wie die Planetenentfernungen von der Sonne sei, eine sehr geringe Grösse der Aetheratome;

2) damit jeder Punkt des Raumes als Strahlungspunkt betrachtet werden könne, eine Gleichmässigkeit der Bewegung der Atome nach allen Richtungen; 3) damit die Wirkung proportional der Masse eines Körpers sei, eine solche Structur der Körper, dass jedes Körpermolecül, in Folge der sehr grossen Poren und eines offenen Aufbaues durch die constituirenden Atome, dieselbe Wahrscheinlichkeit habe, von einem Aetheratome getroffen zu werden, wie wenn es an der Oberfläche sich befände. — Aus diesen Postulaten folgt dann sofort das Gravitationsgesetz.

Hr. JAROLIMEK erklärt, er habe schon 1874 einen ähnlichen Gedankengang aufgezeichnet, weist aber darauf hin, dass man nach der consequent angewandten Theorie der Gase, gerade wegen der Kleinheit des Durchmessers der Aetheratome bei Berücksichtigung des Abstandes derselben von einander, nicht die mittlere Weglänge in Rechnung stellen dürfe. Ferner seien die Körpermolecüle zusammengesetzt zu denken aus Aetheratomen und durch sehr grosse Zwischenräume von einander getrennt. Hierdurch wird jedes Körperatom für jedes andre zum Strahlungspunkt von abprallenden Aetheratomen; diese werden auf ihren vom Körper radial wegführenden Wegen von anderen Aetheratomen um so wahrscheinlicher getroffen und abgelenkt, je weiter sie sich entfernen, so dass sich die Anzahl der geradlinig fortströmenden Atome mit dem Wachsen der Wege vermindert, oder dass der Aetherstrom n^2-mal so viel Atome mit den Weglängen r wie Atome mit den Weglängen nr enthält. Da hieraus schon die Abnahme der Wirkung mit dem Quadrate der Entfernung folgt, so würde unter Zulassung der Theorie von Hrn. TOLVER PRESTON eine Abnahme der Gravitation mit der vierten Potenz der Entfernung sich ergeben.

Ein Versuch, die Repulsion der Körpermolecüle durch den Abprall der Aetheratome zu erklären, macht den Beschluss der zweiten Arbeit. *Lp.*

A. BÉQUIÉ. Disposition accessoire de la machine d'ATWOOD. J. de phys. (2) II, 323-325†; [ZS. f. Instrk. III, 442.

Beschreibung einer Vorrichtung bei der ATWOOD'schen Fallmaschine, welche mit Hülfe eines Morse-Schreibapparates die Bewegungsgesetze deutlich macht. *O.*

PAQUET. Nouvel appareil pour la vérification des lois de la chute des corps. J. de phys. (2) II, 226-228†; [ZS. f. Instrk. III, 365.

Von zwei gleichen Gewichten löst das erste, nachdem es eine gewisse Zeit gefallen ist, das zweite aus, so dass dieses nun auch seinen Fall beginnt. Beide werden aufgehalten, nachdem das erste den vierfachen Raum etc. durchfallen hat, wie das zweite. *O.*

G. WEICKUM. Druckschraube. DINGL. J. CCXLVIII, 11-12†.

Die Schwierigkeit, mit gewöhnlichen Schrauben grosse Druckkraft hervorzubringen, liegt daran, dass praktische Rücksichten für die Wahl der Steigung des Schraubenganges enge Grenzen ziehen. In der vorliegenden Notiz wird eine Vorrichtung beschrieben, bei welcher es durch Vereinigung von Spindel und Mutter zu einem Körper möglich wird, der Schraube beliebig kleine Steigungen zu geben, ohne die Festigkeit der Gewinde zu beeinträchtigen. *O.*

Sir W. THOMSON. On Gyrostatics. Oscillations and waves in an Adynamic Gyrostatic System. Proc. Roy. Soc. Edinb. XII, 128 (Titel); [Nature XXVII, 548†.

Enthält nach dem kurzen Berichte der Nature experimentelle Erläuterungen der Sätze über gyrostatische Stabilität in Natural Philosophy der HHrn. THOMSON und TAIT, und einen Versuch, die anziehenden und abstossenden elastischen Kräfte durch ähnliche Experimente als erklärt, ihre Annahme daher als überflüssig nachzuweisen. *Lp.*

BEAUCHAMP TOWER. First report on friction experiments. Engineering XXXVI, 451-452†.

Die Versuche, über welche berichtet ist, hatten den Zweck, den Einfluss der verschiedenen Schmiermittel auf die Reibung festzustellen. Auf einer Stahlaxe von 6 Zoll Länge und 4 Zoll im Durchmesser, die in schnelle Rotation versetzt werden konnte, ruhte ein die Axe oben nicht ganz zur Hälfte umfassendes cylindrisches Messingstück, das als Fütterung einer gusseisernen Kappe diente; letztere konnte durch daran hängende Gewichte beliebig beschwert werden. Die bei der Rotation eintretende Hebung der Gewichte mass die Reibung. Dieselbe war am Anfange jedes Versuchs bedeutender als nach einer grösseren Anzahl von Umdrehungen, durch welche Axe und Messinglager sich gegenseitig abschleifen.

Die Art der Anbringung des Schmiermittels war von grossem Einflusse. Am kleinsten ergab sich die Reibung, wenn der untere freie Theil der Axe sich in einem Bade des Schmiermittels drehte. Dann war die absolute Reibung beinahe constant bei jeder beliebigen Belastung, jedenfalls nicht proportional der Belastung, der Reibungscoefficient also etwa umgekehrt proportional der Belastung, bei der höchsten zulässigen etwa $\frac{1}{1000}$. Somit sind für diesen Fall nicht die Gesetze der Reibung fester Körper gültig, sondern, da ausserdem die Reibung mit der Geschwindigkeit wuchs, obschon nicht ganz so schnell wie das Quadrat derselben, es ist die Reibung zum grössten Theile der inneren Reibung der trennenden Flüssigkeitsschicht zuzuschreiben. Mit der Erhöhung der Temperatur trat eine erhebliche Abnahme der Reibung ein. Bei dieser Art der Schmierung konnte die Belastung höher als bei irgend einer andren getrieben werden, bevor ein Schleifen mit Erhitzung eintrat.

Wurde das zum Schmieren dienende Oel von oben durch einen senkrechten Canal nach der höchsten Stelle der Axe geführt und an ihr in einem horizontalen, in das Messing unten eingeschnittenen weiter geleitet, so war der Einfluss des Schmiermittels gering. Lief bei dieser Einrichtung die Axe unten in einem Oelbade, so wurde das aufgenommene Oel sogar unter sehr hohem Drucke (grösser als die doppelte Belastung) durch den Canal nach oben ausgetrieben. Wenn hierbei überhaupt nur eine geringe Belastung zulässig war, so erwies sich eine Abänderung der Einrichtung etwas wirkungsvoller. Der senkrechte

Canal verzweigte sich nämlich vor der gänzlichen Durchbohrung seitlich in zwei andere, die in zwei Längsrinnen der Messinghülse an den Seiten der Axe führen. Endlich wurde die Axe durch einen gefetteten Wulst geschmiert, der durch Capillaranziehung gespeist wurde. Die Versuche gestatteten hierbei eine ziemlich hohe Belastung und zeigten eine Annäherung an die herkömmlichen Gesetze der Reibung fester Körper. Mit Steinöl ergab sich der Reibungscoefficient ungefähr als $\frac{1}{100}$. Setzt man bei Rüböl die Reibung im Oelbade 1, so fand man unter möglichster Festhaltung der Versuchsbedingungen bei Schmierung durch einen Canal die Reibung 7.06, bei Einfettung durch einen Fettwulst 6,48. Als allgemeines Resultat wird der Satz aufgestellt: „Die Reibung hängt von der Menge und der Gleichmässigkeit der Vertheilung des Oels ab, und kann jeden Werth zwischen den Resultaten des Oelbades und dem Schleifen erlangen, je nach der Vollkommenheit und Unvollkommenheit des Schmiermittels.“ Als Vergleichszahlen für die verschiedenen Schmiermittel mögen noch die folgenden hergesetzt werden, welche für ein Oelbad gelten bei 300 Umdrehungen in der Minute und Belastungen zwischen 100 und 310 Pfund auf den Quadratzoll. Sie bedeuten den Widerstand auf den Quadratzoll in Pfunden: Wallrath-Oel: 0.484, Rüböl: 0.512, Steinöl: 0.623, Knochenöl: 0.652, Olivenöl: 0.654, Mineralschmiere: 1.048. Diese Zahlen stellen auch die relative Dicke der Oelschichten und nicht ganz genau ihr relatives, Gewicht tragendes Vermögen dar. *Lp.*

F. und N. Mazon. Ueber den Stoss. Nachr. d. Univ. Kiew 1883; Rep. d. Phys. XIX, 359-382, 418-457†.

Die ganze Arbeit besteht aus drei Theilen, von denen bisher die beiden ersten vorliegen. Der erste Theil handelt vom geraden Stoss zweier absolut harter, d. h. unveränderlicher Kugeln. Die Verfasser schildern zunächst in kurzen Zügen den gegenwärtigen Stand und die Bedeutung der Frage, geben dann eine geschichtliche Entwickelung der Frage, d. h. sie geben die Resultate von Huygens, Newton und Johann Bernoulli über diesen Gegenstand und gehen dann zur Lösung der Frage über.

Sie beschränken sich dabei auf den einfachsten Fall, den geraden Stoss zweier Kugeln, wodurch die Allgemeinheit der Betrachtungen nicht beeinträchtigt werden soll. Das Resultat, zu welchem sie auf zwei Weisen gelangen, ist: Absolut harte, starre, unveränderliche Kugeln haben nach geradem Stoss nicht, wie angenommen wird, eine der Geschwindigkeit ihres gemeinschaftlichen Massenmittelpunktes gleiche Geschwindigkeit, sondern springen beim Stoss mit denjenigen Geschwindigkeiten von einander ab, welche man blos absolut elastischen Kugeln zuschreibt." Im zweiten Theile wird dann folgender Satz bewiesen: „Beim Stosse zweier in beliebiger Bewegung begriffener unveränderlichen Systeme ändert die nach der Stossrichtung genommene Componente der relativen Geschwindigkeit ihrer Stosspunkte ihr Zeichen, ihre ursprüngliche Grösse beibehaltend." Der übrige Theil ist einer Kritik der Poinsot'schen Arbeit über diesen Gegenstand gewidmet. Von Versuchen enthält die Arbeit nichts. *O.*

H. Resal. Commentaire à la théorie mathématique du jeu de billard. J. de math. (3) IX, 65-98†.

Die Abhandlung kündigt sich als ein Commentar zu der Arbeit von Coriolis über dies Thema aus dem Jahre 1835 an. Sie unterscheidet sich von jener besonders durch die Auswerthung der beim Stosse zweier unvollkommen elastischen Körper verlorenen lebendigen Kraft. Auf Grund einer neuen hierfür aufgestellten Formel, die in § I neben anderen allgemeinen Relationen aufgestellt wird, behandelt der Verfasser der Reihe nach: § II. Die Bewegung einer Kugel auf einer Decke unter Berücksichtigung der Reibung beim Gleiten. § III. Vom Stosse einer freien Kugel gegen eine feste Ebene. § IV. Vom Stosse einer Kugel gegen eine Bande. § V. Vom Stosse zweier freien Kugeln unter Berücksichtigung der Reibung und ihres Elasticitätsgrades. § VI. Vom Stosse zweier auf eine Decke gelegten Kugeln. § VII. Von der Wirkung eines Stosses des Queues auf eine Kugel. *Lp.*

Sh. auch diese Berichte XXXVIII Abth. I, 272-275.

J. Boussinesq. Sur le mouvement d'une charge roulante, le long d'une barre élastique appuyée à ses deux bouts et dont la masse est beaucoup plus petite que la sienne. C. R. XCVII, 897-900†.

Die von den HHrn. Willis und Stokes unter gewissen beschränkenden Bedingungen 1849 behandelte Aufgabe wird von Hrn. Boussinesq wieder aufgenommen, um die genaue Integration der Differentialgleichung der Bewegung zu vereinfachen und das Resultat unter anschaulicher Form darzustellen. *Lp.*

Marey. Analyse des mouvements du vol des oiseaux par la photographie. C. R. XCVI, 1399-1406; Mondes (3) V, 154†.

Fortsetzung der Versuche vom vorigen Jahre. Eine weisse Taube fliegt vor einem schwarzen Schirme vorüber. Eine rotirende Scheibe mit acht bis neun Umläufen in der Secunde gestattet, während der Expositionszeit von $\frac{1}{900}$ bis $\frac{1}{800}$ Secunde Bilder zu nehmen, die auf verschiedene Theile der empfindlichen Platte fallen. Die erhaltenen Bilder vertragen eine vier- bis fünfmalige lineare Vergrösserung. Durch Verlangsamung oder Beschleunigung der Rotation der Scheibe gelingt es, die einzelnen Phasen der Bewegung zu photographiren. *Lp.*

C. Bach. Ueber die Arbeitsleistung des Menschen am Hebel. Dingl. J. CCXLIX, 366-367†.

Die Notiz enthält eine Berichtigung zu der in Dingl. J. CCXXXVII, 474 gegebenen Zahlen über die Arbeitsleistung der Menschen an Feuerspritzen. Der dort begangene Fehler besteht darin, dass die Arbeitsleistung nicht den ersten, sondern den dritten Potenzen der Hubzahlen und Hubhöhen proportional sind. Die neuen Resultate sind aus den im December 1880 angestellten Versuchen gezogen und ergeben als Maximum, resp. Minimum 0.5 und 0.25 Pferdekraft. *O.*

Tresca. Étude sur les déformations géométriques déterminées par l'écrasement d'un parallélépipède rectangle avec allongement dans une seule direction.
C. R. XCVII, 928-935†.

Aus zahlreichen Versuchen mit rechtwinkligen Parallelepipeden, die zusammengedrückt wurden in einer Richtung, welche mit der verticalen Kante zusammenfiel, schliesst der Verfasser: 1) Die Grundflächen des Parallelepipeds erfahren keine Gestaltsänderung. 2) Die Dicken der auf der verticalen Seite des Parallelepipeds dargestellten horizontalen Schichten behalten dort ihre ursprünglichen Dicken. 3) Das Volumen bleibt merklich constant. — Die geometrischen Betrachtungen sollen die vorgegangenen Veränderungen erklären, beruhen aber auf willkürlichen Abschätzungen ohne Begründung. *Lp.*

Litteratur.

Wohlwill. Die Entdeckung des Beharrungsgesetzes. I.
ZS. f. Völkerpsychologie u. Sprachw. XIV, 4.

E. Colart. Ueber das Princip der Homogeneität.
Mathesis II.

E. Catalan und P. Mansion. Ueber das Princip der Homogeneität. Mathesis III.

A. Ledieu. De l'homogénéité des formules.
C. R. XCVI, 1692-1696; [Mondes (3) V, 313.

— — Réciproque de l'homogénéité. Similitude des formules. C. R. XCVI, 1834-1838.

George Gabriel Stokes. Mathematical and Physical Papers. Vol. 1. 2. Cambridge, Univ. Press 1880, 1883; [Athen. 1883 No. 2931, 867-868; [Nature XXIX, 145-146.

Mousson. Die Physik auf Grundlage der Erfahrung. 3. Aufl. 3. Band. 2. Lief. Zürich: Schulthess.

Wüllner. Lehrbuch der Experimentalphysik. Bd. 1. Leipzig: Teubner 1882. [ZS. f. Math. XXVIII, hist.-lit. Abth. 228 bis 229.

AM. GUILLEMIN. Le monde physique. Tome IV. La chaleur. Paris: Hachette et Cie. 1883. gr. 8°.

H. RESAL. Physique mathématique: Electrodynamique, Capillarité, Chaleur, Électricité, Magnétisme, Elasticité. Paris: Gauthier-Villars. 1884. 4°. [C. R. XCVII, 1234; [Jahrb. d. Math. XVI, 850.

W. THOMSON and P. G. TAIT. Treatise on Natural Philosophy. New edition. Vol. I. Part 2. Cambridge: The University Press.

Neue Auflage des bekannten Werkes. Ein zweiter Band wird nicht erscheinen. Angefügt sind einige Abhandlungen von Sir WILLIAM THOMSON und eine von Hrn. G. H. DARWIN. *Lp.*

W. L. JORDAN. The new principles of natural philosophy. London: David Bogue. 1883. [Nature XXVIII, 169-170†; [Athenaeum No. 2916, 341.

Nach der Recension in Nature das Werk eines „ungelehrten, aber voraussichtlich nicht unbelehrbaren" Ignoranten, der z. B. lehrt, je weiter ein Stern von uns sei, desto grösser sei seine Anziehung auf uns. *Lp.*

CH. STURM. Cours de mécanique de l'École Polytechnique, publié par E. PROUHET. 5e édition, revue et annotée par de SAINT-GERMAIN. Paris: Gauthier-Villars.

A. RITTER. Lehrbuch der analytischen Mechanik. (Lehrbuch der höheren Mechanik. I.) 2. Aufl. Leipzig: Baumgärtner. X+285 S. 8°. [Jahrb. d. Math. 1883 XV, 763-764; [D. LZtg. V, 663-664.

A. F. SUNDELL. Lärebok i analytisk mekanik. Helsingfors: J. C. Frenckell & Sons.

H. T. EDDY. Developments in the kinetic theory of solids, liquids and gases. Sc. Proc. of the Ohio Mech. Inst. II, 82-97; [Arch. d. Math. Lit.-Ber. CCLXXIX, 32-34.

KILLING. Die Mechanik in den Nicht-Euklidischen Raumformen. Brilon, Prog. G. Nr. 318.

A. WERNICKE. Grundzüge der Elementar-Mechanik. Gemäss den Anforderungen der philosophischen Propädeutik als Einführung in die physikalischen und technischen Wissenschaften für den Unterricht bearbeitet.

Braunschweig: C. A. Schwetschke u. Sohn (M. Bruhn). XVI+445 S. 8°. [Jahrb. d. Math. 1883 XV, 764-767; [Arch. d. Math. LXX Lit.-Ber. 13-15; [Lit. CBl. 1884, No. 13, 437-438.

W. STEADMAN ALDIS. Introductory Treatise on Rigid Dynamics. London: G. Bell and Sons, 1882. [Nature XXVII, 265.

THOS. ALEXANDER and ARTHUR WATSON THOMSON. Elementary Applied Mechanics. Part II. London: Macmillan 1883. [Nature XXVIII, 364; [Engineering XXXVII, 24.

W. R. BROWNE. The student's mechanics. London: C. Griffin & Co. 1883. [Nature XXVIII, 317; Erwiderung vom Autor: Nature XXVIII, 344; [Athenaeum No. 2902, 728.

E. J. ROUTH's Elementary Part of a Treatise on the Dynamics of a System of Rigid Bodies. Phil. Mag. (5) XV, 218-219.

R. T. The teaching of elementary mechanics. Nature XXVII, 580-583†.

Bericht über drei Vorträge in der Association for the improvement of geometrical teaching. No. I von W. H. BESANT kritisirt die in Cambridge übliche, auf Dressur für Prüfungen berechnete Lehrmethode und fordert Abänderungen im Sinne des in Deutschland längst üblichen Ganges. No. II von G. M. MINCHIN erklärt sich gegen die Voranstellung der Bewegungslehre vor die Statik und wünscht die Behandlung vieler Zahlenbeispiele. No. III von LAMB (The basis of statics) wünscht besonders die Einführung des Begriffs der Aequivalenz der Momente. *Lp.*

Elementary Treatise on Physics, Experimental and Applied for the Use of Colleges and Schools. Translated and edited from GANOT's „Éléments de Physique“ ··· by E. ATKINSON. 11. ed., revised and enlarged. London: Longmans, Green & Co. [Chem. News XLVIII, 55-56.

ALFRED P. GAGE. A Text-book on the Elements of Physics, for High Schools and Academies. Boston: Ginn, Heath & Co. 1883. 414 p. 8°. [SILL. J. (3) XXV, 383.

J. D. EVERETT. Text-Book of Physics. Illustrated. Glasgow: Blackie & Son. 1883. [Nature XXVIII, 364-365 No. 720.

H. T. Bovey. Applied Mechanics. Part 1. 2. Montreal: J. Lovell and Son, 1883. 190 u. 150 S. [Nature XXIX, 122.

John Perry. Practical Mechanics. London: Cassell, Petter and Galpain. 1883. [Nature XXVII, 456-457.

Luigi Palmieri. Nuove lezioni di fisica sperimentale e di fisica terrestre. Napole: Giovanni Jovene. XII+895 16 S.

B. Stewart. Physik. Deutsche Ausgabe von E. Warburg. 3. Aufl. Strassburg: Trübner. 1883.

A. Bleunard. Le Mouvement et la Matière, lectures sur la physique et la chimie mises à la portée de tout le monde. Avec une introduction par M. Gaston Tissandier. Paris: G. Masson. VIII+374 S. 8°. mit 233 Fig.

K. Kroman. Unsere Naturerkenntnis. Beiträge zu einer Theorie der Mathematik und Physik. ···. Ins Deutsche übersetzt unter Mitwirkung des Verfassers von R. von Fischer-Benzon. Kopenhagen: Andr. Fred. Höst & Sohn. XVII +458 S. 8°. [Lit. CBl. 1884, 598; [ZS. f. Math. XXIX hist.-lit. Abth. 191-194.

W. Lant Carpenter. Energy in Nature, being, with some Additions, the Substance of a Course of Six Lectures upon the Forces of Nature and their Mutual Relations, ··· . London, Paris and New-York: Cassell and Co. [Chem. News XLVIII, 268-269; [Nature XXIX, 74-75; [Engineering XXXVII, 24; [Athenaeum 1883 No. 2930, 817-818.

E. Jouffret. Introduction à la théorie de l'énergie. Paris: Gauthier-Villars.

Januschke. Weiterer Beitrag zur Verwendung des Principes der Erhaltung der Energie in der Elementarphysik. ZS. f. Realschulwesen VIII. 10.

Osborne Reynolds. The Transmission of Energy. J. of the Soc. of Arts; Electrician XI, 572-575, 594, 612-615.

C. Jacob. Die Kräfte in der Natur. Würzburg: Stahel.

O. Schmitz-Dumont. Die Einheit der Naturkräfte und die Deutung ihrer gemeinsamen Formel. Berlin:

Duncker's Verlag (C. Heymans) 1881. IV+168 S. gr. 8°. [ZS. f. Math. XXVIII, hist.-lit. Abth. 44-55.

VINCENZO D'ARPE. Forza e materia: analisi, esperimenti. Lecce: tip. Scipione Ammirato di L. Cisaria. 800 S. 8°.

ANTONINO DE BELLA. La forza e la materia giudicate dalla chimica e dalla mecanica. Palmi: tip. G. Lopresti. 1883. 18 S. 16°.

Transmission de la force par l'air, l'eau, les cables et l'électricité. L'Ingen. conseil. V, No. 11.

A. BERINGER. Kritische Vergleichung der elektrischen Kraftübertragung mit den gebräuchlichsten Uebertragungssystemen. Gekr. Preisschrift. Berlin: Jul. Springer. 104 S. 8°. [ZS. f. Instrk. III, 367; [D. LZtg. IV, 1302; [CBl. d. Bauverw. III, No. 37.

A. L. PETIT und V. TATIN. Kraftübertragung durch Luftverdünnung. Polyt. Notizbl. XXXVIII, 214-215†.

Project einer Arbeitstheilung durch verdünnte Luft von einer Centralstelle aus. *Lp.*

Transmission of motion. A description of SAMPER's patent Pulley-Grippersystem. London 1883.

L. S. FITHIAN. Neuerungen an Zahnradgetrieben zur Uebertragung grosser Geschwindigkeiten. D. R. P. No. 22008, 29. Aug. 1882; [ZS. f. Instrk. IV, 39.

MORITZ JAFFÉ. ADDYMAN - BAGSHAW's amerikanische Frictionskuppelung. Polyt. Notizbl. XXXVIII, 115-117.

AD. ERNST. Die Hebezeuge, Theorie und Kritik ausgeführter Konstructionen. Berlin: Julius Springer. [Engineering XXXVII, 50.

F. GRASHOF. Theoretische Maschinenlehre. Band 2. Getriebe, mechanische Messinstrumente. Hamburg: Voss.

FINK. Zur Theorie der Walzenarbeit. ZS. f. Berg- u. Hüttenw. XXXI, 2.

ESCHER. Theorie der Ringspindel. Civiling. Jbg. 1883 Hft 7.

A. MUSIL. Die Motoren für das Kleingewerbe. Braunschweig: Vieweg & Sohn.

TILLAC. Petit moteur à eau pour horlogerie. Mondes (3) IV, 547-548.

JOSEF PECHAN. Die Arbeitsvorgänge als Grundlage der Construction und Anwendung der Werkzeuge und Maschinen zur Holzbearbeitung. [DINGL. J. CCXLVII, 404 bis 407.

Referat über: CARL PFAFF und W. F. EXNER. Die Werkzeuge und Maschinen zur Holzbearbeitung ....

PERRY. A New Mechanical Constant. [Engineering XXXV, 566.

G. HERRMANN. Der Reibungswinkel. Aachen: Mayer. 1883.

FERGUSON's Mechanical Paradox. Engineering XXXVI, 564 bis 565.

PH GILBERT. Recherches sur les accélérations. Ann. soc. sc Brux. VII. A. 66-67; [Jahrb. d. Math. XV, 823.

SHUKOFFSKIJ. Ueber Beschleunigungscentra. J. d. russ. chem.-phys. Ges. [2] XV, 135.

Von mathematischem Interesse. *O. Chw.*

JAMES RHODES. On the duality of physical forces. Manchester Lit. and Phil. Soc. 16. Oct.

P. MANSION. Sur les deux sens du mot force. Ann. soc. sc. Brux. VII. A. 85-88; [Jahrb. d. Math. 1883 XV, 767.

Erste Bedeutung: $\frac{Pv}{g}$, wo P das Gewicht, dem die Kraft in einer Secunde eine Geschwindigkeit v ertheilt, g die Constante der Schwere ist.

Zweite Bedeutung: $\frac{Pv^2}{2g}$, Arbeitsfähigkeit der eigentlichen Kraft (nach der ersten Bedeutung) während einer Secunde.

Force: Its origin and the philosophy of its development. Telegr. J. and Elect. Rev. No. 267.

GIUS. CASAZZA. La legge di posizione, o la legge delle leggi fisiche. Mortara 1883. 84 S. 8°.

C. W. MAC CORD. Kinematics: a treatise on the modification of motion, as affected by the forms and modes of connection of the moving parts of machines;

illustrated by diagrams of mechanical movements as practically constructed; for the use of draughtsmen, machinists and students of mechanical engineering. New-York: J. Wiley & Sons. 9+335 S.

FRANCESCO MASI. Manuale di cinematica applicata. Nuova classificazione dei mecanismi. Con 17 tavole. Bologna: Nicola Zamichelli.

GEORGE M. MINCHIN. Uniplanar Kinematics of Solids and Fluids; with Applications to the Distribution and Flow of Electricity. Oxford: Clarendon Press. 1882. VIII +266 S. [Nature XXVII, 239; [SILL. J. (3) XXV, 233; [Athenaeum No. 2888, 1883 II, 281-282.

FERD. WITTENBAUER. Kinematik des Strahles. Graz: Leuschner u. Lubenski. [Jahrb. d. Math. XV, 770-772.

E. WILDA. Die Kinematik des ebenen Systems, elementar-mathematisch bearbeitet. Brünn: Winkler.

D. PADELLETTI. Sulla analogia fra la teoria della astatica e quella dei momenti di inerzia. Rend. di Napoli XXII, 29-48; [Jahrb. d. Math. XVI, 775-776.

F. NICOLI. Intorno ad un caso di movimento di una figura piana la quale scorre nel sua piano e varia rimanendo simile a se stessa. Mem. di Modena (2) I, 59-71; [Jahrb. d. Math. XV, 778.

— — Intorno ad un caso di movimento di una figura piana che si conserva simile a se stessa. Mem. di Modena (2) I, 171-178; [Jahrb. d. Math. XV, 778-779.

— — Intorno a due casi di movimento di una figura solida che rimane simile a se stessa. Mem. di Modena (2) I, 249-260; [Jahrb. d. Math. XV, 779-780.

E. B. ELLIOTT. On certain relations between volumes of loci of connected points. Proc. Lond. Math. Soc. XIV, 62-71; [Jahrb. d. Math. XV, 780-781.

G. PLARR. On Minding's theorem. Proc. Roy. Soc. Edinb. XI, 528; [Jahrb. d. Math. XV, 789.

ROBERT HUDSON GRAHAM. Graphic and Analytic Statics. Crosby Lockwood & Co. [Athenaeum No. 2931, 1883 II, 868.

E. SUTTOR. Sur une application de la statique graphique. Ann. soc. sc. Brux. VII. B. 409-416; [Jahrb. d. Math. XV, 791.

L. COUSIN. Rapport. Ann. soc. sc. Brux. VII. A. 69-70.

Die Biegungsmomente (besonders das absolute Maximum derselben) bei einem Balken, den beliebig viele Axen durchsetzen, werden durch Ziehen von geraden Linien bestimmt. *E. R.*

E. J. NANSON. On the conditions of equilibrium of forces in three dimensions. Mess of Math. (2) XIII, 113 bis 116; [Jahrb. d. Math. XV, 789.

Elementare geometrische Untersuchung über die Bedingungen des Gleichgewichts von Kräften im Raume. *E. R.*

DINO PADELLETTI. Sulla semplice forma delle equazioni di equilibrio di un sistema rigido vincolato. Rend. Napoli XXII, 13-15.

A. GREENHILL. Note on Mr. LARMORS communication on „Critical Equilibrium". Cambridge Phil. Soc. Octbr. 29.

ED. COLLIGNON. Sur la chaînette d'égale résistance. Ass. franç. Rouen 1883, 102-112.

H. GENAILLE. Graphiques de résistance des matériaux. Ass. franç. Rouen 1883, 214.

H. G. ZEUTHEN. Om Sammensätning af en Punkts Hastigheder. Tidssk. f. Math. (5) I, 156-162; [Jahrb. d. Math. XV, 769†.

Ableitung der Formeln für die Zusammensetzung von Geschwindigkeiten. *E. R.*

A. HANDL. Ueber den Begriff der Stabilität. ZS. f. Realschulw. VIII, 269-274; [Jahrb. d. Math. XV, 791-792.

A. GOBIN. Détermination précise de la stabilité des murs de soutènement et de la poussée des terres dans tous les cas possibles Ass. franç. Rouen 1883, 278 bis 282.

ISAAC ROBERTS. Ueber den Druck aufgespeicherten Getreides. Engineering XXXIV, 399. 1882; [DINGL. J. CCXLVII, 308†. *Lp.*

B. F. THOMAS A method of determining the center of gravity of a mass. Amer. Ass. Minneapolis.

R. S. Ball. On a geometrical illustration of a dynamical problem. Rep. Brit. Ass. 1883, 407; [Jahrb. d. Math. XV, 773.

— — On a fundamental theorem in the dynamics in non-euclidean space. Rep. Brit. Ass. 1883, 406; [Jahrb. d. Math. XV, 774.

A. Schönfliess. Ueber die Bewegung eines starren räumlichen Systems. ZS. f. Math. XXVIII, 229-241; [Jahrb. d. Math. XV, 774-775.

V. Liguine. Sur quelques propriétés géométriques du mouvement d'un point. Nouv. Ann. (3) I, 300; [Jahrb. d. Math. XV. 782-783.

J. Rachmaninoff. Ueber die geometrische Bedeutung der Integrale der Bewegungsgleichungen eines materiellen Punktes um ein unbewegliches Centrum. Nachrichten (Iswestija) der Univ. Kiew XXIII, 62.

Nur von mathematischem Interesse. *O. Chw.*

A. Picart. Sur un nouveau système de bascule. C. R. XCVI, 1782, XCVII, 86-88, 252; [Jahrb. d. Math. XV, 783; [Mondes (3) V, 373.

Haton de la Goupillière. Recherche de la brachistochrone d'un corps pesant en égard aux résistances passives. Mém. prés. par divers savants. Paris. XXVII.

J. W. L. Glaisher. Note on the time of descent down the arc of a vertical parabola. Quart. J. of math. XIX, 141-145.

H. Léauté. Sur une famille de courbes, que l'on rencontre dans les transmissions de mouvement et sur leur application dans les machines. J. éc. pol. Cah. LIII, 59-79; [Jahrb. d. Math. XV, 783-785.

— — Sur les trajectoires des divers points d'une bielle en mouvements. C. R. XCVI, 639-641.

— — Règles pratiques pour la substitution, à un arc donné, de certaines courbes fermées, engendrées par les points d'une bielle en mouvement. Cas général. C. R. XCVI, 1356-1358; [Jahrb. d. Math. XV, 785.

E. Lüttig. Die Bewegung einer starren gleichmässig mit Masse belegten Geraden auf Cylinderflächen, speciell auf einem parabolischen Cylinder, unter dem Einfluss der Schwere und von Anfangsstössen. Jena: Neuenhahn. 39 S. 8°.

R. Hoppe. Horizontal rotirende Kette. Arch. d. Math. LXX, 90-95.

— — Bewegung eines Cylinders im Hohlcylinder auf schiefer Ebene unter Berührung ohne Gleitung. Arch. d. Math. LXIX, 162-168; [Jahrb. d. Math. XV, 825.

James Bottomley. On the change produced in the motion of an oscillating rod by a heavy ring surrounding it, and attached to it by elastic cords. Manchester Lit. and Phil. Soc. 2. Oct.

Paul Garrigou-Lagrange. Observations sur le mouvement et le choc des systèmes invariables. Paris: Gauthier-Villars. [Mondes (3) V, 424.

Perry. Kinetic Energy of Rotating Bodies. [Chem. News XLVII, 278; [Nature XXVIII, 215.

Woodward. An Experiment Illustrating Motion produced by Diffusion. [Chem. News XLVII, 234; [Nature XXVIII, 94.

Ludwig Matthiessen. Ueber die Gesetze der Bewegung und Formveränderung homogener, freier um ihre Axe rotirender cylindrischer Gleichgewichtsfiguren ··· ZS. f. Math. u. Phys. XXVIII, 31-45.

E. Mercadier. Sur une propriété générale d'un agent dont l'action est proportionelle au produit des quantités en présence et à une puissance quelconque de la distance. C. R. XCVI, 188-190; [Jahrb. d. Math. XV, 805; [Cim. (3) XIII, 255; [Rev. scient. (3) IV, 121.

Ph. Gilbert. Mémoire sur l'application de la méthode de Lagrange à divers problèmes de mouvement relatif. Bruxelles: F. Hayez. 8°; Ann. soc. sc. Brux. VII. B. 11-110; [Jahrb. d. Math. XV, 823.

Ed. Collignon. Quelques problèmes sur le mouvement relatif. Ass. franç. Rouen 1883, 156-169.

J. E. Hendricks. On the effect of the earth's rotation on bodies moving on its surface. Analyst X, 145-147; [Jahrb. d. Math. XV, 824.

W. M. Davis. Ueber die ablenkende Wirkung der Erdrotation. [ZS. f. Met. XVIII, 299-300 nach Nostrand's „Engineering Mag." April 1883.

Max Bacharach. Abriss der Geschichte der Potentialtheorie. Göttingen: Vandenhoeck & Ruprecht's Verl. 1883 III+78 S. 8°. [Arch. d. Math. u. Phys. LXX, Lit.-Ber. CCLXXX, 36-37; [ZS. f. Math. XXIX, hist.-lit. Abth. 102-104; [Lit. CBl. 1884, 116.

F. Grube. Zur Geschichte des Problems der Anziehung der Ellipsoide. Prog. Schleswig. 1883. [ZS. f. Math. XXVIII, hist.-lit. Abth. 200-201.

C. Doormann. Anwendung der Lamé'schen Functionen auf Probleme der Potentialtheorie, · · · . Diss. Göttingen.

Cst. Rovelli. La teoria della funzione potenziale di Green applicata allo studio dei fenomeni della gravitazione universale. Como 1883. 96 S. 8°.

R. Hoppe. Moment der gegenseitigen Anziehung der begrenzten Schenkel eines Winckels. Arch. d. Math. LXX, 335-336.

Nanson. On the Potential of an Ellipsoid. Mess. of Math. (2) XIII, 109-110.

Frank Nelson Cole. The Potential of a Shell bounded by Confocal Ellipsoidal Surfaces. Proc. Amer. Acad. XVIII, 226-231.

Padova. Un teorema di meccanica. Atti R. Ist. Ven. (6) I disp. 7.

O. Chwolson. Warum ist ein Perpetuum mobile unmöglich? St. Petersburg. 19 S. (Russisch.)
Populäre Darlegung. *O. Chw.*

A. Stévart. Ein Apparat zum Nachweise der Fallgesetze. [Beibl. V, 643; [Arch. d. Pharm. CCXXI, 875.

C. F. W. PETERS. Notiz über die BESSEL'schen Pendelbeobachtungen. Astr. Nach. CVI, 1-4 (Nr. 2521).

M. PIEPER. Zur Kritik der Theorie des FOUCAULT'schen Pendelversuches. Prog. Gymn. Dessau.

Cte DE SPARRE. Sur le pendule de FOUCAULT. Ann. soc. sc. Brux. VII. B. 111-126; [Jahrb. d. Math. XV, 823.

PH. GILBERT. Rapport. Ann. soc. sc. Brux. VII. A. 51-52.

A. BÖHM. Elementare Ableitung der Formeln für die Elongation und die Geschwindigkeit bei einer pendelartig schwingenden Bewegung. ZS. f. Realschw. VIII, 397-401; [Jahrb. d. Math. XVI, 811-812.

WOLKOFF. Das Gesetz der Pendelschwingungen.

PREOBRASCHENSKIJ. Das Gesetz der Pendelschwingungen. J. d. russ. chem.-phys. Ges. [2] XV, 16 und 61.

Beide Arbeiten enthalten elementare Ableitungen des Schwingungsgesetzes. *O. Chw.*

J. BERTRAND. Sur la loi de déviation du pendule de FOUCAULT. [J. de phys. (2) II, 31; s. diese Berichte XXXVIII Abth. I, 178.

A. GENOCCHI. Musterung der Schriften über die Deviation der Pendel und den FOUCAULT'schen Versuch. Boncompagni Bull. XV.

W. WEBER. Ueber Construction des BOHNENBERGER-schen Reversionpendels, zur Bestimmung der Pendellänge für eine bestimmte Schwingungsdauer in Verhältniss zu einem gegebenen Längenmaass. Leipz. Ber. 1883, 7-17.

A. KURZ. Zur Messung der Schwingungsdauer. Rep. d. Phys. XIX, 566-567†.

Zusätze zu KOHLRAUSCH's Praktischer Physik Art. 52 auf Grund von Messungen, die der Verfasser im Verein mit W. BRAUN angestellt hat. *O.*

N. SCHUKOFFSKIJ. Wirkung der Stativschwankungen auf die Schwingungszeit eines Pendels. Moskau 1883. 8 S. (Russisch.) *O. Chw.*

Ph. Gilbert. Barogyroskop. ···· . [ZS. f. Instrk. III, 359 nach J. de phys. 1883, 101.

Ayrton. Lecture apparatus for showing the laws of centrifugal force. [Chem. News XLVII, 278; [Nature XXVIII, 215.

E. Lalbin. Étude sur les appareils centrifuges. Paris: Chaix.

J. Baills. Traité de Balistique rationelle. Paris: Delagrave. 1883.

A. Mieg. Theoretische äussere Ballistik nebst Anleitung zur praktischen Ermittelung der Flugbahnelemente. Berlin: E. S. Mittler & Sohn.

A. Picart. Question de balistique. Wassy, imprim. Blavier. 7 S. 8°.

A. G. Greenhill. On the Motion of a Projectile in a Resisting Medium and particulary when the Resistances varies as the Cube of the Velocity. Woolwich printed at the Roy. Artillery Institution. 1882 32 S. [Phil. Mag. (5) XVI, 66†; [Beibl. VII, 578*; s. diese Berichte XXXVIII Abth. I, 169. *Pt.*

Spohr. Noch ein Beitrag zur elementaren Erklärung der Derivation der Spitzgeschosse. Jahrbücher f. d. d. Armee u. Marine XLIX, 150-160.

A. Heindorf. Kritik der drei Kepler'schen Gesetze. [ZS. f. Math. XXVIII hist.-lit. Abth. 192-193.

August Weiler. Weitere Nachträge, die Störungsgleichungen betreffend. Astr. Nachr. No. 2510. CV, 209-224.

— — Ueber die sücularen Störungen in dem Problem der drei Körper. Astr. Nachr. CV, 289-312, CVI, 47-48.

Hugo Gyldén. Erwiderung. Astr. Nachr. No. 2523, CVI, 33 bis 34.

August Weiler. Die lineare Transformation in dem Problem der drei Körper. Astr. Nachr. Nr. 2524, CVI, 49-62.

— — Bemerkungen und Entgegnungen auf einen Bericht über Arbeiten, das Problem der drei Körper und die Störungstheorie betreffend, in dem Bull. des sc. math. (2) V. 1881. Astr. Nachr. Nr. 2525, CVI, 65-76.

August Weiler. Berichtigung (zu Nr. 2510, 2515-16). Astr. Nachr. Nr. 2532, CVI, 191-192.

Gyldén. Eine Annäherungsmethode im Probleme der drei Körper. Acta Math. I.

A. Ledieu. Examen de l'analogie entre les anneaux électrochimiques et hydrodynamiques et les courbes $\varDelta V = 0$. · · · · C. R. XCVI, 98-102; [Rev. scient. (3) IV, 90; [Mondes (3) IV, 115-117.

G. F. Swain. On the application of the principle of virtual velocities on the determination of the deflection and stresses of fraines. J. Frankl. Inst. Febr. 1883.

E. Rousseau. Apparecchio per la rappresentazione della propagazione di un movimento vibratorio trasversale e longitudinale. [Cim. (3) XIV, 277-278 nach Cat. des app. etc. de l'expos. nat. Bruxelles 1880.

Rellig. Ueber einen neuen Apparat zur Demonstration der Entstehung von stehenden Transversalschwingungen durch Interferenz von transversalen fortschreitenden Schwingungen. ZS. f. Realschulw. VIII, 204-209.

Th. H. Ward's Differentialflaschenzug. D. R. P. Kl. 35, Nr. 21392; [Dingl. J. CCXLIX, 432-433.

Lermantoff. La manière de placer verticalement un axe. J. d. russ. chem.-phys. Ges. 1883 [2] Prot.; [J. de phys. (2) III, 467.

Marey. Emploi des photographies partielles pour étudier la locomotion de l'homme et des animaux. C. R. XCVI, 1827-1831; [Mondes (3) V, 375-376.

Jansen. Physikalische Aufgaben. Freiburg 1883. [ZS. f. Math. XXX hist.-lit. Abth. 56.

5. Hydrodynamik.

A. B. Basset. On the Motion of a Liquid in and about Cylinders whose Transverse Sections are the Inverse of Confocal Ellipses with respect to their Centres. Quart. J. of math. XIX, 190-212†.

Der Verfasser löst einige Aufgaben. Nach einigen Vorbemerkungen untersucht er die Bewegung einer Flüssigkeit, welche sich zwischen elliptischen Cylindern $\eta = \alpha$ und $\eta = \beta$ befindet, wenn einer der Cylinder oder beide in bestimmter Weise bewegt werden, und zwar 1) wenn der innere Cylinder β sich parallel der Axe y mit der Geschwindigkeit V bewegt, 2) wenn beide Cylinder sich um ihre Axe drehen. Ferner wird die Bewegung eines Wirbelringes im Cylinder $y = \beta$ untersucht. Da die Arbeit von wesentlich mathematischem Interesse ist, mag auf das Referat im Jahrb. d. Math. XV, 843-844 verwiesen werden.

E. R.

Lord Rayleigh. On the Crispations of Fluid resting upon a Vibrating. Phil. Mag. (5) XVI, 50-58†; [Beibl. VII, 644-646.

Es handelt sich um eine von Faraday (Phil. Trans. 1831) und Matthiessen untersuchte Erscheinung; bezüglich der Publication des Letzteren sei auf diese Berichte 1868 XXIV, 199-202 und 1870 XXVI, 259-264 verwiesen. — Ein Eisenstab, welcher etwa 1 m lang und in der Schwingungsebene 6.4 mm dick war, wurde an den Knotenpunkten horizontal unterstützt; in seiner Mitte trug er eine Glasplatte, welche mit einer dünnen Flüssigkeitsschicht bedeckt wurde; die Schwingung des Stabes wurde elektromagnetisch unterhalten, wie bei Stimmgabelunterbrechern. Die Flüssigkeitsbewegung setzt sich aus zwei Systemen stationärer Schwingungen zusammen, deren Furchen und Kämme senkrecht zu einander und gewöhnlich den Seiten der (rechteckigen) Platte parallel sind. Aus seiner Beobachtung schliesst der Verfasser dass die Schwingungen des Stabes und die des Wassers nicht synchron sind, was FARADAY angegeben, aber Hr. MATTHIESSEN bestritten hatte. Es wurde versucht, die Häufigkeit der Flüssigkeitsschwingungen aus den Messungen der Wellenlänge und der Tiefe zu berechnen; hierbei wurde nicht genau die Hälfte von der Schwingungszahl des Stabes gefunden. Genau die Hälfte ergab sich dagegen, als die Geschwindigkeit der fortschreitenden Wellen gemessen wurde. Endlich wurde noch ein Versuch gemacht unter ähnlicher Bedingung, wie bei FARADAY, wobei näherungsweise dasselbe Resultat erhalten wurde. Die Versuchsresultate des Hrn. MATTHIESSEN mit verschiedenen Flüssigkeiten lassen sich besser, als durch dessen Formel, durch die Gleichung

$$N^{\frac{3}{2}}\lambda = \mathrm{const.}$$

darstellen, in welcher N die Schwingungszahl und λ die Wellenlänge bedeutet und welche aus der THOMSON'schen Formel $\left(\text{Fortpflanzungsgeschwindigkeit} = \sqrt{\frac{g}{k} + Tk}\right.$; Phil. Mag. (4) XLII, 362-377 s. diese Berichte XXVII, 134-135$\left.\right)$ sich ergiebt, wenn λ klein, $k = \frac{2\pi}{\lambda}$ daher gross ist und folglich $\frac{g}{k}$ gegen Tk vernachlässigt werden kann.

Wenn zwei Stimmgabeln von wenig verschiedener Schwingungszahl eine Wasserfläche berühren, bewegen sich die nahe stationären Wellen zwischen den beiden Störungscentren langsamer nach der tieferen Stimmgabel. Nach dem Verfasser pflanzt sich diese Bewegung mit der Geschwindigkeit

$$V = \frac{n-n'}{k+k'}$$

fort, während nach Hrn. MATTHIESSEN die Gleichung bestehen würde

$$2V = \frac{n}{k} - \frac{n'}{k'}.$$

Für die Versuche von LISSAJOUS und MATTHIESSEN kommen diese Gleichungen auf dasselbe hinaus; doch für Wellen von grösserer

Länge (1.7 für Wasser) ist das nicht mehr der Fall. Eine ausführlichere Mittheilung hierüber will der Verfasser später geben.

E. R.

PAUL FEHRMANN. Ueber die Wellenbewegung einer tropfbaren Flüssigkeit. Diss. Göttingen. 44 S. 8°. [Jahrb. d. Math. XV, 853-854.

Die Flüssigkeit befinde sich in einem Cylinder mit verticaler Wand und horizontaler kreisförmiger Basis (elliptische Grundfläche wird nur andeutungsweise berücksichtigt). Die Wellenbewegung in einem solchen Gefässe wird unter der Bedingung untersucht, dass die Schwingungen der Flüssigkeitstheilchen unendlich klein sind.

E. R.

J. GROMEKA. Ueber die Fortpflanzungsgeschwindigkeit von Wellenbewegungen in Flüssigkeiten, die sich in elastischen Röhren befinden. Sitzungsprotok. der phys.-math. Section der Naturf.-Ges. zu Kasan. I. 28. Sitzung (russ., nach einem Ref. des Verf.).

1876 hat Hr. RESAL diese Geschwindigkeit c durch

$$c = \sqrt{\frac{Ee}{2ah}}$$

ausgedrückt, wo E der Elasticitätscoefficient bei Dehnung der Röhre, e die Dicke der Röhrenwand, a der Radius der Röhre und h die Dichte der Flüssigkeit ist. Hr. RESAL nimmt sehr grosse Wellenlänge und Bewegung in parallelen Schichten an; ferner vernachlässigt er die innere Reibung der Flüssigkeit, die Reibung an den Röhrenwänden und die Inertie der Röhrenmasse.

Hr. KORTEWEG hat 1878 (Over Voortplantings-snelheid von golvon in elastische buitzen, Leiden) die Frage behandelt und zwar, wie Hr. GROMEKA meint, unrichtig. Er vernachlässigte die Grenzbedingung, welche das Gleichgewicht der äusseren und inneren Reibungen ausdrückt, und von den zwei anderen Bedingungen, welche das Gleichgewicht der äusseren Reibung, der elastischen Kräfte der Röhre und der Trägheit ihrer Masse ausdrücken, führt er nur eine in die Rechnungen ein. Statt dessen benutzt er die ganz willkürliche Annahme, dass die Flüssigkeitstheilchen, welche die Röhrenwand berühren, zu dieser senkrechte Bewegungen ausführen.

Auf Grund der Arbeiten der HHrn. ARON und LECORNU über die Bewegung und das Gleichgewicht dünner Platten erhält der Autor zuerst die Differentialgleichungen der Bewegung einer dünnen und elastischen Röhre für den Fall kleiner Schwingungen derselben. Ferner führt er die bekannte Lösung der hydrodynamischen Gleichung ein für den Fall einer Welle, die parallel einer Axe und symmetrisch um dieselbe herum verläuft. Nach Vereinigung jener Differentialgleichungen mit dieser Lösung, nimmt Hr. GROMEKA noch die Grenzbedingungen in Betracht, welche in KIRCHHOFF's Vorlesungen für den Fall der Bewegung einer Flüssigkeit (bei innerer Reibung) gegeben sind; endlich wird noch die Bedingung eingeführt, dass die normalen Componenten der Bewegung der Röhrenwand und der angrenzenden Flüssigkeitstheilchen gleich sein müssen.

Alles dies führt den Autor zu einer sehr complicirten transcendenten Gleichung, welche die Geschwindigkeit c der Welle bestimmt. Werden die Reibungscoefficienten gleich Null gesetzt, so vereinfacht sich diese Gleichung bedeutend und nimmt die Form:

$$-\frac{Ee}{a^2h}J_1(ma)\frac{m^2}{n^2}-\frac{se}{h}m^2J_1(ma)+mJ_0(ma)$$
$$+\frac{se}{a^2h}J_1(ma)+\frac{s^2e^2n^2}{Ch}J_1(ma)-\frac{se}{C}J_0(ma)\frac{n^2}{m^2}=0$$

an, wo J_0 und J_1 BESSEL'sche Functionen, m und n zwei Constanten, welche in den Elementarausdruck der Wellenbewegung $\cos(mx+nt)$ eingehen $\left(\text{es ist also } c=-\frac{n}{m}\right)$, s die Dichte der Röhre und C einer der Elasticitätscoefficienten. Ist $s=0$ und werden in den Reihen für J_0 und J_1 nur die ersten Glieder beibehalten, so wird die RESAL'sche Lösung erhalten. Um annähernd die Wirkung der Trägheit der Röhrenmasse zu bestimmen, werden se, $\frac{1}{C}$ und m als kleine Grössen erster Ordnung angenommen und daher in obiger Gleichung das 2. und das 5. Glied vernachlässigt. Dann werden für die Geschwindigkeit c der Welle die zwei Werthe

$$c^2 = \frac{C}{2se}\left(1+\frac{se}{2ah}\right) \pm \sqrt{\frac{C^2}{4s^2e^2}\left(1+\frac{se}{2ah}\right)^2 - \frac{C}{se}\cdot\frac{Ee}{2ah}}$$

erhalten. Für $s = 0$ wird der eine Werth unendlich gross, der andre identisch mit dem von Hrn. RESAL angegebenen. Hieraus folgert der Autor, dass ein, periodisch nach dem Gesetz

$$p = p_0 \cos(nt)$$

sich ändernder Druck innerhalb einer elastischen Röhre zwei Wellenzüge erregt, von denen der eine sich mit sehr grosser Geschwindigkeit fortpflanzt, während die des andern annähernd durch die RESAL'sche Formel ausgedrückt wird. *O. Chw.*

DE SAINT-VENANT et FLAMANT. Des vitesses que prennent, dans l'intérieur d'un vase, les divers éléments d'un liquide pendant son écoulement par un orifice inférieur, et des moyens simples qui peuvent être employés pour déterminer très approximativement les restes numériques de séries doubles peu convergentes. C. R. XCVII, 1027-1031, 1105-1111; [Mondes (3) VI, 466.

Für die Geschwindigkeitscomponenten eines Theilchens einer incompressiblen, als reibungslos anzusehenden Flüssigkeit, welche aus einer Oeffnung des horizontalen Bodens eines Gefässes ausfliesst, findet man Ausdrücke, in welchen nur langsam convergirende Doppelreihen vorkommen. Hr. BOUSSINESQ hat den Rest dieser Summen durch einen geschlossenen Ausdruck dargestellt. Die Zweckmässigkeit hiervon wird an numerischen Beispielen erläutert. An Stelle des BOUSSINESQ'schen Restwerthes haben die Verfasser zwei Restwerthe aufgestellt, deren einer vortheilhaft angewendet wird, wenn der Boden des Gefässes ein Quadrat oder Rechteck ist, deren andrer sich besonders eignet, wenn der Boden ein Sechseck ist. *E. R.*

H. Resal. Sur le mouvement et la déformation d'une bulle liquide qui s'élève dans une masse liquide d'une densité plus grande. C. R. XCVI, 822-828†; [Beibl. VII, 646 bis 648.

Nach historischen Bemerkungen beschäftigt sich der Verfasser mit dem im Titel angegebenen Problem. Die Oberfläche der Blase (*B*) wird als eine Umdrehungsfläche angesehen, und der Atmosphärendruck wird nicht berücksichtigt. Der Verfasser beginnt damit, für zwei symmetrische Stellen der Blase die Drucke zu bestimmen, deren einer für den Ruhezustand

$$\Pi(z-y)+\mu\left(\frac{1}{R}+\frac{1}{R_1}\right)$$

ist, und erhält für das Problem die Differentialgleichung

$$\left(\Pi-\varrho-\frac{\varrho}{g}-\frac{dV}{dt}\right)\alpha\left[(1+u)\sin\theta+(1+u')\sin\theta'\right]$$
$$+\frac{\mu}{\alpha}\left[\frac{d^2(u-u')}{d\theta^2}-2\operatorname{tg}\theta\frac{d(u-u')}{d\theta}+2(u-u')\right]$$
$$-\frac{\mu}{\alpha}KV^2\sin^2\theta=0.$$

Indem die Glieder zweiter Ordnung vernachlässigt werden und mit Rücksicht darauf, dass $u-u'$ nicht unendlich wird für $\theta=90^\circ$, sowie dass $\frac{d(u-u')}{d\theta}=0$ ist für $\theta=0^\circ$ und $\theta=90^\circ$, in Folge wovon die beiden willkürlichen Constanten des allgemeinen Integrals gleich Null werden, wird schliesslich gefunden

$$u-u'=\frac{KV^2}{2}\sin\theta\left[\log\left(\sin\frac{\theta}{2}+\cos\frac{\theta}{2}\right)-\frac{\sin\theta}{2}\right].$$

u und u' sind zwei Grössen, welche, eben so wie $(\theta-\theta')$, von der Ordnung des Widerstandes, oder einfacher von der Ordnung von K, einer Constanten, die nur von der Natur der Flüssigkeit und der Blase abhängt, sind; V ist eine constante Geschwindigkeit (die des Flüssigkeitsfadens mm'); θ und θ' sind bez. die Winkel mOx und $m'Ox$, indem m und m' zwei symmetrische Punkte der Blase bedeuten (welche dieselbe Abscisse x haben); R und R' die Krümmungsradien bei m und m'; R_1 und R'_1 die

Längen der Normalen an beiden Punkten bis zum Schnitt mit der senkrechten Rotationsaxe; μ ist die Capillaritätsconstante.

E. R.

C. Gilbert Wheeler. Transmission of Gases through Fluids of Different Densities. A Lecture Experiment. Chem. News XLVIII, 76-77†; [Chem. CBl. (3) XIV, 657; [Beibl. VII, 880.

Wenn in eine angesäuerte und fast gesättigte Lösung eines Salzes (z. B. Eisensulfatlösung mit etwas Schwefelsäure) ein Stück Zink gestellt und die Lösung mit gewöhnlichem Wasser vorsichtig bedeckt wird, scheinen die Wasserstoffbläschen einem beträchtlichen Widerstande an der Grenzschicht der beiden Flüssigkeiten zu begegnen, ein Drittel bis zur Hälfte der Bläschen wird reflectirt, diese steigen dann wieder empor und gelangen nun durch die Grenzschicht. Die Erscheinung wiederholt sich, wenn auf dem Wasser eine Flüssigkeit von geringerem specifischen Gewicht vorhanden ist, allerdings nicht so deutlich.

Der Verfasser meint, dass eine ausreichende Erklärung für die Erscheinung nicht vorhanden ist. Er denkt sich den Vorgang folgendermaassen: Die aufsteigenden Gasbläschen führen eine Hülle der Lösung mit sich, beim Eintritt in die obere Flüssigkeit sind sie zu sehr belastet, um durch die Grenzschicht zu gelangen, bleiben einen Augenblick in Ruhe, werden von Gegenströmen, die durch das schnelle Aufsteigen der Bläschen entstanden sind, erfasst und etwas in die Lösung zurückgeführt. *E. R.*

Tait. Note on the Compressibility of Water Proc. R. Soc. Edinb. XII, 46-47; [Nature XXVII, 283; [Beibl. VIII, 12.

— — Further Note on the Compressibility of Water. Proc. R. Soc. Edinb. XII, 226; [Nature XXVIII, 239; [Beibl. VIII, 439. 1884; Proc. Soc. R. Edinb. XII, 757. 1884.

Wasser scheint bei hohen Drucken weniger zusammendrückbar zu sein, als bei geringeren Drucken und zusammendrückbarer (im Vergleich mit Stahl oder Glas) bei geringeren als bei höheren Temperaturen.

Druck in Tonnen auf den Quadratzoll:	1	2	2½	3	3½	4
6.3° C.	0.00704	692	684	672		
7.6		682		670	660	
11.3	684	670		654		
13.1		666		648		637
15.2	673	554		633		

Diese Zahlen können wiedergegeben werden durch den Ausdruck

$$0.00743-0.000\,038t-0.00015p,$$

welcher den Werth von $\frac{v_0-v}{pv_0}$ darstellt. Obgleich die Formel nicht richtig ist, kann sie für gewöhnliche Zwecke ausreichen.

Für 15.5° C erhielt der Verfasser

Druck in Tonnen:	1	1½	2	3
Wasser	0.00678	0.00663	0.00657	0.00638
Seewasser	0.00627	0.00618	0.00609	0.00693

Die Zahlen sind die Werthe von $\frac{v_0-v'}{pv_0}$; sie geben für die wahre Zusammendrückbarkeit $\left(-\frac{1}{v}\frac{dv}{dp}\right)$ bei irgend einem Druck und der Temperatur 15.5° C. die Ausdrücke

bei Wasser $0.00698(1-0.05p)$
bei Seewasser $0.00645(1-0.05p)$.

Das Verhältniss ist 0.925, d. h. die Compressibilität des Seewassers bei 15.5° C. beträgt nur 92.5 pCt. von der des gewöhnlichen Wassers. *E. R.*

G. Quincke. Ueber die Aenderung des Volumens und des Brechungsexponenten von Flüssigkeiten durch hydrostatischen Druck. Berl. Sitzber. 1883, 409-412† (Auszug); [J. de phys. (2) II, 279-280; Wied. Ann. XIX, 401-435†; [Ber. d. chem. Ges. XVI, 1668; [Nature XXVIII, 308; [Cim. (3) XIV, 87-88.

Die Compressibilität der Flüssigkeiten wurde dadurch bestimmt, dass die scheinbare Abnahme der Volumeneinheit gemessen wurde, welche Flüssigkeiten in Glasgefässen, die mit Capillarröhren versehen waren, unter der Glocke der Luftpumpe bei 0° und bei der mittleren Temperatur t^0 zeigten, wenn der Druck auf die Flüssigkeit um eine mit dem Quecksilbermanometer gemessene Grösse zunahm. Die Gefässe waren meistens Kugeln, in einzelnen Fällen von cylindrischer Gestalt. Die Volumenänderung der Glashülle wurde durch besondere Versuche bestimmt. Für μ, die wirkliche Abnahme der Volumeneinheit der Flüssigkeit bei der Zunahme des Druckes um eine Atmosphäre, hat man die Gleichung

$$\mu = \frac{\Delta v}{v} \frac{760}{p} + k,$$

wenn k die Abnahme der Volumeneinheit des Glases bedeutet, welche einer Zunahme des Druckes um eine Atmosphäre entspricht, v und p Volumen und Druck sind. Wegen der ungleichförmigen Elasticität des Glases ist die Bestimmung von k schwierig, und hierdurch wird die Bestimmung von μ unsicher. Die beobachteten Werthe von k weichen bei dünnwandigen Gefässen besonders stark ab, daher wurden meistens Kugeln, deren Volumen 50 bis 90 ccm betrug, mit 0.5—1 mm dicken Wänden benutzt.

Die Resultate des Verfassers für die Compressibilität von Flüssigkeiten durch hydrostatischen Druck von einer Atmosphäre in Milliontel des ursprünglichen Volumens sind in der folgenden Tabelle (Berl. Sitzber. 1883, 409) enthalten:

Flüssigkeit	$\mu \cdot 10^6$ bei 0°	$\mu \cdot 10^6$ bei t^0	Temp. t^0
	vol.	vol.	°
Glycerin	25.24	25.10	19.00
Rüböl	48.02	58.18	17.80
Mandelöl	48.21	56.30	19.68
Olivenöl	48.59	61.74	18.3
Wasser	50.30	45.63	22.93
Schwefelkohlenstoff	53.92	63.78	17.00
Terpentinöl	58.17	77.93	18.56
Benzol aus Benzolsäure	—	66.10	16.78
Benzol	—	62.84	16.08
Steinöl	64.99	74.50	19.23
Alkohol	82.82	95.95	17.51
Aether	115.57	147.72	21.36

Bezüglich des weiteren Inhaltes dieser Publication s. in der zweiten Abtheilung dieses Jahrganges S. 47-48. *E. R.*

E. PAGLIANI et J. VICENTINI. Sur la compressibilité des liquides. J. de phys. (2) II, 461-462†; Riv. scient. ind. 1883 Sept.

Eine vorläufige Mittheilung darüber, dass der Compressibilitätscoefficient des Wassers ein Minimum hat. — Die Versuche der Verfasser beziehen sich auf destillirtes Wasser bei sechs verschiedenen Temperaturen zwischen 0° und 100°. Es zeigte sich, dass der Coefficient für die Zusammendrückbarkeit des Wassers zwischen 0° und 55° abnimmt (entsprechend den Resultaten des Hrn. GRASSI) und bei höheren Temperaturen wächst.

E. R.

W. H. STABLES and A. E. WILSON. Experiments on the Viscosity of a Solution of Saponine. Proc. Phys. Soc. V, 234-242; Phil. Mag. (5) XV, 406-414†; [Nature XXVIII, 23; [Chem. News XLVII, 201; [Beibl. VII, 884-885.

Der benutzte Apparat war ähnlich dem von Hrn. GROTRIAN (POGG. Ann. CLVII, 237) gebrauchten. Die Verfasser entnehmen aus ihren Experimenten, dass der Widerstand, welchen eine schwingende Scheibe von 2 mm Dicke in der Wasseroberfläche erleidet, nur etwa halb so gross ist, als der im Innern des Wassers, dagegen der Widerstand an der Oberfläche einer zweiprocentigen Saponinlösung wenigstens 600 mal grösser ist, als im Innern; dieses Verhältniss verkleinert sich auf 16, wenn die Oberfläche der Scheibe bis zu 0.1 mm Tiefe eingetaucht wird.

E. R.

JULIUS WAGNER. Ueber die Zähigkeit von Salzlösungen. WIED. Ann. XVIII, 259-289†.

Mittelst des von Hrn. G. WIEDEMANN (POGG. Ann. XCIX, 221) angegebenen und von Hrn. SPRUNG (POGG. Ann. CXLIX, 1) modificirten Apparates bestimmte der Verfasser nach der Ausflussmethode die Zähigkeit der Lösungen von den Sulfaten, Chloriden und Nitraten der zweiwerthigen Schwermetalle und von den Nitraten der alkalischen Erden. Die Resultate sind in einer Anzahl von Tabellen für die Temperaturen 15°, 25°, 35°, 45° zusammengestellt. Aus denselben ergiebt sich, dass der Zusammenhang zwischen Temperatur und Zähigkeit, wie er in den

Formeln von POISEUILLE, SLOTTE und RELLSTAB zum Ausdruck kommt, für Salzlösungen nicht besteht. Ueberhaupt gelangt der Verfasser zu dem Resultat, dass eine Proportionalität zwischen der Grösse der Zähigkeit und der Grösse ihrer Abnahme mit der Temperatur nicht vorhanden ist. Die Abnahme ist für ein gleiches Temperaturintervall um so grösser, je niedriger die Temperatur ist. Trägt man die Temperaturen als Abscissen ab, die zugehörigen Zähigkeiten als Ordinaten, so nähern sich die entstehenden Curven asymptotisch der Abscissenaxe. Eben so wenig besteht eine einfache Beziehung zwischen der Abnahme der Zähigkeit und dem specifischen Gewichte oder der Concentration der Lösung. Die Versuche gaben weiter keinen Aufschluss darüber, ob durch den Einfluss der Temperatur die Zähigkeit der Salzlösungen in grösserem, gleichem oder geringerem Maasse beeinflusst wird als die des Wassers. Ein Minimum der Zähigkeit, wie es Hr. GIRARD für das Kaliumnitrat und Hr. SPRUNG für zahlreiche andere Salze nachgewiesen hat, vermochte der Verfasser nur beim Bariumnitrat zu constatiren; bei allen anderen untersuchten Lösungen nähern sich die Zähigkeitscurven bei verschiedener Concentration asymptotisch der Abscissenaxe. Hinsichtlich des Einflusses der Natur des Salzes auf die Zähigkeit der Lösungen bestätigte der Verfasser für eine Reihe von Fällen den von den HHrn. HÜBNER, SPRUNG und SLOTTE gefundenen Satz, nach welchem gleich concentrirte Lösungen um so zäher sind, je kleiner bei gleicher Säure das Atomgewicht des Metalls und je kleiner bei gleichem Metall das Atomgewicht der Säure ist. Dieser Satz, welcher indess nur für ganz gleich constituirte Salze gilt, dagegen seine Gültigkeit beim Uebergang von den Alkalimetallen zu den Metallen der alkalischen Erden oder beim Uebergang von den einbasischen zu den mehrbasischen Säuren verliert, besteht in den vorliegenden Untersuchungen für die Nitrate und Chloride, dagegen nicht für die Sulfate der zweiwerthigen Metalle. Eine einfache Beziehung zwischen Moleculargewicht und Zähigkeit vermochte der Verfasser auch für Lösungen mit gleichem Gehalte an Salzmolecülen nicht nachzuweisen, selbst nicht in dem Falle, dass für diese Molecüle eine gleiche

Gestalt angenommen werden kann. Den Grund für die geringe Gleichmässigkeit, welche in dem Einfluss der Temperatur und des Procentgehaltes auf die Zähigkeit bemerkbar ist, findet der Verfasser vornehmlich in der beim Erwärmen eintretenden Dissociation der Salzlösungen; für das Cuprichlorid gelang es ihm den Einfluss der Dissociation unterhalb 25° direct nachzuweisen.

Bgr.

K. F. Slotte. Ueber die innere Reibung einiger Lösungen und die Reibungsconstante des Wassers bei verschiedenen Temperaturen. Wied. Ann. XX, 257-267†.

Die Reibungsconstanten einiger Lösungen von Chromsäure, normalem kohlensauren Kalium und Natrium, normalem orthophosphorsauren Natrium und Orthophosphorsäure sind nach der Ausflussmethode bestimmt worden. Die normalen Orthophosphate des Kaliums und Ammoniums konnten bisher nicht untersucht werden, weil der Verfasser nicht genügend reine Salze erhalten konnte. Mit demselben Apparate, welcher bei der Untersuchung der genannten Substanzen benutzt wurde, hat der Verfasser auch die Reibungsconstante des Wassers für das ganze Temperaturintervall 0° bis 100° zu bestimmen gesucht. Der benutzte Apparat war im Wesentlichen gleich dem des Hrn. G. Wiedemann (Pogg. Ann. XCIX, 221. 1856), die Abweichungen werden mitgetheilt. Zur Berechnung der Constanten wurde die Poiseuille-Hagenbach'sche Formel gebraucht und zwar, um die Constanten in den gebräuchlichen Einheiten zu bekommen, in der Form

$$\eta = \frac{\pi h\delta g r^4}{8 v l}\cdot t - \frac{v d}{2^{10/3}\pi l}\cdot\frac{1}{t}.$$

In dieser Formel bedeutet η die Reibungsconstante, v das in der Zeit t ausgeflossene Volumen, r und l den Radius und die Länge des Capillarrohres, h und δ die Höhe und die Dichte der drückenden Wassersäule, d die Dichte der ausströmenden Flüssigkeit, g die Beschleunigung der Schwere. Die Resultate werden in Tabellen zusammengestellt.

Darauf folgt eine Zusammenstellung verschiedener Beobachtungen über die innere Reibung der Säure- und Salzlösungen.

„Eine Vergleichung der Zähigkeiten verschiedener Lösungen nach der Anzahl der aufgelösten Molecüle in der Volumeneinheit scheint in mehreren Fällen geeignet zu sein, die Abhängigkeit der Zähigkeit von der chemischen Beschaffenheit der aufgelösten Substanzen reiner darzustellen, als eine Vergleichung nach dem Procentgehalte. Bezeichnet d die Dichte einer Lösung, p den Procentgehalt und m das chemische Moleculargewicht des aufgelösten Stoffes, so ist $n = \frac{pd}{m}$ ein relatives Maass für die Anzahl der Molecüle, welche in der Volumeneinheit gelöst sind.“ Der Verfasser hat nach den Beobachtungen von GRAHAM, GROTRIAN, SPRUNG und seinen eigenen die specifischen Zähigkeiten von Lösungen verschiedener Säuren und Salze als Function der Molecülzahl graphisch dargestellt und mit Hülfe der so erhaltenen Curven die Zähigkeiten der Lösungen für gleiche Werthe von n näherungsweise bestimmt. „In der folgenden Tabelle sind die so gefundenen specifischen Zähigkeiten dieser Lösungen für die Temperatur 20° und verschiedene Werthe von n zusammengestellt. Jede Zahl in der Tabelle bezieht sich auf eine Verbindung, deren Namen man erhält, wenn man in der überschriebenen Formel statt M das Zeichen einsetzt, welches vor der entsprechenden horizontalen Reihe steht.

1000 n		MNO_3	MCl	M_2CrO_4	M_2SO_4	M_2CO_3	M_3PO_4
50	H	57	57	58	62	—	65
	NH_4	55	56	60	63	—	—
	K	56	56	61	63	65	—
	Na	58	59	70	69	72	91
100	H	59	59	60	68	—	75
	NH_4	54	55	65	69	—	—
	K	55	56	66	69	75	—
	Na	60	62	92	87	96	(170)
150	H	60	61	63	76	—	87
	NH_4	54	55	70	77	—	—
	K	55	56	73	—	89	—
	Na	62	65	—	—	132	—
500	H	70	72	96	132	—	275

Aus dieser Zusammenstellung ergiebt sich zunächst, dass die beiden einbasischen Säuren und ihre Salze die geringste, die dreibasische Phosphorsäure und ihr Natriumsalz die grösste, die zweibasischen Säuren und ihre Salze eine mittlere Zähigkeit besitzen. Weiter ist ersichtlich, dass die Reihenfolge der specifischen Zähigkeiten für jede horizontale Reihe dieselbe ist. Ausnahmen finden statt nur für Na_2CrO_4 und Na_2SO_4. Es zeigt sich auch, dass entsprechende Nitrate und Chloride fast gleiche Zähigkeit besitzen, und dass die Zähigkeit des Kaliumsalzes jeder Säure nur wenig von der Zähigkeit des Ammoniumsalzes derselben Säure abweicht.“ Im Wesentlichen wurden dieselben Resultate für die specifischen Zähigkeiten bei 40° gefunden.

Der Verfasser hat die Werthe der Reibungsconstante des Wassers, welche er gefunden hat, und die, welche Hr. O. E. Meyer aus Poiseuille's und Rosenkranz' Versuchen berechnet hat, zusammengestellt:

	P	S		R		S
10°	0.01309	0.01315	50.3°	0.00552	50.1°	0.00554
20°	0.01008	0.01009	60.7°	0.00484	60.2°	0.00473
30°	0.00802	0.00804	80.1°	0.00399	80.1°	0.00361
40°	0.00653	0.00659	89.4°	0.00345	90.0°	0.00322

Bei dem Versuch, die Reibungsconstante als Function der Temperatur darzustellen, konnten die Beobachtungen im Allgemeinen wiedergegeben werden durch die Formel

$$\eta = \frac{0.52119}{26+t} - 0.00131.$$

E. R.

Eilhard Wiedemann. Ueber die Beziehung zwischen dem Reibungs- und Leitungswiderstand der Lösungen von Salzen in verschiedenen Lösungsmitteln. Wied. Ann. XX, 537-538†.

Die Versuche wurden mit demselben Salze (Zinksulfat) in Lösungen, welche möglichst verschiedene Reibungscoefficienten besitzen (in Wasser und wasserhaltigem Glycerin), angestellt. Die Reibungswiderstände wurden mit dem von Hrn. Sprung beschriebenen Apparat (POGG. Ann. CLIX, 1. 1876) bestimmt, die Leitungswiderstände mittelst der WHEATSTONE'schen Brücke, wenn gleich concentrirte Lösungen von Zinksulfat in Wasser und Glycerin in zwei Tröge von gleichen Dimensionen gebracht, in dieselben zwei gleiche amalgamirte Zinkplatten getaucht und die beiden Tröge gleichzeitig in zwei Zweige der Brücke eingeschaltet wurden.

Es zeigte sich, „dass keine Proportionalität zwischen Leitungs- und Reibungswiderständen besteht, sondern dass das Lösungsmittel bei den betreffenden Vorgängen eine grosse Rolle spielt. Ferner ergiebt sich aber, dass, je concentrirter die Lösungen werden, um so mehr der Einfluss des Lösungsmittels zurücktritt. *E. R.*

Sh. auch Abschnitt V. 31.

K. WAITZ. Ueber den Einfluss der galvanischen Polarisation auf die Reibung. WIED. Ann. XX, 285-303†.

Zunächst wird ein Versuch mitgetheilt, welcher die Ansicht des Hrn. W. SIEMENS (WIED. Ann. IV, 485. 1878) bestätigt, dass elektrolytisch abgeschiedene Gase die Reibungsänderung zwischen einem Metallstück und einem porösen Körper, der mit einer den elektrischen Strom leitenden Flüssigkeit getränkt ist, veranlassen, wenn ein elektrischer Strom vom porösen Körper zum Metall geleitet wird, oder auch wenn der Strom sich nur ändert.

Die Beobachtungen des Hrn. KOCH (WIED. Ann. VIII, 92-97. 1879; s. diese Berichte XXXV, 781-782) wurden erweitert und ergänzt. Der Verfasser fand, dass nicht nur die O-Polarisation, sondern auch die H-Polarisation eine bedeutende Aenderung der Reibung zwischen den benutzten Körpern (Platin gegen Glas in verdünnter Schwefelsäure, in Sodalösung, in Kalilauge oder in Kaliumeisencyanür, Palladium oder Gold gegen Glas in den drei ersten dieser Flüssigkeiten und Nickel gegen Glas in Sodalösung) bewirkte und zwar (abgesehen von Platin in [nicht reiner] Kalilauge, in welchem Falle keine Aenderung beobachtet wurde, und Platin in gelbem Blutlaugensalz, wo anfänglich bei H-Polarisation Zunahme der Reibung bemerkt wurde) eine verschieden grosse Reibungsverminderung. Die Mittheilung des Hrn. Krouchkoll (C. R. XCV. 1882; s. diese Berichte XXXVIII Abth. II, 607) wurde früher publicirt, als die Versuche des Verfassers abgeschlossen waren. Die Ursache des Phänomens wurde durch die Beobachtungen des Verfassers nicht festgestellt, eine Erklärung scheint ihm möglich mit Hülfe der Anschauungen, welche Hr. H. v. Helmholtz in den „Studien über elektrische Grenzschichten“ (Wied. Ann. VII, 337. 1879) entwickelt hat.

E. R.

(Wehage.) Ueber den Leitungswiderstand von Röhren. Dingl. J. CCLII, 89-96†.

Hr. Hamilton Smith hat im Engineering and Mining Journal XXXV, 66. 1883 die Ergebnisse einer grösseren Anzahl von Versuchen veröffentlicht, welche theils er angestellt hat, um den Leitungswiderstand gerader cylindrischer Röhren beim Durchfluss von Wasser zu ermitteln, theils Andere gemacht hatten (18 Versuche), so dass im Ganzen 88 Versuche vorliegen, von welchen jedoch zwei nicht verwerthbar sind. Die Resultate der anderen 86 Versuche sind in einer Tabelle zusammengestellt. Die Röhren waren genietete Eisenblechröhren, gezogene schmiedeeiserne Gasröhren, Glasröhren und eine Holzröhre. Die Durchmesser variirten von 13 mm bis 1220 mm. Da Hr. Smith für jede Röhre die Durchflussgeschwindigkeit bei 4 bis 8 verschiedenen Druckhöhen ermittelt hat, und die Röhren sehr verschieden weit und auch verhältnissmässig lang waren, tritt die Abhängigkeit des Leitungwiderstandes von der Wassergeschwindigkeit und dem Röhrendurchmesser ziemlich klar hervor.

Bei den Versuchen mit den weiten Blechröhren wurden auch Steine, beschwerte und unbeschwerte Holzklötze mit dem Wasser durch die Röhren geschickt und die mittlere Geschwindigkeit derselben festgestellt. Dieselbe fand sich, abgesehen von zwei Ausnahmen, nur wenig geringer als die Geschwindigkeit des Wassers; der Unterschied war naturgemäss um so geringer, je grösser die letztere war.

Hr. H. SMITH benutzte die Formel $u = m\sqrt{\frac{dh'}{l}}$, in welcher u die Geschwindigkeit des Wassers in den Röhren, d den Durchmesser, l die Länge derselben und m einen Leitungswiderstandscoefficienten bezeichnet. Ferner ist h' eine Druckhöhe, welche man erhält, wenn man von der gemessenen Druckhöhe h die Grösse $\frac{u^2}{2gc^2}$ abzieht. Dies entspricht der Formel $u = c\sqrt{2g(h-h')}$, indem c den von der Contraction an der Einlaufstelle abhängigen Coefficienten und h' die dem Leitungswiderstande entsprechende Druckhöhe bedeutet. Für c wurden Werthe genommen, welche zwischen 0.98 und 0.8 lagen. Aus der dann bestimmten Widerstandshöhe, der aus der gemessenen Wassermenge sich ergebenden Geschwindigkeit u und den Grössen l und d wurde der Coefficient m berechnet. Hr. SMITH hat keine bestimmte Gesetzmässigkeit für die Abhängigkeit dieses Coefficienten von der Beschaffenheit der inneren Röhrenfläche, von der Wassergeschwindigkeit und dem Röhrendurchmesser nachgewiesen.

Der Verfasser führte zunächst statt m den Coefficienten λ der in Deutschland gebräuchlichen WEISBACH'schen Formel

$$h' = \lambda \frac{l}{d} \frac{u^2}{2g}$$

ein. Um die vorliegenden Versuche besser zu verwerthen, wurde versucht aus denselben eine Beziehung zwischen λ und den Grössen d und u zu ermitteln. Da Hr. SMITH die Wahl der Werthe von c nicht näher begründet hat, musste die SMITH'sch Widerstandshöhe h' beibehalten werden Bei Benutzung der Formel $\lambda = \alpha + \frac{\beta}{ud}$, „welche, wie Hr. GRASHOF (Theoretische Maschinenlehre. Band 1. Leipzig 1875 S. 488) näher ausgeführt hat, sich besonders dadurch empfiehlt, dass sie den am passendsten erscheinenden Vorstellungen von der Natur des Leitungswiderstandes entspricht", wurden für die Coefficienten α und β sehr verschiedene Werthe erhalten. Nach vergeblichen Versuchen mit anderen Formeln ging der Verfasser auf die

WEISBACH'sche Formel $\lambda = \alpha + \frac{\beta}{\sqrt{u}}$ zurück, „und nach dieser ergaben sich Werthe von α, welche nicht erheblich von einander abwichen, und Werthe von β, welche gleichfalls nicht sehr verschieden und regelmässig um so grösser waren, je kleineren Durchmesser die Röhren hatten, so dass annähernd

$$\beta = 0.009 + \frac{0.00014}{d}$$

gesetzt werden konnte.“ Mit diesem Werthe von β erhielt man den Mittelwerth $\alpha = 0.0132$. Die Formel für λ würde hiernach, auf Metermaass bezogen, für innen glattwandige Röhren lauten

$$\lambda = 0.0132 + \left(0.009 + \frac{0.00014}{d}\right)\frac{1}{\sqrt{u}}.$$

Wie diese Formel den Versuchen entspricht, kann aus der Tabelle ersehen werden und wird dargelegt.

„Soll nun z. B. für eine gegebene Rohrleitung und gegebene Druckhöhe h die Geschwindigkeit u berechnet werden, so wird man am besten thun, zunächst einen passend erscheinenden Werth von λ anzunehmen, damit nach der Formel

$$\left(1 + \varepsilon + \lambda\frac{l}{d}\right)\frac{u^2}{2g} = h,$$

worin ε den Coefficienten für besondere Widerstände (an der Einflussöffnung, in Knieen u. s. w.) bezeichnet, u zu bestimmen, dann mit dem gefundenen Werthe von u den Werth von λ nach der oben gegebenen Formel und mit diesem u zu corrigiren. Wenn nöthig, kann man auch noch eine zweite und dritte Berichtigung ausführen. *E. R.*

N. PETROFF. Die Reibung in Maschinen und der Einfluss der Schmierflüssigkeit auf dieselbe. Ingenieur-J. (Russisch) 1883, 71-140, 228-279, 377-436, 535-564; von der kais. Petersb. Akad. d. Wiss. mit dem LOMONOSSOFF-Preis gekrönte Arbeit, s. den Bericht des H. Akad. Gadolin in den Schriften (Sapiski, russ.) d. Akad. XV, 80 (1885).

Da die von COULOMB und MORIN aufgestellten Reibungsgesetze sich als unrichtig erwiesen haben und neuere Untersuchungen von HIRN, KIRCHWEGER und THURSTON unter einander wenig übereinstimmende Resultate ergaben, beschloss Hr. PETROFF von Neuem die Reibungsgesetze theoretisch und praktisch zu studiren. Zu diesem Zwecke behandelte er die Beweguug der Schmierflüssigkeit als hydrodynamische Aufgabe, wobei das NEWTON'sche Gesetz für innere Reibung in Flüssigkeiten, auf Grund einer Discussion früherer Untersuchungen, als richtig zu Grunde gelegt wurde. Hr. PETROFF benutzte die von Hrn. M. MARGULES 1881 zuerst entwickelten Bewegungsgleichungen einer Flüssigkeit, die sich zwischen zwei concentrischen Cylindern befindet, von denen der innere rotirt. Nach Ableitung dieser Gleichungen auf neue Art, erhält Hr. PETROFF die folgende Hauptformel für die Reibung zwischen Zapfen und Pfanne:

$$F = \frac{\mu Q U}{\varepsilon + \frac{\mu}{\lambda_1} + \frac{\mu}{\lambda_2}},$$

F ist die Kraft der Zapfenreibung (tangential), Q die Berührungsfläche zwischen Zapfen und Pfanne, U die relative Geschwindigkeit, ε die Dicke der Flüssigkeitsschicht, λ_1 und λ_2 die äusseren Reibungscoefficienten zwischen Flüssigkeit einerseits, Zapfen und Pfanne andrerseits.

Der Zapfenradius geht in die Formel nicht ein; dieselbe ist also auch für die Reibung zwischen ebenen Flächen richtig.

In den meisten Fällen ist λ_1 und λ_2 so gross gegen μ, dass im Nenner der obigen Formel die zwei letzten Glieder vernachlässigt werden können. Es ist also in den meisten Fällen die Reibung umgekehrt proportional der Dicke der Flüssigkeitsschicht. Hr. PETROFF giebt eine empirische Formel zur Berechnung dieser Dicke aus dem Drucke des Zapfens auf die Flächeneinheit. Hr. PETROFF zeigt, dass die vermeintlichen Widersprüche zwischen den Versuchen von HIRN, KIRCHWEGER und TURSTON verschwinden und sämmtlich in bester Uebereinstimmung mit den theoretischen Formeln sich befinden. Abweichungen in den Göttinger Versuchen erklären sich durch eine Biegung der Zapfen, welche auf ε Einfluss hat.

Hr. PETROFF untersuchte ferner den Einfluss der Temperatur,

und zwar bestimmte er zuerst durch eine Reihe von Versuchen diesen Einfluss auf die innere Reibung von Spermacet, Olivenöl und Rüböl nach der Methode des Ausfliessens aus langen engen horizontalen Röhren. Die so erhaltenen empirischen Formeln wurden benutzt, um Ausdrücke abzuleiten, welche die Reibung *F* und die Erwärmung in den Zapfen zu bestimmen gestatten, wenn die Grössenverhältnisse, der Druck, die Geschwindigkeit und der Abkühlungscoefficient des Zapfens gegeben sind.

In seinem oben citirten Berichte weist Hr. Gadolin auf die hohe Bedeutung dieser Arbeit für Theorie und Technik hin; ein Viertel der auf Erden verbrannten Kohle wird auf Ueberwindung von Reibungswiderständen verbraucht. *O. Chw.*

S. Lamansky. Untersuchungen über Schmieröle.

Dingl. J. CCXLVIII, 29-35†.

Der Verfasser wollte die Beziehungen, welche zwischen der Schmierfähigkeit der Oele und deren physikalischen Eigenschaften sowie der chemischen Zusammenstetzung besteht, kennen lernen. Das Verhältniss der Zähigkeit der Oele zur Zähigkeit des Wassers bei derselben Temperatur wird bestimmt (und als „specifische Zähigkeit der Oele“ bezeichnet), indem die Ausflusszeiten von 100 ccm Oel bezw. Wasser aus demselben Apparat ermittelt werden und die zum Ausfluss des Wassers gebrauchte Zeit als Einheit genommen wird. Da die Zähigkeit der Oele von der Temperatur sehr abhängig ist, erscheint es dem Verfasser wünschenswerth, dass die Bestimmung der Zähigkeit jedes Oeles wenigstens bei drei verschiedenen Temperaturen, z. B. bei 10°, 30° und 50°, vorgenommen wird. Die Abhängigkeit der Zähigkeit der Oele von der Temperatur ermittelte der Verfasser nach der Poiseuille'schen Methode, wobei er fand

Oele	Spec. Gew. bei 15°	Ausflusszeit in Secunden bei							
		0°	9°	16°	25°	80°	83°	94°	97°
Cylinderöl	0.917	38175	—	6546	—	—	122	41	—
Oleonid	0.881	2408	—	762	483	—	—	—	31
Huile vierge	0.916	—	810	548	372	62	—	—	—
Walrathöl	0.879	—	312	215	146	—	37	—	—

Die Zähigkeit der Mineralöle ändert sich mit der Temperatur weit mehr, als die der Oele organischen Ursprungs, während der Verfasser bezüglich der Capillarerscheinungen bei den Oelen verschiedenen Ursprungs nur ganz unbedeutenden Unterschied fand.

Ferner wurde die Reibung der Oele mit Hülfe des Apparates von DEPREZ und NAPOLI (DINGL. J. CCXXVI, 30. 1877) bestimmt. Die hierbei gewonnenen Resultate befinden sich in einer Tabelle zusammengestellt; aus den erhaltenen Reibungscoefficienten werden folgende allgemeine Schlüsse gezogen:

1) „Der Reibungscoefficient wird mit Zunahme der Belastung bei allen Oelen und bei allen Temperaturen beständig kleiner und zwar bis zu einer bestimmten Grenze, worauf er dann wieder grösser wird. Für ein und dasselbe Oel beginnt diese Zunahme des Reibungscoefficienten, wenn die Temperatur niedrig ist, bei grösserer Belastung, als wenn die Temperatur hoch ist."

2) „Der Reibungscoefficient aller Oele war bei höherer Temperatur für alle Belastungen kleiner als bei niedriger. Dieser Einfluss der Temperatur auf den Reibungscoefficienten tritt bei Mineralölen bedeutend schärfer hervor.

3) Die Reibungscoefficienten der untersuchten Oele organischen Ursprungs, der Walrath- und Olivenöle, waren die geringsten und veränderten sich verhältnissmässig wenig mit der Temperatur. Dieses Resultat liefert einen directen Hinweis auf einen Zusammenhang zwischen der Schmierfähigkeit eines Oeles und dessen Zähigkeit.

4) Unter den Mineralölen besitzt den kleinsten Reibungscoefficienten das Oleonid, welches sich auch durch seine geringe Zähigkeit auszeichnet. Der Einfluss der Temperatur auf den Reibungscoefficienten dieses Oeles ist bedeutend grösser als auf den des Olivenöles, welchem dieselbe specifische Zähigkeit zukommt."

5) „Von allen bis jetzt untersuchten Mineralölen besitzt das Maschinenöl 1a aus der Fabrik von Glück den grössten Reibungscoefficienten und die grösste Zähigkeit.

6) „Die Schmierfähigkeit des Oleonaphta I (aus der Fabrik

von V. J. Rogosine und Comp.), des Waggon-Oeles 0 (Glück) und der Naphtarückstände ist, nach den angeführten Reibungscoefficienten zu urtheilen, fast ein und dieselbe.

7) „Der Einfluss der Temperatur auf den Reibungscoefficienten ist am besten aus den Versuchen mit Oleonaphta I zu beurtheilen. Bei ein und derselben Belastung von 5 k wurde der Reibungscoefficient durch Erhöhung der Temperatur auf 16° fast um dieselbe Grösse (von 0.0333 bis 0.0146) kleiner als durch Vergrösserung der Belastung auf 12 k/qcm (von 0.0333 bis 0.0141) bei ein und derselben Temperatur.“

8) „Die grosse Zähigkeit der Mineralöle ist, wie die bis zu einer Belastung von 25 k/qcm ausgeführten Versuche zeigen, durchaus kein Vortheil eines Schmiermaterials.“

Als Reibungsarbeit in 1 Secunde giebt der Verfasser an

für Walrathöl	bei einer Belastung von	15k	und bei 12.4°	1.13mk
Olivenöl	„ „ „ „	15k	„ „ 13.8°	1.88mk
Oleonid, R.	„ „ „ „	15k	„ „ 13.8°	2.26mk
Oleonaphta I, R.	„ „ „ „	21k	„ „ 16.6°	4.24mk
Waggonöl 0, G.	„ „ „ „	21k	„ „ 11.6°	3.45mk
Naphtarückstände	„ „ „ „	23k	„ „ 16.0°	4.51mk
Maschinenöl 1a, G.	„ „ „ „	23k	„ „ 16.0°	5.74mk

E. R.

G. van der Mensbrugghe. Interprétation théorique de l'effet produit par une couche mince d'huile, répandue à la surface de la mer, pour calmer l'agitation des flots. C. R. XCV, 1055-1056. 1882†; Phil. Mag. (5) XV, 68 bis 70†; [Beibl. VIII, 17-18. 1884.

— — L'huile agit-elle sur la houle ou sur le brisant? C. R. XCVI, 62-63; [Mondes (3) IV, 78; [Sill. J. (3) XXV, 231; [Cim. (3) XIII, 251-252.

Mit der Vergrösserung der freien Oberfläche einer Wassermasse ist Energieverlust, mit der Verkleinerung der freien Oberfläche Energiegewinn verbunden. Wenn eine reine Wasserschicht über eine benachbarte Wasserschicht, die mit Oel dünn überzogen ist, gleitet, wird potentielle Energie gewonnen, was nur auf Kosten der Bewegungsenergie geschehen kann. Dadurch will der Verfasser die beruhigende Wirkung des Oeles auf das bewegte Meer erklären.

Die zweite Mittheilung enthält eine Ergänzung zur ersten, indem auf eine Aeusserung des Admiral BOURGOIS eingegangen wird. *E. R.*

JOHN AITKEN. On the Effect of Oil on a Stormy Sea. Proc. R. Soc. Edinb. XII, 56-75†; [Nature XXVII, 403; [Beibl. VII, 439; [Arch. d. Pharm. CCXXI, 682.

Zunächst wird über Experimente des Hrn. SHIELDS in Peterhead und Aberdeen berichtet. Bezüglich der Wirkung des Oeles auf das bewegte Wasser hat man angenommen, dass das Oel dem Winde weniger Widerstand darbiete, als das Wasser. Durch Experimente gelangte der Verfasser zu dem Resultat, dass ein Luftstrom Wasser mit reiner Oberfläche im Allgemeinen gleich stark wie Wasser, dessen Oberfläche mit Oel bedeckt ist, bewegt. Die beruhigende Wirkung des Oeles kann daher nicht darin bestehen, dass das Oel die Reibung zwischen Wasserfläche und Luft verringert. — Um die Wirkung des Oeles auf eine unruhige Wasserfläche verständlich zu machen, wird dargelegt, wie der Wind auf die Wasserfläche wirkt, wie er Wellen auf dem Wasser erzeugt. Einzelne Theile der Wasseroberfläche können vom Winde leicht weggetrieben werden; wenn dagegen das Wasser mit Oel bedeckt ist, kann dies nicht geschehen. Das Oel schützt daher vor dem Zerreissen der Wasseroberfläche und damit vor dem Entstehen der Wellen. Die beruhigende Wirkung des Oeles auf schon vorhandene grosse Wellen besteht darin, dass die kleinen Wellen auf den grossen sich nicht bilden können, und hierdurch das Entstehen und Brechen der Wellenkämme verhindert wird. Der Verfasser erwähnt Experimente, durch welche das Mitgetheilte veranschaulicht werden kann. — Regen und schwimmende Körper können auch eine beruhigende Wirkung auf eine bewegte Wasserfläche ausüben, doch ist diese Wirkung anderer Art, als die durch Oel erzeugte. *E. R.*

A. Jarolimek. Das Rundschiff. Dingl. J. CCXLVIII, 45-51†.

Um eine bessere Kraftökonomie und eine grosse Fahrgeschwindigkeit der Schiffe zu erlangen, will der Verfasser den von der Schiffsform und der Anordnung der Propeller abhängigen „Formwiderstand“ möglichst verringern. Es handelt sich darum, dass vor dem Schiffe befindliches Wasser hinter dasselbe gebracht wird. Es würde keine Stauung eintreten, wenn das Wasser durch Röhren, die sich im Schiffe befinden, geleitet würde; doch die von den Schiffs- und Rohrwänden dem Wasser dargebotenen Reibungsflächen sind von nachtheiliger Wirkung. Der Verfasser ist zu der Ueberzeugung gelangt, dass eine zweckentsprechende Verwerthung des Perfusionsprincips nur allein bei tellerförmigen Rundschiffen möglich sei und zwar nur dann, wenn die Propeller dabei mitten unter dem Schiffsboden zur Wirkung gelangen. Da unter dem Schiffsboden befindliche Propeller zu grossen Unzukömmlichkeiten führen würden, meint der Verfasser, das Stosspropeller, wenn nicht Strahlpumpen, sich weit besser empfehlen würden. *E. R.*

E. de Jonquières. Considérations théoriques sur les flotteurs remorqués en divergence. C. R. XCVII, 1175 bis 1178†; [Jahrb. d. Math. 1883 XV, 838-839.

Wenn ein in Bezug auf seine verticale Längsebene symmetrischer Schwimmer durch ein Schlepptau gezogen wird, das sich in zwei ungleich lange Theile gabelt, die an der Längsseite des Schwimmers vorn und hinten befestigt werden, so rückt derselbe seitlich vor, sobald die Bewegung beginnt und nimmt in der Flanke des Schleppers eine unveränderliche Lage ein. Die Gleichgewichtsbedingungen werden näher untersucht, und es wird auf die Analogie dieser Erscheinung mit dem Steigen eines Drachens hingewiesen. *Lp.*

W. C. Röntgen. Ueber einen Vorlesungsapparat zur Demonstration des Poiseuille'schen Gesetzes. Wied. Ann. XX, 268-271†.

Von zwei Kugeln besitzt eine zwei diametral gegenüberliegende Ansatzröhrchen bei *a* und *b* in der Horizontalebene und senkrecht über dieser einen Hals bei *c* und die andre ein Ansatzröhrchen bei *d* und gegenüber drei in der horizontalen Ebene liegende parallele Ansatzröhrchen bei *f* und, wie die erste Kugel, auch einen Hals (bei *g*). *b* und *d* werden durch eine horizontale Capillare, jeder der Ansätze bei *f* wird ebenfalls mit einer Capillare verdunden; die Verbindungen sind durch Kautschukröhrchen hergestellt. Die Weite der Ansatzröhrchen beträgt 8 mm, die der Capillaren zwischen *b* und *d* sowie zweier der bei *f* eingesetzten (I und II) 0.8 mm, die der dritten (III) 0.4 mm. Die freien Enden der bei *f* eingesetzten Capillaren sind mit knieförmig gebogenen Glasröhrchen von etwa 6 mm Weite verbunden und von diesen hängen Kautschukröhrchen in die unter dem Apparat stehende rinnenförmige Wanne Die Länge der Röhrchen $\overline{bd}$, I und II ist 38 cm und die von III 19 cm. Ausserdem ist I durch einen gläsernen Dampfmantel, welcher durch Kautschukstopfen befestigt ist, umgeben. Durch die Hälse bei *c* und *g* gehen verticale beiderseits offene Glasröhren (75 cm lang, 3 mm weit im Lichten und sehr dickwandig), die bis auf den Boden der Kugeln reichen, an denen Centimeter-Scalen befestigt sind und die als Manometer dienen. Von *a* führt ein Kautschukschlauch zu einem weiten Reservoir, welches an einer Stange auf- und abwärts geschoben und beliebig befestigt werden kann (bei Versuchen mit Gasen ist der Schlauch mit einem Gasometer verbunden). Die Wanne ist und bleibt während der Versuche bis zu bestimmter Höhe mit Wasser gefüllt, indem das aus den Capillaren strömende Wasser durch ein in der Wannenwand befindliches Röhrchen abfliesst; die an den Scalen abgelesenen Manometerstände geben daher in Centimetern Flüssigkeit die in den Kugeln befindlichen Ueberdrucke über dem am Ende der Capillaren I, II, III vorhandenen Druck, wenn der ganze Apparat mit Flüssigkeit gefüllt ist. Als Versuchsflüssigkeit dient am besten gefärbtes Wasser. — Es wird noch beschrieben, wie der Apparat zu füllen ist und welche Versuche mit demselben angestellt werden können.

E. R.

Litteratur.

F. Tisserand. Rapport sur les travaux de M. Roche. C. R. XCVI, 1171-1179.

Reiff. Ueber die Principien der neueren Hydromechanik. Freiburg u. Tübingen 1882. 43 S. [ZS. f. Math. XXVIII, hist.-lit. Abth. 228.

W. H. Besant. Treatise on Hydromechanics. London: Bell & Sons.

Wm. Ford Stanley. Experimental researches into the properties and motions of fluids. London: Spon. 1881. [Naturf. XVI, 38-39; [Beibl. VII, 58-62 nach einem Referat des Verfassers; s. diese Berichte XXXVII, 170-171. *E. R.*

C. Neumann. Hydrodynamische Untersuchungen. Nebst einem Anhange über die Probleme der Elektrostatik und der magnetischen Induction. Leipzig: Teubner. 1883. XL+320 S. gr. 8°. [Lit. CBl. 1884, 552; [D. LZtg. V, 63-64; [Jahrb. d. Math. XV, 834-838.

Ph. Gilbert. Sur une transformation des équations de l'Hydrodynamique. Bruxelles: F. Hayez 1883. 8°. Extrait des Annales de la Société scientifique de Bruxelles, 1883. [Jahrb. d. Math. XV, 841; [Beibl. VIII, 439-441. 1884.

M. J. M. Hill. On some General Equations which include the Equations of Hydrodynamics. (Abstract.) Proc. Cambr. Phil. Soc. V, 23-24.

Die vollständige Arbeit ist in Cambr. Trans. XIV, 1-29. 1884 veröffentlicht; s. diese Berichte XL.

J. Boussinesq. Équations des petits mouvements d'un liquide pesant, quand ils sont principalement horizontaux, que les frottements s'y trouvent peu sensibles, et que le liquide est contenu soit dans un bassin à fond presque horizontal, soit dans un tuyau ou un canal de peu de pente longitudinale, la surface supérieure, soumise à des pressions constantes ou légèrement variables, n'ayant aussi que des pentes faibles. J. de math. (3) IX, 273-300; [Jahrb. d. Math. XV, 850 bis 852.

J. Boussinesq. Sur la pression moyenne, en chaque point intérieur de l'espace qu'occupe un liquide agité. J. de math. (3) IX, 425-431; [Jahrb. d. Math. XV, 850-852.

Lord Rayleigh. The form of standing waves on the surface of running water. Lond. Math. Soc. 13. Dec. Sh. diese Berichte XL.

— — Investigation of the character of the equilibrium of an incompressible heavy fluid of variable density. Proc. Lond. Math. Soc. XIV, 170-177; [Jahrb. d. Math. XV, 848-850.

Um entscheiden zu können, ob das Gleichgewicht einer schweren incompressiblen Flüssigkeit stabil ist oder nicht, untersucht der Verfasser die Bewegungen, welche in der Flüssigkeit durch kleine Störungen des Gleichgewichts entstehen. *E. R.*

D. J. Korteweg. Algemeene stellingen betreffende de stationaire beweging eener onsamendruckbare, wrijvende vloeistof. Versl. d. K. Ak. v. Wet. Afd. nat. (2) XVIII, 343-359; [Jahrb. d. Math. XV, 846-848.

— — On a General Theorem of the Stability of the Motion of a Viscous Fluid. Phil. Mag. (5) XVI, 112-118; [Beibl. VIII, 98-99. 1884.

Der Verfasser entwickelt einige Sätze, bezüglich welcher auf die beiden Referate verwiesen sei, aus dem letzten der Sätze schliesst er, dass das Entstehen von Wirbelringen bei Flüssigkeitsbewegungen, welche auf den stationären Bewegungszustand zurückgeführt werden können, nur erklärt werden kann, wenn eine freie Oberfläche vorhanden ist, oder wenn die höheren Potenzen der Geschwindigkeiten berücksichtigt werden. *E. R.*

Helmholtz. Ueber ein Theorem, geometrisch ähnliche Bewegungen flüssiger Körper betreffend, nebst Anwendung auf das Problem, Luftballons zu lenken. ZS. f. Met. XVIII, 107-110.

Einzelne Stellen der Abhandlung, welche in Berl. Monatsber. 1873 und Helmholtz, Wissenschaftliche Abhandlungen. Leipzig 1882, S. 158ff. gedruckt ist, mit dem Hinweise, „wie wichtig diese Abhandlung ist für die Beurtheilung der bisher vorliegenden Versuche, auf Grund der Bewegungsgleichungen einer Flüssigkeit Probleme der Meteorologie zu behandeln". Sh. diese Berichte XXIX, 157-158. *E. R.*

W. M. Hicks. On the steady motion of a hollow vortex. Proc. Roy. Soc. XXXV, 304-308.

Auszug aus einer Arbeit, die in Phil. Trans. CLXXV, 161-195 veröffentlicht ist; s. diese Berichte XL.

J. J. Thomson. The Motion of Vortex Rings. London: Macmillan & Co. 1883. [Nature XXIX, 193-195; Phil. Mag. (5) XVII, 69-71.

William Thomson. Oscillations and Waves in an Adynamic Gyrostatic System. Proc. R. Soc. Edinb. XII, 128 (Titel).

— — On Gyrostatics. Proc. R. Soc. Edinb. XII, 128 (Titel).

Ein kurzer Bericht über die beiden Mittheilungen befindet sich in Nature XXVII, 548. *E. R.*

Aug. Siebert. Das hydrodynamische Problem der pulsierenden Kugeln von Bjerknes verallgemeinert für mehrfach ausgedehnte Räume. Diss. Göttingen. 77 S. 8°.

Von mathematischem Interesse; s. [Jahrb. d. Math. 1883 XV, 859 bis 860; [Beibl. VIII, 14. 1884. *E. R.*

C. A. Bjerknes. Hydrodynamische Erscheinungen, welche den elektrischen und magnetischen analog sind. Rep. d. Phys. XIX, 283-311 aus Lotos III, 1882 mit einigen Zusätzen.

C. Decharme. Expériences hydrodynamique.

II. Imitation, par les courants liquids, des anneaux de Nobili, obtenus avec les courants électriques. Ann. chim. phys. (5) XXVIII, 198-216*.

III. Imitation, par les courants liquides ou gazeux, de divers effets physiques obtenus au moyen de l'électricité ou du magnétisme. Ann. chim phys. (5) XXIX, 404-427*; [Beibl. VIII, 270-272. 1884.

Der Inhalt ist durch die Titel angedeutet; bezüglich der Einzelheiten sei auf die Abhandlungen verwiesen. *E. R.*

— — L'imitation par les courants liquides des phénomènes électriques. Rev. scient. XXXI, 399-402.

Hydrodynamics and Electro-Magnetism. [Engineering XXXVI, 378-379, 403-404.

Bericht über bezügliche Mittheilungen des Hrn. Decharme.

C. Decharme. Conclusioni delle esperienze idrodinamiche di imitazione dei fenomeni elettrici e magnetici. Risposta ad una nota di M. LEDIEU. [Cim. (3) XIII, 173 nach C. R. 1882, Nov. 13.

A. LEDIEU. Risposta alle obbiezioni del DECHARME. [Cim. (3) XIII, 175 nach C. R. 1882 Nov. 27.

C. DECHARME. Riposta a M. LEDIEU, relativamente alle analogie fra i fenomeni idrodinamici e gli elettrici. [Cim. (3) XIII, 179 nach C. R. 1882, Dec. 18.

Analogie zwischen elektrischen und Wasserströmen. [Elektrot. ZS. IV, 29-30; Referat des Hrn. R. PRÖLL über eine bezügliche Abhandlung des Hrn. G. SCHMIDT.

JOHN LE CONTE. Apparent Attractions and Repulsions of Small Floating Bodies. Phil. Mag. (5) XV, 47-56 (aus SILL. J. Dec. 1882). Sh. Abschnitt I, 7 B auf S. 323.

A. M. WORTHINGTON. On a Horizontal Motion of Floating Bodies under the Action of Capillary Forces. Phil. Mag. (5) XV, 198-203; [Beibl. VIII, 14-15. Sh. Abschn. I 7 B.

PŘIBRAM et HANDL. Sur la viscosité spécifique des fluides ··· . 3. Mém. [J. de phys. (2) II, 141-142 nach Wien. Anz. 1881. Sh. diese Berichte XXXVII, 184-186. *E. R.*

E. WARBURG et L. v. BABO. Recherches sur la relation entre la viscosité et la densité des fluides ··· . [J. de phys. (2) II, 142-143 nach Berl. Sitzber. 1882. 509. Sh. diese Berichte XXXVIII Abth. I, 215-218. *E. R.*

M. B. ÉLIE. Variazione del coefficiente di viscosità con la velocità [Cim. (3) XIV, 73-74 nach J. de phys. 1882. Sh. diese Berichte XXXVIII Abth. I, 207. *E. R.*

C. STEPHAN. Étude des relations entre la fluidité et la conductibilité électrique. [J. de phys. (2) II, 187-188 nach WIED. Ann. XVII, 673. 1882. Sh. diese Berichte XXXVIII Abth. II, 572-576. *E. R.*

A. EMO. Influenza della temperatura sul coefficiente d'attrito del mercurio effluente per un tubo di vetro capillare. [Cim. (3) XIV, 80. Sh. diese Berichte XXXVIII Abth. I, 212. *E. R.*

OSBORNE REYNOLDS. An Experimental Investigation of the Circumstances which Determine whether the Motion of Water shall be Direct or Sinuous, and of the Law of Resistance in Parallel Channels. Proc. Roy. Soc. XXXV, 84-99; Nature XXVIII, 627-632.

Die Mittheilung ist ein Auszug aus einer grösseren Abhandlung, nach welcher ein Referat in diesen Berichten wird gegeben werden; es möge zunächst auf die grösseren Referate über diesen Auszug in Beibl. VII, 806-808 und in Naturf. XVII, 139-141. 1884 verwiesen werden. *E. R.*

M. J. H. Houba. Over de strooming van vloeistoffen door buizen. Diss. Nymwegen.

Die Schrift enthält eine theoretische Untersuchung über das Strömen von Flüssigkeiten durch Röhren; der Inhalt ist im Jahrb. d. Math. 1883 XV, 844-846 und in Beibl. VII, 430 angegeben. *E. R.*

J. v. Kries. Ueber die Beziehungen zwischen Druck und Geschwindigkeit, welche bei der Wellenbewegung in elastischen Schläuchen bestehen. Festschrift 56. Vers. d. Naturf. Freiburg 1883.

Hertz. Betrachtungen über die continuirlichen Ströme, welche die fluthertegende Wirkung der Gestirne im Meere veranlassen muss. Verh. physik. Ges. Berlin 1883 No. 1, 2-5.

G. Hagen. Geschwindigkeit des strömenden Wassers in verschiedenen Tiefen, untersucht nach den von Brünings ausgeführten Messungen. Berlin: Dümmler 1883. 79 S. 4⁰. 1 Taf.

de Lagrené. Sur la mesure des vitesses et des débits dans un cours d'eau rapide et profond. Ann. d. ponts et chauss. 1883. Mars.

K. Teichmann. Ueber Wassermessung in Stromläufen. Wochenschr. d. Ing. 1883 Nr. 5; [Dingl. J. CCXLVIII, 312-313†.

Es wird ein neues Verfahren bezüglich der passenden Wahl der Beobachtungspunkte in einem Stromprofil angegeben. Ein Vergleich ergab, dass die neue Methode mit n Ordinaten ein genaueres Resultat liefert, als die alte Methode mit $2n$ Ordinaten. Bei Wassermessungen kann daher mit der neuen Methode ohne Beeinträchtigung der Genauigkeit die Zahl der Messungen auf die Hälfte vermindert werden. *E. R.*

Cunningham. Recent hydraulic Experiments. Minutes of Proc. of Inst. Civ.-Eng. LXXI.

L. D'A. JACKSON. Hydraulic Manual. 4th edition. XIV+307 S.+184 Tafeln. London: Crosby, Lockwood & Co. 1883; [Nature XXVIII, 241.

A. DE CALIGNY. Recherches théoriques et expérimentales sur les oscillations de l'eau et les machines hydrauliques à colonnes liquides oscillantes, avec 8 planches.

Partie I: Oscillations dans les tuyaux, ondes liquides, phénomènes de succion, fontaines intermittentes. p. 1-384.

Partie II: Écluses de navigation, moteurs hydrauliques, machines élévatoires, etc. p. 385-964, I-IV. Paris: Baudry. [C. R. XCVI, 1618-1619; [Jahrb. d. Math. 1885 XVII, 927-929.

Rapport de M. HATON DE LA GOUPILLIÈRE sur les Recherches théoriques et expérimentales relatives aux oscillations de l'eau et aux machines hydrauliques à colonnes liquides oscillantes dues à M. le marquis DE CALIGNY. 2 voll. 1883. [Rev. trav. sc. IV, No. 4, 220-221.

A. DE CALIGNY. Expériences sur le mouvement des ondes courantes dans divers passages rétrécis, soit à l'intérieur, soit à l'extrémité d'un canal débouchant dans un réservoir. C. R. XCVI, 102-105; [Rev. scient. (3) IV, 90-91; [Beibl. VII, 429-430.

— — Description des moyens d'obtenir une marche entièrement automatique de l'écluse à colonnes liquides oscillantes sans cataracte ···. C. R. XCVI, 982 bis 985.

— — Réalisation expérimentale de la marche automatique de l'appareil d'épargne construit à écluse de l'Aubois, sans basin d'épargne, ni soupape, ni cataracte. C. R. XCVI, 1339-1342.

(A. R. HARLACHER.) Stromgeschwindigkeitsmesser mit elektrischer Uebertragung. ZS. f. Instrk. III, 433-434†.

Der Apparat ist abgebildet und beschrieben nach einer Mittheilung des Mechanikers A. OTT in Kempten, welcher den Apparat anfertigt.

E. R.

MARTIN GRÜBLER. Zur Theorie der Vollturbinen. Civiling. (2) XXIX, 401-438

J. P. Frizell. A remarkable error in the common theory of the turbine water-wheel. J. Frankl. Inst., August.

Marcel Deprez. Sur le fonctionnement d'une turbine. C. R. XCVII, 697-699.

H. Léauté. Sur un perfectionnement applicable à la turbine Jouval. C. R. XCVI, 1031-1033†; [Mondes (3) IV, 617.

Die Verbesserung besteht darin, dass ein Theil der Oeffnungen geschlossen und die Turbine ausserhalb des Wassers aufgestellt wird. *E. R.*

Girard and Köster Turbines. [Engineering XXXV, 244†.

Die beiden Arten von Turbinen, wie sie von der Kühnle'schen Maschinenfabrik in Frankenthal (Rheinpfalz) hergestellt werden, sind kurz beschrieben und auf einer Doppeltafel bildlich dargestellt. *E. R.*

Note de M. E. R. Mondes (3) V, 343†.

L. Hervas erwähnt 1783 (in Idea dell' Universo XIV, 160), dass die Physiker sich damals damit beschäftigten, die Wellen durch Oel zu beruhigen. Franklin veröffentlichte: Essai sur les moyens de diminuer les dangers de la mer par l'affusion de l'huile. Michel Rey. 1776. In demselben Jahre stellte die Akademie zu Amsterdam die Aufgabe: Indiquer la quantité d'huile à jeter sur la mer, la manière de l'y répandre, les parages où doit se faire cette opération, et les autres circonstances qui paraîtraient les plus propres à calmer l'agitation des vagues. *E. R.*

Raoul Pictet. Étude théorique et expérimentale d'un bateau rapide. Arch. sc. phys. (3) IX, 33-68†; [Nature XXVII, 398.

Der Verfasser stellt sich die Aufgabe, analytisch zu bestimmen und experimentell zu bestätigen, bei welcher Schiffsform ein gegebenes Gewicht Waare am schnellsten und ökonomischsten auf dem Wasser transportirt werden kann, und berichtet, wie weit er diese Aufgabe gelöst hat. *E. R.*

Auradon. Théorie du navire. Rev. marit.

Edward J. Reed. The stability of merchant steamships. Nature XXVIII, 419-424.

Populäre Darstellung der Stabilität schwimmender Körper, veranlasst durch die Unfälle der Daphne und Hammonia. *Lp.*

(Dupuis de Lome.) Towage by Endless Chaines. [Engineering XXXVI, 572†; Mondes (3) VI, 407-412.

Auf jeder Seite des Schiffes geht über Rollen, welche mehr oder weniger von einander entfernt werden können, je eine Kette, von welcher ein Stück den Boden berührt. Durch Bewegen dieser Kette kann das Schiff gegen den Strom bewegt werden. Ein Experiment auf dem Rhone ist geglückt. *E. R.*

B. ÉLIE. Apparat zur Untersuchung des Ausflusses von Flüssigkeiten oder Gasen. ZS. f. Instrk. III, 33-34 aus J. de phys. (2) I, 459. 1882.

JAGNA. Hydromotor, ein neuer Apparat die Kraft der Flüsse zu benutzen. Techniker (russ.) II, Nr. 16, 1, Nr. 18, 7.

Von technischem Interesse. *O. Chw.*

Nouveau tourniquet hydraulique. La Nat. XI, I, 390-391; [Beibl. VII, 626†.

E. ROUSSEAU. Ein sich drehender Heber zur Demonstration des Seitendruckes bei Flüssigkeiten. Catal. des appar. ... de l'expos. nat. Bruxelles 1880, 16-17; [Beibl. VII, 650†.

— — Sur un tourniquet hydraulique. La Nat. XI, II, 47 bis 48; [Beibl. VII, 650†.

Das in La Nat. XI, I, 390-391 beschriebene Reactionsrad ist nach einer Idee des Hrn. BOEUF von E. DUCRETET construirt worden. Hr. ROUSSEAU beansprucht mit Rücksicht auf die oben erwähnte Mittheilung aus dem Jahre 1880 die Priorität. *E. R.*

---

6. Aerodynamik.

A. VIOLI. Sulla relazione di alcune proprietà fisiche degli aeriformi col rapporto dei calori specifici a pressione costante ed a volume costante. Atti R. Acc. dei Lincei (3) Trans. VII, 113-119†.

Hr. ROITI hatte gezeigt, dass das Verhältniss k der beiden specifischen Wärmen für alle Körper von gleicher Atomzahl dasselbe sei und mit der Atomzahl n variire. Ferner hatte er zwischen der Fortpflanzungsgeschwindigkeit des Schalles v und der Moleculargeschwindigkeit u die Relation aufgestellt:

$$v = \frac{u}{2} = 242.4\sqrt{\frac{1+\alpha t}{\delta}},$$

wo α den Spannungscoefficienten, t die Temperatur und δ die Dichte bedeutet. Diese Formel gab jedoch Resultate, die erheblich von den nach der LAPLACE'schen Formel berechneten abwichen.

Unter Benutzung der von Hrn. ROITI aufgestellten Relation:

$$k = 1 + \frac{4}{5n}$$

findet der Verfasser, dass, wenn alle Glieder der ersteren Formel mit dem mittleren Werthe k' der Verhältnisse der specifischen Wärmen des Wasserstoffes und derjenigen des in Betracht kommenden Gases multiplicirt werden, die alsdann sich ergebende Formel

$$V = 242.4 \cdot \frac{6n+2}{5n}\sqrt{\frac{1+\alpha t}{\delta}}$$

Werthe für die Fortpflanzungsgeschwindigkeit ergebe, die mit der Beobachtung befriedigend übereinstimmen, wie aus folgender Zusammenstellung hervorgeht, in welcher unter V_1 die von DULONG experimentell bestimmten Zahlen, unter V die nach obiger Formel berechneten Werthe, unter k' die berechneten und unter k die von CAZIN experimentell gefundenen Verhältnisszahlen eingetragen sind.

Gase	Formel	n	δ	V_1	V	k'	k
Quecksilber	Hg	1	6.92600	137.3	147.4	1.600	1.667
Wasserstoff	H_2	2	0.06926	1269.2	1291.1	1.400	1.410
Kohlenoxyd	CO	2	0.95964	337.4	344.6	1.400	1.410
Luft	NO	2	1.00000	332.8	339.4	1.400	1.410
Sauerstoff	O_2	2	1.10816	317.0	322.7	1.400	1.285
Proteïn	N_2O	3	1.52372	261.8	261.8	1.333	1.299
Kohlensäure	CO_2	3	1.52372	261.5	261.8	1.333	1.257
Aethylen	C_2H_4	6	0.96964	313.9	311.9	1.267	

Pt.

Sh. auch Abschnitt IV 23 in der zweiten Abtheilung dieses Jahrganges.

F. G. NACHS. Betrachtungen über einige Beziehungen zwischen den Ausflussgeschwindigkeiten, den specifischen Wärmen und dem mittleren Quadrate der Moleculargeschwindigkeit der Gase. La Nat. V, 2-11. 1882; [Beibl. VII, 18-19. 1883†.

Aus der bekannten Formel für die Ausflussgeschwindigkeit der Gase berechnet der Verfasser für einige Gase die Quadrate der Ausflussgeschwindigkeiten bei einem Ueberdruck von einer Atmosphäre. Die erhaltenen Werthe stimmen mit den Quadraten der von MAXWELL und MACALUSO berechneten Moleculargeschwindigkeiten nahezu überein.

Gas	NACHS	MAXWELL	MACALUSO
Luft	234038	238324	235225
H	3413551	3455881	3415014
O	213347	216225	212521
CO	243825	243049	—
CO_2	155161	156816	—

Aus v^2 erhält man die specifische Wärme der Gewichtseinheit eines Gases bei constantem Druck:

$$C = \frac{v^2 n}{2.10^6} \text{ oder } C = \frac{v^2}{10^6} \cdot \frac{q}{Q},$$

wo n die Atomzahl, q die specifische Wärme bei constantem Druck für Wasserstoff und Q diejenige eines gleichen Volumens des betreffenden Gases bedeutet. Die berechneten Werthe stimmen mit den von REGNAULT empirisch gefundenen nahe überein. *Pt.*

A. SCHULLER. Vorlesungsversuche. Ung. Samml. pop. naturw. Vorträge III, Heft 20; WIED. Ann. XIX, 252-256†.

1) Die Schwere gasförmiger Körper wird durch Abwägen von leer gepumpten, mit Glashähnen versehenen und mit Kohlensäure bezw. Leuchtgas gefüllten Literkolben demonstrirt.

2) Der Gewichtsverlust der Körper in umgebenden Gasen wird mittelst einer Wage gezeigt, deren eine Schale durch einen oben und unten mit einer hohlen Messingkugel (von 0.5 l Volumen) versehenen Bügel ersetzt ist. Die untere Kugel wird in ein Gefäss eingesenkt, welches ein schwereres Gas enthält, während über die obere Kugel eine mit einem leichteren Gase gefüllte Glocke gestülpt werden kann.

3) Schwebende Seifenblasen erhält man durch Benutzung einer Mischung von Leuchtgas und Luft. In bedeckten, Benzindämpfe enthaltenden Kasten konnten Blasen von 18 cm Durchmesser 6 Tage lang erhalten bleiben. Die Seifenlösung wird folgendermaassen hergestellt. Kaliseife wird auf Glasplatten in dünnen Schichten aufgetragen, getrocknet und dann mit absolutem Alkohol in der Kälte digerirt. Die filtrirte Lösung wird mit der vierzigfachen Menge einer zehnprocentigen Glycerinlösung gemischt.

4) Die Bewegung verschieden dichter Gase in einander kann durch Ansaugen mit Benzindampf gemischter Luft vermittelst eines Hebers und Anzünden des ausfliessenden Gasgemisches demonstrirt werden.

5) Die Grösse des Luftdruckes kann man an einem Heberbarometer veranschaulichen, dessen längerer, mit einem Hahn versehener Schenkel eine lichte Weite von 4—5 mm hat, während der kurze Schenkel einen Querschnitt von einem Quadratcentimeter besitzt. In den kurzen Schenkel giesst man auf das Quecksilber etwas Glycerin und passt einen conischen Korkstöpsel ein, welcher an einen Stab gekittet ist, der oben einen kleinen Teller trägt. Belastet man den letzteren mit einem Kilogramm, so wird das Quecksilber im längeren, offenen Schenkel eben so hoch gehoben, als wenn derselbe leer gepumpt wird.

6) Die Verschiedenheit des Luftdruckes in verschiedener Höhe erläutert der Verfasser mittelst Heben und Senken eines luftdicht verschlossenen Gefässes, welches mittelst eines Kautschukschlauches mit einer horizontal liegenden, durch einen Flüssigkeitsfaden gesperrten Manometerröhre communicirt. *Pt.*

J. B. Baille. Études sur la résistance de l'air dans les mouvements oscillatoires très lents. J. éc. polyt. Cah. LII, 211-251†; [C. R. XCVI, 1493-1495†.

Im ersten Theile der Arbeit wird zunächst theoretisch die Abhängigkeit der Abnahme der Bewegung eines unifilar aufgehängten Horizontalpendels von der Spannung des Aufhängefadens, dem Trägheitsmomente, dem Hebelarm und der Geschwindigkeit des schwingenden Körpers, sowie von der Beschaffenheit und Form desselben untersucht. Dann wird der Einfluss der umgebenden Wandungen erörtert. Von der Ansicht POISSON's ausgehend, dass der Widerstand, welchen eine Flüssigkeit der Bewegung eines Körpers entgegensetzt, sich zusammensetzt aus der Reibung und aus der Resultante des Druckes der Flüssigkeit auf die gesammte Oberfläche, sucht er experimentell die Abhängigkeit des mittleren Druckes von der Grösse der Oberfläche und von der geringeren oder grösseren Entfernung der Wandungen des umgebenden Kastens zu bestimmen, eben so die tangentielle Reibung an Scheiben und in Hohlcylindern, sowie den Widerstand, den ein normal zu den Leitlinien sich bewegender Cylinder in senkrechter Richtung erfährt, denjenigen eines Cylinders, der sich senkrecht zu der Basis bewegt, und endlich denjenigen zweier Kugeloberflächen.

Er kommt zu den Resultaten:

1) Der mittlere, auf die Einheit der Fläche geübte Widerstand vermindert sich in dem Maasse, als man die Oberfläche der Basis und die Länge des Körpers vergrössert.

2) Der Widerstand hängt ferner von der Grösse des Kastens ab, in welchem die Bewegung stattfindet, und ist umgekehrt proportional der $\frac{4}{3}$ten Potenz der Dimensionen des Kastens. Der Proportionalitätsfactor ist jedoch weder derselbe für alle Formen des sich bewegenden Körpers, noch für alle Wandungen des Kastens.

Im zweiten Theile der Arbeit widerlegt der Verfasser die Untersuchungen HIRN's, wonach der Widerstand eines Gases keine unmittelbare Function der Temperatur, sondern lediglich proportional der Dichte der Luft sein sollte, indem er findet, dass derselbe eher proportional der Quadratwurzel aus der Dichte der Luft sei, und dass bei gleicher Dichte der Widerstand bei höherer Temperatur grösser sei als bei niedrigerer Temperatur.

Pt.

E. Vallier. Étude sur les lois de la résistance de l'air. J. de math. (3) IX, 147-194†.

Der Verfasser geht von der Navier'schen Formel für den Luftwiderstand aus, welcher die Annahme zu Grunde liegt, dass die Temperatur der Luft durch die Bewegung des Körpers nicht geändert wird. Er behandelt zunächst die Bewegung eines materiellen Punktes in einem homogenen Medium und namentlich den Fall, in welchem der Punkt sich anfangs in schräger Richtung bewegt, dem Einflusse der Schwere unterworfen ist, sowie einen Widerstand erfährt und stellt dann die Gleichungen für die Bahn des Punktes und für die Tangente in jedem Punkte auf.

Im zweiten Theile wird der Einfluss der Gestalt des vorderen Theiles des Körpers auf die Bewegung untersucht und dabei angenommen, der Körper sei vorn derart zugespitzt, dass jeder ebene Schnitt längs der Axe aus zwei congruenten Kreissegmenten bestehe. Unter der Annahme, dass, wenn die Normale des Flächenelementes mit der Bewegungsrichtung den Winkel α bilde, der Luftwiderstand berechnet werden könne, wenn statt der Geschwindigkeit v nur $v.\cos\alpha$ gesetzt werde, folgt aus der Integration über alle Winkel α ein complicirtes Integral, welches auf zwei verschiedene Arten ausgewerthet wird.

Unter Vorbehalt weiterer Prüfung trägt der Verfasser der Vermehrung des Luftwiderstandes durch die hinter dem Projectil entstehende Verdünnung zunächst angenähert Rechnung, indem er dafür den Maximalbetrag annimmt, d. h. den Luftwiderstand, welchen ein zur Flugbahn normaler Querschnitt erleiden würde. Unter dieser Annahme werden die vollständigen Formeln für die Geschwindigkeit, die Dauer der Bewegung, die Bahn und die Tangente derselben abgeleitet.

Zum Schlusse werden für verschiedene Projectile und Flugweiten die Anfangswinkel berechnet und mit den beobachteten verglichen. So lange die Flugweite 4000 m nicht überschreitet, beträgt die Differenz nur wenige Minuten, über 4000 m hinaus werden die Differenzen etwas grösser, da, wie bereits bemerkt, der zweite Theil des Luftwiderstandes etwas zu gross angenommen wurde. *Pt.*

W. BRAUN und A. KURZ. Messung der Luftreibung mittelst drehender Schwingungen. Zweite Mittheilung. Rep. d. Phys. XIX, 343-346†; [Beibl. VII, 747*.

Enthält eine Berichtigung und Vervollständigung der ersten in CARL Rep. XVIII, 569-579 publicirten Mittheilung (s. diese Berichte XXXVIII Abth. I, 237), indem die Verfasser zu ihren weiteren Versuchen eine in zwei Hälften zerlegbare Rotationsellipsoidschale benutzen. *Pt.*

A. KURZ. Messung der Luftreibung mittelst drehender Schwingungen. Dritte Mittheilung. Rep. d. Phys. XIX, 605-613†.

Der Verfasser wiederholt die Scheibenversuche von Hrn. O. E. MEYER in einfacher Weise mittelst Hartholzscheiben, die, mit Oelfarbe überstrichen, einen Durchmesser von 15 cm, und eine Dicke von 1 cm hatten. *Pt.*

SYNESIUS KOCH. Ueber die Reibungsconstante des Quecksilberdampfes und deren Abhängigkeit von der Temperatur. WIED. Ann. XIX, 857-872†.

Die Versuche wurden nach der Transpirationsmethode angestellt. Der Apparat des Verfassers bestand aus einem BABO-schen Thermostaten und Thermoregulator, dem Durchflussapparat und den Manometern, mit denen der Druck vor dem Eintritt in die Capillare und nach dem Austritt gemessen wurde. Die Temperaturen umfassten das Intervall von 270° bis 380°.

Mit Röhren von 0.04, 0.06 und 0.08 mm Radius und 99, 192 und 180 mm Länge wurde je eine Versuchsreihe angestellt, und dabei gefunden, dass unter den gegebenen Versuchsverhältnissen das einfache POISEUILLE'sche Gesetz für die letzte Röhre nicht mehr zutraf, weshalb nur die Versuche mit den beiden ersten Röhren mitgetheilt wurden. Aus denselben ergiebt sich der Reibungscoefficient

$$\mu = 0.000067 + 0.00000155 t,$$

wo t die in Centesimalgraden gemessene Temperatur bedeutet.

Es ist daher selbst bei diesem einatomigen Dampfe der Reibungscoefficient nicht der Grösse $\sqrt{T}$ proportinal. In dem Intervall zwischen 270° und 380° ist die Potenz der absoluten Temperatur, welche der Reibungsconstanten proportional gesetzt werden kann = 1.6.

Wird mit Hülfe des Condensationscoefficienten die absolute Grösse des Moleculardurchmessers für Quecksilberdampf bei 0° und 300° berechnet, so ist dieselbe:

$$s_0 \lesseqgtr 0.19 \text{ Milliontelmillimeter}$$

und

$$s_{300} \lesseqgtr 0.42$$

Pt.

E. H. Amagat. Recherches sur la compressibilité des gaz. Ann. chim. phys. (5) XXVIII, 456-464†; [J. chem. soc. XLIV, 145-146*.

In diesem Aufsatze weist der Verfasser die Einwürfe von Hrn. Cailletet gegen seine im XXII. Bande der Ann. chim. phys. mitgetheilten Resultate zurück. Er zeigt zunächst durch Versuche, dass die unter dem Einflusse des inneren Druckes erfolgende Ausweitung der Manometer höhstens 2 pro mille betragen konnte, was mit den von Hrn. Tait berechneten Correctionen ganz gut stimmt. Sodann beweist der Verfasser, dass bei gewöhnlicher Temperatur das Quecksilber von trockenem Sauerstoff nicht angegriffen wird, und dass Regnault selbst dies S. 237 des XXVI. Bandes der Memoiren bereits ausdrücklich constatirt habe. Er hält daher seine Resultate für richtig. *Pt.*

E. H. Amagat. Mémoire sur la compressibilité de l'air et de l'acide carbonique de $1^{\text{atm.}}$ à $8^{\text{atm.}}$ et de 20° à 300°. Ann. chim. phys. (5) XXVIII, 464-480†; [J. chem. soc. CCLV, 146*.

Der Verfasser ergänzt seine frühere Arbeit Ann. chim. phys. (5) XXI, sowie diejenige des Hrn. Roth (Wied. Ann. 1880) durch Versuche bei Drucken von 1 bis 8 Atmosphären. Um die bei höheren Temperaturen wegen der Dampfspannung des Quecksilbers auftretenden Correctionen zu vermeiden, modificirt er den im XXVIII. Bande der Ann. chim. phys. beschriebenen Apparat. Er führte in einen Glascylinder vom Volumen V Gas unter dem Drucke P ein, setzte dann den Cylinder in Verbindung mit einem zweiten, luftleeren, von nahe gleichem Volumen und maass den Druck P'. Die Cylinder befanden sich in einem kupfernen mit Oel gefüllten Gefässe, welches bis auf 300° erwärmt wurde. Die Drucke wurde in einem offenen Quecksilber-Manometer gemessen, welches durch enge ausserhalb des Bades befindliche Röhren mit den Cylindern communicirte. Mittelst eines Verbindungsstückes konnten die Cylinder nach Belieben mit einer SPRENGEL-schen Pumpe, mit dem Manometer oder mit einem das verdichtete Gas enthaltenden Gefässe in Verbindung gesetzt werden.

In der folgenden Tabelle sind die Mittelwerthe der erhaltenen Resultate zusammengestellt.

Luft			Kohlensäure		
Temp.	Anfangsdruck	$\frac{pv}{p'v'}$	Temp.	Anfangsdruck	$\frac{pv}{p'v'}$
100°	0.70 m	0.9988	50°	0.74 m	1.0037
	1.40	0.9999		1.47	1.0075
	2.78	0.9993		2.91	1.0143
281°	0.70	0.9996	100°	0.72	1.0027
	1.41	0.9998		1.43	1.0051
	2.80	0.9986		2.82	1.0085
290°	0.69	0.9991		2.92	1.0097
	1.38	1.0001	201°	0.71	1.0009
				1.41	1.0025
				2.80	1.0041
			300°	0.72	1.0003
				1.43	1.0015
				2.87	1.0017

Aus den vorstehenden Zahlen ergiebt sich, dass innerhalb der Drucke von 1 bis 3 Atmosphären und für Temperaturen von 100° bis 290° die Luft dem BOYLE-MARIOTTE'schen Gesetz folgt, während bei der Kohlensäure ein deutlicher Einfluss des Druckes namentlich bei niedrigen Temperaturen zu erkennen ist.

Pt.

E. H. AMAGAT. Mémoire sur la compressibilité de l'air, de l'hydrogène et de l'acide carbonique rarefiés. Ann. chim. phys. (5) XXVIII, 480-499†.

Der Verfasser beschreibt ausführlich die bereits in den C. R. XCV kurz mitgetheilten Versuche (s. diese Berichte XXXVIII Abth. I, 222), sowie die dabei angewandten Instrumente und Methoden. Die Mittelwerthe der gefundenen Resultate sind in den folgenden Tafeln zusammengestellt.

Luft

Anfangsdruck	$\frac{pv}{p'v'}$	Anfangsdruck	$\frac{pv}{p'v'}$
12.297 mm	0.9986	1.898 mm	1.0050
12.260	1.0020	1.852	0.9986
10.727	0.9992	1.751	1.0030
7.462	1.0013	1.457	1.0150
7.013	1.0015	1.414	1.0143
6.210	1.0021	1.377	1.0042
6.160	1.0025	1.316	1.0137
4.946	1.0010	1.182	1.0030
4.275	1.0048	1.140	1.0075
3.841	1.0027	1.100	0.9999
3.770	1.0019	0.978	1.0160
3.663	0.9999	0.958	1.0100
3.165	1.0015	0.860	1.0045
2.531	1.0013	0.295	0.9680
2.180	1.0015		

Kohlensäure

Anfangsdruck	$\frac{pv}{p'v'}$
4.557 mm	0.9972
5.725	1.0009
2.288	1.0046

Wasserstoff

Anfangsdruck	$\frac{pv}{p'v'}$
6.455 mm	0.9980
6.440	0.9990
3.355	0.9972
3.375	0.9985

Luft		Kohlensäure	
Anfangsdruck	$\frac{pv}{p'v'}$	Anfangsdruck	$\frac{pv}{p'v'}$
37.314 mm	1.0003	37.760 mm	1.0026
37.318	1.0002	37.724	1.0022
31.523	1.0000	37.561	1.0025
30.613	1.0027	24.970	1.0015
25.393	1.0010	24.974	1.0020
25.376	1.0005	24.948	1.0015
24.830	0.9997	24.947	1.0011
24.841	1.0002		

In Anbetracht der Schwierigkeiten dieser Versuche sind die bei niedrigen Drucken erhaltenen Zahlen in hinlänglicher Uebereinstimmung mit den bei höheren Drucken erhaltenen, und also die Gültigkeit des BOYLE-MARIOTTE'schen Gesetzes bis zu Drucken von Bruchtheilen eines Millimeters anzunehmen. Bei den sehr viel geringeren Drucken, welche man noch nach der MAC LEOD-schen Methode misst, können dagegen das Quecksilber und die Wandungen einen störenden Einfluss ausüben, so dass die Resultate beträchtlich von der Wahrheit abweichen werden.

Pt.

ISAMBERT. Sur les vapeurs de la carbamide. C. R. XCVI, 340-341†; [Mondes (3) IV, 239; [Rev. scient. XXXI, 185; [J. chem. soc. XLIV, 645; [Beibl. VII, 215*.

In ähnlicher Weise wie für das Ammoniakbisulfohydrat (s. diese Berichte XXXVIII Abth. 1, 222) hat der Verfasser die Zusammendrückbarkeit des wasserfreien kohlensauren Ammoniaks oder Carbamids bestimmt. Er fand bei 61° und zwischen 540 bis 800 mm Druck $\frac{P_0 V_0}{P_1 V_1} = 1.004$ und zwischen 290 und 350 mm bei 62°: 1.003, Werthe die zwischen denjenigen für Ammoniak und für Kohlensäure liegen, so dass der Dampf des Carbamids als eine Mischung von Kohlensäure und Ammoniak anzusehen ist. Damit stimmt überein, dass bei der Condensation des Dampfes im Calorimeter nahezu die der Bildung von $NH_3 + CO_2$ entsprechenden 19.9 Cal. nachgewiesen wurden. *Pt.*

BERTHELOT. Sur la vitesse de l'onde explosive. C. R. XCVI, 672-673†; [Beibl. VII, 452-453*.

Die theoretische Beziehung zwischen der Fortpflanzungsgeschwindigkeit der Explosionswellen und der Natur der dieselben übertragenden Gasgemische ergiebt sich aus der Ueberlegung, dass die im Momente der chemischen Verbindung dem Gasgemische zugeführte lebendige Kraft nichts Anderes ist als die bei der Verbindung freigewordene Wärmemenge.

Die lebendige Kraft der translatorischen Bewegung der Molecüle, welche durch die Reaction erzeugt wird, ist proportional der lebendigen Kraft der translatorischen Bewegung des entstandenen, auf 0° abgekühlten, Gasgemisches. Dasselbe enthält bei 0° eine Quantität Wärme $q = 273.c$, indem c die specifische Wärme bedeutet. Im Momente der Verbindung enthielt dasselbe ausserdem die durch die Reaction freigewordene Wärmemenge Q, so dass, wenn wir mit $\frac{1}{2}m\theta^2$ die lebendigen Kräfte der translatorischen Bewegung bezeichnen,

$$\theta_0 = \theta_1 \sqrt{\frac{Q+q}{q}}.$$

Andrerseits ist nach CLAUSIUS

$$\theta_0 = 29.354 \sqrt{\frac{273}{\varrho}},$$

wo ϱ die auf Luft bezogene Dichte des Gases bedeutet.

Die Fortpflanzungsgeschwindigkeiten der Explosionswellen in isomeren Gasgemischen mit identischen Endproducten sind proportional den Quadratwurzeln aus der gesammten Wärmemenge $Q+q$, oder, da q klein im Verhältniss zu Q ist, angenähert proportional den Quadratwurzeln aus den Reactionswärmen.

Diese Beziehung wurde für etwa 20 sehr verschiedene Gase angenähert bestätigt gefunden.

Es scheint demnach, als wenn durch die Explosion eine Anzahl der die flammende Oberfläche bildenden Gasmolecüle mit einer der Maximaltemperatur entsprechenden Geschwindigkeit fortgeschleudert werden und angenähert mit dieser Geschwindigkeit auch die Explosion von Schicht zu Schicht fortpflanzen.

Die Uebertragung geht regelmässig vor sich, wenn dieselbe durch gleichartige Molecüle vermittelt wird, während Verzögerungen eintreten, wenn fremde, nicht dieselben Transformationen erleidende Gase die Verbrennung so weit verlangsamen, dass erhebliche Wärmeverluste entstehen können. *Pt.*

Berthelot. Sur la force des matières explosives d'après la thermochimie. Paris: Gauthier-Villars. 2 voll. in 8°.

Berthelot et Vieille. L'onde explosive. Ann. chim. phys. (5) XXVIII, 289-332†; Bull. soc. chim. (2) XL, 353-362†; [C. R. XCVII, 767-768†; [Chem. News XLIX, 10-11.

Das erstgenannte Werk enthält eine Zusammenfassung der vom Verfasser während 13 Jahren ausgeführten und in mehr denn 50 in den C. R. erschienenen Abhandlungen enthaltenen Arbeiten und giebt eine allgemeine Theorie der explosiblen Materien lediglich auf Grund der chemischen Umsetzung und der dabei frei werdenden Verbindungswärme.

Das erste Buch enthält die allgemeinen Gesichtspunkte und die Theorie der Fortpflanzung der Explosionswellen. Im zweiten Buch werden die Messungen der Verbindungswärmen mitgetheilt, welche vom Verfasser namentlich für die Sauerstoffverbindungen des Stickstoffes und deren Salze, für die Verbindungen von Stickstoff mit Wasserstoff, Schwefel und Kohle und für Sauerstoffverbindungen des Chlors bestimmt worden sind.

Im dritten Buche werden alsdann die bei den Explosionen entwickelten Kräfte aus vorstehenden Principien mit Hülfe der numerischen Werthe abgeleitet.

Ein Anhang enthält eine Geschichte der Erfindung des Pulvers und anderer explosiver Substanzen.

Die zweite Abhandlung giebt einen Auszug aus dem ersten Buche des vorgenannten Werkes und fasst die in den C. R. XCIII, 21; XCIV, 101, 149, 822; XCV, 151, 199; XCVI, 672 veröffentlichten Arbeiten über die Natur der Explosionswellen, deren specifische Fortpflanzungsgeschwindigkeit und über die variablen, den Explosionswellen vorangehenden Zustände zusammen, und giebt eine genaue Beschreibung der Anordnung und des Umfanges der Versuche. Ueber diese Arbeiten ist z. Th. bereits in diesen Berichten XXXVIII Abth. I, 98-103 referirt worden und z. Th. in diesem Bande auf S. 276. *Pt.*

VIEILLE. De l'influence du refroidissement sur la valeur des pressions maxima développées en vase clos par les gaz tomants. C. R. XCVI, 116-118†; [Beibl. VIII, 271-272*.

Die Prüfung der mit dem früher beschriebenen Apparate (s. diese Berichte XXXVIII Abth. I, 227-229) erhaltenen Aufzeichnungen ergab Zeitdifferenzen bis zu mehreren Hundertstelsecunden zwischen dem Momente der Entflammung und dem Eintritt des Maximaldruckes. Es tritt daher durch die während der Verbrennung erfolgende Abkühlung eine Verminderung des Maximaldruckes ein, die von dem Verhältnisse $\frac{s}{v}$ abhängt, in welchem die Abkühlungsoberfläche zum Inhalte der Bombe steht. Indem der Verfasser in Bomben bis zu 4 l Inhalt Metalllamellen einschloss, konnte er dasselbe Verhältniss für $\frac{s}{v}$ herstellen wie in Bomben von blos 300 cbm Inhalt, und beobachtete alsdann auch dieselben Maximaldrucke. Die letzteren wurden alsdann nach Entfernung der Lamellen nochmals beobachtet. Wurden nun die verschiedenen Werthe von $\frac{s}{v}$ für ein und dieselbe, oder für verschiedene Bomben als Abscissen und die zugehörenden Drucke als Ordinaten aufgetragen, so erhielt man eine Curve, die von der Natur der Hülle des Gefässes und vom Inhalte desselben unabhängig war und deren Schnittpunkt mit der Ordinatenaxe den Maximaldruck ergab, den man in einer für Wärme undurchdringlichen Hülle beobachtet haben würde.

Die Curven für die Abkühlung dissociirbarer Mischungen $(CO+O)$, $(H+O)$ schneiden die Ordinatenaxe fast rechtwinklig und sind concav gegen die Abscissenaxe, während diejenigen der explosibeln, wenig oder gar nicht dissociablen Gasgemische convex gegen die Abscissenaxe sind und die Ordinatenaxe unter einem sehr spitzen Winkel schneiden. Immerhin konnten daraus untere Grenzen der Maximaldrucke abgeleitet werden. *Pt.*

TERQUEM. Démonstration du principe D'ARCHIMÈDE pour les corps plongés dans divers gaz. J. de phys. (2) II, 29-31†.

Ein Körper wird in einer tubulirten Glocke mit enger Oeffnung an einem Seidenfaden aufgehängt und gewogen, während man einmal einen Strom trockener Luft, das andre Mal einen Strom trockenen Wasserstoffgases hindurchleitet. Wenn der Körper nahezu austarirt ist, unterbricht man den Gaszufluss, um die mechanische Wirkung desselben aufzuheben. *Pt.*

RAOUL PICTET. Tensions des vapeurs de mélanges d'acide sulfureux et d'eau. Arch. sc. phys. (3) IX, 492†.

Der Verfasser theilt die Beobachtung mit, dass die Spannkraft von Mischungen von schwefeliger Säure und Wasser mit der Temperatur sehr stark variirt und dass die schwefelige Säure bei niedrigen Temperaturen weniger Wasser aufnimmt, als bei höheren Temperaturen. Er schliesst daraus, dass diese bei niedrigen Temperaturen sich beinahe gar nicht mischenden Flüssigkeiten bei höheren Temperaturen und höheren Drucken sich mischen. *Pt.*

BAKHUIS ROOSEBOOM. Ueber die Dissociationsspannung des festen Schwefligsäurehydrates. Acad. Roy. Sc. Amsterd. 26. Mai 1883; Rev. trav. chim. II, 98-99; [Ber. d. chem. Ges. XII, 1857†.

Zersetzt man festes Schwefligsäurehydrat in einem geschlossenen Gefässe, so hört die Zersetzung auf, sobald das entwickelte Schwefeldioxyd ein Tensionsmaximum erreicht hat, das aber von der dissociirten Menge unabhängig ist. Die Tension steigt von 0.305 m bei 0° auf 1.15 m bei 100° und beträgt bei 7° eine Atmosphäre. *Pt.*

E. GERLAND. Die Geschichte der Luftpumpe im 17. Jahrhundert. WIED. Ann. XIX, 534-541†.

Nachdem der Verfasser bereits früher den Nachweis geführt hatte, dass HUYGENS die Erfindung des Luftpumpentellers gehört und ihm auch die wichtigsten Verbesserungen der Luftpumpe im 17. Jahrhundert zuzuschreiben sind, widerlegt er einige dagegen erhobene Einwände und kommt ferner zu dem Resultat, dass man BOYLE den Recipienten mit durchsichtigen Wandungen und abhebbarem Deckel, HUYGENS und PAPIN das Manometer für niedrige Drucke, PAPIN den doppelt durchbohrten Hahn, die Anwendung zweier Stiefel und diejenige von Ventilen verdanke. Letztere wurden auch von STURM angewandt. *Pt.*

G. BERTHOLD. Die Kölner Luftpumpe vom Jahre 1641, eine historische Notiz. WIED. Ann. XX, 345-350†.

Der Verfasser berichtigt das in GEHLER's Lexicon (VI, 527 Anm. 1) enthaltene Citat MUNCKE's[1]) in Betreff einer von OTTO VON GUERICKE im Jahre 1641 angeblich dem Magistrate der Stadt Köln geschenkten Luftpumpe und citirt die a. a. O. abgedruckten, diesbezüglichen Briefe von Prof. CHRISTIAN KRAMP. Nachforschungen über den Verbleib der Pumpe blieben leider erfolglos. *Pt.*

BEEG. Ueber die Untersuchung des Wirkungsgrades von Luftpumpen mittelst des WATT'schen Indicators. ZS. f. Naturw. (4) II, 241-243.

Um sich bei Luftpumpen über die den Nutzeffect beeinflussenden Vorgänge zu unterrichten, empfiehlt der Vortragende die Anwendung des bei Dampfmaschinen schon längst in Gebrauch befindlichen „Wattschen Indicators", welcher für jeden Punkt des Kolbenhubes die Druckverhältnisse in einer Curve aufzeichnet. *Pt.*

---

[1]) Dasselbe sollte lauten: HINDENBURG's Archiv der reinen und angewandten Mathematik. Leipzig 1799, Heft X, 232.

K. L. Bauer. Vereinfachungen beim Experimentiren mit der Luftpumpe. Wied. Ann. XX, 542-544.

Der Verfasser empfiehlt, die Recipienten und Magdeburger Halbkugeln nicht mit Fett, sondern mit einem Ring aus weichem rothen Kautschuk zu dichten. Statt Thierblase wendet er bei dem bekannten Sprengversuch Guttaperchapapier an, welches mittelst eines Weichgummiringes über den vorstehenden Rand des Hohlcylinders gespannt wird. *Pt.*

A. Burckhardt und F. J. Weiss. Verminderung des Einflusses des schädlichen Raumes bei Luftpumpen. Dingl. J. CCL, 496-497†.

Mittelst einer einzigen oder zweier Schiebersteuerungen werden bei der äussersten Stellung des massiven Kolbens die beiden Cylinderräume in Verbindung gesetzt. Bei Anwendung eines durchbohrten Kolbens wird die Verbindung dadurch hergestellt, dass bei der Umkehr keines der beiden auf einer von dem Kolben mitgenommenen Stange sitzenden Ventile die Bohrung verschliesst. *Pt.*

Charles Henry Stearn. Neuerungen an Quecksilberluftpumpen. Centrztg. f. Opt. u. Mech. IV, 132†; [Chem. CBl. (3) XIV, 805-806†.

Beschreibung einer complicirten, ohne Zeichnung nicht näher zu erläuternden Vorrichtung zum Heben des in den Sprengel'schen oder Geissler'schen Luftpumpen durchflossenen Quecksilbers auf das obere Niveau. *Pt.*

Fr. Rock. Neue Form der Geissler'schen Luftpumpe. Centrztg. f. Opt. u. Mech. IV, 159-161†; [Beibl. VII, 790*.

Um die Handhabung der Quecksilberluftpumpe zu erleichtern schlägt der Verfasser folgende Construction vor: Ein oben luftdicht verschliessbares Rohr von 10 cm lichter Weite und 1 cm Wandstärke ist umgeben von einem zweiten, geschlossenen, von 12.6 cm lichter Weite. Beide Rohre haben eine Länge von ca. 100 cm und sind mit Quecksilber gefüllt. Hebt man dann das innere

Rohr in die Höhe oder senkt das äussere Rohr, so bleibt das Quecksilber im inneren auf 76 cm stehen. Das darüber entstehende Vacuum wird mit dem auszupumpenden Recipienten in Verbindung gesetzt. *Pt.*

P. Clerc und A. Heinert. Neuerungen an der Geissler-schen Vacuumpumpe. D. R. P. 21050 Kl. 42; [ZS. f. Instrk. III, 183†.

Die Neuerung besteht in dem Ersatz des Hahnes durch ein Schraubenventil. *Pt.*

V. Karavodin. Nouvelle modification de la pompe de Töpler. J. de phys. (2) II, 558-560†; [Chem. CBl. (3) XIV, 806†.

Die Abänderung besteht in der Anbringung eines Ventils, welches das Eindringen von Quecksilber in das auszupumpende Gefäss verhindert. Das Ventil besteht aus einem mit einem Kautschukhütchen versehenen Glasschwimmer, der durch das steigende Quecksilber gehoben und gegen das Ende der zum auszupumpenden Gefäss führenden Röhre gepresst wird. *Pt.*

F. Neesen. Ergänzungseinrichtung zur Quecksilberluftpumpe ohne Hahn. ZS. f. Instrk. III, 245-246†.

An der vom Verfasser im 2. Bande der ZS. f. Instrk. beschriebenen Quecksilberpumpe ohne Hahn (s. diese Berichte XXXVIII Abth. I, 251) lässt sich folgende Ergänzung anbringen, welche das Arbeiten mit dieser Pumpe wesentlich erleichtert.

Ein mit Quecksilber gefülltes Gefäss *A* ist mit drei Hälsen versehen. Der eine Hals führt zur Kugel *B*, der andre zur Pumpe, der dritte ist durch einen Gummischlauch und ein mit einem Hahn *n* versehenen Glasrohr *m* mit einem kleinen Glasgefäss verbunden, in das die Luftblasen aus *B* aufsteigen. Oberhalb dieses kleinen Glasgefässes befindet sich ein Hahn *k*.

Ist der luftleer zu machende Recipient angeschlossen, so wird der Hahn *n* geöffnet, während der Hahn *k* geschlossen bleibt. Die mit *A* verbundene Kolbenluftpumpe saugt nun Luft heraus, bis das Maximum der Verdünnung erreicht ist, welches mit dieser Pumpe erzielt werden kann. Darauf schliesst man *n* und wendet die Quecksilberluftpumpe an. Das Rohr *m* füllt sich dabei von oben mit Quecksilber, welches in *m* bleibt bis man, nachdem ein neuer zu evacuirender Recipient angeschlossen ist, *n* wieder öffnet.

Pt.

G. MILLER. Neuerungen an der TELSCHOW'schen Luftpumpe zum pneumatischen Hammer. D. R. P. 28518, 16. Dec. 1883; [ZS. f. Instrk. V, 40†.

Der schwingende Cylinder der TELSCHOW'schen Luftpumpe ist durch einen feststehenden Cylinder mit senkrechter Geradführung der Kolbenstangen ersetzt, wodurch das störende Schwanken des die comprimirte Luft zum pneumatischen Hammer leitenden Schlauches beseitigt wird. *Pt.*

G. SERRAVALLE. Quecksilberluftpumpe mit doppelter Wirkung. Riv. scient. indust. XIV, 401-406; [Nature XXVII, 324†; [Beibl. VII, 490*.

In einfacher Weise werden zwei gleiche Gefässe auf zwei Seiten eines verticalen Trägers abwechselnd gehoben und gesenkt. Ein langer Kautschukschlauch verbindet die Gefässe und lässt das Quecksilber aus dem einen Gefässe in das andre fliessen. Beide Gefässe haben oben je einen Dreiweghahn. Eine Oeffnung desselben führt in ein kleines offenes Gefäss, welches das überschüssige Quecksilber aufnimmt, eine andre communicirt mittelst eines Kautschukschlauches mit einem kugelförmigen Verbindungsstücke, durch welches drei Wege mit einander communiciren; zwei derselben sind einander gegenüber und führen nach den Dreiweghähnen der Quecksilbergefässe, der dritte Weg führt nach dem auszupumpenden Gefässe. Die Dreiweghähne werden automatisch in der oberen und unteren Stellung der Gefässe umgeschaltet.

Pt.

J. Barrett. Mercurial Air Pumps. Engineering 1883, 530.

Enthält die Beschreibung einer etwas complicirten, ohne Zeichnung nicht näher zu erläuternden Quecksilberluftpumpe, bei welcher die Anwendung von Kautschukschläuchen vermieden ist, und welche durch eine gewöhnliche Luftpumpe in Bewegung gesetzt wird. *Pt.*

Galland's Luftpumpe. Dingl. J. CCXLVII, 317†.

Der Erfinder sucht durch Anwendung einer Flüssigkeit von geringer Spannung (Destillationsrückstände der Steinöle) über dem Kolben den schädlichen Raum zu vermindern, und erzeugt mittelst einer zweiten Luftpumpe oberhalb des Kolbens einen luftverdünnten Raum, um so den beim Ansaugen auf dem Kolben lastenden Atmosphärendruck zu verringern. *Pt.*

Körting'sche Wasserstrahlpumpen. Pol. Notizbl. XXXVIII, 225-227†.

Zwei Formen von metallenen Wasserstrahlpumpen einfachster Construction werden beschrieben; die eine wirkt in bekannter Weise als Luftpumpe, die andre als Wassersaugpumpe, indem die Ausflussdüse von einem Siebcylinder umschlossen ist, durch welchen das denselben umgebende Wasser nachgesaugt wird. *Pt.*

D. J. Djakonow. Modification des Barometers. Chem. CBl. (3) XIV, 806†.

Es wird eine Abänderung des Mendelejeff'schen Heberbarometers beschrieben, welches zu jeder Zeit leicht zu füllen ist und daher entleert transportirt werden kann. Der geschlossene Schenkel ist ausgezogen, und mündet, wie bei der Karavodin'schen Quecksilberluftpumpe in eine Kugel, aus welcher das eindringende Quecksilber durch ein nach unten gebogenes 800 mm langes Rohr abfliessen kann. Der offene Schenkel ist unterhalb der Verbindung mit dem geschlossenen Schenkel durch einen mittelst Quetschhahn verschliessbaren Kautschukschlauch mit einem langen Trichter verbunden, durch welchen zuerst eine theilweise Füllung beider Schenkel, dann, nachdem der offene Schenkel verschlossen ist, eine vollständige Füllung des geschlossenen Schenkels bewirkt werden kann. Nachdem das oben abfliessende Quecksilber die Luft ausgetrieben hat, wird der Trichter gesenkt und der Schlauch geschlossen, sobald das Vacuum hergestellt ist. *Pt.*

R. A. LEWIS. Modification of RAMSBOTTOM's Differential-Gauge for Determining very slight Pressions of Gas. Chem. News XLVII, 55-56†; [Beibl. VII, 433*.

Der Apparat beruht auf dem Gedanken die Druckdifferenz an zwei entgegengesetzten Seiten eines Diaphragmas mittelst einer Wassersäule zu messen, welcher eine leichtere, mit Wasser nicht mischbare Flüssigkeit das Gleichgewicht hält. In ein mit dem Gasbehälter verbundenes, theilweise mit Wasser, theilweise mit Benzol gefülltes Gefäss *A* ist eine oben geschlossene, unten in das Wasser eintauchende Glasröhre *C* luftdicht eingesetzt. Ein doppelt U-förmig gekrümmtes, mit Wasser gefülltes Glasrohr verbindet den oberen Theil dieses Rohres mit dem in einem zweiten Gefässe *B* enthaltenen Wasser. Das zweite Gefäss steht mit der äusseren Luft in Verbindung und die Wasseroberflächen beider Gefässe befinden sich in demselben Niveau. Wird das Gefäss *A* mit dem Gasometer verbunden, so wird eine Säule von Benzol in das Manometerrohr eingepresst, deren Länge ungefähr zwanzig Mal so gross ist als die in einem gewöhnlichen Wassermanometer auftretende Niveaudifferenz, falls die Dichte des Benzols durch darin aufgelöstes Paraffin auf 0.95 gesteigert worden ist. Eine kleine Correction ist erforderlich, um dem Niveauunterschied Rechnung zu tragen, der dadurch entsteht, dass etwas Wasser durch das Benzol aus dem Manometerrohr in das Gefäss *B* gepresst wird. *Pt.*

RUD. JÄGER's Manometer. DINGL. J. CCXLVIII, 495-496†.

Das zur Messung von grossen Dampfspannungen bestimmte Manometer beruht auf dem von GALY-CALAZAT angewandten Principe zweier starr mit einander verbundenen, in Röhren leicht verschiebbaren Kolben von ungleichem Durchmesser. Auf den kleineren Kolben wirkt der Dampfdruck, auf den grösseren eine dem Verhältniss der Querschnitte der Kolben entsprechend verkürzte Quecksilbersäule. Um die Kolbenreibung zu vermindern, ersetzt Hr. Jäger den grossen Kolben durch einen in Quecksilber tauchenden Schwimmer, dessen Auftrieb dem Dampfdrucke entgegenwirkt. Der Stand des Schwimmers misst den Dampfdruck, und zeigt denselben auf einer Scale an. Der kleine Kolben ist durch einen hohlen Taucherkolben ersetzt, dessen Reibung in der Stopfbüchse dadurch gleichförmig erhalten wird, dass der Dampf durch ein Glasrohr seitlich austritt und den Taucherkolben und den damit verbundenen Schwimmer in Rotation versetzt. *Pt.*

Joseph Barnes. Apparat zur Reduction von gemessenen Gasmengen auf Normalzustand. J. chem. soc. XXXIX, 463. 1881; [ZS. anal. Chem. XXII, 238-239†.

Der Apparat besteht aus einer Glaskugel, welche nach oben in eine Capillarröhre, unten in ein mit einer Eintheilung versehenes weiteres Rohr übergeht. Nachdem der Inhalt der Kugel und der Röhre, bis zu jedem Theilstrich ein für allemal bestimmt ist, bringt man in die Kugel einen Tropfen Wasser, damit die Luft feucht wird, und taucht das eingetheilte Rohr in einen mit Quecksilber gefüllten Cylinder ein. Durch Heben und Senken regulirt man die in der Kugel enthaltene Luftmenge, so dass sie auf 0° und 760 mm reducirt in trockenem Zustande 25 ccm einnehmen würde, und verschliesst dann das Capillarrohr mit Wachs. Bei der Anwendung bringt man den Apparat auf die Temperatur der unter Atmosphärendruck gemessenen Gasmenge, deren Volumen im Normalzustand man messen will, und stellt nun die Kugel so ein, dass das Quecksilber im Rohre dasselbe Niveau hat, wie in der Quecksilberwanne. Das jetzt abgelesene Volumen würde im Normalzustand 25 ccm betragen, somit hat das zu reducirende Volumen V im Normalzustand das Volumen $x = \frac{V}{0.04}$.

Pt.

G. TISSANDIER. Expérience d'un aérostat électrique à hélice, par MM. A. et G. TISSANDIER. C. R. XCVII, 831 bis 833†; Mondes (3) VI, 336-339*; [Engineering XXXVI, 412*; [La Nat. XI, No. 542.

Der electrische Aerostat hatte eine ähnliche Gestalt, wie die Ballons von GIFFARD und DUPUY DE LÔME; er hatte eine Länge von 28 m, einen Durchmesser von 9.20 m, bei einem Volumen von 1060 cbm. Die Füllung des Ballons bestand aus reinem trockenen Wasserstoffgas.

Der Aerostat wog mit allem Beiwerk 704 kg, so dass, da der Auftrieb des Wasserstoffgases 1180 g pro cbm ist, noch 386 kg Ballast eingenommen werden mussten. Der Aufstieg geschah in Auteuil bei schwachem Ost-Süd-Ost-Winde, dessen Stärke sich aber in der Höhe von 500 m bis zu einer Geschwindigkeit von 3 m in der Sekunde steigerte. Der elektrische Motor konnte durch 6, 12, 18 oder 24 Chromsäureelemente in Bewegung gesetzt werden. Die Schraube machte 60-180 Touren pro Minute; der letzten Geschwindigkeit entsprach eine Arbeit von 100 kgm. Mit dem Winde bewegte sich der Aerostat wesentlich schneller als die umgebende Luft. Dem entgegenstehenden Winde hielt der Aerostat eine Zeit lang Stand; dann gerieth er in eine drehende Bewegung, die das Steuer nicht aufzuhalten vermochte. Trotzdem aber gelang es 20 Minuten lang über dem Bois de Boulogne den Ballon zum Stehen zu bringen. Dann wurde der Motor ausgeschaltet, bis der Aerostat mit dem Winde sich bewegte, der Motor wurde wieder in Bewegung gesetzt, die Geschwindigkeit vergrösserte sich, und es gelang den Aerostaten mittelst des Steuers nach rechts und links von der Richtung des Windes abzulenken.

Pt.

WIRTH's Luftschiff. DINGL. J. CCXLVII, 111-112†.

Die Lenkbarkeit eines Ballons sowohl in verticaler, als auch in horizontaler Ebene soll mittelst eigenthümlicher, hier nicht näher zu beschreibender Schaufelräder bewerkstelligt werden, welche durch den Luftschiffer in Drehung versetzt werden. *Pt.*

N. K. CHERILL. Exhausting the Bulbs of Incandescent Electric Lamps. Engineering 1883, 50†.

Das Vacuum wird durch chemische Absorption eines Gases (z. B. von Ammoniak durch Phosphorsäureanhydrid) hergestellt und die Luftpumpe bloss zum Ansaugen des Gases benutzt.

Pt.

Litteratur.

L. TROOST. Influence de la compressibilité des éléments sur la compressibilité des composés dans lesquels ils entrent. Bull. soc. chim (2) XXXIX, 511-512. Sh. diese Berichte XXXVIII Abth. I, 221. *Pt.*

E. H. AMAGAT. Compressibility of Nitrogen. [J. chem. soc. XLIV, 150-151; [Cim. (3) XIII, 163-164. Sh. diese Berichte XXXVIII Abth. I, 223. *Pt.*

K. KRAJEWITSCH. Neue Methode die Elasticität von Gasen zu untersuchen. [Chem. CBl. (3) XIV, 34. Sh. diese Berichte XXXVIII Abth. I, 223-226. *Pt.*

KOWALSKIJ. Elasticität der Luft. J. d. russ. chem.-phys. Ges. [2] XV, 55. Einfache Demonstrationsversuche. *O. Chw.*

W. J. MAREK. Vorschlag zur experimentellen Bestimmung der Zustandsgleichung der Gase. [ZS. f. Instrk. III, 59-60. Sh. diese Berichte XXXVIII Abth. I, 226. *Pt.*

MALLART and LE CHÂTELIER. Nature of the Vibratory Movements which accompany the Propagation of Flame in Mixtures of combustible Gases. [J. chem. soc. XLIV, 148-149. Sh. diese Berichte XXXVIII Abth. I, 230-231. *Pt.*

A. G. VERNON HARCOURT. Apparat zur Bestimmung des Volumens eines Gases, welches unter gewöhnlichen Verhältnissen gemessen wird bei den normalen Bedingungen. Engl. P. 842 vom 21. Febr. 1882; [Ber. d. chem. Ges. XVI, 583-584. *Pt.*

— — On an Instrument for Correcting Gaseous Volume. Proc. Roy. Soc. XXXIV, 166-167. 1882; [Beibl. VII, 322 bis 323.

C. Maze. Vérification de la loi de Mariotte sur les Alpes au commencement du XVIIIe siècle. Mondes (3) V, 168-170†; [Beibl. VII, 650.

Der Verfasser macht auf den Versuch aufmerksam, den Scheuchzer auf einem Felsen am Ufer des Laminenbaches ausgeführt hat. Die direkte Messung mit einem Seile ergab für den Felsen eine Höhe von 766 Fuss über Zürich, während die barometrische Messung eine solche von 735 Fuss ergab. *Pt.*

J. Hannay. Expériments sur le vide. J. de phys. (2) II, 288 nach Phil. Mag. (5) XIII, 229-235. Sh. diese Berichte XXXVIII Abth. I, 250-251. *Pt.*

Melsens. Sur le passage des projectiles à travers des milieux résistants, sur l'écoulement des solides et sur la résistance de l'air au mouvement des projectiles. [J. de phys. (2) II, 240 nach Ann. chim. phys. (5) XXXV, 389-400. Sh. diese Berichte XXXVIII Abth. I, 235-237. *Pt.*

Ritoff. Centrifugalluftpumpe. Chem. CBl. (3) XIV, 774-775. Sh. diese Berichte XXXVIII Abth. I, 255. *Pt.*

B. F. Thomas. Two forms of apparatus for Boyle's law. Amer. Ass. Minneapolis. N. z.

O. Braun. Verbesserung an Barometern. D. R. P. 20451 vom 23. Juni 1882; [Ber. d. chem. Ges. XVI, 267.

Der geschlossene Schenkel des Barometers ist mit Quecksilber gefüllt. In den offenen Schenkel wird mittelst eines Gummiballes Wasser gepresst, bis das Quecksilber eine Spitze berührt, welchem bei Abwesenheit des Wassers ein ganz bestimmter Luftdruck entsprechen würde. Die durch 13.6 dividirte Wassersäule von diesem Drucke subtrahirt, giebt den wahren Barometerstand. *Pt.*

Sh. auch diese Berichte XXXVIII Abth. III, 263.

G. Friedrich Schlegelmilch. Neuerungen an Barometern. D. R. P. 21500; [Ber. d. chem. Ges. XVI, 1401.

Goy. Physik ohne Apparate. La Nat. XI, 336; [Beibl. VII, 625.

Duponchel. L'aérostat élastique automoteur. Mondes (3) VI, 605-616.

— — Théorie dynamique des aérostats. Mondes (3) V, 406-413, 439-448, 638-643; VI, 19-25.

A. ROBICHON. Le ballon dirigéable. Paris: Cabasson et Cie. N. z.

WILH. BOSSE. Zur Klärung der Flugfrage. Wien: Verlag der Allg. Sport-Ztg. VICTOR SILBERER's aëronautische Schriften. Heft 8. N. z.

J. GIROUD DE VILLETTE. Le premier aérostat monté. Paris: A. Ghio 1880. 12°. N. z.

DE SANDERVAL. Sur un aéroplane pouvant contribuer au progrès de la navigation aérienne. C. R. XCVII, 1273-1274†; [Mondes (3) VI, 639-640.

Enthält die Beschreibung von Versuchen mit einem neuen Fallschirm. *Pt.*

---

7. Cohäsion und Adhäsion.

A. Elasticität und Festigkeit.

W. J. C. SHARP. On the Invariants of a certain Orthogonal Transformation, with special reference to the Theory of the Strains and Stresses of an Elastic Solid. Proc. Math. Soc. XIII, 216-219†.

Es werden eine grosse Anzahl Formeln der Geometrie, Kinematik, Mechanik und mechanischen Physik, unter ihnen auch die aus der Elasticitätstheorie, unter dem Gesichtspunkt der Invarianz bei orthogonaler Coordinatentransformation zusammengestellt.

He.

E. FONTANEAU. Sur la détermination des forces élastiques. C. R. XCVII, 1402-1404†; [Jahrb. d. Math. XV, 874-875.

Zwischen den 36 Elasticitätscoefficienten homogener Körper giebt es anerkanntermaassen 15 Relationen und nach Aussage des Verfassers noch 6 andere, so dass sich die Anzahl der Coefficienten auf 15, und für isotrope Körper auf einen reduciren würde, was gegen die Arbeiten der HHrn. CAUCHY, POISSON, NAVIER u. A. streite. Er hat nun in der Abhandlung, welche er unter obigem Titel der Akademie vorlegt, von der in C. R. indess nur der Plan mitgetheilt ist, durch vollständige Entwickelung der Gleichgewichtsbedingungen bewiesen, dass es sich wirklich so verhält, und die allgemeine Integration ausgeführt. Schwieriger zeigte sich die Anwendung auf die Bewegung, wiewohl nicht unfruchtbar. Er glaubt dadurch eine neue Methode zur Lösung der Probleme der Elasticität eröffnet zu haben, ohne dass damit der Werth der bisherigen Methoden verringert worden sei.

He.

V. CERRUTI. Ricerche intorno all'equilibrio de' corpi elastici isotropi. Atti R. Acc. dei Lincei Mem. (3) XIII, 81-122†.

Im Gegenwärtigen wird die Integration der Gleichungen des Gleichgewichts isotroper elastischer Körper aufs Neue bearbeitet, um in der allgemeinen Lösung Vereinfachungen und in der Behandlung eines speciellen Problems eine neue Methode zu zeigen. Das erstere schliesst sich an BETTI's Bearbeitung in Nuovo Cim. an. Die Aufgabe zerfällt in zwei: in der ersten wurden die cubische Dilatation und die drei Componenten der Rotation eines Körperelements gesucht und hierzu vier Systeme von drei Hülfsfunctionen eingeführt, in der zweiten die Verschiebungen bestimmt. An der Oberfläche sind entweder die Verschiebungen oder die Kräfte gegeben oder zum Theil die einen, zum Theil die anderen. Der Körper wird als begrenzt durch eine Ebene, sonst unbegrenzt angenommen. Zum Schluss werden die Resultate auf die Oberfläche angewandt, die Spannungen aus den Verschiebungen und umgekehrt bestimmt.

He.

X. KRETZ. Réflexion des déplacements élastiques. (Extrait par l'auteur.) C. R. XCVII, 476-477†; [Jahrb. d. Math. XV, 877.

Der Verfasser stellt den folgenden Satz auf, welcher die Berechnung des Gleichgewichts eines begrenzten elastischen Körpers auf das eines unbegrenzten zurückführt: Die Deformation im Gleichgewicht eines von einer Ebene begrenzten Körpers erhält man, indem man zu den primitiven (dem unbegrenzten Körper entsprechenden) Verschiebungen jedes Punktes die an der Ebene reflectirten Verschiebungen addirt. Hiermit wird das für Vibrationen gültige Gesetz auf den Gleichgewichtszustand übertragen.

He.

SCHIFF. Sur l'équilibre d'un cylindre élastique.
J. d. math. (3) IX, 407-424†; [C. R. XCVI, 487-490†; [Jahrb. d. Math. XV, 881-882.

Die Aufgabe, welche sich der Verfasser hier stellt und analytisch vollständig löst, lautet: Es soll der Gleichgewichtszustand eines Hohlcylinders zwischen zwei ebenen Endflächen gefunden werden, wenn auf die Seitenflächen normale, auf die Endflächen tangentiale Kräfte wirken, sämmtlich symmetrisch zur Axe. Es wird sogleich vorausgesetzt, dass der deformirte Körper Rotationsfigur bleibt. Demgemäss sind in der Querschnittsebene Polarcoordinaten r, φ angewandt, und alle Grössen unabhängig von φ. Die resultirenden Ausdrücke der Verschiebungen und Spannungen sind in Reihen entwickelt und enthalten noch 3 Funtionen, welche lineare Gleichungen zweiter Ordnungen zu erfüllen haben. Deren Lösungen werden in Reihen und bestimmten Integralen dargestellt. Für den vollen Cylinder treten Vereinfachungen ein. Vor Beginn der eigenen Untersuchung stellt der Verfasser eine Reihe von Annahmen zusammen, welche von anderen Bearbeitern gemacht worden sind, welche sich aber mit der Wirklichkeit nicht vereinen lassen, und in denen daher der Grund zu suchen sei, dass die Resultate mit den Beobachtungen schlecht stimmen.

He.

H. T. STEARN. Note on the energy of strain of an isotropic solid. Quart. J. LXXIV, 140†.

Die innere Energie der Volumeneinheit eines gespannten isotropen Körpers wird in der Form dargestellt:

$$\Phi = \tfrac{1}{2}\lambda(a+b+c)^2+\mu(a^2+b^2+c^2)+2\mu(s_1^2+s_2^2+s_3^2)$$

wo

$$a = \frac{\partial u}{\partial x}; \text{ etc.} \quad 2s_1 = \frac{\partial v}{\partial y} + \frac{\partial w}{\partial z}; \text{ etc.}$$

ist. *He.*

H. LAMB. On the vibrations of an elastic sphere. Proc. Math. Soc. XIII, 189-212†.

Das Gegenwärtige knüpft an den frühern Aufsatz im selben Bande S. 51 an, wo die Lösung der Differentialgleichung bereits gegeben war. Es ergeben sich zwei Classen von Vibrationen, eine einfachere bestehend aus ähnlichen, nur in der Amplitude differirenden Bewegungen und eine complicirtere. Das Resultat stimmt nicht mit der Voraussetzung von LAMÉ überein, dass an der Oberfläche die reflectirte Welle mit der auffallenden von gleicher Natur sei, vielmehr zerlegt sich die Welle bei der Reflexion in zwei, und wird daraus auf die Unrichtigkeit jener Voraussetzung geschlossen. Es werden nun die zwei Classen einzeln, im Allgemeinen und für besondere Fälle näher untersucht. *He.*

J. BOUSSINESQ. Comment se repartit, entre les divers points de sa petite base d'appui, le poids d'un corps dur, à surface poli et convexe, posé sur un sol horizontal élastique. C. R. XCVI, 245-248†.

Ein Körper von convexer Oberfläche ruht im Gleichgewicht auf einem horizontalen Boden. Durch Einsinken kommt ein kleines Flächenstück, das sich als elliptisches Paraboloid betrachten lässt, mit dem Boden in Berührung. Die Basis (Ellipse mit a, b als Halbaxen) wird durch ähnliche coaxiale Ellipsen, (deren Halbaxen za, zb) bei Variation von z von 0 bis 1 erzeugt. Das Gesammtgewicht P wird nun in Schichten $= 3Pz^2\partial z$ zerlegt, deren jede über die Fläche der erzeugenden Ellipse gleichmässig ausgebreitet ist. Setzt man

$$\gamma^2 = \frac{x^2}{a^2} + \frac{y^2}{b^2}, \quad D = \sqrt{(a^2+\nu^2)(b^2+\nu^2)},$$

wo

$$z^2 = \frac{x^2}{a^2+\nu^2} + \frac{y^2}{b^2+\nu^2},$$

so haben die Dichtigkeit der Schicht in einem Punkte (x, y) der Oberfläche, ihr Potential und das Potential eines äussern Punktes $(\gamma > z)$ bezw. die Ausdrücke:

$$\frac{3Pz\partial z}{2\pi ab\sqrt{z^2-\gamma^2}}, \quad 3Pz\partial z\int_0^\infty \frac{\partial\nu}{D}, \quad 3Pz\partial z\int_\nu^\infty \frac{\partial\nu}{D}.$$

Bei Superposition der den Schichten zukommenden Werthe ist nun nach z zu integriren der erste Ausdruck für die Dichte ϱ von γ bis 1, für das Potential im innern Punkte der zweite von γ bis 1, der dritte von 0 bis γ und die Summe zu nehmen, für das Potential im äussern Punkte bloss der dritte von 0 bis 1. Die Einsenkung ω geht aus dem Potential hervor durch Multiplication mit der von der Elasticität des Bodens abhängigen Constanten

$$\frac{\lambda+2\mu}{4\pi\mu(\lambda+\mu)}.$$

Setzt man zur Abkürzung

$$\alpha = \int_0^\infty \frac{a^2}{a^2+\nu^2}\frac{\partial\nu}{D}, \quad \beta = \int_0^\infty \frac{b^2}{b^2+\nu^2}\frac{\partial\nu}{D}$$

und statt jenes Coefficienten $\frac{2}{3}$, so hat man für innere Punkte:

$$\varrho = \frac{3P}{2\pi ab}\sqrt{1-\frac{x^2}{a^2}-\frac{y^2}{b^2}}, \quad w = P\left(\alpha+\beta-\frac{\alpha x^2}{a^2}-\frac{\beta y^2}{b^2}\right),$$

für äussere:

$$w = P\left[\alpha+\beta-\frac{\alpha x^2}{a^2}-\frac{\beta y^2}{b^2}+\int_0^\nu\left(\frac{x^2}{a^2+\nu^2}+\frac{y^2}{b^2+\nu^2}-1\right)\frac{\partial\nu}{D}\right].$$

Hieran schliessen sich einige Bemerkungen. *He.*

H. Hertz. Ueber die Vertheilung der Druckkräfte in einem elastischen Kreiscylinder. ZS. f. Math. XXVIII, 125-128†.

Auf das Element ∂s der Mantelfläche des homogenen Cylinders wirke der Druck F normal zur Axe, aber beliebig gegen die Fläche geneigt und constant längs der Axenrichtung, seine

Richtung heisse f. Gesucht wird M_n, die Componente in der m-Richtung von dem Drucke, welcher im Innern auf einem der Cylinderaxe parallelen Flächenelemente lastet, dessen Normale die Richtung n hat. Es bezeichne r den Radiusvector, welcher die genannten 2 Flächenelemente verbindet, R den Radius des Cylinders. Die Endflächen des Cylinders seien fest. Dann beweist der Verfasser, dass

$$M_n = -\frac{\cos(n, m)}{2R\pi}\int F\cos(f, r)\partial s + \frac{2}{\pi}\int \frac{F}{r}\cos(f, r)\cos(n, r)\cos(m, r)\partial s$$

ist, und giebt als Beispiel der Anwendung für den Fall, wo der Cylinder zwischen zwei parallele Platten gepresst ist, das Resultat:

$$N_n = -\frac{P}{R\pi} + \frac{2P}{\pi}\left\{\frac{\cos(r_1 x)\cos^2(r_1 n)}{r_1} + \frac{\cos(r_2 x)\cos^2(r_2 n)}{r_2}\right\},$$

wo die x-Richtung durch beide Berührungspunkte, die r durch je einen gehen, und P den normalen Plattendruck bezeichnet.

He.

M. Lévy. Sur un nouveau cas intégrable du problème de l'élastique et l'une de ses applications. C. R. XCVII, 694-697†.

Der Verfasser bespricht das in seiner Abhandlung behandelte Problem der Berechnung der Biegung eines Ringes durch gleichmässig vertheilte, von aussen nach innen wirkende Druckkräfte. Er verlangt, dass man zuerst endliche Deformationen einführt. Die Differentialgleichung ist dann integrabel und ergiebt zwei Constanten, die sich durch die zwei Forderungen bestimmen sollen, dass die deformirte Curve geschlossen sei, und dass ihre Länge merklich dieselbe sei wie nach einfacher Compression ohne Biegung. Aus den zwei mitgetheilten Integralen wird gefolgert, dass keine Biegung stattfindet, wenn

$$\frac{EJ}{p\varrho^3} > \frac{4}{9}$$

ist, wo E Elasticität, J Trägheitsmoment des Querschnitts, ϱ Radius des unendlich dünnen Ringes, p Druck auf die Längeneinheit bedeutet. Hierauf folgen zwei Bemerkungen in Betreff der Spannungen in gebogenen beliebig eben gekrümmten Stäben.

He.

J. Boussinesq. Résistance d'un anneau à la flexion, quand sa surface extérieure supporte une pression normale, constante par unité de longueur de sa fibre moyenne. C. R. XCVII, 843-844†.

Auf die Längeneinheit der äusseren Fläche eines Ringes von rechteckigem Querschnitt und Radius R wirkt der Normaldruck p. Es wird die Relation zwischen dem Druck und einer unendlich kleinen Biegung berechnet. Die Biegung verschwindet bei abnehmenden p, sobald

$$pR^2 = 3EJ$$

wird, wo E Elasticität, J Trägheitsmoment des Querschnitts bedeutet. Bis zu dieser Grenze erträgt also der Ring einen äussern Druck ohne sich zu biegen. Die Aufgabe war bereits von Maurice Lévy (s. S. 295) behandelt; der gegenwärtige Aufsatz knüpft daran an und ist dazu bestimmt, für praktische Zwecke einen kürzeren Weg zur Lösung zu zeigen. Gleichwohl hat sich auf diesem Wege statt der Zahl $\frac{9}{4}$ die Zahl 3 ergeben.

He.

M. Levy. Sur une communication de M. Boussinesq, relative à l'équilibre d'un anneau circulaire. C. R. XCVII, 979-980†.

J. Boussinesq. Sur la résistance d'un anneau à la flexion. C. R. XCVII, 1131-1132†.

Beide Artikel beziehen sich auf den Aufsatz von Hrn. Boussinesq C. R. XCVII, 843. Hr. Lévy bestreitet das Recht, die Deformation anfänglich als unendlich klein zu betrachten, die höheren Potenzen der Veränderung des Radius zu vernachlässigen, indem er absurde Schlüsse aus der vereinfachten Gleichung zieht. Deren Bündigkeit möchte wohl aus dem Angeführten nicht zu ersehen sein.

Hr. Boussinesq wiederholt grossentheils nur bereits ausgesprochene Gründe und verweilt dann bei dem Einwand, dass die eine Constante bei ihm unbestimmt bleibt. Diese trägt aber in der That nichts zu dem Resultat bei, welches aus der Periodicität der Verschiebung bei Durchlaufung des Ringes folgt.

He.

H. Léauté. Note sur le profil des lames du dynamomètre de Poncelet. J. de math. (3) I, 245-256†.

Die Gleichung der neutralen Fiber der Lamelle ist von Hrn. Resal zuerst genau und richtig aufgestellt worden. Dem Verfasser scheint dieselbe für die Praxis zu complicirt. Er setzt dafür die folgende approximative:

$$x = \sqrt{2px-y^2}-pL\left(1+\frac{1}{p}\sqrt{2px-y^2}\right),$$

wo

$$p = \frac{e^2}{2l},$$

e die halbe Dicke, l die halbe Länge bezeichnet, discutirt und construirt sie mittelst bewegter Parabeln. Die innere Grenze der Lamelle ist die x-Axe, die äussere hat man in gleichem normalen Abstande von der neutralen Fiber zu zeichnen. *He.*

H. Léauté. Sur la loi de répartition des tensions dans une lame élastique de forme primitive arbitraire, enroulé sur un cylindre de section droite quelconque, lorsque le glissement est uniforme. C. R. XCVII, 894-897†.

Ein Metallstreifen, ursprünglich beliebig krumm, ist auf eine Walze von beliebigem Querschnitt gerollt, es bedeutet L seine Longitudinalspannung, M seine Biegungsspannung, f den Reibungscoefficienten, ∂s ein Bogenelement des Streifens, ϱ dessen Krümmungsradius; dann wird berechnet, dass

$$L = e^{f\int\frac{\partial s}{\varrho}}\left[C-\int\left(\frac{1}{\varrho}\frac{\partial M}{\partial s}+f\frac{\partial^2 M}{\partial s^2}\right)e^{-f\int\frac{\partial s}{\varrho}}\partial s\right]$$

ist. *He.*

J. Spörer. Ueber Spannungen in den Radreifen der Räder von Eisenbahn-Fahrzeugen. [Dingl. J. CCXLVII, 275-276† nach Wochenschr. Ver. d. Ing. 1882, 368.

Auf Veranlassung des Verfassers sind beim Aufziehen der Reifen auf sechs Eisenbahnräder die Durchmesser von Rad und Reifen vor und nach dem Aufziehen gemessen worden. Sie sind hier aufgezeichnet. Es ergiebt sich daraus, wie viel das Rad comprimirt, wie viel der Streifen gedehnt, und wie gross demnach die Spannung des letzteren ist. Die Zahlen variiren von 9.3 bis 17.1. Vorliegende Resultate des Bochumer Vereins liegen zwischen diesen Grenzen. *He.*

W. Voigt. Die Theorie des longitudinalen Stosses cylindrischer Stäbe. Wied. Ann. XIX, 44-65†.

Um die Neumann-de Saint-Venant'sche Theorie des longitudinalen Stosses experimentell zu prüfen, hat der Verfasser Stäbe aus glashartem Stahl horizontal an je vier Fäden aufgehängt, den einen ruhend, den andern aufgehoben, gegen einander stossen lassen und die Geschwindigkeiten vor und nach dem Stosse beobachtet. Die Resultate ergeben erhebliche Abweichungen von der Theorie. Die Erklärung findet er darin, dass der von Hrn. de Saint-Venant vorausgesetzte Zustand der Endflächen bei der Berührung, in welchem die zwei Stäbe sich als einen betrachten lassen, unmöglich ist, zunächst wegen Abrundung und Unebenheit, aber auch, von diesen abgesehen, wegen der adhärirenden Luftschicht. Um mit Berücksichtigung dieses Grundes der Abweichung die Theorie zu ergänzen, nimmt der Verfasser eine Zwischenschicht von unbekanntem Elasticitätscoefficienten $\mathfrak{c}$ an und berechnet die resultirenden Geschwindigkeiten. Deren Ausdrücke variiren dann mit $\mathfrak{c}$ zwischen zwei extremen Fällen, dem, wo die Zwischenschicht gar nicht wirkt und demnach das de Saint-Venant'sche Gesetz gilt, und dem, wo sie allein das Stossphänomen hervorbringt, wo daher die Geschwindigkeiten der Erhaltung der lebendigen Kraft der äusseren Bewegung ohne Vibration entsprechen. Das Vorstehende bezieht sich auf Stäbe von gleichem Querschnitt. Es liegen auch Versuche bei ungleichem

Querschnitt vor, doch geben diese wegen seitlicher Schwankungen kein deutliches Resultat. Ferner waren die Endflächen abgerundet. Nach Verminderung der Krümmung näherten sich die Ergebnisse dem de Saint-Venant'schen Gesetze, obwohl nicht in dem Maasse, dass die Krümmung allein die Abweichungen hätte erklären können. Zum Schluss wird noch von Versuchen des Stosses eines Stahlstabes gegen einen Glasstab und umgekehrt Mittheilung gemacht. *He.*

A. Kurz. Zum Stosse elastischer Körper. Rep. d. Phys. XIX, 338-339†.

Es wird bemerkt, dass, wenn die Bewegungsgrösse und die lebendige Kraft des sich stossenden Systems vor und nach dem Stosse gleich ist, auch die Summe der Geschwindigkeiten vor und nach dem Stosse für beide Körper gleich wird, dass man also die quadratische Gleichung durch eine lineare ersetzen kann, indem die andre lineare Gleichung „hier nutzlos“ ist. *He.*

J. Boussinesq. Du choc longitudinal d'une barre prismatique fixée à un bout et heurtée à l'autre. C. R. XCVII, 154-157†.

Nachdem der Verfasser die von Hrn. de Saint-Venant hergeleiteten Gesetze des longitudinalen Stosses vorgeführt hat, behandelt er den Fall, wo die Stosswelle die Länge des gestossenen Prismas vor dessen Trennung eine grosse Anzahl Mal hin und zurück durchläuft, nach besonderer Methode. *He.*

De Saint-Venant et Flamant. Résistance vive ou dynamique des solides. Représentation graphique des lois du choc longitudinal, subi à une de ses extrémités par une tige ou barre prismatique assujettie à l'extrémité opposée. C. R. XCVII, 127-133, 214-222, 281-290, 444-447†.

Nach einem Rückblick auf die älteren Methoden der Behandlung des Problems wird die bereits in J. de math. (2) XII,

237 von Hrn. DE SAINT-VENANT ausführlich dargelegte und auf graphische Darstellung reducirte Lösung bezüglich auf den longitudinalen Stoss zweier frei beweglichen Prismen auf den Fall übertragen, wo das der Stossfläche abgekehrte Stabende fest ist (ein Fall der sich schwerlich realisiren lässt). Hier tritt nur unter allen äusseren Bedingungen an die Stelle von $\frac{\partial u}{\partial x} = 0$ für jenes Ende die Bedingung $u = 0$ und modificirt die Discussion der successiven Werthe der durch die allgemeine Integration eingeführten Function $f(z)$. Es werden erst die aus den Bedingungen hervorgehenden Grundrelationen der f und f' zusammengestellt und bewiesen, dann die Dauer des Stosses berechnet, dann das Gesetz der $f'(z)$ und deren Maxima und Minima ermittelt, dann dieselben im Zustand des Loslassens untersucht, Dann folgt die Bestimmung von $f(z)$, das Gesetz der Verschiebungen der einzelnen Punkte des Stabes, dann dieses im Zustand des Loslassens, dann die Gesetze der Drehungen und Contractionen der Elemente des Stabes, dann die grössten Verschiebungen der gestossenen Fläche. Hierzu sind viele Diagramme gegeben. *He.*

V. HAUSMANINGER. Versuche über den Stoss von Kautschukcylindern. Wien. Ber. [2] LXXXVIII, 768-781†.

Diese Versuche schliessen sich an die von den HHrn. BOLTZMANN und VOIGT an. Die Aufhängungsweise der in horizontaler Lage pendulirenden, in der Gleichgewichtslage einander berührenden Stäbe war dieselbe; an den Enden waren convexe Beinblättchen befestigt. Die Tabelle der Resultate giebt für die Hubhöhe 100 und 50 mm den Ausschlag S des gestossenen Stabes und die Strecke, welche der stossende nachging, an, und zwar sind gleich lange und ungleich lange, jedoch stets von gleichen Massen combinirt und dann vertauscht. Bei ungleichen Längen war der Ausschlag geringer als bei gleichen, doch nicht so bedeutend, wie es der DE SAINT-VENANT'schen Theorie entspricht. Ferner sind die Strecken des Nachgehens nach dem Stosse bei ersteren grösser. Ferner ward die Dauer des Stosses nach einer zuerst von Pouillet angewandten Methode aus dem Verhältniss des stationären und momentanen Ausschlages einer Galvanometernadel bestimmt. Bei gleichen Längen war die Dauer nahe 0.007, bei ungleichen nahe 0.011 Secunden, wo allerdings vorausgesetzt ist, dass der Stoss mit dem Contacte beginnt und aufhört. Dann geht der Verfasser auf die Gleichung ein, durch deren Wurzeln Hr. Voigt den Einfluss der adhärirenden Zwischenschicht bestimmt, abhängig von einem Parameter c, und entwickelt die kleinste Wurzel auf ein Glied mehr, um zu prüfen, in wie weit Voigt's Theorie die Differenz zwischen den alten Stossformeln und den beobachteten Werthen wiedergiebt, findet indess keine Bestätigung. Ein Nachtrag berichtet von Versuchen mit Glasstäben, welche zeigten, dass bei grösserer Hubhöhe die Dauer des Stosses kleiner ist. *He.*

W. Hess. Ueber die Biegung und Drillung eines unendlich dünnen elastischen Stabes. Münch. Sitzber. 1883, 82-110†.

Nach einem historischen Rückblick schliesst sich die Arbeit an die Bemerkung von Hrn. Kirchhoff an, dass die Bedingungen für das Gleichgewicht eines unendlich dünnen elastischen Stabes mit denjenigen Gleichungen übereinstimmen, welche die Bewegung eines um einen festen Punkt rotirenden starren Körpers definiren. Demgemäss legt der Verfasser die Theorie jenes Gleichgewichts dar, indem er alle sich Punkt für Punkt entsprechenden Elemente und Sätze einander gegenüberstellt. Manche Fragen jedoch haben kein Analogon. Namentlich wird die Deformation der Centrallinie durch Drillung nicht auf eine entsprechende Aufgabe zurückgeführt. Es folgt die explicite Lösung durch Jacobi'sche Functionen. Weitere Unterschiede werden einzeln besprochen.

He.

G. Schmidt. Deformationscurven. Techn. Bl. 1882, Heft III, 1-8.

Der Aufsatz enthält eine Reihe von Bemerkungen an cylindrischen Stäben in zwei Fällen der Deformation: 1) wo der Stab erst tordirt, dann gedehnt, 2) wo er der Länge nach comprimirt ist. In beiden lässt sich die Meridiancurve des deformirten Rotationskörpers als Parabel mit radialer, entgegengesetzt gerichteter Axe ansehen, eine Annahme die sich dann experimentell bestätigt. Constantes Volumen vorausgesetzt, ergiebt die Rechnung die Relationen zwischen Länge und Dicke:

$$(1.)\quad \frac{L}{L_1} = \frac{1}{15}\left[8\left(\frac{b}{A}\right)^2 + 4\left(\frac{b}{A}\right) + 3\right],$$

$$(2.)\quad \frac{L}{L_1} = \frac{1}{15}\left[8\left(\frac{b}{A}\right)^2 + 4\frac{ab}{A^2} + 3\left(\frac{a}{A}\right)^2\right]$$

wo L, A halbe Länge und Radius ursprünglich, a Radius am Ende, b in der Mitte deformirt bezeichnen. Je kleiner $\frac{b}{A}$ unmittelbar vor dem Reissen ist, desto verlässlicher ist das Material. Es wird gezeigt, dass eine von Hrn. Thurston geprüfte Legirung aus 55 Kupfer, 2 Zinn, 43 Zink das mögliche Minimum nahe erreicht. Als höchste mögliche Verlängerung findet der Verfasser 58.5 pCt. Es folgen vergleichende Betrachtungen der vorstehenden Auffassung mit Versuchsresultaten von Hrn. Kick an Kupfercylindern und comprimirten Bleicylindern und von Hrn. Gollner an Stahlstäben. *He.*

J. Bauschinger. Versuche über Elasticität und Festigkeit verschiedener Materialien. Civiling. (2) XXVIII, 561 bis 630†.

Diese Versuche sind auf einer Ausstellung in Nürnberg zur Benutzung der Gelegenheit, wo zugleich die Werder'sche Materialprüfungsmaschine und die vom Verfasser construirten Instrumente zur Messung der Gestaltsveränderung der Probekörper daselbst ausgestellt waren, von ihm ausgeführt worden. Ueber beide Apparate hat er bereits eine Schrift herausgegeben und setzt jetzt deren Bekanntschaft voraus. Die Versuche sind auf Zug-, Druck-, Zerknickungs-, Biegungs-, Abscherungs- und Torsions-Festigkeit und Elasticität an Stahl, Guss- und Schmiedeeisen, Holz, Sandstein, Granit, Leder, Hanf gemacht. Es werden deren

Resultate tabellarisch zusammengestellt, schliesslich Bemerkungen daraus gezogen, Bestätigungen constatirt und Abweichungen erklärt. *He.*

W. VOIGT. Bestimmung der Elasticitäts-Constanten des Kupfers. Berl. Sitzber. 1883, 961-973†.

Der Verfasser wählt, um homogenes Material zu erhalten, Platten aus galvanoplastisch niedergeschlagenem Kupfer, aus denen Stäbchen ausgeschnitten wurden, zur Untersuchung. Torsionsversuche zeigen, dass die Platten krystallinisch sind. Es wird angenommen, dass die Oktaederflächen den Plattenebenen parallel liegen, und jede Schicht aus lauter gleich orientirten Individuen besteht. Möglich bleiben die zwei Fälle, wo die Oktaederflächen der Nachbarschichten um 180° gedreht auftreten und wo sie beliebige Lage haben. Es wird nachgewiesen, dass beide Annahmen gleiche Folgen für die Untersuchung haben. Es werden die Relationen zwischen den Beobachtungsgrössen und den Constanten, d. i. den Coefficienten des Potentials

$$-2F = A(x_x^2+y_y^2+z_z^2)+2B(x_x y_y+y_y z_z+z_z x_x)+e(x_y^2+y_z^2+z_x^2)$$

entwickelt und die Werthe berechnet:

$$A = 1230000 \text{ g}$$
$$B = 5480000 \text{ -}$$
$$e = 5490000 \text{ -}$$

Die Gleichheit von B und e hat POISSON theoretisch bewiesen, und wird hier bestätigt. Aus den Werthen für die genannte bestimmte Lagerung werden nun als Mittel aus allen Lagen die Werthe für isotropes Kupfer berechnet. Es ergiebt sich:

$$A_m = 13960000 \text{ g}$$
$$B_m = 4650000 \text{ -}$$

also

$$A_m = 3B_m$$

wie es der POISSON'schen Theorie gemäss ist. *He.*

W. PSCHEIDL. Bestimmung des Elasticitätscoefficienten durch Biegung eines Stabes. Rep. d. Phys. XIX, 178-189†.

Der Elasticitätscoefficient E ward nach bekannter Formel aus dem Sinus des Tangentenwinkels eines horizontal auf zwei Schneiden gelegten und in der Mitte belasteten Stabes berechnet, und dieser Sinus mittelst Spiegel, Fernrohr und Scala in vier Lagen des Stabes beobachtet. Es ergaben sich folgende Werthe für E in Millimeter-Kilogramm:

Schweisseisen	20971	Puddelstahl	20904
-	20681	-	20783
Gusseisen	11814	Neusilber	11988
-	11613	-	12201
Bessemerstahl	20950	Bronze	9485
-	21321	-	8904
Glas aus Fürth	7495	Böhmisches Glas	7536
-	7359	-	7493

He.

A. Kurz. Bestimmung des Elasticitätsmoduls durch Schwingungen. Rep. d. Phys. XIX, 246-248†.

Es werden Schwingungsformeln in ihrer Beziehung besprochen, unter ihnen die Formel für elastische Schwingungen.

He.

K. R. Koch. Untersuchungen über die Elasticität der Krystalle des regulären Systems. Ber. d. naturf. Ges. Freib. VIII Heft 2; Wied. Ann. XVIII, 325-345†.

In Wied. Ann. V, 521 (s. diese Berichte XXXIV, 207) ist der Apparat und die Methode beschrieben, durch welche aus den Interferenzstreifen die Biegung eines horizontal auf zwei Kanten liegenden, in der Mitte belasteten Stäbchens erkannt wird, und auf Untersuchung der Elasticität des Steinsalzes angewandt. Das Gegenwärtige giebt Rechenschaft über die Untersuchung der Elasticität vom Chlorkalium nach derselben Methode. Bei der Belastung ist der Unterschied, dass das Gewicht nicht auf eine Schneide, sondern auf eine Spitze drückt. Gefunden wurden folgende Werthe der Elasticitätscoefficienten.

	Steinsalz	Chlorkalium	chlorsaures Natron
senkrecht zur Würfelfläche	4030	4009	4047
zur Dodekaederfläche	3395	2088	3190

Grenze der Abweichungen war $\frac{1}{2}$ pCt. Es ergiebt sich mit grosser Wahrscheinlichkeit, dass der Elasticitätscoefficient für gleiche Richtung im Sylvin constant ist. *He.*

M. BAUMEISTER. Experimentelle Untersuchung über Torsionselasticität. WIED. Ann. XVIII, 578-607†.

Die Untersuchung geht von den COULOMB'schen Versuchen aus, welche die aufgestellten Gesetze nur sehr unvollkommen bestätigen und es zweifelhaft erscheinen lassen, ob diese Gesetze noch für sehr dünne Drähte gelten. Zu ihnen gehörte die Unabhängigkeit der Torsionselasticität von der Spannung des Drahtes. Es wird die Vorrichtung zur Beobachtung der Amplituden und der Dauer von Torsionsschwingungen beschrieben, dann die Bestimmung der Trägheitsmomente der angehängten Gewichte dargelegt, dann über Material, Querschnittsbestimmungen und specifisches Gewicht Angaben gemacht. Als Formel für den Torsionsmodul dient:

$$T = \frac{2\pi}{g}\frac{Kl}{t^2r^4}\left(1+\frac{7}{3}\frac{\lambda}{l}\right),$$

wo K das Trägheitsmoment, l die Länge des Drahtes, λ ihre Zunahme unter Belastung, t Schwingungsdauer, r Radius des Querschnitts bedeutet. Es folgen Tabellen der Versuchsresultate zu seiner Ermittelung für Eisen, Messing, Kupfer und Silber, dann die Discussion der Beobachtungen, dann die Resultate für Aenderung der Schwingungsdauer und logarithmisches Decrement. Besonders untersucht sind dann die Längendehnungen zur Bestimmung des Elasticitätsmoduls, der Quercontraction und der Tragfähigkeit. *He.*

A. MILLER. Untersuchung über den Einfluss der Temperatur auf Aeusserungen von Molecularkräften. Münch. Ber. 1882, 377-462†.

Es wird der Einfluss der Temperatur auf die Elasticität eines Eisendrahts durch Versuche ermittelt. Der Draht ist durch eine Hülle von Wasserdampf, enthalten zwischen zwei Cylindern, anfänglich auf 100° C. gebracht, dann der Abkühlung überlassen; er wird abwechselnd durch ein Gewicht belastet, dann entlastet und seine Dehnung in einem durch sie gedrehten Spiegel mit Fernrohr beobachtet. Der Theorie wird die Anschauungsweise zu Grunde gelegt, dass die actuelle Dehnung aus drei Theilen besteht, der von der Zeit unabhängigen elastischen Dehnung, der Nachwirkung und der bleibenden Streckung. Die Streckung während der Versuche ist durch vorausgehende Dehnung über die Elasticitätsgrenze hinaus unmerklich gemacht, die anderen beiden Theile werden aus Versuchsresultaten berechnet. Der Apparat ist beschrieben und abgebildet, die Resultate in Tabellen und Diagrammen mitgetheilt, die sich ergebenden Sätze sind folgende: Der Modul der gesammten, wie der elastischen Dehnung nimmt mit zunehmender Temperatur zwischen 0° und 100° C. ab, letzterer ihr proportional. Dies Gesetz gilt aber erst dann, wenn der Eisendraht durch öfteres Erwärmen und Erkalten in den Normalzustand eingetreten ist. Bei dem Uebergang von dem ursprünglichen in den Normalzustand besitzt der Modul der elastischen Dehnung zwischen 10° und 20° C. ein Maximum (was der Verfasser bei früheren Versuchen in Betreff der Gesammtdehnung gefunden hat). Ausserhalb des Normalzustandes ist der mittlere Modul der elastischen Dehnung ziemlichen Schwankungen unterworfen, die jedoch auch innerhalb desselben nicht gänzlich zu verschwinden scheinen. Die elastische Nachwirkung, auch während des An- und Abspannens, nimmt mit der Temperatur zu, der Modul ab, und zwar ist der Einfluss der Temperatur auf sie weit grösser als auf die elastische Dehnung. Es hat sich bestätigt, dass der longitudinale Modul der Gesammtdehnung des Eisens im Normalzustand dieselbe Aenderung durch die Temperatur erfährt wie der der Torsion. *He.*

A. MILLER. Ueber den Einfluss der durch Dilatation erzeugten Temperaturveränderung auf die Messung der erstern. Münch. Sitzber. 1883, 17-34†.

Wird ein anfangs ungespannter Draht wiederholt durch Belastung gedehnt und entlastet, so variirt die Temperatur einestheils durch Wärmeaufnahme und Abgabe von der Umgebung und an die Umgebung, deren Temperatur als constant betrachtet wird. Unter diesen Annahmen wird die schliessliche Temperatur des Drahtes und daraus die Correction der Dehnung berechnet.

He.

A. MILLER. Quantitative Bestimmung des Einflusses der durch Dehnung erzeugten Temperaturveränderung auf die Messung der erstern. WIED. Ann. XX, 94-108†.

In Münch. Sitzber. 1883, Heft 1, hat der Verfasser den gegenannten Einfluss durch Formeln bestimmt. Diese enthalten zwei Constanten k und h, welche experimentell zu ermitteln blieben, und zwar bedeutet k das Verhältniss der Temperaturänderung Δt zur Dilatation λ_0, und h die Constante im NEWTON'schen Abkühlungsgesetz. Die vorliegende Arbeit sucht die Werthe von k und h für Eisen. Die Untersuchung ist eine sehr vieltheilige, so dass sich ein Auszug davon nicht wohl geben lässt. Für h findet sich der Werth 0.0293. *He.*

E. RIECKE. Zu BOLTZMANN's Theorie der elastischen Nachwirkung. Gött. Nachr. 1882 No. 6; WIED. Ann. XX, 484 bis 492†.

Unter der Annahme, dass sich die Wirkung eines Druckes einer Nachwirkung superponiren lässt, leitet der Verfasser zuerst die von Hrn. BOLTZMANN gefundenen allgemeinen Gleichungen auf anderm Wege her und benutzt sie dann, um eine Vermuthung über den Einfluss zu begründen, welcher durch die elastische Nachwirkung des Suspensionsdrahts auf galvanometrische Messungen ausgeübt wird, indem er erst den Fall einer periodischen Schwingung, dann diejenige Bewegung betrachtet, welche dem astatischen Paare durch einen constanten den Multiplicator durchfliessenden Strom ertheilt wird. *He.*

N. Hesehus. Ueber die besonderen Eigenschaften des Kautschuks. J. d. russ. chem.-phys. Ges. [2] XV, 103.

Wäre die von Hrn. Govi 1867 gegebene Erklärung der besonderen Eigenschaften des Kautschuks (Anwesenheit sehr kleiner Gasbläschen) richtig, so müsste ein gespannter Kautschukstab bei Verringerung des äusseren Druckes sich verkürzen. Ein Stab von 0.5 m Länge und 6 mm Dicke wurde durch Gewichte auf die doppelte Länge gebracht, mehrere Tage in Ruhe gelassen und dann in eine verticale Glasröhre gebracht. Wurde aus dieser die Luft ausgepumpt, so fand sich nicht die geringste Längenänderung. So kann also, entsprechend den Ansichten von Pierre Thomas (1869) und Hrn. Russner (Carl Rep. 1882) die Erklärung von Hrn. Govi nicht richtig sein. *O. Chw.*

(J. E. Howard.) Einfluss des Kaltziehens auf den Stahl. [Dingl. J. CCIL, 92† nach Engineering and Mining. J. XXXV, 222.

Drei Stahlstangen wurden mittelst der Maschine auf Zugfestigkeit geprüft, jede in Längen zu 127 mm getheilt, und die Dehnungen der Theile gemessen. Die erste, unbearbeitet, erreichte die Elasticitätsgrenze bei 18, den Bruch bei 39 K für 19 mm Belastung; Contraction des Bruchquerschnitts 42.9 pCt.; bei der zweiten, deren Durchmesser durch Kaltziehen um 2.4 mm vermindert war, waren die Zahlen 43, 49.5 und 33.5 pCt. Die Streckung war nur 0.1 der vorigen. Für die dritte, um 5.64 mm durch Ziehen verdünnt, war die Bruchbelastung 57.6 K; fast bis dahin die Dehnung proportional und nur 0.05 der ersten, die Contraction 16.7 pCt. *He.*

Thurston's Untersuchung über das Verhalten von Eisendraht bei andauernder Belastung. [Dingl. J. CCIL, 439 bis 440† nach J. Frankl. Inst. CXV, 407.

Von einem Eisendraht ward die Hälfte ausgeglüht, beide Theile bis zum Bruch belastet, von jedem wieder 9 Stücke mit 95, 90, 85, ··· pCt. des Bruchgewichts dauernd belastet. Die geglühten Drähte hielten bis 60, die harten bis 75 pCt. auf eine Dauer von 17 Monaten, die höher belasteten rissen mit der Zeit.

He.

(A. DICK.) Deltametell, eine neue Legirung. [Pol. Notizbl. XXXVIII, 199† nach Centrztg. f. Opt. u. Mech. 1883, 82.

Eine gleichmässige Vertheilung des Eisens in Kupfer- und Zinklegirungen erreicht Hr. DICK dadurch, dass er erst Eisen mit Zink verbindet, was bei bestimmter, während des Prozesses unveränderter Temperatur geschehen muss. Gegossen ergab das Metall eine Zugfestigkeit von 22, geschmiedet und gewalzt 33, zu Draht ausgezogen 62 Tonnen pro Quadratzoll. *He.*

(J. T. BARNABY.) The effect of repeated heating on steel and iron. Engineering XXXV, 374-375†.

Es wurden mehrere Sorten von Stahl und Eisen 3, 8, 12, 20, 40, 60 Mal bis zum Schmelzpunkt des Zinks erhitzt, und dann ihre Zugfestigkeit geprüft, andere Probestücke in verschiedenen Rauchfängen 16 Tage lang erwärmt. Die Resultate sind tabellarisch aufgestellt. Der SIEMENS'sche Stahl behielt alle seine guten Eigenschaften, ausgenommen, wenn er lange der Rothglühhitze ausgesetzt ward. Der Bessemer Stahl verlor ein geringes von seiner Biegsamkeit. *He.*

A. G. GREENHILL. The strength of shafting when exposed both to torsion and end-thrust. Engineering XXXV, 366-367†; [Engineering XXXV, 349-352 (Referat nebst Bemerkungen); [Nature XXVII, 611-612† nach Proc. of Mech. Eng.

Der Verfasser hat die grösste Länge l eines Stabes zwischen seinen Stützen, bei welcher er noch stabil ist, wenn auf ihn ein Enddruck P und eine Torsion T einwirkt, durch die Formel bestimmt:

$$\frac{\pi^2}{l^2} = \frac{T}{EJ} + \frac{T^2}{4E^2J^2},$$

wo E Elasticitätsmodul, J Trägheitsmoment des Querschnitts. Nach seiner Ansicht ist bei der Schraubenwelle eines Dampfschiffs der zweite Term sehr gering gegen den ersten. *He.*

TRESCA. Étude sur les déformations produites par le forgeage (pannes à arêtes vives). C. R. XCVI, 1821-1827†; [Mondes (3) V, 375; [DINGL. J. CCLI, 97-100.

Es wird angenommen, dass Hammer und Amboss congruente ebene Endflächen mit scharfen Kanten haben, so dass jeder Schlag zwei symmetrische Eindrücke auf den Metallstab zwischen ihnen macht. Die berührten Oberflächenstücke des Objects verschieben sich parallel, ihre Ränder bleiben aber in Verbindung mit der äusseren Oberfläche. Die Curve des Abfalls, welche entsteht, hat die Gleichung

$$x = a \log \frac{h_0}{h},$$

wo h den Verticalabstand von der Mitte des Stabes, x den Horizontalabstand vom Rande, a die halbe Breite der Hammerfläche bezeichnet. Es wird weiter besprochen die hervorgebrachte Verlängerung, Analogien zwischen dem Prägen und Schmieden, experimentelle Prüfungen, Verlängerungen der Eindrücke, verticale und horizontale Deformationen, Weite der Höhlung, Verschiebungen im Innern des Schmiedeobjects, Versuche über den Stoss. *He.*

TRESCA. Contribution à l'étude du poinçonnage et des proues dont il détermine la formation. C. R. XCVI, 816-822†.

Der Artikel enthält vielerlei Beobachtungen an mehreren Probestücken nebst Vergleichung mit der Formel, jedoch ohne Mittheilung des Verfahrens. Unter der Bezeichnung „Schlüsse" sind dann die beobachteten Eigenthümlichkeiten zusammengestellt. *He.*

TRESCA. Étude sur les déformations et le développement de chaleur produits dans le forgeage par des pannes arrondies. C. R. XCVII, 515-520†. (Bezüglich der Mittheilungen C. R. XCVI, 1821-1827, XCVII, 222-228 s. Abschnitt IV, 21.)

Erst wird theoretisch erklärt, dann experimentell bestätigt, dass die Höhlung, welche ein abgerundeter Hammer schlägt, bis zu einer gewissen Vertiefung der Hammerfläche congruent ist, bei grösserer Tiefe aber sich von ihr trennt. Ferner wird experimentell untersucht die Gestalt und Ausbreitung des erwärmten Flächenstücks, welches durch schmelzendes Wachs kenntlich wird. Hierzu sind Abbildungen und eine Tabelle gegeben, welche letztere ausser Gestalt und Inhalt der Fusionsfläche, die Arbeit, die Temperaturzunahme u. s. w. für Eisen und Kupfer enthält.

He.

P. W. ALMQUIST. Maximalmomente einfacher Träger unter Berücksichtigung des Eigengewichtes. Civiling (2) XXIX, 153-168†.

Der Verfasser geht von drei Sätzen als bekannten aus, verbessert dieselben und fasst schliesslich die Resultate in folgenden Satz zusammen. Wenn der gefährliche Querschnitt und der Symmetrieschnitt der Totalresultirenden zwischen zwei Proportionalpunkten in der symmetrischen Lage einer Last und somit auch unter dieser Last selbst mit einander zusammenfallen, entsteht ein Maximalmoment des gefährlichen Querschnittes. Fallen dagegen der gefährliche Querschnitt und der Symmetrieschnitt der Totalresultirenden zwischen zwei Lasten in einem Proportionalpunkte mit einander zusammen, so entsteht ein Minimalmoment des gefährlichen Querschnittes. Fällt aber die symmetrische Lage einer Last mit einem Endpunkte ihres Proportionaltheiles zusammen, so können in diesem Punkte durch das Zusammenfallen von dem gefährlichen Querschnitt und dem Symmetrieschnitt der Totalresultirenden weder ein Maximal- noch ein Minimalmoment des gefährlichen Querschnittes erzeugt werden.

He.

M. A. E. Stresses in statically undetermined systems. Engineering XXXVI, 509-510†.

Es wird die Berechnung der Spannungen in Stabsystemen mit überzähligen Stabverbindungen, hauptsächlich in Anwendung auf Brückenträger gezeigt. *He.*

F. Kick. Das Gesetz der proportionalen Widerstände und seine Anwendung auf Sanddruck und Sprengen. Dingl. J. CCL, 141-145†.

Das genannte Gesetz wird hier so formulirt: Körper bestimmten Materials und bestimmter Form bedürfen zu einer bestimmten Formänderung oder Theilung einer Arbeitsgrösse, welche gleich ist dem Producte aus dem Körpergewicht in die für die Gewichtseinheit desselben Materials bei geometrisch ähnlicher Grundform und gleicher Formänderung oder Theilung benöthigte Arbeitsgrösse. Der Satz wird als approximativ gültig bewiesen, sofern man auf die Arbeit, welche zur blossen Ortsveränderung erforderlich sei, keine Rücksicht nehme. Bei Flüssigkeiten verschwinde diese nicht mehr gegen die Verschiebungsarbeit, daher finde der Satz auf sie keine Anwendung. Dagegen habe derselbe seine beste Anwendung auf Sand und auf Sprengungen. In letzterer Beziehung wird er so formulirt: Die Pressungen, welche die Explosion auf die Massen der Wurfkegel bei deren Abtrennung ausüben müssen, verhalten sich wie die Quadrate der Vorgaben (Entfernung des Minenheerdes von der freien Wand). Zwei normale Ladungen verhalten sich wie die Volumina der Wurfkegel. *He.*

Walrand. Zur Unterscheidung von Stahl und Eisen in kleinen Stücken. [Dingl. J. CCLI, 332† nach Soc. des Ing. civils 1883, 531.

Nach der hier beschriebenen Behandlung der Stücke ist der Bruch bei Stahl stets glatt, bei Eisen sehnig, ohne dieselbe ist das Kennzeichen des Bruches unsicher. *He.*

F. Steiner. Die Deformationsarbeit elastischer fester Körper, Flüssigkeiten und Gase. [Dingl. J. CCLI, 289 bis 294†.

Das Gesetz der proportionalen Widerstände, nach Kick so genannt, wird bewiesen für feste Körper innerhalb der Grenzen der Elasticität, für Fluida und für Gase. *He.*

F. Kick. Beiträge zur Kenntniss der Mechanik spröder Materialien. Dingl. J. CCXLVII, 1-5†; [Naturf. XVI, 55-57†.

Es handelt sich um Bestimmung der Arbeit, welche bei Zerkleinerung spröder Körper verbraucht wird. Der Verfasser erklärt die Ansicht für irrig, nach welcher dieselbe proportional der Vergrösserung der Oberfläche sei, weil die dem Bruch vorhergehenden, unter elastischer Spannung zurückgelegten Wege auch bei spröden Körpern in Betracht kommen müssen, und vertheidigt den Satz: Körper bestimmten Materials und bestimmter Form bedürfen zu einer bestimmten Gestaltsänderung oder Theilung einer Arbeitsgrösse, welche gleich ist dem Producte aus dem Körpergewichte in die für die Gewichtseinheit desselben Materials bei geometrisch ähnlicher Grundform und gleicher Formänderung oder Theilung benöthigten Arbeitsgrösse. *He.*

F. Kick. Ueber die Wirkungsweise der Desintegratoren. Dingl. J. CCXLVIII, 93-95†.

Ueber die Wirkungsweise dieser aus zwei entgegengesetzt rotirenden Systemen von Schlagbolzen bestehenden Maschinen ist nichts angegeben. Die verbrauchte Arbeit wird auf diejenige reducirt, welche ein auf starre Fläche fallender Körper zum Zerbrechen entwickeln muss. Die Arbeit der Gewichtseinheit ergab sich durch Versuche mit acht verschiedenen Materialien der Fallhöhe nahe gleich. Der Verfasser schliesst, dass durch die Desintegratoren keine Kraft gespart wird. *He.*

(H. GOLLNER's) Härteskala der Metalle. [DINGL. J. CCXLVIII, 41-42† nach Technische Blätter 1882, 181; [J. chem. soc. XLIV, 890-891†.

Der Verfasser hat die Härte von achtzehn Metallen, reines Weichblei bis glasharten Stahl, durch die Wirkung des Ritzens mit einem Stift, der unter bestimmter Last eine bestimmte Strecke gleich oft hin und her bewegt ward, auf die polirte Fläche in Vergleich gebracht. *He.*

F. PFAFF. Versuche die mittlere Härte der Krystalle mittelst eines neuen Instrumentes, des Mesosklerometers, zu bestimmen. Erlang. Ber. Heft XV, 18-23†.

Der Verfasser findet die von Hrn. EXNER aufgestellten Gesetze über die Variation der Härte der Krystalle mit der Richtung nicht bestätigt, indem seine eignen Versuche öfters die entgegengesetzte Variation ergaben. Er wendet sich aus dem Grunde von der Unterscheidung der Richtungen überhaupt ab und richtet seinen Apparat so ein, dass die ritzende Diamantspitze im Kreise geführt wird, so dass sich die mittlere Härte der Fläche nach allen Richtungen hin ergeben soll. Dieser und der nächste Artikel vom selben Verfasser im selben Hefte verfolgen verschiedenes Princip, ohne dass einer des andern erwähnt. *He.*

F. PFAFF. Versuche die absolute Härte der Mineralien zu bestimmen. Münch. Sitzber. 1883, 55-68†; Erlang. Ber. Heft XV, 67-68†.

Die Prüfung der Härte hat der Verfasser dadurch vollzogen, dass er eine Diamantspitze unter einer Belastung von 16 g über eine ebene Fläche des Minerals hin und her zog und nach 1000 Gängen den Gewichtsverlust durch die Wage bestimmt. Nach je 10 Gängen ward die Ritzlinie um 0.1 mm verschoben. Aus dem Gewichtsverlust ist die Tiefe des Einritzens berechnet und angegeben. Talk 6.40; Gyps in verschiedenen Richtungen 6.40, 4.94; Kalkspath 1.28, 2.30, 0.57, 0.10, 6.30; Flussspath 0.65,

0.95, 0.19; Apatit 0.72, 0.56, 0.08; Adular 0.07, 0.035, 0.030, 0.065; Bergkrystall 0.024, 0.012; Glimmer 1.48, 0.90 mm.

He.

F. PFAFF. Untersuchungen über die absolute Härte des Kalkspathes und Gypses und das Wesen der Härte. Münch. Sitzber. 1883, 372-400†.

Das im vorigen Artikel dargelegte Princip der Messung der Härte wird im gegenwärtigen in Anwendung gebracht. Es wird der Apparat beschrieben, welcher den ritzenden Diamant über eine Krystallfläche führt, dann über die an Kalkspath und Gyps ausgeführten Versuche mit vielen detaillirten Bemerkungen Bericht gegeben, und die resultirenden Zahlen mit Zugrundeleguug der Härte des Specksteins aufgestellt. *He.*

J. FARQUHARSON. Widerstandsfähigkeit von Eisen und Stahl gegen Corrosion. Chem. CBl. (3) XIV, 575† nach Engineering and Mining J.; Berg- und Hüttenw.-Ztg. XLII, 129.

Sechs Plattenpaare, abwechselnd von Stahl und Eisen, von gleichen Dimensionen, in Zwischenräumen von einen Zoll, ab wechselnd durch Eisenbänder verbunden und unverbunden, wurden 6 Monate lang in Seewasser hängen gelassen, vor und nachher gewogen. Die Gewichtverluste sind hier aufgeführt. Sie sind äusserst ungleich; nur das eine ist daran unverkennbar, dass der mit Eisen verbundene Stahl weit geringeren Verlust, ($\frac{1}{4}$, $\frac{1}{6}$, $\frac{2}{3}$) im Vergleich mit dem unverbundenen zeigt, während das umgekehrte beim Eisen der Fall ist. *He.*

(M. SÉGNIN.) Erhöhung der Widerstandsfähigkeit des Eisens. [Pol. Notizbl. XXXVIII, 49†.

Das patentirte Verfahren besteht darin, dass man das Eisen dunkelroth glühend in eine Mischung von gleichem Volumen Wasser und Schwefelsäure von 60° B. bis zur Ausgleichung der Temperatur taucht, dann in warmes Wasser wirft. Dadurch soll es an Festigkeit gegen Zug, Torsion und transversalen Stoss gewinnen. *He.*

L. Allievi. Equilibrio interno delle pile metalliche secondo le leggi della deformazione elastica. Roma 1882. [Engineering XXXV, 363-364†.

Das Buch wird an der genannten Stelle als ein Hauptwerk angeführt, welches die Frage nach der Festigkeit der durch Eisenklammern verstärkten Steindämme in vielseitigster Weise theoretisch behandelt, mit dem Bemerken, dass die Rechnungen von zu grossem Umfange zur Mittheilung sind. *He.*

Braced piers and supports. Engineering XXXV, 501-503†.

Die Schrift von Hrn. Allievi über das innere Gleichgewicht der metallischen Pfeiler ist schwer verständlich wegen der vielen Symbole, in welchen die Rechnung geführt wird. Um ihren Inhalt zugänglich zu machen, giebt der Verfasser hier eine Darstellung der Allievi'schen Theorie in gewöhnlicher Form. Sie behandelt die Aufgabe, die Deformationen und Spannungen in einer Reihe steinerner, durch eiserne Klammern verstärkter Pfeiler, welche durch einen darauf ruhenden Träger verbunden ist, unter Belastung und seitlichen Winddruck zu berechnen. Die Unbekannten werden aus den Bedingungsgleichungen approximativ entwickelt. *He.*

W. Chandlr Roberts. Hardening and tempering steel. Nature XXVII, 594†; Chem. News XLVII, 195†; Engineering XXXV, 366†.

Geschichte der Frage nach dem Grunde der Härte des Stahls und der Form des Kohlenstoffs in demselben. *He.*

Franz Kupelwieser. Ueber die neueren Fabrikationsmethoden für Eisen und Stahl, sowie über die Qualitätseigenschaften und Erprobung dieser Materialien. [Dingl. J. CCL, 37-46, 92†.

Es werden technische Vorschriften gegeben. Ein kleiner Theil des Artikels bezieht sich auf Festigkeitseigenschaften beeinflusst durch Gehalt an Kohlenstoff, Silicium, Mangan und Schwefel und durch Wasserstoff in Blasenräumen. *He.*

(G. A. Dick.) Ueber Metallegirungen. [Dingl. J. CCL, 30-35†.

Der Artikel enthält verschiedene Angaben nebst fünf Tabellen über Zusammensetzung, Herstellung und Eigenschaften von Legirungen. Auf Festigkeit hat nur die kurze Bemerkung von Hrn. Dick Bezug, dass Legirungen von Kupfer mit Zinn und mit Zink durch Zusatz kleiner Mengen Eisen erheblich an Zähigkeit und Härte zunehmen. *He.*

(Roach.) Der Einfluss der Zeit auf die Festigkeit von Maschinentheilen. [Pol. Notizbl. XXXVIII, 124†.

Es wird die Aeusserung des Schiffbauers Roach erwähnt, dass das Eisen, auch ohne weitere Einwirkung, mit der Zeit seine Haltbarkeit verliert. *He.*

W. Parker. Anwendung von Stahlguss an Stelle von Schmiedestücken aus Stahl oder Eisen. [Dingl. J. CCLII, 127-132† nach Iron XXI, 398; Oesterr. ZS. f. Bergw. 1884, 138 u. 163.

Die Frage, ob Gussstahl für Schmiede-Stahl und Eisen anwendbar sei, wird von einer Commission davon abhängig gemacht, ob man die zur sichern Haltbarkeit erforderliche Homogenität durch den Guss erreichen könne, was schwierig sei. Es wird das Verfahren beim Guss, dann beim Ausglühen erörtert, einige Festigkeitsversuche und die Urtheile verschiedener Fachmänner mitgetheilt. *He.*

J. Thoulet. Recherches sur l'élasticité des minéraux et des roches. C. R. XCVI, 1373-1375†.

Der Verfasser hat die Absicht die Zähigkeit, Elasticität und Härte der Felsen zu untersuchen. Vorläufig hat er ein Pendel von einer Billardkugel gegen Flächen von verschiedenen Mineralien schlagen lassen und führt die Anzahlen der Schläge auf, bis das Pendel zur Ruhe kommt, ohne Genauigkeit der Versuche zu beanspruchen. *He.*

Hoyer. Apparat zur Prüfung der Festigkeit und Dehnung faseriger Gebilde. Dingl. J. CCXLVII, 18-20†.

Der Apparat ist zu leichter Prüfung des Papiers bestimmt. Er giebt die Dehnung und Spannung, mithin auch Bruchspannung eines Papierstreifen, welche direct ein Dynamometer bewegt, durch Zeiger an, während ein Handrad die Dehnung bewirkt.

He.

Litteratur.

Thomas Box. Practical treatise on the strength of materials, including their elasticity and resistance to impact. London: Spon & Co. [Athenaeum 2509, 831†.

Das Buch wird in theoretischer und technischer Beziehung, Gewährleistung der Angaben und Verständlichkeit bestens empfohlen.

He.

W. H. Burr. The elasticity and resistance of the materials of engineering. New-York: J. Wiley & Sons. 1883. 15+753 S.

Notes sur la mécanique appliquée. Résistance des matériaux. I. Élasticité. II. Extension et contraction. III. Glissement. Bruxelles: Émile Heger, édit. Cahier format propatria autographié, 32 pages.

W. Spring. Note sur l'élasticité parfaite des corps solides chimiquement définis. Analogie nouvelle entre les solides, les liquides et les gaz. Bull. soc. chim. XL, 515-520; Bull. de Belg. (3) VI, No. 11; [ZS. f. Instrk. IV, 395-396.

P. JÄRISCH. Kritik der Anwendbarkeit der Gleichungen der Elasticitätstheorie auf endliche Körper. [Hamb. Mitth. 54-56†.

Aus diesem Bericht über einen Vortrag sei erwähnt: „Die Elasticitätstheorie macht wesentlich zwei Voraussetzungen:

1) Elastische Kräfte werden nur erregt bei einer wirklich eintretenden Gestaltsveränderung in Folge einer äusseren Kraft; sie sind daher proportional den Verrückungen und deren Differentialquotienten nach den Coordinaten.

2) Diese Gestaltsänderungen sind so klein, dass höhere Potenzen der Verrückungen und ihrer Differentialquotienten vernachlässigt werden können.

Die zweite Voraussetzung ist für Körper mit theilweise unendlich kleinen Dimensionen nicht gültig. Die Darstellung der Verrückung

$$u = \sum_m (A_m \cos mx \cos amt + B_m \cos mx \sin amt + \cdots)$$

ist nur richtig, wenn der Körper keine Ecken und Kanten hat. Somit gilt die CAUCHY-LAMÉ'sche Theorie nur für die Kugel, das Ellipsoid und andere stetig gekrümmte Körper.“ *E. R.*

B. ÉLIE. Des potentiels électrodynamique et magnétique en élasticité. J. de phys. (2) II, 489-496; [Beibl. VIII, 277-278. 1884.

A. SEYDLER. Ueber das Gleichgewicht einer gravitirenden, ursprünglich homogenen festen Kugel. Prag. Ber. 1882, 261-273; [Jahrb. d. Math. 1883 XV, 877-878.

K. PEARSON. Note on twists in an infinite elastic solid Mess. (2) XIII, 79-95; [Jahrb. d. Math. XV, 892.

·GARRIGOU-LAGRANGE. Observations sur le mouvement et le choc des systèmes invariables. Paris: Gauthier-Villars.

F. und N. MAZON. Ueber den Stoss von Körpern. Nachrichten (Iswestija) der Univ. Kiew XXIII No. 1, 1 No. 3, 33; Rep. d. Phys. XIX, 359-382, 418-457. Sh. Abschnitt I 4 S. 216-217.

BIADEGO. Del valore del coefficiente di elasticità che corrisponde ai risultati effettivi delle prove di resistenza di alcune travature in ferro rettilinee ed a traliccio. L'Ingegneria civ. e le arti industr. IX, 3, 4.

E. VAN DER VEN. Notiz über Drähte aus Phosphor-

und Siliciumbronze. [Beibl. VIII, 816 nach Arch. Mus. Teyler (2) III, 175-184. 1882; [Nature XXVIII, 626.

C. CLERICETTI. Ueber die Bestimmung der Coëfficienten der specifischen Kraft für Eisen, unabbhängig von den WÖHLER'schen Zahlen. Rend. Ist. Lomb. (2) XVI, 501-518; [Beibl. VII, 814-816.

DUGUET. De la résistance des corps solides. Rev. d'art. XXII, 132-153, 185-221, 411-441; [Jahrb. d. Math. XV, 875-876.

L. WEBER und J. BAUSCHINGER. Maschine zum Prüfen der Festigkeit von Materialien und Instrumente zum Messen der Gestaltsveränderung der Probekörper. München, Literar.-artist. Anstalt.

BÖHME. Einspannung der Probestücke in Kugellager bei der Prüfung auf Zugfestigkeit. Mitth. techn. Versuchsanstalt I, Heft 1.

— Bericht der von dem Verein zur Beförderung des Gewerbefleisses berufenen Commission für die Untersuchung der Schweissbarkeit des Eisens. Verh. d. Ver. f. Gewerbefl. 1883, Heft 4.

SERGIUS KERN. Russian basic steel. Chem. News XLVIII, 2†.

Bruchgewicht und Bestandtheile von Stahl aus bestimmter Manufactur. *He.*

G. LANZA. On account of certain tests of the transverse strength and stiffness of large spruce beams. J. FRANKL. Inst. 1883 Feb.

H. RESAL. Solution de quelques questions se rapportant aux ponts suspendus. J. éc. pol. Cah. LIII, 1-15†.

Einfachere und mehr symmetrische Formeln werden gegeben, als die im bezüglichen Abschnitt von des Verfassers Traité de mécanique générale. *E. R.*

— — Effects des charges roulantes sur les ponts métalliques. Ann. d. ponts et chauss. 1883 Mars.

Ueber die Festigkeit der Kettenfäden. Allg. deutsch. polyt Ztg. 1883, 474.

E. SANG. Einige Eigenschaften der Linie gleicher Biegung. [Beibl. VIII, 563. 1884 nach Proc. R. Edinb. Soc. 1883, 172-178.

W. RITTER. Die elastische Linie und ihre Anwendung auf den continuirlichen Balken. Ein Beitrag zur graphischen Statik. Mit 12 Textfiguren und 1 lithographirten Tafel. 2. gänzlich umgearbeitete und bedeutend erweiterte Auflage. Zürich: Meyer & Zeller. [Jahrb. d. Math. XV, 885.

P. W. ALMQUIST. Das Problem der Verticalkräfte einfacher, durch bewegte Lastensysteme beanspruchter Träger. Civiling. (2) XXIX, 363-368; [Jahrb. d. Math. XV, 887 bis 888.

B. Capillarität.

JOHN T. RILEY. On Capillary Phenomena. Phil. Mag. (5) XV, 191-198†.

Lord RAYLEIGH. On LAPLACE's Theory of Capillarity. Phil. Mag. (5) XVI, 309-315†; Rep. d. Phys. XX, 91-97†.

A. M. WORTHINGTON. On LAPLACE's Theory of Capillarity. Phil. Mag. (5) XVI, 339-344†; Rep. d. Phys. XX, 98-102†.

Die vorliegenden Abhandlungen, welche übrigens mit einer Arbeit des Referenten (WIED. Ann. XVI, 321—335; s. diese Berichte XXXVIII Abth. I, 313) Berührungspunkte haben, beschäftigen sich vorwiegend mit dem Moleculardruck K der LAPLACE'schen Capillaritätstheorie.

Hr. RILEY schliesst fälschlich aus einer Beobachtung, wonach die Steighöhe für Wasser in einem capillaren Rohr durch Bedeckung des (unendlichen) ebenen Niveaus mit einer dünnen Aetherschicht nicht geändert wird, auf ein sehr kleines nur wenig von 0 verschiedenes K.

Hr. RAYLEIGH tritt für einen sehr erheblichen Werth der Grösse K im Sinne von LAPLACE ein und macht insbesondere darauf aufmerksam, dass gleichwohl, welche und wie viel Flüssigkeiten sich zwischen den Grenzebenen A und B zweier Flüssigkeiten befinden, die Wirkung der Partien oberhalb A nur von A, unterhalb B nur von B abhängt.

Hr. WORTHINGTON hebt die Bedeutung von K als Moleculardruck, als Cohäsionskraft für jede Stelle des Inneren einer Flüssigkeit hervor. Die LAPLACE'sche Deutung als Oberflächendruck könnte nach ihm leicht zu der irrthümlichen Auffassung führen, als ob sich derselbe wie ein hydraulischer Druck auf messbare Entfernungen in die Flüssigkeit hinein und damit auch auf eingetauchte Körper überträgt.

Hr. RAYLEIGH, welcher die von ihm hervorgehobene Bemerkung in die Formel fasst:

$$K_{13} = K_{12} + K_{23},$$

macht ferner darauf aufmerksam, dass für die LAPLACE'schen Grössen H eine gleiche Relation nicht besteht.

Unter der Annahme, dass die in dem Molecularanziehungsgesetz vorkommende Function der Entfernung für alle Flüssigkeiten dieselbe ist, findet er die von der Erfahrung nicht bestätigte Formel:

$$\sqrt{H_{13}} = \sqrt{H_{12}} + \sqrt{H_{23}},$$

wenn auch die hieraus, im Falle Luft als drittes Medium gewählt wird, fliessende Beziehung

$$H_{12} < (H_1 - H_2)$$

durch Beobachtungen von Hrn. QUINCKE bestätigt wird. Auf Grund der obigen Annahme gewinnt Hr. RAYLEIGH die Anschauung, dass die Existenz für Capillarkräfte in Zusammenhang mit der Schnelligkeit des Ueberganges von einem Medium in ein andres stehe und dass der Capillardruck gänzlich verschwindet, wenn dieser Uebergang sehr allmählich stattfindet.

Hr. RILEY geht noch auf eine Notiz von Hrn. LE CONTE ein, im Referat auf der nächsten Seite wird darauf Bezug genommen.

P. V.

G. VAN DER MENSBRUGGHE. Petite expérience de capillarité. — Théorie élémentaire des attractions ou répulsions apparentes des corps légers flottants.

Bull. de Belg. (3) V, 482-491†.

Ein von DUPRÉ DE RENNES zur Demonstration der Oberflächenspannung angegebenes Experiment wird vom Verfasser vereinfacht. Ein langer schmaler Trog aus leichtem Papier wird sorgfältig benetzt und 4—5 mm hoch mit Wasser gefüllt, die langen Seiten des Troges krümmen sich dann in Folge der Oberflächenspannung convex nach dem Innern des Troges.

Der Verfasser wurde durch diesen Versuch angeregt aus dem Begriff der Oberflächenspannung den horizontalen Zug theoretisch abzuleiten, welchen die Seitenflächen einer vertical schwimmenden Platte erleiden. Derselbe wird direct durch die Oberflächenspannung T selbst gemessen, unabhängig von dem Randwinkel.

Das Prinzip der virtuellen Verrückung dient dann dem Verfasser weiter, in der einfachsten Weise das Problem der zwei parallel neben einander schwimmenden Platten zu lösen — die bekannten Erscheinungen der sich einander anziehenden und abstossenden Platten im Falle beide Platten, keine oder eine von beiden benetzt wird. *P. V.*

JOHN LE CONTE. Apparent Attractions and Repulsions of Small Floating Bodies. Phil. Mag. (5) XV, 47-56† nach SILL. J. (3) XXIV, 416-425. 1882.

A. M. WORTHINGTON. On the Horizontal Motion of Floating Bodies under the Action of Capillary Forces. Phil. Mag. (5) XV, 198-203†.

Hr. LE CONTE sucht die bekannten Erscheinungen der Anziehung und Abstossung schwimmender Körper aus dem Gesichtspunkte zu erklären, dass der Capillardruck der Krümmung der Oberfläche proportional und nach der concaven Seite gerichtet ist. Er stösst dabei aber auf die Schwierigkeit, dass danach eine Doppelplatte aus Glas und Stahl (Randwinkel von Glas gegen Wasser $= 0^{\circ}$, von Stahl gegen Wasser $= 90^{\circ}$) eine Bewegung nach der benetzten Seite hin annehmen müsste, was offenbar nicht der Fall ist. Er behauptet ferner, dass die Wirkung der Oberflächenspannung in diesem Falle darin besteht, die Platten von Stahl und Glas gegen einander zu pressen, während Hr. RILEY (s. das Referat auf voriger Seite) gerade der Anschauung ist, dass das Bestreben vorliegt, die Platten von einander zu trennen.

Hr. Worthington macht darauf aufmerksam, dass die Horizontalcomponenten der Druckkräfte von Hrn. Le Conte unberücksichtigt gelassen seien. Sobald die capillare Oberfläche in das ebene Niveau übergeht, halten diese an einem schwimmenden Körper angreifenden Horizontalcomponenten einander das Gleichgewicht unabhängig von der Grösse des Randwinkels. Folgende einfache Ueberlegung giebt dann dem Verfasser die Mittel in die Hand, in jedem einzelnen Falle zu entscheiden, ob zwischen zwei Platten eine Anziehung oder Abstossung stattfindet:

Man denke sich die Platten (Randwinkel $w > w'$) nach A und B gebracht, so dass es dazwischen einen Punkt P giebt, der gerade noch in das obere Niveau fällt. Man suche in Bezug auf P den Spiegelpunkt zu A, A', dann werden die Platten weder in den Stellungen AB noch in den Stellungen $A'B$ irgend eine Wirkung auf einander ausüben. Zwischen AA' und B findet dann eine Abstossung, zwischen $A'B$ und B eine Anziehung der Platten statt. *P. V.*

Frederick Guthrie. On certain Molecular Constants. Liquid Slabs. Metallic Diffusion. Proc. Phys. Soc. V, 337-352; [Chem. News XLVII, 128†; [Nature XXVII, 500; [Beibl. VII, 313.

Eine kurze Notiz, nach der Flüssigkeiten bei hinreichender Ausbreitung auf einer festen Unterlage eine von der Substanz der Flüssigkeit abhängige sonst aber constante Dicke aufweisen.

P. V.

A. W. Reinold and A. W. Rücker. On the Limiting Thickness of Liquid Films. Proc. Roy. Soc. XXV, 149 bis 151; Nature XXVIII, 142.

Die Verfasser bestimmen die Dicke von Flüssigkeitsmembranen einmal optisch, sodann aus dem elektrischen Widerstand. Die Resultate beider Methoden stimmen gut überein. Sie erhalten danach als mittleren Werth der Dicke von Membranen, welche das Newton'sche Schwarz erster Ordnung zeigen 11.6×10^{-6} mm. Die beobachteten Werthe schwankten zwischen 7.2×10^{-6} mm und

14.5×10^{-6} mm. Wo innerhalb einer Membran dieses Schwarz auftritt, zeigt sich eine gleichmässige Dicke, welche sich erst nach den gefärbten Stellen zu plötzlich ändert, und welche auch ungeändert bleibt, wenn sich die Dicken der gefärbten Stellen ändern. *P. V.*

P. VOLKMANN. Beobachtungen an abfallenden Quecksilbertropfen. WIED. Ann. XIX, 66-70†.

Nach einigen theoretischen Betrachtungen über die Frage, wann fällt ein aus einem engen Rohr nach unten austretender Quecksilbertropfen ab, wendet sich der Verfasser zu Beobachtungen, welche eine sonst wohl gemachte Annahme, dass der Druck im Innern einer Flüssigkeit an der Ausflussstelle gleich dem einer ebenen Flüssigkeitsoberfläche sei, als unberechtigt erscheinen lassen. *P. V.*

P. DE HEEN. Détermination, à l'aide de la méthode de l'écoulement par gouttes, des variations que la tension superficielle éprouve avec la température. Bull. de Belg. (3) V, 395, 492-504; Rapport de M. G. VAN DER MENSBRUGGHE. Bull. de Belg. (3) V, 477-482†.

P. DE HEEN. Détermination des variations que la tension superficielle éprouve avec la température, à l'aide de la méthode de l'écoulement par gouttes. — Détermination d'une relation entre la dilatabilité et la tension superficielle. Bull. de Belg. (3) V, 505-523†.

Zunächst bildet Hr. DE HEEN die Methode, durch den Ausfluss von Tropfen die Oberflächenspannung der Flüssigkeiten zu bestimmen, soweit aus, dass sie mit der Methode der Steighöhen gleichwerthig erscheint. Er erreicht dies dadurch, dass er die zu untersuchenden Flüssigkeiten von vier sehr feinen Glasfäden abtropfen lässt, welche in der Form eines Quadrats von 2 mm Seitenlänge horizontal über der Oeffnung eines Stückes Pappe ausgespannt sind. Die Gewichte der Tropfen sind ein Maass für die Oberflächenspannung.

Es werden dann Beobachtungen von 10 verschiedenen Flüssigkeiten bei Temperaturen, die zwischen 0° und 90° C. liegen, aufgeführt, aus denen hervorgeht, dass zwischen diesen Temperaturen ein schon früher von dem Verfasser erhaltenes Resultat seine Bestätigung findet, wonach die Capillarhöhe eine lineare Function der Temperatur ist. Es sind für diese 10 Flüssigkeiten eben so Steighöhen wie die Gewichte der abfallenden Tropfen bestimmt, und die Uebereinstimmung der beiden Methoden möge dadurch charakterisirt werden, dass sich nach denselben als Temperaturcoefficienten ergaben:

im günstigsten Falle	(Methylbenzoat)
0.00226	0.00231
im ungünstigsten Falle	(Butylvalerat)
0.00314	0.00280

Der Verfasser legt den weiteren Betrachtungen die Annahme zu Grunde, dass die Oberflächenschicht der Flüssigkeit, durch welche die Oberflächenspannung bedingt ist, zwischen 0° und 100° C. dieselbe Anzahl von Molecülen enthält, und dass die Molecüle sich im umgekehrten Verhältniss der 7. Potenz der Entfernung anziehen. Er kommt dadurch zu der Gleichung, welche die Aenderung der Oberflächenspannung mit der Temperatur liefert:

$$A_t^{0.571} = 1 - 1.333\ldots\alpha_s t.$$

Hierin bezeichnet A_t die Oberflächenspannung der Flüssigkeit bei der Temperatur t, α_s den Ausdehnungscoefficienten der Schicht.

Weiter findet der Verfasser für eine Reihe untersuchter Flüssigkeiten das merkwürdige Resultat, dass das Verhältniss des Ausdehnungscoefficienten der Schicht α_s zu dem der Flüssigkeit α nahezu gleich 1.61 ist. Unter 34 untersuchten Flüssigkeiten weichen davon am meisten ab

Butylvalerat nach der Tropfenmethode mit 1.74.

Methylacetat nach der Methode der Steighöhen mit 1.45.

Die Verbindung dieses Resultats mit der obigen Formel für die Oberflächenspannung liefert eine Beziehung zwischen dieser und der Ausdehnung einer Flüssigkeit

$$\alpha = \frac{1-A_t^{0.571}}{1.333\times 1.61.t}.$$

Unter der Annahme, dass für die kritische Temperatur $A_t = 0$(?) ist, würde dieselbe hieraus folgen gleich $1/1.33\ldots\alpha_s$.

P. V.

R. SCHIFF. Constant of Capillarity of Liquids at their Boiling Points. [J. chem. soc. XLIV, 549 nach Ber. d. chem. Ges. XV, 2965-2975. 1882.

— — Sulle costanti capillari nei liquidi al loro punto di ebollizione. Atti R. Acc. dei Lincei Trans. (3) VII, 277-278.

Ueber die erste Notiz ist schon nach den Ber. d. chem Ges. im vorigen Jahrgang berichtet worden. Auch die zweite Notiz ist wie die erste eine vorläufige Mittheilung späterer grösserer Arbeiten, über die im nächsten Jahrgang berichtet werden wird.

P. V.

A. KURZ. Ein oder zwei Vorlesungsversuche über Capillarität. Rep. d. Phys. XIX, 339-341†.

A. KOENIG. Ueber den Luftdruck im Innern von Flüssigkeitsblasen. Verh. d. physik. Ges. Berlin 1883 Nr. 11. 52-55†.

A. KURZ. Berichtigung. Rep. de Phys. XIX, 822†.

Hr. KURZ macht darauf aufmerksam, ein wie geringer Ueberdruck der Luft im Innern einer Seifenblase über den äusseren Luftdruck besteht. Es ergiebt sich derselbe zu $\frac{2H}{\varrho}$, wo H die Oberflächenspannung der Seifenlösung, ϱ der Krümmungsradius der Blase bedeutet. Diesbezügliche numerische Angaben von Hrn. KURZ waren theils durch Rechenfehler, theils durch die Annahme, dass sich die Oberflächenspannung einer Seifenlösung von der des reinen Wassers wenig unterscheidet, entstellt und werden durch Hrn. KÖNIG richtiggestellt. *P. V.*

V. v. LANG. Die Capillarwage. Wien. Ber. [2] LXXXVI, 1060-1072; Rep. d. Phys. XIX, 384-393†.

Das als Capillarwage bezeichnete Instrument dient dem Verfasser, in der Vorlesung in einfachster Weise zu zeigen, wie die Grösse der an einem festen in einer Flüssigkeit eingetauchten Körper angreifenden Capillarkräfte von der Länge der Contactlinie abhängt. Das Instrument ist einem Aräometer ähnlich — nur erweitert sich dasselbe oberhalb der dünnen Spindel zu einer leichten Glaskugel — und zeigt zwei Gleichgewichtslagen. Der Verfasser entwickelt weiter die Theorie dieses Instruments, findet dasselbe aber zur Bestimmung von Capillaritätsconstanten nicht brauchbar, so dass wir also in demselben nur einen Demonstrationsapparat zu sehen haben. *P. V.*

KROUCHKOLL. Sur la variation de la constante capillaire des surfaces eau-éther, eau-sulfure de carbone sous l'action d'une force électromotrice. C. R. XCVI, 1725 bis 1728†; [J. chem. soc. XLIV, 1047; [Chem. News XLVIII, 11.

Es wird zunächst mit Hülfe eines LIPPMANN'schen Elektrometers die Existenz einer galvanischen Polarisation an der Trennungsfläche von Zinkvitriollösung und Aether nachgewiesen, nachdem dieselbe durch vier BUNSEN-Elemente durch eingeführte Zinkelektroden geladen ist.

Es wird dann weiter an einem dem LIPPMANN'schen Elektrometer ähnlichen Instrument die Aenderung der Capillaritätsconstante an der Trennungsfläche von Aether und salpetersaurer Uranlösung mit Aenderung der galvanischen Polarisation nachgewiesen. Eine Säule von 15 BUNSEN'schen Elementen wurde dabei benutzt. Ein Platindraht innerhalb des Aethers bildete die negative Elektrode.

Es werden endlich Versuche beschrieben, in denen durch Austropfen von Aether in saurem Wasser oder Neigung eines U-Rohres, welches mit Aether und saurem Wasser gefüllt war, der Aether negativ geladen wird. An Stelle des Aethers, der in dem vorliegenden Versuche wohl mit saurem Wasser resp.

mit salpetersaurem Uran gesättigt war, konnte auch Schwefelkohlenstoff treten. *P. V.*

Litteratur.

Émile Mathieu. Théorie de la capillarité. Paris: Gauthier-Villars. VII+191 S. 4°. [D. LZtg. V, 625; [Jahrb d. Math. XV, 895 bis 897. Sh. diese Berichte XXXVIII Abth. I, 304-305.

E. Regéczy-Nagy. Strömung von Flüssigkeiten in Capillarröhren. Math.-naturwiss. Berichte aus Ungarn I, 232 bis 233. 1882/83; [Beibl. VIII, 462. 1884.

J. W. Clarke. Die Verdichtung von Flüssigkeitsschichten auf benetzten Körpern. [Beibl. VIII, 186. 1884 nach Nature XXVII, 370-371.

C. Löslichkeit.

W. W. J. Nicol. Zur Theorie der Salzlösungen. Ber. d. chem. Ges. XVI, 2160-2169†.

— — The Nature of Solution. Phil. Mag. (5) XV, 91 bis 101†; [Ber. d. chem. Ges. XVI, 564.

Der Verfasser stellt der Hypothese, dass bei Lösung eines Salzes in Wasser Ersteres mit einem Theil des Letzteren ein Hydrat bilde, welches sich gleichmässig durch die ganze Flüssigkeit verbreitet, eine andre gegenüber. Danach entsteht eine Lösung, weil die Anziehung der Wassermolecüle zu den Salzmolecülen diejenige der Salzmolecüle unter einander übertrifft, und zwar wird dieses Ueberwiegen der erstgenannten Anziehung geringer, wenn die Menge des gelösten Salzes zunimmt, bis es schliesslich gleich Null wird in einem Zustand, den man als „Sättigung“ bezeichnet. Der Verfasser stützt seine Theorie auf die von ihm selbst bestätigte Kremers'sche Beobachtung (Pogg. Ann. LXXXV), dass das specifische Gewicht eines Salzes sich ändert mit der Temperatur der Lösung, aus der es ausgefallen ist; das specifische Gewicht des Salzes ist danach das Maass der Zusammenziehung zwischen Molecülen bei der Temperatur der

Verdichtung. Auch die von Hrn. BERTHELOT (C. R. Juli 1882) gefundenen Unterschiede in der Wärmeabsorption gelöster Salze, welche vorher geschmolzen und abgekühlt waren, von der Absorption der Wärme bei Salzen, die vorher nicht geschmolzen waren, werden zur Untersuchung herangezogen. Es wird ferner hingewiesen auf die bei den meisten Lösungen eintretende Volumencontraction und deren mit der gelösten Salzmenge um immer geringer werdende Differenzen steigenden Betrag, sowie auch auf die Volumenveränderung bei Verdünnuug einer Lösung. Weiter wird besonders betont die Bestimmung der Ausdehnungscoefficienten der Salzlösungen durch GERLACH (specifisches Gewicht der Salzlösungen) und KREMERS (POGG. Ann. C) und schliesslich die Thatsache, dass, wenn eine Substanz in mehr als einer Form existirt, die vom geringsten specifischen Gewicht auch die leichtest lösliche ist — von welchem Gesetz freilich Schwefel eine Ausnahme macht. Der Verfasser hält es nach dem Allen für möglich, einen Zusammenhang zwischen Löslichkeit und molecularem Volumen fester Körper zu statuiren, wie ein solcher schon zwischen molecularem Volumen und Siedepunkt flüssiger Körper nachgewiesen ist. Der Verfasser constatirt dann noch die in vielen Punkten bestehende Uebereinstimmung zwischen seiner Theorie und die ihm vor dem Druck seiner Arbeit unbekannt gebliebenen Theorie von DOSSIOS (Vierteljahrschr. der Züricher Naturf. Ges. XIII, 1), welche letztere allerdings nicht durch Experimente gestützt sei. *Gn.*

WRAMPELMEIER. Ueber Verdünnung und Mischung von Säuren, Alkohol und Salzlösung. Rep. anal. Chem. III, 40-42; Chem. CBl. (3) XIV, 223-224†.

Soll aus zwei Alkoholen von den Procentgehalten P und p und den Gewichten W und w einer von der Stärke p' erhalten werden, so muss man die Mischung so nehmen, dass

$$(P-p')\,W = (p'-p)\,w$$

wird. *Gn.*

W. LENZ. Formeln, um das Verhältniss zu ermitteln, in welchem zwei Lösungen von bekanntem Procentgehalt gemischt werden müssen, um eine Lösung von bestimmtem anderweitem Procentgehalt zu erzielen. Rep. anal. Chem. III, 181-182; [Chem. CBl. (3) XIV, 453.

Der Verfasser giebt folgende Formeln an, die er für handlicher hält, als die von Hrn. WRAMPELMEIER (s. das Referat auf voriger Seite) gegebenen. Ist

x die gesuchte Menge der Flüssigkeit vom Procentgehalt a
y - - - - - - - b
z - zu mischende Flüssigkeit - - c,

so ist

$$y = \frac{z(a-c)}{b-a}; \quad z = \frac{x(c-a)}{b-c} + x.$$

Gn.

R. LENZ. Ueber das galvanische Leitungsvermögen alkoholischer Lösungen. Mém. de St. Pétersb. (7) XXX Nr. 9.

Der Verfasser will der Lösung der Frage, welchen Einfluss auf die Leitungsfähigkeit einer wässerigen Lösung das Lösungswasser ausübt, dadurch nähertreten, dass er das Wasser durch eine andre, nicht leitende Lösungsflüssigkeit ersetzt. Als diese andre Lösungsflüssigkeit wählt er den Alkohol. Ein Vorversuch mit alkoholischer und wässeriger Jodkalilösung ergab für erstere einen 2.17 mal so grossen Widerstand als unter übrigens gleichen Umständen für die wässerige Lösung. Da der Verfasser nun aus Versuchen von GIRARDIN (Ann. chim. phys. (4) V, 155) und aus anderen Beobachtungen schliesst, dass bei wässeriger Jodkalilösung keine Hydrate sich bilden, die die Leitungsfähigkeit beeinflussen könnten und aus HITTORF'schen Versuchen (POGG. Ann. XCVIII, 28) folgert, dass der Alkoholgehalt als solcher auf die Leitungsfähigkeit von Jodkali keinen Einfluss ausübt, so bleibt dem Verfasser nur die Annahme, dass die Verdoppelung des Leitungswiderstandes in alkoholischer Lösung auf einer Vermehrung des Reibungswiderstandes der Jonen beruhe. Aus jenen Versuchen mit Jodkali, Jodnatrium, kohlensaurem Kali, (gelbem) chromsaurem Kali, Pikrinsäure und Jodkadmium findet er, dass „Matteucci's Behauptung, dass alkoholische und wässerige Lösungen desselben Salzes bei gleicher Dichte der Lösungen gleiche Widerstände haben, mit der Erfahrung im Widerspruch steht" und dass „die Widerstände solcher alkoholischer und wässeriger Lösungen desselben Salzes, welche gleiche Dichtigkeit haben, zu einander in keiner einfachen Beziehung stehen". Die Vergleichung verschieden starker Jodkalilösungen mit einander ergiebt, dass „der Einfluss des Alkoholgehaltes auf den Widerstand einer Jodkalilösung von der Stärke derselben fast unabhängig ist", welcher Satz für sehr schwache Lösungen nahezu streng zu gelten scheint, für stärkere, z. B. von $\frac{1}{4}$ Molecül, dagegen weniger streng, und ferner „dass für Jodkalilösungen in der Stärke von 0 bis $\frac{1}{4}$ Molecül die Widerstände dem Alkoholgehalte der Lösung proportional wachsen". Diese Gesetze gelten nicht in analoger Weise für die übrigen untersuchten Salze, von denen sich nur sagen lässt, dass der Widerstand der Lösungen mit dem Alkoholgehalt wächst. Der Verfasser untersucht demnächst die Abhängigkeit der Jonenüberführung von der Lösungsstärke und dem Alkoholgehalt und findet „in alkoholischen Lösungen von Jodcadmium nehmen mit zunehmendem Alkoholgehalt die Ueberführungszahlen anfangs ab, um später zu wachsen"; „die Abnahme der Ueberführungszahlen tritt um so entschiedener hervor, je reicher die Jodcadmiumlösung an Salz ist"; „das Minimum der Ueberführungszahl des Jods aus einer Jodcadmiumlösung bei um so stärkerem Alkoholgehalt tritt ein, je stärker die Lösung ist"; „der Einfluss der Stärke einer Jodcadmiumlösung auf die Ueberführungszahl des Jods zur Anode wird um so geringer, je stärker der zur Lösung des Salzes verwendete Alkohol derselben ist." — Weitere Versuche lehren, dass „die Zunahme der Ueberführungszahlen des Jods in alkoholischen Lösungen von Jodcadmium nicht nur dadurch bedingt wird, dass in alkoholischen Lösungen weniger Wasser enthalten ist, sondern dass auch der Alkohol selbst von directem Einfluss auf die Ueberführungszahl ist, dagegen die Ueberführungszahlen des Jods in Lösungen von Jodkalium und die der Chromsäure in

Lösungen von chromsaurem Kali weder von der Stärke der Lösung noch von der des Alkohols abhängen". — Im nächsten Theil seiner Arbeit untersucht der Verfasser die Diffusionsgeschwindigkeit der bisher untersuchten Elektrolyte in das reine Lösungsmittel und findet, dass „die Leitungsfähigkeit und die Diffusionsgeschwindigkeit sich in gleichem Sinn sowohl mit der Concentration der Lösung als mit der Stärke des Alkohols ändern", und dass „für Lösungen der Jodate des Kaliums und des Natriums, sowie auch für das gelbe chromsaure Salz des Kaliums die Diffusionsgeschwindigkeiten sowohl für verschieden starke wässerige Lösungen als für solche in Alkohol von verschiedenem Wassergehalte den galvanischen Leitungsfähigkeiten der Lösungen proportional sind, während für Lösungen von Jodcadmium diese Proportionalität durchaus nicht stattfindet". Hieraus schliesst der Verfasser, dass alkoholische Lösungen den Strom deshalb schlechter leiten, als äquivalent wässerige, weil die moleculare Reibung der Salztheilchen gegen Alkohol viel grösser ist, als gegen Wasser; einen Schritt weitergehend würde man dann folgern, dass der galvanische Widerstand einer Lösung bedingt wird durch den Reibungswiderstand der Salztheilchen gegen das Lösungsmittel. Als hauptsächlichstes Resultat der Arbeit wird der Satz aufgestellt, „dass das galvanische Leitungsvermögen von Salzlösungen proportional ist den Diffusionsgeschwindigkeiten der Salztheilchen derselben Lösungen, und zwar ändert sich das Verhältniss der zwei Grössen weder mit der Natur des Salzes, noch mit der Stärke der Lösung, noch mit dem Lösungsmittel, noch mit der Temperatur". — Zum Schluss nimmt der Verfasser eine Berechnung über die Menge des in der Secunde diffundirenden Jodkaliums vor und findet, dass aus einer Lösung von $\frac{1}{4}$ Molecül Jodkali durch die Oberfläche von 1 qcm und durch eine Dicke von 1 cm in jeder Secunde 1427 Billionen Molecüle Jodkali in reines Wasser austreten; die Geschwindigkeit, mit der die Molecüle bei der Diffusion vorschreiten, erweist sich bei allen Lösungen der verschiedensten Stärke als nahezu gleich, und sie ist etwa der achte Theil der Geschwindigkeit bei der Jonenüberführung des Jodkali. *Gn.*

Ludwig Storch. Löslichkeit der Metalle der IV. und V. Gruppe bei Gegenwart von jenen der VI. Gruppe in Schwefelalkalien. Ber. d. chem. Ges. XVI, 2015; [Arch. d. Pharm. CCXXI, 773.

In dieser vorläufigen Mittheilung bemerkt der Verfasser, dass Kupfer ausser in Sulfoarsenaten und -stannaten auch in Sulfowolframaten und -vanadinaten, in geringer Menge auch in den Antimonaten löslich ist. In Sulfosalzen löslich zeigen sich auch Eisen, Quecksilber und Cadmium, letzteres in stärkerem Maasse in höher geschwefelten Sulfosalzen. Im Allgemeinen zeigt sich die Löslicheit der verschiedenen Metalle in den Sulfosalzen der Alkalien mit der Löslichkeit der Sulfosalze der Ersteren in Uebereinstimmung. *Gn.*

William A. Tilden and W. A. Shenstone. On the Solubility of Salts in Water at high Temperatures. (Abstract.) Proc. Roy. Soc. XXXV, 345-346†; [Ber. d. chem. Ges. XVI, 2486-2487*.

Die Versuche wurden bei Temperaturen oberhalb des Siedepunktes des Wassers ausgeführt. Das Hauptergebniss war, dass die Löslichkeit in directer Beziehung zur Schmelzbarkeit steht. Bei den wasserfreien Salzen wächst für gleiche Temperaturerhöhungen über 100° die Löslichkeit um so mehr, je niedriger der Schmelzpunkt des Salzes ist. Bei der graphischen Darstellung der Löslichkeit (Temperaturen als Abscissen, die in 100 Theilen Wasser gelösten Salzmengen als Ordinaten) nähern sich also die Curven um so mehr der geraden Linie, je höher der Schmelzpunkt liegt. Diese Beziehung zwischen Löslichkeit und Schmelzbarkeit wurde für Kaliumchlorid, -bromid und -jodid nachgewiesen. Dasselbe ergiebt sich aus dem Vergleiche von Kaliumchlorat und Kaliumchlorid, die bei 100° gleich löslich sind.

		Löslichkeit bei			
	Schmelzpunkt	0°	100°	130°	180°
Kaliumchlorat	359°	3.3	56.5	88.5	190
Kaliumchlorid	734°	29.2	56.5	66	78

Die Löslichkeit von Natriumsulfat steigt bekanntlich von

0°—34°, dem Schmelzpunkte der Verbindung $Na_2SO_4 + 10H_2O$. Dann nimmt sie ab bis 120°, bleibt von 120°—140° nahezu constant und wächst von 160° bis zu 230°, der höchsten bisher angewandten Versuchstemperatur. 100 Theile Wasser lösen von wasserfreiem Natriumsulfat bei

0°	34°	100°	120°	140°	160°	180°	230°	
5	78.8	42.7	41.95	42.00	42.9	44.25	46.4	Theile.

Bgr.

A. LONGI. Coefficients of Solubility of some Silver Salts, and Systematic Method of Testing for Hydrocyanic, Hydrochloric, Hydrobromic, Hydroiodic, Chloric, Bromic, Jodic, Hydroferrocyanic and Hydroferrocyanic Acids. [J. chem. soc. XLIV, 1172-1173† und [Ber. d. chem. Ges. XVI, 1209 nach Gazz. chim. XIII, 87-89.

Der Verfasser hat die Löslichkeitscoefficienten gewisser Silbersalze in verschiedenen Lösungsmitteln bestimmt und in nachstehender Tabelle zusammengestellt. (*A* ist die Anzahl von ccm, *B* die Anzahl von Gramm des Lösungsmittels, welche zur Lösung von 1 g des Salzes erforderlich sind).

Lösungsmittel	Temp.	Silbersalz	*A*	*B*
Ammoniak 5 pCt.; spec. Gew. 0.998	12°	Cyanid	433.17	431.73
	12	Chlorid	430.20	428.64
	12	Bromid	8805.55	8779.37
	25	Jodid	∞	∞
	25	Bromat	28.49	28.14
	25	Jodat	42.73	42.39
Ammoniak 10 pCt.; spec. Gew. 0.96	18	Cyanid	192.52	184.59
	18	Chlorid	13.46	12.76
	12	Bromid	300.33	288.46
	12	Jodid	27420.35	26327.54
	25	Bromat	2.254	2.162
	25	Jodat	2.383	2.202
Wasser	25	Bromat	597.73	595.31
	25	Jodat	27821.88	27728.94
Salpetersäure 35 pCt.; spec. Gew. 1.21	25	Bromat	262.83	320.36
	25	Jodat	859.81	1044.32

Der Verfasser hat die verschiedene Löslichkeit dieser Salze zum Nachweis der in ihnen enthaltenen Säuren benutzt. Die Methode ist indess ausschliesslich für die analytische Chemie von Interesse. *Bgr.*

JOSIAH PARSONS COOKE. Ueber die Löslichkeit des Chlorsilbers und Bromsilbers in Wassers. [ZS. anal. Chem. XXII, 87-89† nach SILL. J. (3) XXI, 220; Chem. News XLIV, 234.

Frisch gefälltes käsiges Chlorsilber löst sich in heissem Wasser theilweise auf. Die Löslichkeit nimmt indess in dem Maasse ab, als das käsige Chlorsilber in die körnige krystallinische Modification übergeht. Von 1.4561 g Chlorsilber gingen unter Anwendung von 66 l heissem Wasser 0.2241 g in Lösung (1 l kochenden Wassers löst mithin ungefähr 0.002 g). Aus der Lösung wird das Chlorsilber durch Salzsäure theilweise, durch Silbernitrat vollständig gefällt. In Wasser, welches 0.1 g Silbernitrat im Liter enthält, ist das Chlorsilber völlig unlöslich. Salpetersäure ist ohne Einfluss auf die Löslichkeit des Chlorsilbers, während ein Zusatz von wenigen Tropfen Salzsäure die Löslichkeit desselben in heissem Wasser bedeutend herabmindert. Bromsilber ist in lauwarmem und kaltem Wasser völlig unlöslich, in heissem Wasser zwar etwas löslich, aber weniger als das Chlorsilber in kaltem Wasser. *Bgr.*

L. C. DE COPPET. Recherches sur la solubilité des chlorures, bromures et iodures de potassium et de sodium. Ann. chim. phys. (5) XXX, 411-429†.

Die Lösungen wurden in Glasröhren von 3–4 cm Durchmesser hergestellt, welche in ein geräumiges Glycerinbad (18 l Inhalt) eingetaucht waren. Die zu untersuchenden Proben wurden entnommen, wenn die Temperatur mehrere Stunden hindurch bis auf 0.1° constant geblieben war. Für Temperaturen unter 0° dienten gesättigte Lösungen verschiedener Salze oder Kältemischungen als Bäder. Die Resultate sind in Form von Tabellen niedergelegt, auf deren Wiedergabe hier verzichtet werden muss. Die Interpolationsgleichungen für die Löslichkeit der verschiedenen Salze sind:

beim Kaliumchlorid $S = 28.51+0.2837\,t$,
beim Kaliumbromid $S = 54.43+0.5128\,t$,
beim Kaliumjodid $S = 126.23+0.8088\,t$.

Diese Gleichungen gelten für die wasserfreien Salze, die bei den Halogenverbindungen des Kaliums allein bekannt sind; nur beim Kaliumchlorid scheint unterhalb —10° ein wasserhaltiges Salz zu existiren. Vom Natriumbromid kennt man ausser dem wasserfreien Salze noch die Verbindung $NaBr+2H_2O$ (Schmelzpunkt 50°), welche entsteht, wenn eine Lösung von Natriumbromid unterhalb 50° verdunstet. Schützt man die Lösung indess vor Staub, sowie vor Partikelchen des wasserhaltigen Salzes, so krystallisirt auch unterhalb 50° das wasserfreie Salz, während die Mutterlauge eine übersättigte Lösung des wasserhaltigen Salzes darstellt, aus welcher dieses dann freiwillig oder bei der Berührung mit einem Partikelchen wasserhaltigen Salzes herauskrystallisirt. Für das wasserfreie Natriumbromid stellt der Verfasser die Interpolationsgleichung auf ($t > 50°$):

$$S = 110.34+0.1075\,t.$$

Für das wasserhaltige Salz konnte eine Interpolationsgleichung nicht gefunden werden. Aus der von Grad zu Grad fortschreitenden Löslichkeitstabelle nehmen wir folgende Zahlen heraus:

Temperatur:	—21	—20	—15	—10	—5	0	+5	+10
Löslichkeit:	71.1	71.4	73.1	75.1	77.1	79.5	82.0	84.5
Temperatur:	+15	+20	+25	+30	+35	+40	+45	+50
Löslichkeit:	87.3	90.3	93.8	97.3	101.3	105.8	110.6	116.0

Auch beim Natriumjodid ist zwischen dem wasserfreien und dem bei gewöhnlicher Temperatur krystallisirenden wasserhaltigen Salze $NaJ+2H_2O$ zu unterscheiden. Für das erstere gilt die Interpolationsformel

$$S = 264.19+0.3978\,t.$$

Für die Löslichkeit des letzteren (Schmelzpunkt 65°) wurden aus den Beobachtungen folgende Zahlen hergeleitet:

Temperatur:	—17	—15	—10	—5	0	+5	+10	+15	+20
Löslichkeit:	149.4	150.3	152.8	155.4	158.7	163.6	168.6	173.7	178.7
Temperatur:	+25	+30	+35	+40	+45	+50	+55	+60	+65
Löslichkeit:	184.2	190.3	197.0	205.1	215.6	227.8	241.2	256.8	278.4

Die bei -17.25° gesättigte Lösung des Salzes $NaJ+2H_2O$ krystallisirte bei -14° plötzlich; die Krystalle haben die Zusammensetzung $NaJ+5H_2O$.

Das Natriumchlorid krystallisirt unterhalb 0° mit zwei Mol. Wasser. Die Verbindung $NaCl+2H_2O$ schmilzt bei -0° (nicht bei -8°, wie gewöhnlich angegeben ist). Die Löslichkeit des wasserfreien Salzes folgt der Interpolationsformel

$$S = 34.359+0.0527\,t,$$

welche indess nur für $t > 20^\circ$ gilt, weil die Resultate der Beobachtungen unterhalb 20° zu wenig Uebereinstimmung zeigen.

Stellt man die Löslichkeit der untersuchten Salze graphisch dar, so ergeben sich für die wasserfreien Chloride, Bromide und Jodide des Kaliums und Natriums gerade, für die wasserhaltigen dagegen krumme Linien. *Bgr.*

E. Pauchon. Sur le maximum de solubilité du sulfate de soude. C. R. XCVII, 1555-1556†; Chem. CBl. (3) XV, 161 bis 162.

Die Lösungswärme eines Salzes in Wasser kann nach der von Kirchhoff aufgestellten Formel:

$$Q = \frac{100L}{1-g(a+b\Phi)}\cdot\frac{\Phi}{\frac{d\Phi}{dt}}\left[(a+b\Phi)\frac{1}{g}\cdot\frac{dg}{dt}+b\cdot\frac{d\Phi}{dt}\right]$$

berechnet werden. In dieser Formel bezeichnet:

Q die Lösungswärme des Salzes, d. h. die Wärmemenge, welche frei oder gebunden wird, wenn die Gewichtseinheit des Salzes in gerade so viel Wasser gelöst wird, als zur Lösung erforderlich ist;

L die Verdampfungswärme des Wassers;

Φ die Maximalspannung des Wasserdampfes bei der Temperatur t in mm Quecksilber;

g die in 100 Gewichtstheilen Wasser gelösten Gewichtstheile Salz;

a und b Constanten, welche von dem Gesetz der Dampfspannung der in Rede stehenden Lösung abhängen. Bei der Temperatur t ist die Dampfspannung der Lösung, welche auf 100 Theile Wasser n Theile Salz enthält:

$$\varphi = \Phi[1-n(a+b\Phi)].$$

Beim Glaubersalz wird für $t = 33^0$ der zuerst positive Werth von Q negativ. Eine Lösung, aus der sich Salz ausscheidet, erfährt mithin unterhalb 33° eine Erwärmung, oberhalb dieser Temperatur eine Abkühlung, wie der Versuch auch bestätigt hat; denn unter 33° krystallisirt ein wasserhaltiges, oberhalb dieser Temperatur ein wasserfreies Salz. Im letzteren Falle ist aber nach Hrn. BERTHELOT's Untersuchungen die Lösungswärme bei niederen Temperaturen negativ. *Bgr.*

THOMAS MABEN. Löslichkeit des Calciumoxyds in Wasser bei verschiedenen Temperaturen. [Ber. d. chem. Ges. XVII, 43. 1884 nach Pharm. J. 1883, 506; [Arch. d. Pharm. CCXXII, 242 bis 243. 1884.

Der Verfasser findet folgende Löslichkeit von 1 Theil Calciumoxyd bei

Grad	in Theilen Wasser
0	759
10	770
20	791
30	862
50	1019
99	1650,

die Löslichkeit nimmt also mit steigender Temperatur constant ab. *Gn.*

E. Leidie. Ueber die Löslichkeit der verschiedenen Modificationen der Weinsäure. [ZS. anal. Chem. XXII, 269 bis 270 nach C. R. XCV, 90.

Der Verfasser findet, dass 100 Theile Wasser lösen

bei Grad C.	Theile Rechts- und Links-Weinsäure.	Theile Traubensäureanhydrit.	Theile Traubensäurehydrat.
0	115.04	8.16	9.23
5	120.00	10.05	11.37
10	125.72	12.32	14.00
15	132.20	14.97	17.07
20	139.44	18.00	20.60
25	147.44	21.41	24.61
30	156.20	25.20	29.10
35	165.72	29.37	34.09
40	176.00	37.00	43.32
45	185.06	43.31	51.16
50	195.00	50.00	59.54
55	205.83	57.07	68.54
60	217.55	64.52	78.33
65	230.16	72.35	88.73
70	243.66	80.56	99.88
75	258.05	89.15	111.81
80	273.33	98.12	124.56
85	289.50	107.47	138.19
90	306.56	117.20	152.74
95	324.51	127.31	168.30
100	343.35	137.80	184.91

Gn.

C. v. Babo und C. Portele. Die Löslichkeit des Weinsteins in Wasser bei verschiedenen Temperaturen. [ZS. anal. Chem. XXII, 109-110 nach ZS. d. allg. österr. Apotheker-Vereins XIX, 265.

Die Verfasser finden folgende Löslichkeit:

Temperatur.	in 100 ccm Lösung sind g Weinsäure.	in 100 g Wasser sind gelöst g Weinstein.
0.0°	0.370	0.37
0.5	0.345	
3.0	0.365	
9.2	0.367	
10.0	0.376	
15.0	0.411	0.411
17.0	0.492	
19.0	0.597	
22.4	0.787	
25.0	0.843	0.845
30.0	1.020	1.024
34.9	1.281	
40.0	1.450	1.461
50.0	1.931	1.954
60.5	2.475	
69.0	3.160	
75.0	3.580	
80.0	4.050	4.166
95.4	5.320	
100.0	5.850	6.102

Gn.

Friedrich Urech. Ursächlicher Zusammenhang zwischen Löslichkeits- und optischer Drehungserscheinung bei Milchzucker und Formulirurg der Uebergangsgeschwindigkeit seiner Birotation in die normale. Ber. d. chem. Ges. XVI, 2270-2271†.

Der Verfasser schliesst aus der Abhängigkeit des Uebergangs birotirenden Milchzuckers in normal rotirenden von der Temperatur und der Anwesenheit von Salzen und Alkalien, dass der birotirende Milchzucker schwerer löslich ist als der normal rotirende. Die Geschwindigkeit des Uebergangs von birotirendem zu normal rotirendem Milchzucker findet er bestimmt durch dieselbe Formel, wie die Inversionsgeschwindigkeit des Zuckers, nämlich $\frac{du}{dt} = au$, wobei a eine Einwirkungsconstante, u die rotirenden übernormalen Rotationsgrade bedeutet. Wenn auch der letztgenannte Vorgang atommechanischer Natur ist, der erstbetrachtete aber molecularmechanischer, so sind beide doch in so fern zu vergleichen, als sie unbegrenzt, nicht umkehrbar sind und bei beiden nur der Zucker, nicht aber die wässerige Säuremenge, resp. die Wassermenge alterirt wird. *Gn.*

P. Ebell. Ueber die Aehnlichkeit des Ultramarins hoher Vertheilung und Schlemmbarkeit, verglichen mit dem der Metallsulfide im Colloidalzustand.

Ber. d. chem. Ges. XVI, 2429-2432; [J. chem. soc. XLVI, 147. 1884.

Der Verfasser theilt die von ihm in der Technik gemachte Beobachtung mit, dass die Schlemmbarkeit des Ultramarins in Wasser aufgehoben wird durch die Anwesenheit einer jeden in Wasser löslichen Substanz, als Natriumhydroxyd, Kaliumhydroxyd, Natriumsulfid, Natriumnitrat, Natriumsulfat, Calciumsulfat etc. Der Verfasser stellt diese Beobachtung in Parallele mit der von Hrn. Spring (vergleiche S. 345) gefundenen Thatsache, dass der Colloidalzustand gewisser Metallsulfide durch die Anwesenheit von anderen Salzen im Lösungswasser aufgehoben wird, und erklärt Beides physikalisch durch die bei Anwesenheit von störenden Salzen geringere Benetzung des geschlemmten Ultramarins, resp. des colloidalen Sulfids. An dem Verhalten von durch beigemengtes Metall gefärbten Gläsern bei verschiedenen Graden der Erwärmung bis zur Schmelzung wird erläutert, wie stufenweise und allmählich der Uebergang vom suspendirten zum gelösten Stoff eintritt. *Gn.*

Richard Cowper. Ueber die Löslichkeit des Glases in verschiedenen Reagentien. [ZS. anal. Chem. XXIII, 50-51 nach J. chem. soc. XLI, 254. 1882.

Der Verfasser erhitzte Glasröhren, in die er reines Wasser, Schwefelwasserstoffwasser, Ammon und Schwefelammonium eingeschmolzen hatte, 6 Tage lang auf 100° und fand beim Eindampfen der Lösungen folgende Rückstände:

Reagens	Rückstand aus 100 ccm Lösung erste Versuchsreihe mg	Rückstand aus 100 ccm Lösung zweite Versuchsreihe mg
Wasser	8.0	10.0
Schwefelwasserstoffwasser	12.5	8.7
Schwefelammonium verdünnt	49.6	52.5
concentrirt	34.0	47.2
Ammon verdünnt	25.8	42.5
concentrirt	7.5	7.7
Schwefelwasserstoff-Schwefelammonium		51.2

Am stärksten wirkt eine Mischung von 1 Volumen Ammoniakflüssigkeit vom specifischen Gewicht 0.88 und 5 Volumen Wasser.

Sh. auch diese Berichte XXXVIII Abth. I, 323. *Gn.*

Litteratur.

W. L. GOODWIN. Nature of Solutions. [J. chem. soc. XLIV, 550* nach Ber. d. chem. Ges. XV, 3039-3051*. 1882.

Sh. diese Berichte XXXVIII Abth. I, 337, wo der Name zu verbessern ist.

W. ALEXEJEFF. Mutual Solution of Liquids. [J. chem. soc. XLIV, 11-12* nach Bull. soc. chim. (2) XXXVIII, 145-148. 1882.

Sh. diese Berichte XXXVIII Abth. I, 321.

A. P. N. FRANCHIMONT. Löslichkeit einiger Quecksilberverbindungen in Benzol. [Ber. d. chem. Ges. XVI, 387† nach Rec. trav. chim. I, 55; [Beibl. VII, 439; [Arch. d. Pharm. CCXXI, 682.

Quecksilberbromid, Chlorquecksilber und Bromquecksilber lösen sich etwas in kaltem, stärker in heissem Benzol, woraus sie sich beim Erkalten in Krystallen abscheiden; die den genannten Verbindungen entsprechenden Kupfer- und Bleiverbindungen lösen sich dagegen nicht.

Gn.

K. STAMMER. Löslichkeit des schwefelsauren Bleioxyds in basisch essigsaurem Bleioxyd. [ZS. anal. Chem. XXIII, 67 nach Chem. Ztg. VI, 63.

Der Verfasser theilt mit, dass nach seinen Beobachtungen schwefelsaures Bleioxyd in Bleiessig löslich ist, nicht dagegen in Bleizuckerlösung. *Gn.*

Sh. diese Berichte XXXVIII Abth. I, 321.

DEBRAY. Solubility of Cupric Sulphide in Alkaline Thiomolybdates. [J. chem. soc. XCIV, 1054 nach C. R. XCVI, 1616-1617.

Der Verfasser findet, dass Kupfersulfid sich leicht in alkalischen Thionmolybdänen löst. *Gn.*

H. HAGER. Die Löslichkeit des benzoësauren Natrons im Weingeist. [ZS. anal. Chem. XXII, 109 nach Pharm. Centralhalle (2) II, 435.

Der Verfasser theilt mit, dass sich 1 Theil des trockenen Salzes in 13 Theilen 90procentigen Alkohols löst. *Gn.*

E. JAHNS. Ueber die Löslichkeit der Harnsäure in Salzlösungen. Chem. CBl. XIV, 645†.

Es lösen

100 Theile einer Lösung von	Theile Harnsäure
Lithiumcarbonat	3.51
Lithiumbenzoat	0.026
Chlorlithium	0.0
Natriumcarbonat	0.98
Natriumbicarbonat	1.25
Natriumphosphat	0.36
Borax	0.83
Natriumsulfat	0.0
Chlornatrium	0.0
Magnesiumborocitrat	0.099,

wobei freilich das Lösungswasser so weit betheiligt ist, dass 200 ccm Wasser 0.0214 Harnsäure lösen. *Gn.*

EUG. DÉMARÇAY. Ueber Thoriumsulfat. [Ber. d. chem. Ges. XVI, 2282 nach C. R. XCVI, 1859.

Der Verfasser erklärt die Löslichkeitsabnahme des Thoriumsulfats mit steigender Temperatur dadurch, dass neutrale Thoriumsulfate mit verschiedenem Krystallwassergehalt existiren und in höheren Temperaturen basische Thorsulfate entstehen, wobei die frei werdende Säure die Löslichkeit der Salze je nach ihrer Wässerigkeit verschieden beeinflusst. *Gn.*

C. SCHEIBLER. Die Löslichkeit des Strontiumsaccharates

im Wasser. N. ZS. f. Rübenzuckerind. X, 229; [DINGL. J. CCXLVIII, 428; [Ber. d. chem. Ges. XVI, 1683-1684†.

Das Referat enthält eine Tabelle, in welcher die Löslichkeit in ihrer Abhängigkeit vom Gehalt des Strontiumsaccharates an Monosaccharat, Zucker, Strontiumoxyd, krystallinischem Strontiumhydrat, sowie von der Temperatur angegeben ist. *Gn.*

P. CRESPI. Solubility of Strychnine and Preparation of some of its Salts. [J. chem. soc. XLVI, 187. 1884 nach Gazz. chim. XIII, 175.

W. SPRING. Ueber Kupfersulfid im Colloidalzustande. Ber. d. chem. Ges. XVI, 1142-1143†; Arch. d. Pharm. CCXXI, 627 bis 628.

Der Verfasser beschreibt ein Verfahren, nach dem es ihm gelungen ist, aus einer verdünnten Kupfersulfatlösung in Ammoniak ein Kupfersulfid in colloidalem Zustande zu erhalten, dass sich in reinem Wasser leicht und reichlich löst, während bei Anwesenheit von Salzen in diesem Lösungswasser das Kupfersalz in Körnchen zerrinnt. *Gn.*

LEWIS T. WRIGHT. Ueber Kupfersulfid im Colloidalzustande. Ber. d. chem. Ges. XVI, 1448.

Der Verfasser bemerkt zu der gleichbetitelten Arbeit des Hrn. SPRING, dass er selbst schon früher (J. chem. soc. XLIII, 163) den Colloidalzustand des Kupfersulfids erwähnt habe. *Gn.*

D. Diffusion.

ALBERT VON OBERMAYER. Versuche über Diffusion von Gasen. Wien. Ber. [2] LXXXVII, 188-263†; Rep. d. Phys. XIX, 630-659, 681-709; [Chem. CBl. (3) XIV, 709-710.

Die früheren Versuche, bei denen sich herausgestellt hatte, dass kleineren Diffusionszeiten kleinere Werthe des Diffusionscoefficienten entsprechen (s. diese Berichte XXXVIII Abth. I, 330), wurden, um möglichst viele experimentelle Daten zu gewinnen, an anderen Gascombinationen fortgesetzt. Dabei zeigte sich zunächst, dass das Moleculargewicht hierbei nicht maassgebend ist, wie früher vermuthet worden war; vielmehr scheint die Mehratomigkeit der Molecüle sowie die absolute Grösse der Diffusionscoefficienten zu den Abweichungen, die sein Werth zeigt, in Beziehung zu stehen. Auch jetzt hält der Verfasser die Anzahl der untersuchten Gascombinationen noch nicht für hinreichend, um daraus allgemeine Schlüsse ziehen zu können, namentlich auch deshalb, weil die zu suchenden Abweichungen des Diffusionscoefficienten häufig nahe bei den Fehlergrenzen der Versuche selbst liegen. Die benutzten Apparate waren zunächst wieder diejenigen, welche in der citirten Abhandlung beschrieben sind (Wien. Ber. [2] LXXXV, 150). Für die Combination Luft $-CO_2$ wurde der Werth des Diffusionscoefficienten bei 61.5° C. kleiner gefunden, als er in der Untersuchung über die Abhängigkeit der Diffusionscoefficienten von der Temperatur ermittelt worden war. Dies scheint davon herzurühren, dass das durch die Bleiröhren strömende Gas das Erstarren des Paraffins befördert und dadurch eine niedrigere Temperatur im Apparate herbeiführt. Im Anschluss daran werden einige frühere Versuche mit CO—O veröffentlicht, die bereits im Jahre 1880 ausgeführt, damals aber nicht veröffentlicht wurden. Es ergiebt sich aus denselben $k_0 = 0.067383$; (k_0 bezeichnet den auf 0° und den Normalbarometerstand reducirten Diffusionscoefficienten).

Da sich der bisher benutzte Apparat für Combinationen, in denen Wasserstoff vorkommt, als zu klein erwies, wurde das Diffusionsrohr verlängert, sodass seine innere Länge 0.86847 m betrug. Mit demselben ergab sich für

	30 Min.	60 Min.	90 Min.
Luft $-CO_2$	0.046561	0.047591	0.048319
	10 Min.	50-60 Min.	
H—O	0.24080	0.24516	
$H-CO_2$	0.18208	0.19381	
$H-N_2O$	0.17860	0.19250	
H—CO	0.23190	0.23358	
$H-C_2H_4$	0:15864	0.17379	
$H-CH_4$	0.18978	0.22516	

An einem andren Apparate, dessen 9 mm weiter Diffusionscylinder 87.085 cm lang ist, wird dann gezeigt, dass die Weite des Diffusionscylinders ohne Einfluss auf den Werth des Diffusionscoefficienten ist (wie bereits Hr. STEFAN gefunden hatte).

Zur weiteren Untersuchung der Abhängigkeit des Diffusionscoefficienten vom Dichtigkeitsgefälle wurde ein Apparat construirt, welcher nach der STEFAN'schen Methode functionirte, sich aber durch einen Hahn in zwei Hälften theilen liess, sodass der Inhalt jeder Hälfte gesondert aufgefangen und analysirt werden konnte. Für die Combination $H—CO_2$ wurde mit diesem Apparat gefunden:

Diffusionszeit	Untere Hälfte	Obere Hälfte	Mittel
25 Min.	0.19059	0.17843	0.18451
60	0.19455	0.18475	0.19118

Für grössere Diffusionszeiten herrscht mithin zwischen den Mittelwerthen, welche aus den gesondert aufgefangenen Gasmengen der beiden Hälften abgeleitet werden, und dem Werthe, welcher sich ergiebt, wenn der Gesammtinhalt aufgefangen wird, befriedigende Uebereinstimmung. Für kleine Versuchszeiten bestehen aber erhebliche Abweichungen, deren Ursache noch nicht aufgeklärt ist. Aehnliche Resultate ergaben sich für die Combinationen $CO—C_2H_4$, $C_2H_4—H$ und $H—C_2H_6$.

Bei den beiden Combinationen H—Luft und H—O giebt der aufgefangene Gesammtinhalt bei einer grösseren Diffusionszeit einen etwas grösseren Werth, als der Mittelwerth ist, der sich aus den gesondert aufgefangenen Gasgemengen in beiden Hälften des Apparates herleitet. Bei $H—CO_2$ tritt bei sehr kleinen Diffusionszeiten gerade das Entgegengesetzte ein, sodass hier ein Fehler im Apparate vorhanden ist, der nicht aufgefunden werden konnte.

Der Verfasser operirte noch nach einer dritten, der abgeänderten STEFAN'schen Methode, indem er die untere Hälfte des zuletzt benutzten Apparates mit dem Gase *A*, die obere Hälfte mit dem Gase *B* füllte und nun das Gas *B* über die obere Oeffnung der oberen Hälfte streichen liess. Dadurch wurde das Dichtigkeitsgefälle in der oberen Hälfte des Apparates herabgedrückt und der Diffusionscoefficient in derselben grösser gefunden.

Aus diesen Versuchen ergeben sich mithin folgende allgemeine Sätze:

Die Veränderlichkeit des Diffusionscoefficienten mit der Temperatur ist dieselbe für kurze und längere Diffusionszeiten.

Wo kleine Dichtigkeitsgefälle herrschen, erfolgt die Diffusion schneller, wo grosse Dichtigkeitsgefälle vorkommen, erfolgt sie langsamer, als nach der Theorie zu erwarten ist.

Der Unterschied in den Werthen des Diffusionscoefficienten die aus kleinen und grossen Versuchszeiten abgeleitet werden, ist zwar nicht gross; indess darf daraus nicht geschlossen werden, dass der Diffusionscoefficient in allen Theilen des Apparates den gleichen Werth besitzt.

Gase mit drei- und mehratomigen Molecülen geben bei der Diffusion in Wasserstoff grössere Abweichungen als die Gase mit zweiatomigen Molecülen. Die Abweichungen für $H-CO_2$, $H-N_2O$, $H-CH_4$, $H-C_2H_4$, $H-C_2H_6$ sind grösser als für $H-O$, $H-CO$, H—Luft. Auch für $CO-C_2H_4$ sind die Abweichungen ziemlich gross, trotzdem das Moleculargewicht beider Gase ziemlich gleich gross ist. Dagegen scheinen sich N_2O und CO_2 ziemlich gleich zu verhalten, da sie bei der Diffusion in Wasserstoff nicht nur dieselben Abweichungen, sondern auch dieselben absoluten Werthe ergeben. — Der Gascombinationen $O-H$ kommt unter den untersuchten Gasen der grösste Diffusionscoefficient zu.

Die Regel, dass der Diffusionscoefficient zweier Gase dem Product ihrer Dichten umgekehrt proportional ist, gilt nur in höchst unvollständiger Weise.

Der Verfasser berechnet ferner mittelst der von Hrn. STEFAN aufgestellten Formel

$$k = \frac{3\pi}{32} \cdot \frac{v.\sqrt{m}}{N_0 \pi s_{12}^2} \sqrt{\frac{m_1 + m_2}{m_1 . m_2}},$$

worin N_0 die Anzahl der Molecüle in der Volumeneinheit (bei 0° und 760 mm); m_1 und m_2 die Moleculargewichte der in einander diffundirenden Gase; v und m Geschwindigkeit und Gewicht des Wasserstoffmolecüls bezeichnet, endlich $s_{12} = \frac{s_1 + s_2}{\lambda}$ (s_1 und s_2 Durchmesser der Molecüle der in einander diffundirenden Molecüle) ist, unter Zugrundelegung seiner für k gefundenen Werthe die Querschnittssumme $\frac{1}{4} N_0 \pi s_{12}^2$ aller in der Volumeneinheit enthaltenen Molecüle und vergleicht die gefundenen Zahlen mit denjenigen, die von Hrn. O. E. MEYER aus der inneren Reibung der Molecüle berechnet sind. Bei der Diffusion in Wasserstoff betragen die nach der STEFAN'schen Formel berechneten Werthe für Gase mit zweiatomigen Molecülen nahezu das $\frac{3}{2}$fache der von Hrn. MEYER angegebenen Werthe, ordnen sich aber (mit Ausnahme von CO und Luft) in dieselbe Reihe wie die MEYER'schen Zahlen. Für andere Combinationen ergeben sich allerdings erheblich grosse Abweichungen. Es scheint also in der That, als ob der Unterschied, welchen die als permanent und coercibel bezeichneten Gase bezüglich der Abhängigkeit ihrer Diffusionscoefficienten von der Temperatur zeigen, durch die Mehratomigkeit der Molecüle bedingt ist.

Die Abhandlung enthält endlich eine Discussion der WAITZschen Versuchsergebnisse (s. diese Berichte XXXVIII Abth. 1, 331), auf welche hier nicht eingegangen werden kann. *Bgr.*

J. D. R. SCHEFFER. Untersuchungen über die Diffusion einiger organischen und anorganischen Verbindungen. II. Ber. d. chem. Ges. XVI, 1903-1917; [J. chem. soc. XLIV, 1047-1048; Arch. Néerl. XVIII, 325-357.

Die Arbeit enthält Versuche über Diffusion von wässerigen Lösungen mehrerer organischer und anorganischer Verbindungen, nämlich von Chlornatrium, Natriumnitrat, Natriumhyposulfit, Silbernitrat, Harnstoff, Weinsäure, Traubensäure, sulfobenzoësaurem Natron, Salzsäure; es werden zugleich die Resultate der gleichartigen Arbeiten von Hrn. GRAHAM (Phil. Trans. 1850, 805, von Hrn. SCHUHMEISTER (Wien. Ber. [2] LXXIX, 603) und von Hrn. WEBER (WIED. Ann. VII, 550) mitgetheilt. Der Verfasser findet, in Uebereinstimmung mit GRAHAM, eine Zunahme der Diffusionsconstanten der Salzsäure mit der Concentration derselben, im Uebrigen aber, ebenfalls in Uebereinstimmung mit Hrn. GRAHAM, jedoch im Gegensatz zu SCHUHMEISTER, eine mit steigender

Concentration bei einzelnen Verbindungen rascher, bei anderen Verbindungen langsamer steigende Verminderung der Diffusionsconstante. *Gn.*

JOHANN GUGLIELMO. Ueber die Bestimmung des Diffusionscoefficienten des Wasserdampfes in Luft, Wasserstoff und Kohlensäure. Rep. d. Phys. XIX, 568-587 übersetzt aus Atti di Torino XVIII; Cim. (3) XIII, 104-119.

Der Verfasser unternimmt experimentelle Prüfungen der STEFAN'schen Verdunstungsformel, nach welcher ist:

$$v_1 = \frac{k}{h} \log \frac{p-p''}{p-p''},$$

worin bedeutet v_1 das Dampfvolumen, das bei 0° und 760 mm in der Zeiteinheit die Einheit des Querschnittes eines Cylinders durchsetzt, h die Tiefe des Cylinders, p'' und p' die Dampfspannung an seinen Grenzen, p den äusseren Druck; die Logarithmen sind natürliche; ist s der Querschnitt des Cylinders und t die Versuchsdauer, so ist

$$v_1 = \frac{kst}{h} \log \frac{p-p''}{p-p'}.$$

Die Versuchsanordnung war derart, dass der Wasserdampf aus einer mit Wasser gefüllten Röhre in ein mit Schwefelsäure gefülltes, jene Röhre umgebendes Glasgefäss diffundirte, aus dessen Gewichtszunahme die Menge des diffundirten Dampfes bestimmt wurde. Als Mittel aus 31 Versuchen erhält er k_8 (den Diffusionscoefficienten nach dem Gewicht, bei 8°) $= 0.02363$; k'_8 (der Diffusionscoefficient nach dem Volumen bei derselben Temperatur) ist $= 12.74$. — 8 andere Versuche, bei denen die Querschnitte der Gläser genauer berücksichtigt waren, ergaben als Mittel: $k_8 = 0.0241$ und $k'_8 = 12.86$. Das Mittel aus 12 anderen Versuchen ergiebt $k_{15} = 0.02456$ und $k'_{15} = 13.05$. Unter der Voraussetzung, dass k sich proportional der absoluten Temperatur ändere, ergiebt sich aus dem früheren k_8 berechnet $k_{15} = 0.0245$. — Bei der Diffusion von Wasserdampf gegen Wasserstoff musste eine Correction für diejenige Zeit angebracht werden, für welche man annehmen musste, dass noch atmosphärische Luft in dem

Apparat sei, danach ergab das Mittel aus 18 Versuchen $k_{18} = 0.0871$, $k'_{18} = 46.95$; allerdings schwanken dabei die einzelnen Werthe von k_{18} zwischen 0.0852 und 0.0923. Das Verhältniss des Mittelwerthes von k_{18} zum k_{18} für Luft ist 3.52. — Bei den Versuchen über die Diffusion in Kohlensäure ergaben sich noch grössere Schwankungen, welche der Verfasser Strömungen in der Diffusionsröhre zuschreibt, welche bei den grossen Dichtigkeitsunterschieden zwischen den verschiedenen Röhrentheilen anzunehmen seien. Das Mittel aus den sechs am meisten übereinstimmenden Versuchen ergiebt $k_{18} = 0.01554$, $k'_{18} = 8.38$ und das Verhältniss von k_{18} zum k_{18} der Luft = 0.678. — Mit Zugrundelegung einer Erwägung von O. E. MEYER, um im Fall von zwei Gasen die Anzahl der Molecüle eines jeden derselben, die in der Zeiteinheit die Einheit des Querschnittes passiren, zu finden, berechnet der Verfasser noch

$$D = \frac{\pi}{8}\left(\frac{\Omega_1}{\frac{N_1}{N_2} N_1 \pi \varrho_1^2 \sqrt{2} + N_1 \pi \sigma^2 \sqrt{\frac{m_1+m_2}{m_2}}} + \frac{\Omega_2}{\frac{N_2}{N_1} N_1 \pi \varrho_2^2 \sqrt{2} + N_1 \pi \sigma^2 \sqrt{\frac{m_1+m_2}{m_2}}}\right),$$

darin bedeuten N_1 und N_2 die Anzahl der diffundirten Molecüle des Gases und des Dampfes für die Volumeneinheit bei 0° und 760 mm, Ω_1 und Ω_2 die Geschwindigkeiten der Molecüle, m_1 und m_2 die Massen, ϱ_1 und ϱ_2 die Radien der Wirkungssphäre der Gas- und Dampfmolecüle, $\sigma = \frac{1}{2}(\varrho_1 + \varrho_2)$. Hiernach findet der Verfasser aus seinen Versuchen $D = 0.2443$ (bei 15.74° und 740 mm) und daraus die mittlere Weglänge des Dampfes in Dampf bei nahe 16° und 760 mm $L = 0.00000891$, während die Versuche von KUNDT und WARBURG (POGG. Ann. CLV, 540. 1876) $L = 0.00000649$ ergaben. *Gn.*

V. HAUSMANINGER. Ueber die Veränderlichkeit des Diffusionscoefficienten zwischen Kohlensäure und Luft. Wien. Ber. [2] LXXXVI, 1073-1089†.

Der Verfasser discutirt die WAITZ'sche Untersuchung der Frage, ob der Diffusionscoefficient eine constante Grösse sei (K. WAITZ in WIED. Ann. XVII, 201) und bemängelt, dass Hr. WAITZ, der für den Diffusionscoefficienten k der Kohlensäure gegen Luft variable Werthe findet, in der Berechnung k selbst als constant angenommen habe. Der Verfasser berechnet nun selbst k, das er mit Hrn. O. E. MEYER als eine Function des Mischungsverhältnisses annimmt, gleiche Temperatur und gleichen Druck vorausgesetzt; er findet

$$k = \frac{1}{2}\frac{dy}{dp}\int_p^{p_0} y\,dp;$$

darin ist p_0 der im Diffusionsgefäss herrschende Totaldruck, p der Partialdruck der Kohlensäure, $y = \frac{x}{\sqrt{t}}$. Zur Auswerthung des Integrals muss für kurze Intervalle k = constant gesetzt werden, dabei wird aber, indem zwei Methoden der Auswerthung angewandt werden, einmal

$$\int_p^{p_0} y\,dp = 0.935471,$$

das andre Mal

$$\int_p^{p_0} y\,dp = 0.153424$$

erhalten. Der grosse Unterschied wird durch Störungen der Diffusionsversuche erklärt, die aber mit der angewandten Versuchsmethode untrennbar verbunden sind. Der Verfasser gesteht dem zweiten Werthe die grössere Wahrscheinlichkeit zu, und, indem er mit Zugrundelegung dieses Werthes aus den WAITZ'schen Beobachtungen die zugehörigen k berechnet, kommt er zu dem Resultat, dass die Veränderlichkeit des Diffusionscoefficienten zwischen Kohlensäure und Luft zwar sehr wahrscheinlich, aber noch nicht erwiesen sei, und empfiehlt, um über die Constanz oder Veränderlichkeit definitiv zu entscheiden, ein Gemisch von halb Kohlensäure und halb Luft in reine Kohlensäure diffundiren zu lassen. *Gn.*

H. GAL. Recherches sur le passage des liqueurs alcooliques à travers les membrans. Bull. soc. chim. (2) XXXIX, 6-10.

— — Recherches sur le passage des liqueurs alcooliques à travers les corps poreux. Bull. soc. chim. (2) XXXIX, 393-397; C. R. XCVI, 338-340; [Rev. scient. (3) IV, 156; [Mondes (3) IV, 239; [Chem. News XXVII, 117; [J. chem. soc. XLIV, 549-550; [Arch. d. Pharm. CCXXI, 635; Ber. d. chem. Ges. XVI, 564 bis 565; [Chem. CBl. (3) XIV, 164.

Der Verfasser findet im Gegensatz zu SÖMMERING's Angaben (Ann. der Münch. Akad. 1812, 1814, 1824), dass, wenn man Alkohol in einer Blase aufbewahrt, die Concentration abnimmt. Die Arbeiten von LIEBIG (Ann. chim. phys. 1849) und von LOUZET (Physiol. I), welche zum gleichen Resultat kamen, wie SÖMMERING, nahmen nur auf die Natur der Membran und der Flüssigkeit Rücksicht. VAN MONS (Ann. gén. des sc. phys. Bruxelles, 1819, I) und JOHN (Chem. Schr. Berlin, VI, 182) seien zum entgegengesetzten Resultat gekommen, als SÖMMERING, hätten aber aus ihren Arbeiten keine Schlussfolgerungen gezogen. Der Verfasser findet, dass die Temperatur der Umgebung die Natur der angewandten Membran (Goldschlägerhäutchen, Pergament) nur die Schnelligkeit der Concentrationsverminderung abändern. Auch wenn man nicht die Flüssigkeit selbst, sondern nur ihren Dampf mit der Membran in Verbindung bringt, nimmt die Concentration ab. Der Verfasser erklärt den Unterschied zwischen seinen (auch durch Hrn. BIDAND in Toulouse bestätigten) und den SÖMMERING'schen Resultaten durch den Unterschied an Feuchtigkeit der umgebenden Luft bei den verschiedenen Arbeiten, den Hr. GAL für ausschlaggebend hält. *Gn.*

CHANDLER ROBERTS. On a case of Rapid Diffusion of Molten Metals. Rep. Brit. Ass. 1883 Southport 402; Nature XXVIII, 605†.

Die beiden Metalle, Blei und Gold, waren in eine *U*-förmige Röhre eingeschlossen, so dass sich das Blei im unteren Theile der Röhre, das Gold an der Mündung des einen Schenkels befand. Nach etwa 40 Minuten waren beide Metalle vollständig mit einander gemischt. *Bgr.*

Em. N. v. Regéczy. Beiträge zur Filtrationslehre. Pflüg. Arch. XXX, 544-595†.

Der Verfasser polemisirt gegen die von Runeberg 1877 in Pflüg. Arch. aufgestellte Behauptung, dass bei der Filtration von Eiweisslösungen grösserer Druck den Durchgang des Eiweisses hindere, indem er die Membran verdichte. Die eigenen Versuche führen den Verfasser zu dem Resultat, dass erstens bei gleichbleibendem Druck die Filtratmenge mit der Zeit abnimmt, nicht sowohl in Folge von Quellung des Filters, als vielmehr weil Theilchen des Filtrats die Poren des Filters versperren, dass aber zweitens mit steigendem Druck sowohl die absolute Menge des Filtrats wachse, als auch bei filtirter Eiweisslösung die Menge des hindurchgegangenen Eiweisses; dieses Anwachsen des Filtrats geschieht in grösserer Proportion als die Druckzunahme, und zwar deshalb, weil man es bei den Poren der angewandten Filter nicht mit starren Röhren zu thun habe, bei welchen nach dem Poiseuille'schen Gesetz die Filtratmenge proportional dem Drucke wächst, sondern mit elastischen Röhren, die sich mit steigendem Drucke erweitern. *Gn.*

F. Wibel. Die Aenderung der osmotischen Erscheinungen und Gesetze durch die strömende Bewegung der Flüssigkeiten und die Abhängigkeit dieser Aenderung von der verschiedenartigen Natur und Porosität der Diaphragmen, nachgewiesen an der Exosmose ruhender und strömender Kochsalz-Lösungen durch Membranen und poröse Platten. Abh. d. Naturw.-Vereins Hamburg-Altona VII, Abth. 2.

Angeregt zu seiner Arbeit durch die Frage, warum die Abfuhrkanäle einer Stadt den Bodenuntergrund nicht verunreinigen, untersucht der Verfasser die osmotischen Erscheinungen für den Fall, dass die eine der in Betracht kommenden Flüssigkeiten (im vorliegenden Falle Kochsalzlösung) unter constantem Druck an der Membran vorbei strömt; die durch die Bewegung entstehende Ansaugung modificirt die Osmose derart, dass der Verfasser folgende Resultate seiner Untersuchungen erhält. Indem er als „kryptoporös" Substanzen bezeichnet, deren Porosität ungleich feiner, der Wahrnehmung verschlossener ist, als die andrer, welche er „phaneroporös" nennt und wiederum in „mikroporöse" und „makroporöse" theilt, und indem er in seinen Diagrammen als Abscissen die Versuchszeiten, als Ordinaten die relativen Diffusionsmengen einträgt, formulirt er seine Beobachtungen folgendermaassen:

I. Für kryptoporöse Substanzen = organische Stoffe = Membranen (Beispiele: Pergamentpapier, Eiweiss, Schweinsblase): Die Exosmose wird durch Strömung gesteigert (Die Strömungs-Curven liegen oberhalb der Ruhecurven); diese Steigerung wächst mit zunehmender Stromgeschwindigkeit. Die Endosmose wird durch Strömung nicht beeinflusst und das Gesetz der osmotischen Aequivalenz nicht gestört. Das Gesetz der Abhängigkeit der exosmotischen Diffusionsmengen bei der ruhenden wie strömenden Osmose von der Zeitdauer wird, die Erhaltung der Concentrationsdifferenz bis zu einem gewissen Grade vorausgesetzt, durch die Function $M_1^2 = \alpha t + \beta t^2$ wiedergegeben (Die Ruhe- und Strömungscurven sind der Abscissenaxe concav zugekehrte Hyperbeln).

II. Für phaneroporöse Substanzen = unorganische Stoffe = poröse Platten (Beispiele: Gyps, Cement, gebrannter Thon, gewöhnliche Backsteine, Bimstein); Die Exosmose wird durch Strömung vermindert (Die Strömungscurven liegen unterhalb der Ruhecurven). Diese Verminderung wächst mit zunehmender Stromgeschwindigkeit. Das Gesetz der osmotischen Aequivalenz wird durch die Strömung aufgehoben; die factisch bestehende „Pseudo-Endosmose" wird durch dieselbe gesteigert. Für die Abhängigkeit der Diffusionsmengen von der Zeit lässt sich aus den vorliegenden Versuchsdaten eine einfache Function empirisch nicht ableiten.

A. Mikroporöse Substanzen (Beispiele: feingebrannter Thon und wahrscheinlich Gyps, Cement und ähnliche Materialien):

Die Verminderung der Exosmose durch Strömung nimmt ab mit der zunehmenden Dicke der Platte. Die Strömungscurven für die Exosmose sind concav, die Ruhecurven für dieselbe convex gegen die Zeit-Axe gerichtet. Die Steigerung der Pseudo-Endosmose durch Strömung ist gering. Die wahre Endosmose bei ruhender Diffusion folgt dem Gesetz der osmotischen Aequivalenz.

B. Makroporöse Substanzen (Beispiele: Bimstein und wahrscheinlich die gewöhnlichen Backsteine, grobporöse Bruchsteine und ähnliche Materialien): Die Verminderung der Exosmose durch Strömung wächst mit der zunehmenden Dicke der Platten. Die Strömungs- und Ruhecurven für die Exosmose sind concav gegen die Zeitaxe gerichtet. Die Steigerung der „Pseudo-Endosmose“ durch Strömung ist sehr erheblich und geht in eine eigentlich rein mechanische Aufsaugung über. Auch bei der ruhenden Diffusion erscheinen die Gesetze der osmotischen Doppelströmung und Aequivalenz aufgehoben; es zeigt sich nur ein einseitiger Strom durch das Diaphragma hindurch. — Hierbei ist zu bemerken, dass der Verfasser „Pseudo-Endosmose“ diejenigen seiner Erscheinungen nennt, bei denen die osmotischen Vorgänge mit dem Gesetz der osmotischen Aequivalenz durchaus nicht im Einklang stehen, so dass der Verfasser sie als durch andere, als die gewöhnlichen osmotischen Kräfte bedingt ansieht. Der Verfasser verzichtet auf eine physikalische Erklärung seiner Versuchsresultate bei kryptoporösen Diaphragmen, erklärt dagegen die Abnahme der Exosmose an den phaneroporösen Diaphragmen als die Folge einer durch die Strömung an den Porenmündungen entstehenden Ansaugung, die durch die mit ihr verbundene negative Druckdifferenz auf die exosmotische Bewegung der gelösten Substanzen hindernd einwirkt. Im letzten Theile seiner Arbeit behandelt der Verfasser die Anwendung seiner Beobachtungen auf die Praxis, besonders auf die Canalisation von Städten. *Gn.*

C. D. Woodward. Description of an Apparatus to illustrate the Production of Work by Diffusion.

Phil. Mag. (5) XVI, 375-376†; Proc. Lond. Phys. Soc. V, 317-319.

C. D. Woodward. A Diffusion Engine. Engineering XXXV, 613.

Um die durch Gasdiffusion geleistete Arbeit zu versinnlichen, hat der Verfasser eine Wage construirt; an einem Arm des 3 Fuss langen Wagebalkens hängt eine Wageschale mit Gewichten, am andren ein poröses Thongefäss, an dessen unterer Fläche ein Glasrohr angeschmolzen ist, das in ein Gefäss mit Wasser taucht. Neben dem Thongefäss münden einige Röhren, die auf ihrem andren Ende in einen mit Wasserstoff gefüllten Gasometer reichen. Lässt man das Gas ausströmen, so diffundirt es in das Thongefäss, und der nach allen Seiten hin gleiche Gasdruck findet nach unten einen Widerstand in der Reibung des Glasrohres gegen das Wasser, so dass der nach oben prävalirende Druck das Thongefäss so lange hebt, bis der aus dem Gasometer strömende Wasserstoff dies Gefäss nicht mehr trifft, worauf das Gas aus dem Thongefäss zu diffundiren beginnt, bis der äussere Luftdruck das letztere senkt; ist es dadurch dem Gasstrom wieder ausgesetzt, so beginnt auch das Steigen wieder — doch ist die ganze Oscillation nur gering. *Gn.*

Litteratur.

J. E. Enklaar. Die Osmose der Salze im Zusammenhang mit der Constitution der Lösung. Rec. trav. chim. I, 253-270. 1882; Arch. Néerl. XVII, 232-260; Chem. CBl. (3) XIV, 100-106; [J. chem. soc. XLIV, 420-422*; Chem. News XLVII, 237; [Ber. d. chem. Ges. XVI, 384-385; s. diese Berichte 1882 XXXVIII Abth. I, 326.

Cossa. Communicazione sulla diffusione del didimio. Atti di Torino XVIII, disp. 1. 1882.

E. Absorption.

S. v. Wroblewski. Untersuchungen über die Absorption der Gase durch die Flüssigkeiten unter hohen Drucken. Theil I. Das Verhalten der Kohlensäure in Wasser.

Zweite Abhandlung: Ueber die Löslichkeit der Kohlensäure in Wasser. WIED. Ann. XVIII, 290-308†.

Der Verfasser berichtet in dieser Abhandlung ausführlicher über seine Untersuchungen über die Löslichkeit der Kohlensäure in Wasser, nachdem die Resultate derselben bereits früher der Pariser Akademie mitgetheilt waren (C. R. XCIV, 1355-1357; s. diese Berichte XXXVIII Abth. I, 337). Die Abhandlung bildet die Fortsetzung der früheren Publication (WIED. Ann. XVII, 103-128; s. diese Berichte XXXVIII Abth. I, 336). Um das Wasser auch bei höheren Drucken mit Kohlensäure sättigen zu können, wurde eine Eudiometerröhre (von den in der vorher citirten Abhandlung angegebenen Dimensionen) über Quecksilber mit dem Gase gefüllt, dann etwas Wasser hineingegeben (0.07 bis 0.14 ccm) und durch vorsichtiges Schütteln der Röhre eine Sättigung des Wassers mit dem Gase herbeigeführt und endlich wurde die Röhre sammt dem Gase, dem Wasser und etwas Quecksilber in den vom Verfasser construirten Apparat für hohe Drucke eingesetzt (WIED. Ann. XVII, 106-108). Dann wurde soweit comprimirt, bis das Quecksilber in der Eudiometerröhre bis zu einem bestimmten Strich gestiegen war. Um alsdann die Flüssigkeit mit dem Gase vollständig zu sättigen, wurden durch geringe Druckschwankungen in dem benutzten CAILLETET'schen Compressionsapparat Strömungen innerhalb der Flüssigkeit hervorgerufen. In Folge der Absorption sinkt der Druck, welcher nothwendig war, um das Quecksilber bis zu dem erwähnten Strich steigen zu lassen; dem entsprechend wurden die Grenzen der Druckschwankungen von Zeit zu Zeit verlegt. Sinkt der Druck im Apparat nicht weiter, so ist die Flüssigkeit mit dem Gase gesättigt. Die Bestimmungen wurden dann zur Controlle bei denselben Drucken in umgekehrter Richtung wiederholt. Der dem Drucke von P' Atmosphären entsprechende Sättigungscoefficient, d. h. die in ccm bei 0° und einer Atmosphäre gemessene Gasmenge, welche zur Sättigung eines ccm Flüssigkeit unter dem Drucke P' nothwendig ist, lässt sich durch die Gleichung ausdrücken:

$$S = \frac{1}{H}\left[\frac{V(1+\beta\theta)}{1+\gamma\theta} PK - \frac{V'(1+\beta\theta')(1-\varepsilon P')}{1+\gamma\theta'} P'K\right].$$

In derselben bezeichnet H das Volumen des Wasser, β den Ausdehnungscoefficienten des Glases, γ denjenigen der Kohlensäure (0.00371), V das bei der Temperatur θ und dem Drucke P abgelesene, bei 0° calibrirte Volumen der Kohlensäure in Cubikcentimetern, V' das abgelesene Volumen bei der Temperatur θ' und dem Drucke P', K endlich eine Constante, durch welche die Abweichung der Kohlensäure vom Mariotte'schen Gesetz bei höheren Drucken eliminirt wird (s. Wied. Ann. XVII, 109). Der Zusammenhang zwischen dem Sättigungscoefficienten S und dem Bunsen'schen Absorptionscoefficienten A ist durch die Beziehung gegebenen $A.P' = S$. Die Resultate sind in nachstehender Tabelle enthalten:

P	S		$\frac{P}{S}$	
	bei 0°	bei 12.43°	bei 0°	bei 12.43°
1	1.797	1.086	1.797	1.086
5	8.65	5.15	1.730	1.030
10	16.03	9.65	1.603	0.965
15	21.95	13.63	1.463	0.909
20	26.65	17.11	1.332	0.855
25	30.55	20.31	1.222	0.812
30	33.74	23.25	1.124	0.775

Aus diesen Zahlen folgt (s. diese Berichte XXXVIII Abth. I, 337):

1. Bleibt die Temperatur constant und wächst der Druck, so wächst der Sättigungscoefficient viel langsamer, als der Druck und nähert sich einem bestimmten Grenzwerthe.

2. Bleibt der Druck constant, so wächst der Sättigungscoefficient, wenn die Temperatur sinkt.

Das Henry-Dalton'sche Absorptionsgesetz, nach welchem die Menge des absorbirten Gases dem Drucke proportional ist, ist demnach für Wasser und Kohlensäure ungültig.

Der Verfasser bespricht alsdann die Versuche von de Khanikof und Louguinine [Ann. chim. phys. (4) XI, 412. 1867] und erklärt die abweichenden Resultate jener Versuche daraus, dass bei denselben der Coefficient K bei der Berechnung des Gasvolumens nicht berücksichtigt wurde.

Hinsichtlich der Bedingungen, unter welchen das Hydrat eines gasförmigen Körpers zu Stande kommen kann, stellt der Verfasser den Satz auf: Das Wasser kann nur dann in das Hydrat eines Gases verwandelt werden, wenn es in der Lösung diejenige Gasmenge enthält, welche der Zusammensetzung des Hydrates entspricht. Das Hydrat $CO_2 + 8H_2O$, dessen Existenz der Verfasser nachgewiesen hat (s. diese Berichte XXXVIII Abth. I, 336), entsteht mithin, wenn 1 Volumen Wasser 155 Volumen CO_2 gelöst hat. Diese Löslichkeit kann aber durch den Druck allein nicht erreicht werden (s. obige Tabelle). Deshalb entsteht das Hydrat nur bei der plötzlichen Expansion des Gases an der Berührungsstelle der Kohlensäure mit dem Wasser. Ehe das Letztere Zeit hat zu gefrieren, verwandelt es sich in das Hydrat. Für das Hydrat $CO_2 + H_2O$ wäre die Löslichkeit $S = 1236$ nothwendig. *Bgr.*

Edmund J. Mills. On the Absorption of Weak Reagents by Cotton, Silk and Wool. J. chem. soc. XLIII, 142 bis 153†; [Ber. d. chem. Ges. XVI, 973.

In cylindrische, weithalsige Flaschen von etwa 300 ccm Inhalt wurden 250 ccm einer Säure- oder Alkalilösung von bestimmter Concentration gebracht, dann wurden Gewebestücke aus Kaschmirwolle, reiner Seide und Baumwolle eingetaucht, die sämmtlich zuvor mit schwacher Natronlauge, Wasser, schwacher Salzsäure und Wasser gewaschen waren. Die Gewebestücke wurden längere Zeit in den Flüssigkeiten gelassen, und nach dem Entfernen derselben wurde dann der Procentgehalt der Flüssigkeit an Säure oder Basis auf's Neue bestimmt. Die angewandten Säuren und Basen waren Schwefelsäure, Salzsäure und Natriumhydroxyd. Die Resultate sind in einer Reihe von Tabellen zusammengestellt, die sich im Auszuge nicht wiedergeben lassen. Es ergiebt sich aus denselben, dass die Absorption zuerst mit beträchtlicher absoluter Geschwindigkeit, alsdann mit abnehmender Geschwindigkeit erfolgt. Je grösser die Masse des Reagens ist, um so schneller erfolgt die Absorption; durch Erniedrigung der Temperatur kann sie verlangsamt werden. Die grösste stattfindende Absorption ergiebt sich für die einzelnen Gewebe und Reagentien aus folgender Tabelle:

Gewebe	Reagens	Gewicht des Reagens	Grösste Absorption für 1 g des wasserfreien Gewebes.
Wolle	Schwefelsäure	0.18754 g	0.018263 g
-	-	0.66256	0.023988
-	Salzsäure	0.41810	0.015927
-	Natriumhydroxyd	0.07654	0.014913
-	-	0.45925	0.026218
Seide	Schwefelsäure	0.56258	0.004455
-	Salzsäure	0.41810	0.005495
-	Natriumhydroxyd	0.45925	0.022545
Baumwolle	Schwefelsäure	0.56258	0.00171
-	Salzsäure	0.41810	0.00254
-	Natriumhydroxyd	0.45925	0.00984

Aus dieser Tabelle folgt, dass das Verhältniss der Maximalabsorption für

		Baumwolle		Seide
Schwefseläure	gleich	1	:	2.6
Salzsäure	-	1	:	2.2
Natriumhydroxyd	-	1	:	2.3

ist, welche Zahlen nahezu unter einander übereinstimmen.

Bgr.

BERTHELOT. Recherches sur l'absorption des gaz par le platine. Bull. soc. chim. (2) XXXIX, 109-112†.

— — Ricerche sull'assorbimento dei gas dal platino. [Cim. (3) XIV, 77-79† nach J. d. phys. (2) I, 1882.

Das Platin wurde in kleinen verschliessbaren Glasgefässen abgewogen, nachdem dieselben luftleer gemacht waren. Dann liess man bei gewöhnlichem Druck das Gas eintreten, bis das Platin damit gesättigt war, wog das Gefäss abermals und evacuirte wiederum, zuerst bei gewöhnlicher Temperatur, dann bei 200°, wobei das jedes Mal entweichende Gasvolumen gemessen wurde. Zum vollständigen Vertreiben des Gases musste indess das Platin bis zum Weichwerden des Glases erhitzt werden. Die Untersuchungen wurden mit Platinschwamm, ferner mit Platin, welches durch Ameisensäure reducirt war und endlich mit Platinmohr ausgeführt und erstreckten sich auf die Absorption von Wasserstoff und Sauerstoff. Platinschwamm absorbirt sein mehrfaches Volumen Wasserstoff. Beim Erhitzen im luftleeren Raume auf 200° entweicht der gesammte Wasserstoff bis auf 1 Volumen; das entstandene Hydrür ist mithin bei dieser Temperatur beständig. Die bei der Absorption von 1 g Wasserstoff durch Platinschwamm freiwerdende Wärmemenge (der Wasserstoff wird alsdann in der Kälte durch Sauerstoff oxydirt), beträgt +9.5 Cal. Bei dem durch Ameisensäure reducirten Platin beträgt die bei der Absorption von 1 g Wasserstoff frei werdende Wärme (bei gewöhnlicher Temperatur) +14.2 Cal.; das entstehende Hydrür scheint ein Gemisch von 2 Verbindungen zu sein, von denen die eine ($\frac{1}{3}$ des Wasserstoffs enthaltend) in der Kälte durch Sauerstoff oxydirt werden kann, während die andre ($\frac{2}{3}$ des Wasserstoffs enthaltende) beständiger ist. Die Bildungswärme der ersteren Verbindung beträgt +8.7 Cal., also ungefähr so viel, wie die Bildungswärme des aus Platinschwamm entstehenden Hydrürs; die des letzteren ist nahezu doppelt so gross, nämlich für 1 g H +17.0 Cal. Dem Platinmohr wird in der Regel das grösste Absorptionsvermögen für Wasserstoff zugesprochen; indess schliessen alle untersuchten Proben desselben beträchtliche Mengen Sauerstoff ein, so dass man zweifelhaft sein kann, ob man es überhaupt mit metallischem Platin und nicht vielmehr mit einem Suboxyd zu thun hat. Der absorbirte Wasserstoff wird deshalb nur zum Theil zur Hydrürbildung verwendet; ein Theil dient zur Reduction des Oxydes. Die Wärmemengen, welche bei der Absorption des Sauerstoffs durch Platin entbunden werden, sind erheblich geringer. Eigentümlich ist das Verhalten, welches Platinmohr zeigt, wenn es mehrere Male auf 200° erhitzt war. 95.9 g derselben gaben nach ein-, drei-, vier- und fünfmaligem Erhitzen auf 200° bei der Absorption von Sauerstoff eine Wärmeentwickelung von bezw. +0.0595; +0.0469; +0.0125 und +0.0116 Cal. Die erste

Wärmetönung würde auf 8 g Sauerstoff die enorme Zahl von +92 Cal. erreichen. Thatsächlich aber entspricht sie einer allmählich fortschreitenden Umwandlung des Platinmohrs, bei der die chemische Zusammensetzung sich indess nicht ändert. — In der Erklärung der durch Platin hervorgebrachten Contactwirkungen spielt die Existenz der Hydrüre und der Suboxyde eine wichtige Rolle, eben so ist dieselbe wichtig für das Verständniss der elektrischen Polarisation. Die Kraft, welche bei Anwendung von Platinelektroden erforderlich ist, um das Wasser zu zersetzen, ist gleich der Differenz zwischen der Kraft, welche zur Trennung des Wasserstoffs vom Sauerstoff erforderlich ist (+34.5 Cal.), und der Summe der Kräfte, welche zur Entstehung des Hydrürs einerseits (+14.2 und 17.0 Cal) und der Suboxyde andrerseits nothwendig sind. Da namentlich die letztere beträchtlich gross ist, so erklärt sich daraus, weshalb schon schwache elektrische Ströme Zersetzungen hervorbringen können, welche aber bald in Folge der chemischen Veränderung und der dadurch bewirkten Aenderung des Leitungsvermögens der Platinelektroden aufhören, um dann wieder zu beginnen, sobald die mit dem Platin vereinigten Gase durch Dissociation, Diffusion in die Flüssigkeiten, den oxydirenden Einfluss der Luft und andere Einflüsse von dem Metall getrennt sind. Die Entzündung des Knallgases durch Platin beruht auf der Entstehung des unbeständigsten Hydrürs, welches bereits in der Kälte wieder durch Sauerstoff zersetzt wird. Diese beiden Vorgänge wiederholen sich fort und fort, und führen, da bei ihnen beständig Wärme entwickelt wird, zum Erglühen des Metalls, welches alsdann das Knallgas unmittelbar entzündet. *Bgr.*

Th. Schlösing. Die Absorption flüchtiger Körper mit Hülfe der Wärme. [Arch. d. Pharm. CCXXI, 145-146† nach J. pharm. et chim. (5) VI, 139. 1882; s. auch diese Berichte XXXVIII Abth. I, 341.

Der Verfasser berichtet über einige Versuche, welche zeigen, dass Gase, die namentlich bei technischen Operationen als Nebenproducte entstehen, leichter bei Anwendung von Wärme als bei gewöhnlicher Temperatur absorbirt werden. Ein mit Staub von flüssiger Schwefelsäure beladener Luftstrom zersetzt bei gewöhnlicher Temperatur Kochsalz nur zum Theil, während der Gasstrom nach dem Ueberleiten über Kochsalz, welches auf 350° erhitzt ist, nur noch Salzsäure und keine Schwefelsäure mehr enthält. Salzsäuregas, welches durch einen mit Bimssteinstücken gefüllten Thurm streicht, während über den Bimsstein beständig ein Wasserstrahl fliesst, wird in der Kälte nur theilweise, bei 100° dagegen vollständig absorbirt, so dass die austretende Luft 3 Stunden lang durch Silbernitratlösung streichen kann, ohne eine Trübung hervorzurufen. Luft, welche mit Staub von Ammoniumcarbonat beladen ist, streicht durch einen mit Cokesstücken gefüllten Thurm, welche mit Schwefelsäure benetzt sind. Ein Theil des Salzes wird nach aussen entführt. Steigt die Temperatur dagegen auf 100°, so findet eine vollständige und fast augenblickliche Absorption statt. Für die Technik wäre es nach diesen Versuchen unzweifelhaft von Vortheil, die Absorption derartiger Gase durch die Wirkung der Wärme zu unterstützen.

Bgr.

G. Gore. Peculiar Absorption of a Compound of Jodine by Aluminium. Birmingham Phil. Soc. 13. Dec. 1883; Chem. News XLIX, 1-2†; [Ber. d. chem. Ges. XVII, 41-42.

Wird aus Aluminium- und Platinblech ein galvanisches Element gebildet, dessen erregende Flüssigkeit eine Lösung von Jodsäure in Wasser bildet, so zeigt, wenn der Strom längere Zeit geschlossen war, das Aluminiumblech zahlreiche verticale Corrosionslinien, trotzdem aber gleichzeitig eine Gewichtszunahme, die daher rührt, dass ein Theil des in dem Element ausgeschiedenen Jods in das Aluminiumblech hineindiffundirt ist. Der Verfasser berichtet über eine Reihe von Versuchen, aus denen hervorzugehen scheint, dass diese Diffusion nur dann stattfindet, wenn das Jod oder eine Verbindung desselben im Status nascens mit der corrodirenden Oberfläche des Aluminiums in Berührung kommt. *Bgr.*

W. Knop. Notiz über das Perlen mit Gas gesättigter Flüssigkeiten. Chem. CBl. (3) XIV, 14-15†.

Der Verfasser hat einige Versuche über die Ursache des Perlens der mit Kohlensäure übersättigten Flüssigkeiten angestellt, welches, nachdem der Ueberschuss von Gas entwichen ist, namentlich vom Boden des Gefässes aus eintritt, und gelangt zu folgenden Ergebnissen. Wenn sich abgekühlte Flüssigkeiten nachher in Räumen von höherer Temperatur erwärmen, so hat das Perlen in Gefässen, die sich nach unten hin verengen, zwei Ursachen. Die Hauptursache ist die grössere Unebenheit des Bodens der Gläser, eine zweite untergeordnete die schnellere Erwärmung der Flüssigkeit im unteren engern Theile derselben. Denn auch in cylindrischen Gefässen, in welchen sich die Flüssigkeit am Spiegel und am Boden bis auf geringfügige Differenzen gleichen Schrittes erwärmt, erscheinen die Gasperlen vorzugsweise am Boden, wenn derselbe nicht so glatt ist, als die Cylinderfläche. *Bgr.*

J. W. Clark. The condensation of liquid films on wetted solids. Nature XXVII, 370-371†.

Im Anschluss an frühere Veröffentlichungen (Pogg. Ann. 1877 und Phil. Mag. 1880) theilt der Verfasser neue Beobachtungen mit, welche dafür sprechen, dass bei der Berührung einer Flüssigkeit mit einem festen Körper die Flüssigkeit eine Condensation an der Oberfläche des festen Körpers erfährt. Einmal rechnet er dahin das Auftreten einer elektromotorischen Kraft, wenn Luftblasen mit Wassertropfen abwechselnd durch eine Capillarröhre hindurchgetrieben werden. Dann rührt von der Condensation die bekannte Thatsache her, dass eine fettige Glasplatte durch Wasser nicht gereinigt werden kann, obwohl das Oel in Wasser nicht ganz unlöslich ist und mithin durch eine hinreichende Menge Wasser weggewaschen werden müsste. Nach der Ansicht des Verfassers wird die Löslichkeit des Oels durch seine Condensation auf der Glasfläche vermindert. *Bgr.*

W. Voigt. Einige Beobachtungen über das Verhalten der an Glasflächen verdichteten Luft. Wied. Ann. XIX, 39-43†.

Der Verfasser stellte einige Versuche mit staubfreien, adhärirenden ebenen Glasplatten an. Die Platten wurden dann als staubfrei betrachtet, wenn die Newton'schen Ringe bei dem Graublau erster Ordnung eine homogene Färbung zeigten, die nicht durch einzelne helle oder dunkle Punkte unterbrochen war. Aus der Natur der Färbung berechnete der Verfasser den Abstand der beiden Platten. Er gelangt zu der Annahme, dass die Glasplatten sich mit einer allmählich dichter und dichter werdenden Luftschicht überziehen, welche in ihrer obersten Schicht das Verhalten eines freien Gases zeigt, in derselben also eine Expansivkraft besitzt, während die darunter liegende Schicht sich in mancher Beziehung einer tropfbaren Flüssigkeit ähnlich verhält. Namentlich spricht dafür der Umstand, dass die Platten noch in einer Entfernung von 0.00036 mm adhäriren, welche etwa siebenmal grösser ist als der von Hrn. Quincke für den Radius der Wirkungssphäre der Molecularkräfte angenommene Werth, sowie ferner die Beobachtung, dass sich die Zwischenschicht zwar durch einen mässigen einseitigen Druck verdrängen lässt, nicht aber durch einen allseitigen Druck oder durch Erwärmung.

Bgr.

R. Bunsen. Ueber die Verdichtung der Kohlensäure an blanken Glasflächen. Wied. Ann. XX, 545-560†.

Die Untersuchungen wurden an feinen Glasfäden ausgeführt, von denen 150 g einen Raum von nur 100 ccm einnahmen. Der durch mikrometrische Messung mittelst eines Mikroskopes bestimmte mittlere Durchmesser der Fäden betrug $d = 0.0160217$ mm; auf 1 g gingen 1877.4 ein Meter lange Fäden, welchen insgesammt eine Mantelfläche von 0.09450 qm, ein Querschnitt von 0.0000007982 qm und ein Volumen von 0.39911 ccm zukam. Das specifische Gewicht der Glasfäden war 2.50563. Der benutzte Apparat bestand aus einer unten offenen Messröhre *B*, deren oberes Ende durch einen Glashahn *b* mit dem zur Aufnahme der Glasfäden dienenden weiteren Gefäss *A* von genau bekanntem Inhalt verbunden war. Die obere Mündung von *A* war durch einen luftdicht eingeschliffenen, mit der äussern Luft durch einen Glashahn *c* in Verbindung stehenden Glasstöpsel *C* verschlossen. Man leitete nun mittelst eines durchbohrten Kautschukstöpsels Gas in *B* ein und öffnete die Hähne *b* und *c*, bis das austretende Gas keine Luft mehr enthielt, dann wurde der Kautschukstöpsel in einer Quecksilberwanne entfernt, *b* geschlossen und *A* evacuirt; endlich wurde auch *c* geschlossen. Dann wurde *b* geöffnet, nach bestimmten Zeiten das Gasvolumen im Apparate abgelesen, nachdem Druck und Temperatur bestimmt waren, und aus diesen Daten dann mittelst einer einfachen Formel die Menge des verdichteten Gases berechnet. Die durch mehrere Jahre hindurch ausgeführten Untersuchungen ergaben nun folgende Resultate:

1. Ein stationärer Zustand der Gasverdichtung wird keineswegs nach wenigen Stunden oder Tagen, sondern nicht einmal nach mehreren Jahren erreicht.

2. Während der dreijährigen Dauer des Versuches fand trotz der instantanen und allmählichen Druck- und Temperaturänderungen niemals eine bemerkbare Loslösung der an der Glasoberfläche verdichteten Kohlensäure statt.

3. Plötzliche Aenderungen des Quecksilberdruckes von 0.3521 auf 0.5696 m, von 0.5450 auf 0.7171 m, von 0.7168 auf 0.5355 m, von 0.4431 auf 0.5248 m lassen keine Veränderung im stetigen Verlauf der Gasverdichtung erkennen.

4. Innerhalb eines Temperaturintervalles von $+23^0$ C. bis -0.8^0 C. erfolgt mit steigender Temperatur eine Beschleunigung, mit abnehmender eine Verzögerung der Gasverdichtung.

5. Die (mit Einschluss der 0.005 qm betragenden inneren Oberfläche des Beobachtungsinstrumentes) 13.628 qm grosse Glasoberfläche hatte an Kohlensäure aufgenommen nach Ablauf

des ersten	Jahres	42.91 ccm	von 0^0 und 760 mm,
- zweiten	-	57.94	-
- dritten	-	69.98	-

also

im ersten	Jahre	42.91 ccm	von 0° und 760 mm,
- zweiten	-	15.03	-
- dritten	-	12.04	-

In 3 Jahren werden mithin auf 1 qm Glasfläche verdichtet 5.135 ccm Kohlensäure von 0° und bei 760 mm Druck.

Der Widerspruch, in welchem diese Resultate mit denjenigen der bisherigen Versuche stehen, erklärt sich daraus, dass man bisher schon nach wenigen Stunden einen stationären Zustand angenommen und die absorbirten Gasmengen nur als Functionen des Druckes betrachtete, während sie thatsächlich Functionen der Zeit sind. Gegen die Annahme, dass man es bei der Verdichtung der Kohlensäure mit einer chemischen Einwirkung zu thun habe, spricht die geringe Affinität des trocknen Kohlendioxyds gegenüber der starken Verwandtschaft der Kieselsäure zu den im Glase vorhandenen Basen. Aus der von Hrn. Quincke für die Grösse der molecularen Wirkungssphäre aufgestellten Zahl berechnet der Verfasser alsdann, dass die verdichtete Kohlensäure einem Druck von 102.7 Atmosphären ausgesetzt war, mithin wenigstens theilweise in den flüssigen Aggregatzustand übergegangen sein musste. Die lange Dauer der Gasverdichtung lässt sich nur durch die Annahme erklären, dass die Glasmasse für Kohlensäure nicht völlig undringlich ist, und dass die Theilchen der flüssigen Kohlensäure beim Eindringen in die molecularen Zwischenräume des Glases einen sich mit der Zeit steigernden Widerstand zu überwinden haben.

Atmosphärische Luft verhält sich glatten Glasflächen gegenüber ähnlich wie Kohlensäure; bei Kohle und anderen von molecularen Interstitien durchsetzten Körpern tritt dagegen nach verhältnissmässig kurzer Zeit ein stationärer Zustand der Gasanhäufung ein. *Bgr.*

Eilhard Wiedemann. Sopra una spiegazione data dal Belli della adesione fra due lamine di vetro. Cim. (3) XIII, 34†.

E. Fossati. A proposito di una note di E. Wiedemann. Cim. (3) XIII, 161-163†.

Hr. WIEDEMANN macht unter Anführung der betreffenden Stelle darauf aufmerksam, dass bereits Hr. BELLI in seinem Corso elementare di fisica esperimentale (I, 96) eine Erklärung des Adhäsionsphänomens gegeben hat, wie sie Hr. STEFAN später ausführlicher begründet und mathematisch entwickelt hat (POGG. Ann. 1875). — Die Bemerkung von Hrn. FOSSATI bezieht sich auf elektrische Untersuchungen, die Hr. BELLI ebenfalls früher angestellt hat, und die von anderen Forschern, welche seine Untersuchungen nicht kannten, später mit denselben Resultaten ausgeführt worden sind. *Bgr.*

Litteratur.

E. WIEDEMANN. Ueber die Verdichtung von Flüssigkeiten an festen Körpern. WIED. Ann. XVII, 988-990. 1882.

Der Verfasser weist aus der Grösse der wirkenden Molecularkräfte nach, dass die auf Glasoberflächen, die in Wasser tauchen, verdichtete Wasserschicht unmessbar klein ist, in Uebereinstimmung mit allen Versuchen von RÖNTGEN (WIED. Ann. III), SCHLEIERMACHER (WIED. Ann. VIII) und VOLKMANN (WIED. Ann. XI, 182), im Gegensatz jedoch zu WILHELMY (POGG. Ann. CXIX, 117). *Gn.*

Sh. diese Berichte XXXVIII Abth. I, 343-344.

S. PAGLIANI und A. EMO. Absorption des Ammoniaks durch Alkohole. Atti di Torino XVIII. 1882; [Beibl. VIII, 18. 1884†.

Die Absorption des Ammoniaks durch Aethyl-, primären Propyl- und Isobutylalkohol bei 20°—23° wurde nach der wenig modificirten BUNSEN'schen Methode untersucht. Die Resultate waren:

1) Die Werthe der Absorptionscoefficienten des Ammoniaks sind bei den untersuchten Alkoholen viel kleiner, als bei Wasser. 2) Das Ammoniakgas folgt bei den angewendeten Drucken (417-734 mm) nicht dem Gesetz von HENRY. Die Werthe von $\alpha 760/P$ sind nicht constant, sondern nehmen bei derselben Temperatur mit steigendem Drucke ab. 3) Bei gleichem Druck und abnehmender Temperatur wächst der Absorptionscoefficient. 4) Bei gleichem Druck und derselben Temperatur hat der Absorptionscoefficient des Alkohols (von den drei untersuchten) mit dem grösseren Moleculargewicht einen kleineren Werth.

E. R.

F. H. Storer und D. S. Lewis. Versuche über die Occlusion von Gasen durch Coaks. Amer. Chem. J. IV, 409-426; [Beibl. VIII, 110-111. 1884†.

Es wurde versucht, die auf Coaks (wenn er lufttrocken, oder längere Zeit in gewissen Räumen beziehungsweise im Freien aufbewahrt, oder direct der Gasretorte entnommen war) occludirten Gasmengen in ähnlicher Weise, wie Reichardt es gethan hatte, und bei Anwendung einer Sprengel'schen Pumpe zu bestimmen. Im Allgemeinen ergab sich, dass das bis zu 100° ausgetriebene Gas einen geringeren Procentsatz an Kohlensäure und einen grösseren an Sauerstoff enthält, als die bis zu 200° ausgetriebene Gasmenge. Die erhaltene Kohlensäure war offenbar von Anfang an occludirt. Weder durch Stickstoffstrom, noch durch kochendes Wasser oder Pumpen bei gewöhnlicher Temperatur konnte der Coaks von der anhaftenden Luft befreit werden. Auch halbverbrannte Coaksstücke und geglühter Lehm wurden in derselben Weise untersucht. *E. R.*

Tschirikoff. Absorption des Wasserstoffs. Scient. Amer. XLVIII, 84; [Beibl. VIII, 629. 1884.

Sh. diese Berichte XXXVIII Abth. I, 341-342.

E. W. R. Pfeiffer. Ueber die Verdichtung von Gasen durch feste Körper unter hohen Drucken mit Berücksichtigung der Temperatur. Inaug.-Diss. Erlangen. 1882. 41 S.; [Beibl. VIII, 630-635.

Kohle bezw. Glaswolle wurden in dem Cailletet'schen Compressionsapparate mit Kohlensäure oder Ammoniak zusammengepresst, die adsorbirten Gasmengen wurden bei verschiedenen Temperaturen und Drucken bestimmt. Im Uebrigen sei auf das ausführliche Referat in Beibl. beziehungsweise auf die Arbeit selbst verwiesen. *E. R.*

Zweiter Abschnitt.

Akustik.

8. Physikalische Akustik.

Lord RAYLEIGH. On maintained vibrations. Phil. Mag. (5) XV, 229-235†.

Ein schwingendes System kann nicht dauernd in Schwingung bleiben, da es die ihm anfänglich mitgetheilte lebendige Kraft allmählich verbraucht. In der gewöhnlichen Gleichung

$$\frac{d^2\Theta}{dt^2}+k\frac{d\Theta}{dt}+n^2\Theta = 0$$

ist k positiv, und die Lösung zeigt Abnahme der Schwingungen nach einem Exponentialgesetz. — Sollen die Schwingungen unterhalten werden, so muss der schwingende Körper mit einer Quelle von Energie verbunden sein, Hr. RAYLEIGH unterscheidet hierbei zwei verschiedene Classen: 1. die Grösse der Kraft ist proportional der Amplitude und ihre Phase hängt von der Phase des schwingenden Körpers ab; 2. die Phase der Kraft ist für sich fest bestimmt.

1. Zur ersten Classe gehören die Instrumente, die durch Wind, Wärme, Reibung zum Tönen gebracht werden. Dann lässt sich die Kraft in 2 Theile zerlegen, die proportinal zu Θ und zu $\frac{d\Theta}{dt}$ sind. Dabei wird k geändert; bleibt es noch positiv, so nehmen die Schwingungen auch jetzt ab; wird es negativ, so nehmen sie zu; nur wenn es 0 wird, kann eine dauernde gleichmässige Schwingung erhalten werden.

Wenn bei negativem k die Schwingungen zunehmen, hört

bald die erste angenäherte Gleichung auf, gültig zu sein, und an ihre Stelle tritt

$$\frac{d^2\Theta}{dt^2}+k\frac{d\Theta}{dt}+k'\left(\frac{d\Theta}{dt}\right)^3+n^2\Theta = 0;$$

In diesem Falle ergiebt sich die Amplitude A aus der Gleichung:

$$k+\tfrac{3}{4}k'n^2A^2 = 0.$$

Sind k und k' positiv, so nehmen die Schwingungen ab; ist k negativ, k' positiv, so bekommt die Amplitude einen festen Werth; ist k positiv, k' negativ, so ist labiler Zustand in Betreff der Amplitude vorhanden.

2. Die zweite Art der Schwingungen sind die erzwungenen. In diesem Falle ist in der ersten Gleichung auf der rechten Seite $P\cos pt$ statt 0 zu setzen. — Es giebt eine besondere Art von Schwingungen, die hierzu zu rechnen sind, bei welchen die Kraft nicht in Richtung der Schwingungen wirkt, z. B. die Melde'sche Methode, Transversalschwingungen eines Fadens mittelst einer Stimmgabel zu erzeugen, wobei die Gabel in Richtung der Fadenlänge schwingt. Die Periode der Fadenschwingung ist dann die Doppelte der Stimmgabel. Lord Rayleigh leitet dieses Resultat theoretisch ab, und führt dann einige ähnliche Fälle an, namentlich die Transversalschwingungen, welche die Longitudinalschwingungen von tönenden Stäben begleiten. *H. K.*

Lord Rayleigh. On the vibrations of a Cylindrical Vessel containing Liquid. Phil. Mag. (5) XV, 385-389†.

Wenn ein gleichförmiger Cylinder schwingt, ist die Schwingungszahl, wie Hr. Rayleigh in seinem Buche über den Schall abgeleitet hat, gegeben durch

$$p_0^2 = \frac{B_0 d^2}{\sigma a^4}\frac{(n^2-1)^2}{1+n^{-2}},$$

wo σ die Dichtigkeit des Materials bezeichnet, d die Wandstärke, B_0 nur vom Material abhängt. — Ist das Gefäss mit incompressibler Flüssigkeit gefüllt, deren Dichte $= \varrho$ ist, und nimmt man den wichtigsten Fall: $n = 2$, so erhält man für das Verhältniss der Schwingungszahlen des leeren und vollen Gefässes nach der Theorie, die Lord Rayleigh entwickelt, die einfache Formel

$$\frac{p_0^2}{p^2} = 1 + \frac{2\varrho a}{5\sigma d}.$$

Hrn. Auerbach's Versuche stimmen ziemlich gut mit dieser Theorie.

Schliesslich behandelt Hr. Rayleigh noch den Einfluss des Umstandes, dass die Flüssigkeit eine freie Oberfläche hat, auf welcher sich beim Schwingen Kräuselungen zeigen. *H. K.*

Franz Koláček. Ueber Schwingungen fester Körper in Flüssigkeiten. Wien. Ber. [2] LXXXVII, 1147-1178†.

Der Verfasser hat vorliegendes Problem schon früher angenähert behandelt. Jetzt löst er mit Hülfe der Lagrange'schen Bewegungsgleichungen die Aufgabe viel allgemeiner: die Bewegung einer allseits begrenzten Flüssigkeit, so wie ihre Rückwirkung auf ein in ihr befindliches schwingendes System zu bestimmen, wenn letzteres sich selbst überlassen ist. Nachdem die allgemeinen Gleichungen aufgestellt sind, beschränkt sich der Verfasser auf Probleme von nur einem Freiheitsgrad. Dann findet sich für das Verhältniss der Schwingungszahlen in Luft, n_0, und in einer incompressiblen Flüssigkeit mit der Dichte h:

$$\frac{n_0^2}{n^2} = 1 + \frac{c_{11}}{b_{11}} h.$$

Daraus ergiebt sich, dass die Schwingungszahlen sonst gleicher Platten in Luft sich verhalten wie die Dicken; und dass das Product $\left(\frac{n_0^2}{n^2} - 1\right) n_0$ für sonst gleiche Platten, die in gleicher Weise mit derselben Flüssigkeit in Berührung stehen, von der Dicke unabhängig ist. Beide Sätze hat Hr. Auerbach durch das Experiment gefunden. Weiter findet sich: Vergrössert man Platten, Glocken, Stäbe — sie mögen transversal oder longitudinal schwingen, und mit Flüssigkeiten in Berührung stehen oder nicht — sMal, so wird die Schwingungszahl sMal verkleinert. Vergrössert man krumme Platten, ohne ihre Dicke zu ändern, so wird im leeren Raume die Schwingungszahl s^2Mal kleiner. Die Grösse $\left(\frac{n_0^2}{n^2}-1\right)n_0 s$ ist immer eine Constante, möge die Dicke der Platte bei der Vergrösserung auch wachsen oder nicht; dagegen zeigen AUERBACH's Versuche an Gläsern, dass der Ausdruck sich mit der Höhe ändert.

Von den weiteren Resultaten der Arbeit sei noch hervorgehoben, dass der Fehler in der Rechnung, den man begeht, wenn man die Flüssigkeiten als incompressibel behandelt, sehr klein ist, weniger als 1 pCt. Weiter findet sich, dass sich Töne mässiger und extremer Höhe verschieden verhalten. In beiden ist das Verhältniss $\frac{n_0}{n}$ durch Dichte und Schallgeschwindigkeit bedingt. Bei Tönen mässiger Höhe überwiegt der Einfluss der Dichte über den der Geschwindigkeit, so dass durch ihr Anwachsen $\frac{n_0}{n}$ verkleinert wird; bei Tönen extremer Höhe wirkt die Geschwindigkeit viel directer aber umgekehrt zur Vergrösserung von $\frac{n_0}{n}$. Durch wachsende Schallgeschwindigkeit wird auch die Hörbarkeit mittlerer Töne vermindert, sehr hoher Töne verstärkt, was durch COLLADON's Versuche bestätigt wird. Endlich behandelt der Verfasser den Einfluss von Wasserdampf auf die Fortpflanzung des Schalles in Luft und findet, dass die Schallphänomene in nebliger Luft zwar zufälliger Natur sein können, der Schall sich aber immer langsamer, nie schneller fortpflanzen muss, als in trockener Luft, wodurch die oft auffällige Schalldurchlässigkeit des Nebels erklärt wird. *H. K.*

KARL VIERORDT. Ueber Schallstärkemessung. WIED. Ann. XVIII, 471-488†; [J. de phys. (2) II, 230-231.

CELLÉRIER. Bemerkung dazu. Arch. sc. phys. (3) IX, 495 bis 496†.

Hr. VIERORDT hat schon früher Versuche über Schallstärkemessung angestellt, und dazu Kugeln von bekanntem Gewicht aus bekannter Höhe auf Platten herabfallen lassen. Es fand sich damals, dass die Schallstärke nicht proportional zu h, der Fallhöhe, war, sondern eher zu $h^{0.5}$. Hr. OBERBECK fand später als Exponent etwa $\varepsilon = 0.6$. Zur Bestimmung von ε hat man eine Fallkugel von grösserem Gewicht P durch einen Fallraum h auf die schwingungsfähige Platte fallen zu lassen, und die grössere Fallhöhe H eines kleineren Gewichtes p, das auf dieselbe Platte aufschlägt, so lange abzuändern, bis die letztere Schallstärke der ersteren gleich geworden ist; dann ist

$$\varepsilon = \frac{\lg \frac{P}{p}}{\lg \frac{H}{h}}.$$

Hr. VIERORDT wendet sich nun zur Besprechung einer Arbeit der HHrn. WUNDT und TISCHER (s. WIED. Ann. XVIII, 695-703) über denselben Gegenstand. Diese hatten gefunden, dass ε sehr variabel ist, keine Constante, dass es also namentlich zunimmt mit wachsenden Werthen von Höhe und Gewicht. Indem Hr. VIERORDT die meisten Versuche für fehlerhaft erklärt — auch deshalb, weil ε darin grösser als 1 wird — und sie darum fortlässt, sucht er nachzuweisen, dass WUNDT's Versuche mit seinen Schlüssen nicht übereinstimmen. — Hr. VIERORDT beschreibt dann eigene Versuche, bei welchen Bleikugeln auf Zinntafeln oder Eisenplatten, Eisenkugeln auf Eisen oder Schieferplatten fallen. Die Resultate der ersten Versuchsreihe sind folgende:

P	180100	89204	45368	23626	11096.5	
p	89204	45368	23626	11096	4513	
ε	0.800	0.7468	0.7192	0.7495	0.6874	
P	4513	2073	613	295	141	74
p	2073	888	295	141	74	36.5
ε	0.6533	0.6196	0.5760	0.5817	0.549	0.585

Die Gewichte sind hier in mgr ausgedrückt.

Die Werthe von ε sind dabei Mittelwerthe, aus verschiedenen Höhenpaaren gewonnen; leider sind die Höhen aber nur wenig variirt worden, so dass ein Einfluss der Höhe sich in der That nicht geltend macht. Bei der zweiten Versuchsreihe liegt ε zwischen 0.56 und 0.66, bei der dritten zwischen 0.52 und 0.56, bei der vierten zwischen 0.55 und 0.61.

Aus diesen Versuchen zieht Hr. Vierordt den Schluss, dass ε zwar keine absolut constante Zahl ist, aber doch nahezu, da sie von der Höhe nicht abhänge, und bei nicht zu grossem Gewicht auch nicht von diesem, dass es also ein allgemeines Maass für Schallstärke gebe, nämlich $kph^{0.6037}$. *H. K.*

W. Wundt. Ueber Schallstärkemessung. Wied. Ann. XVIII, 695-703†.

Die vorliegende Arbeit ist eine Erwiderung auf die Kritik von Hr. Vierordt (Wied. Ann. XVIII, 471-488). Hr. Wundt giebt zunächst seine Versuche an: es fielen Bleikugeln 1) auf das Brett des Hipp'schen Fallapparates, wobei weder Deformation der Kugeln, noch elastischer Rückstoss eintrat; 2) auf ein mit Tuch überzogenes Brett, wobei keine Deformation, wohl aber Rückstoss vorhanden; 3) auf ein nacktes Holzbrett, — Deformation und Rückstoss; 4) auf eine Eisenplatte, — Deformation, kein Rückstosss. Die Schallintensität wird sich ausdrücken lassen durch

$$i = \frac{k}{n} ph,$$

wo k constant ist, und $n > k$ von Deformation und Rückstoss abhängen kann, und von p und k. Für zwei zusammengehörige Versuche mit den Gewichten p und P, den Höhen H und h, wird man immer eine Gleichung $pH^\varepsilon = Ph^\varepsilon$ aufstellen und daraus ε berechnen können, aber ε wird nicht constant sein; ε wird auch grösser sein können als 1, nämlich sobald in der Beziehung:

$$\varepsilon = \frac{\log \frac{P}{p}}{\log \frac{H}{h}},$$

$\frac{H}{h} < \frac{P}{p}$ ist, d. h. sobald der Energieverlust mit der Zunahme der Höhen langsamer wächst, als mit der Zunahme der Gewichte. Die Versuche ergeben:

bei 1): ε constant, nahe $= 1$,

bei 2): ε fast constant und sich 1 nähernd,

bei 3): ε stets < 1, nimmt aber mit den absoluten Werthen von h und p beträchtlich zu,

bei 4): ε noch kleiner, als bei 3), wächst aber auch mit h und p.

Daraus folgt, dass der Rückstoss einen nahezu constanten, die Deformation einen veränderlichen Energieverlust zur Folge hat, welche letztere mit h und p, aber im Allgemeinen mit h schneller als mit p wächst.

Die Gründe, die Hr. VIERORDT zur Verwerfung der meisten Versuchsreihen der HHrn. WUNDT und TISCHER anführt, sind nicht stichhaltig. Das Wachsen von ε mit h und p ergiebt sich sehr deutlich aus folgender Tabelle der Versuche, bei welcher in der Horizontalcolumne die zu einem Versuchspaar gehörigen Werthe von $\frac{P}{p}$ in Grammen, in der Verticalcolumne die entsprechenden Höhen $\frac{H}{h}$ in Centimetern verzeichnet sind.

	$\frac{200}{100}$	$\frac{100}{50}$	$\frac{50}{25}$	$\frac{25}{12}$	$\frac{12}{8}$	$\frac{8}{8}$	$\frac{5}{5}$	$\frac{1}{1}$	$\frac{0.3}{0.3}$
$\frac{100}{50}$	1.00	0.98	0.97	0.96	0.92	0.89	0.85	0.82	0.74
$\frac{70}{30}$	0.98	0.96	0.95	0.93	0.86	0.80	0.76	0.74	0.68
$\frac{25}{10}$	0.88	0.86	0.83	0.81	0.78	0.73	0.73	0.66	0.61

Diese Versuche sind nach 3) angestellt.

Schliesslich ergeben auch die Versuche von Hrn. VIERORDT selbst sehr deutlich das Wachsen von ε mit p. Wenn sich der Einfluss von h nicht geltend macht, so liegt das daran, dass Hr. VIERORDT die Höhen viel zu wenig variirt und überhaupt viel zu klein genommen hat, wobei die Beobachtungsfehler zu grossen Einfluss erlangen. *H. K.*

C. K. Wead. On the Intensity of Sound. — I. The Energy and Coefficient of Damping of a Tuning Fork. Sill. J. (3) XXVI, 177-189†.

Der Verfasser will die Energie-Verhältnisse bei tönenden Körpern untersuchen; er macht dabei folgende Eintheilung: A. Instrumente, denen eine gewisse Energiemenge mit einem Mal mitgetheilt wird, und die dann sich selbst überlassen sind, z. B. Stimmgabeln, Saiten. B. Instrumente, denen dauernd Energie mitgetheilt wird, z. B. Blaseinstrumente, Zungen, tönende Flammen, menschliche Stimme. C. Physiologische Fragen in Betreff der Hörbarkeit u. s. w. —

In vorliegender Abhandlung wird die Stimmgabel untersucht. Der Verfasser bestimmt die bei der Schwingung vorhandene Energie, wozu er die zur Biegung der Zinken nöthige Kraft bestimmt, indem er die Zinken durch Schnüre und angehängte Gewichte aus einander biegt, und mikroskopisch die Verschiebung eines leuchtenden Punktes misst.

Weiter wird der Energieverlust durch Luftreibung bestimmt und der Coefficient der Dämpfung k gemessen; es wurde die Zeit beobachtet, die nöthig ist, um die Amplitude von einem bestimmten Werthe bis zu einem kleineren abnehmen zu lassen. Es findet sich, dass k in hohem Grade von der Amplitude abhängt, eben so von der Befestigungsweise der Gabel. Der Verfasser berechnet mit den gegebenen Daten für eine Reihe von Gabeln, wie viel Ergs zur Schallerzeugung disponibel sind.

Schliesslich untersucht Hr. Wead, wie viel Energie nöthig ist, um einen Ton noch zu hören. Dies geschieht in der Weise, dass die Amplitude bestimmt wird, bei welcher für verschiedene Entfernungen der Ton unhörbar wird. Unter der Voraussetzung, dass die erregte Luft eine Halbkugel bildet, d. h. dass der Boden alle Wellen vollständig reflectrirt, findet sich, dass bei der Grenze des Hörens jedem Quadratcentimeter der Fläche in der betreffenden Entfernung pro Secunde 110×10^{-8} bis 8300×10^{-8} Ergs zugeführt werden. — Die bisher vorliegenden Bestimmungen von den HHrn. Allard, Rayleigh, Töpler und Boltzmann waren 4.3×10^{-8}, 4500×10^{-8}, 10000×10^{-8}. *H. K.*

G. GOVI. Dell'azione che la temperatura esercita sulla velocità del suono nell'aria e del valore di questa velocità, secondo le esperienze fatte a Bologna da Gian-Lodovico Bianconi nel 1740. Atti R. Acc. dei Lincei (3) Trans. VII, 91-96†; [C. R. XCVII, 635.

Hr. GOVI theilt mit, dass nach einem 1746 gedruckten Buche BIANCONI als der Erste bei Bologna die Schallgeschwindigkeit bei verschiedenen Temperaturen, nämlich bei 25°, —1.5° und bei 0° C. durch Kanonenschüsse bestimmt hat. Der sich ergebende Werth, eben so wie der Temperatureinfluss deutet auf sehr gute Beobachtungen. *H. K.*

J. BLAIKLEY. Experiments on the Velocity of Sound in Air. Proc. Phys. Soc. V, 819-327; Phil. Mag. (5) XVI, 447-455†; [Nature XXIX, 71, 148-149; [Chem. News XLVIII, 234.

Hr. BLAIKLEY benutzt die längst bekannte Methode, dass er Orgelpfeifen verlängert um ein solches Stück, dass der Ton derselben unverändert bleibt; dann hat das Stück die Länge einer halben oder ganzen Welle, und aus dieser und der Schwingungszahl lässt sich die Schallgeschwindigkeit berechnen. Es findet sich bei einem Durchmesser von 11.7 mm : $v = 324.56$ m; bei 19.5 mm : 326.90 m; bei 32.5 mm : 328.78 m; bei 54.1 mm : 329.72 m.

Die Theorie über Einfluss der Reibung und Wärmeleitung der HHrn. HELMHOLTZ und KIRCHHOFF, sowie die entsprechenden Versuche der HHrn. SCHNEEBELI, SEEBECK und KAYSER scheinen Hrn. BLAIKLEY ganz unbekannt zu sein. *H. K.*

F. GRIVEAUX. Démonstration expérimentale de l'inégale vitesse de transmission du son à travers les gaz et les solides. J. de phys. (2) II, 228-229†; [ZS. f. Instrk. III, 435.

Von einem Element gehen zwei entgegengesetzte Ströme durch ein Differentialgalvanometer; jeder Strom passirt dabei einen empfindlichen Hebel, welcher den Strom unterbrechen kann. Das Ende eines Hebels lehnt sich gegen einen festen

Stab, das Ende des zweiten gegen eine Membran, welche eine Glasröhre verschliesst. Stab und Rohr sind gleich lang und ihre anderen Enden liegen neben einander. Erregt man hier einen Schall, so wird die Bewegung schneller durch den festen Stab fortgeleitet, der an diesem anliegende Hebel unterbricht den Contact und die Galvanometernadel schlägt aus, wenn sie vorher durch passende Abgleichung der Widerstände in Ruhe war.

H. K.

E. Frechon. Sur la vitesse des sons. La Nat. XI, 286; [Beibl. VIII, 25. 1884†; [Arch. d. Pharm. CCXXII, 319.

Beim Abfeuern von Schüssen fand Hr. Frechon, dass in 300 m Entfernung erst der Knall, dann das Commando zum Feuern gehört wurde, woraus sich eine schnellere Fortpflanzung der starken Wellen ergiebt. Dasselbe hat schon Jaques (Sill. J. 1879) gefunden und durch ausführliche Messungen bestätigt.

H. K.

A. Elsas. Untersuchungen über erzwungene Schwingungen von Platten. Wied. Ann. XIX, 474-489, XX, 468 bis 484†.

Zuerst hat Savart untersucht, wie sich ein schwingungsfähiger Körper verhält, wenn ihm von einem andern tönenden Körper bestimmte Schwingungen mitgetheilt werden. Er fand, dass der Körper unter allen Umständen zum Schwingen gebracht wird, die Schwingungsform aber von dem Verhältniss des erregenden Tones zum Eigenton abhängt. — Hr. Elsas hat diese Erscheinungen sehr ausführlich für runde und rechteckige Scheiben aus Carton studirt. An einer Stimmgabel wurde ein Faden befestigt, der durch ein kleines Gewicht gespannt herunterhing; er ging durch die Mitte der an ihm mit Wachs befestigten Platte. Die Stimmgabelschwingungen werden durch den Faden der Platte mitgetheilt und können auf ihr durch Sand und Lykopodium sichtbar gemacht werden. — Der Verfasser untersucht die allmähliche Aenderung der Figur, wenn die Schwingungszahl der Stimmgabel sich ändert; zahlreiche Figuren in den Abhandlungen illustriren diese Vorgänge. Es werden die Figuren dieser erzwungenen Schwingungen stets mit den Chladni'schen Klangfiguren verglichen, und sie zeigen sich im Allgemeinen übereinstimmend, nur dass einzelne der letzteren nicht hervorgebracht werden. — Den Wheatstone'schen Versuch, die Figuren für rechtwinklige Platten durch Superposition zweier rechtwinkliger Schwingungen zu erklären, verwirft der Verfasser. — Im Uebrigen werden die Savart'schen Gesetze voll bestätigt. *H. K.*

A. Michelson. A method for determining the rate of tuning forks. Sill. J. (3) XXV, 61-64; Phil. Mag. (5) XV, 84-87†.

Um die Schwingungszahl einer Stimmgabel zu bestimmen, vergleicht der Verfasser sie mit einer nahe gleichgestimmten elektromagnetischen Gabel, deren genaue Schwingungszahl folgendermaassen gefunden wird: Die Gabel trägt einen Spiegel, in welchem ein Geissler'sches Rohr beobachtet wird, durch welches in jeder Secunde ein Funke geht, mit Hülfe eines Secundenpendels. Machte die Gabel eine ganze Anzahl von Schwingungen in der Secunde, so würde das Bild ruhig stehen, sonst verschiebt es sich, und wenn es in a Secunden seinen ersten Platz wieder erreicht, so ist die Schwingungszahl $n \pm \frac{1}{a}\cdot$ Die Zahl n wird durch Vergleich mit einer König'schen Normalgabel leicht bestimmt. — Man kann auch die elektromagnetische Gabel fortlassen und so verfahren: Vor einem Mikroskop wird die zu bestimmende Gabel aufgestellt, so dass ihre eine Kante scharf zu sehen ist. Dahinter wird das Geissler'sche Rohr aufgestellt. Dann wird beim Schwingen der Gabel das leuchtende Rohr mehr oder weniger verdeckt sein, und wenn in a Secunden der ganze Turnus der Verdeckungen abläuft, so ist die Schwingungszahl $n \pm \frac{1}{a}\cdot$ *H. K.*

C. Reichel. Ueber die Justirung der Stimmgabeln auf genau vorgeschriebene Schwingungszahlen. ZS. f. Instrk. III, 47-51†.

In sehr umständlicher und nicht einmal einwurfsfreier Weise löst der Verfasser seine Aufgabe. Zur angenäherten Bestimmung der Schwingungszahl der Gabel lässt er sie ihre Schwingungen aufschreiben. Statt zur Zeitbestimmung neben den Curven durch eine zweite Feder, die mit einer elektrischen Uhr in Verbindung ist, Secundenmarken machen zu lassen, hebt Hr. Reichel jede Secunde einmal die Stimmgabel von der rotirenden Trommel, auf welcher sie schreibt, elektromagnetisch ab. Wegen des remanenten Magnetismus dauert die Pause zu lange, und durch einen complicirten Apparat wird daher durch einen zweiten Elektromagneten die Gabel nachher wieder an die Trommel gebracht. — Die definitive Stimmung geschieht nach dem Gehör mittelst Schwebungen. *H. K.*

E. Mathieu. Mémoire sur le mouvement vibratoire des cloches. J. éc. polyt. Cah. LI. 1882; [J. de phys. (2) II, 32-33 (Referat des Verfassers)†.

Hr. Mathieu verbessert zunächst die Theorie von Cauchy über die Schwingungen krummer Stäbe, und entwickelt dann die Theorie der Glockenschwingungen, wobei er annimmt, dass die Dicke der Glocke variabel ist mit der Höhe. Ein Hauptunterschied zwischen ebenen Platten und Glocken ist der, dass bei ersteren die longitudinalen und transversalen Schwingungen unabhängig von einander sind, bei letzteren nicht. Der Verfasser untersucht dann, unter welchen Bedingungen nur die eine Art der Bewegungen vorhanden sein kann. *H. K.*

P. Bachmetjeff. Ueber tönende Röhren. J. d. russ. chem.-phys. Ges. [2] XV, 166†.

Es soll die Bernoulli'sche Formel $m = \frac{v}{2l}$, wo m die Anzahl der Schwingungen bedeutet, für Doppelröhren geprüft werden.

1. Eine breite Holzröhre ist durch eine Längswand in zwei parallele Röhren getheilt, die an einem Ende offen sind, am andren einen gemeinsamen Boden haben, in dessen Mitte, der Längswand gerade gegenüber, der beiden Röhren gemeinsame „Fuss" eingesetzt ist; die Wand dient als „Mund" (MÜLLER-PFAUNDLER, Lehrbuch d. Physik I, S. 447). Es bildet sich in der Mitte einer jeden Röhre ein Knoten, wie durch eine empfindliche Flamme nachgewiesen wird. Nach der Formel müsste $m = 417$ sein, während $m = 391$ gefunden wird.

2. Eine Röhre ist durch eine Querwand in zwei Röhren getheilt; an der Seitenwand, der als Mund dienenden Querwand gegenüber, ist der gemeinsame Fuss eingesetzt. Die Knoten sind wieder in der Mitte jeder Theilröhre; wie oben ist $m = 391$, während die Formel 430 ergiebt. *O. Chw.*

CHR. TH. HEUSER. Ueber die Querschwingungen von Röhren. Inaug.-Diss. Marburg: Pfeil. 1884. 34 S.†

SEEBECK hat bekanntlich theoretisch eine Formel abgeleitet, welche die Lage der Knotenpunkte an transversal schwingenden Stäben mit rundem und rechteckigem Querschnitt zu berechnen gestattet, und dieselbe auch experimentell bestätigt. Der Verfasser findet, dass die Formel auch für gleichförmige Röhren gilt, sei es, dass sie leer, oder mit einer Flüssigkeit gefüllt sind. Dagegen zeigt sich, dass die Tonhöhe der Röhren eine andre ist, und zwar höher als die massiver Stäbe von gleichen Dimensionen, eben so dass die Natur eingeschlossener Flüssigkeiten von Einfluss ist. *H. K.*

G. KREBS. Ueber die gegenseitige Erregung nahezu gleichgestimmter elastischer Körper. WIED. Ann. XIX, 935-936†; Phil. Mag. (5) XVI, 318-319†.

Gleichgestimmte Gabeln oder Seiten erregen einander bekanntlich zum Mitschwingen. Hr. KREBS findet, dass wenn der Unterschied der Schwingungszahlen 2 bis 4 beträgt, auch noch Mitschwingen eintritt, aber nur des höher gestimmten Körpers mit dem tiefer gestimmten, nicht umgekehrt. *H. K.*

William Huggins. On the Function of the Sound-Post and on the Proportional Thickness of the Strings of the Violin. Proc. Roy. Soc. XXXV, 241-248†; Nature XXVIII, 259-261†.

R. Howson. The Function of the Sound-Post in the Violin. Nature XXVIII, 269-270, 300†.

Unter dem einen Fusse des Steges der Violine befindet sich ein Stab, die sogenannte Seele, welcher die Vorder- und Hinter-Seite der Violine verbindet. Die Ansichten über den Zweck der Seele waren getheilt, ob sie nämlich die Schwingungen auf die hintere Seite, den Boden, der Violine übertragen soll, oder ob sie nur einen festen Stützpunkt für den Steg bildet, um welchen der zweite Fuss des Steges schwingt. Hr. Huggins hat daher diese Verhältnisse untersucht und gefunden, dass die directe Uebertragung der Schwingungen auf die Hinterseite von grosser Wichtigkeit für den Ton ist, und dass die Seele hauptsächlich diesem Zwecke dient. Weiter berechnet der Verfasser, welche Dicke die Violinsaiten haben müssen, um bei gleicher Spannung die richtigen Töne zu geben.

Hr. Howson bemerkt dazu, dass doch nicht die Uebertragung der Schwingungen die Hauptsache sei, sondern Verstärkung der Schwingungen der Vorderseite. Seine Erklärung scheint dem Referenten unrichtig. *H. K.*

Lord Rayleigh. On Porous Bodies in relation to Sound. Phil. Mag. (5) XVI, 181-186†.

Um den Einfluss einer porösen Wand auf ankommende Schallwellen zu studiren, denkt Hr. Rayleigh sich eine feste ebene Wand von zahlreichen cylindrischen Canälen durchbohrt, die senkrecht zur Wand stehen; er untersucht, wie gross die Intensität des reflectirten Schalles für verschiedene Verhältnisse des Querschnitts der Löcher zu der festen Wand ist. Weiter wird unter Anlehnung an die Kirchhoff'sche Formel für die Fortpflanzung des Schalles in Röhren die Frage behandelt, wie lang die cylindrischen Poren sein müssen, um die eingedrungene Bewegung vollkommen zu absorbiren. — Wegen der mathematischen Behandlung der Fragen muss auf das Original verwiesen werden.

H. K.

Lord Rayleigh. On the Crispations of a Fluid resting on a Vibrating Support. Phil. Mag. (5) XVI, 50-58†.

Wenn sich auf einer tönenden Chladni'schen Klangscheibe eine dünne Flüssigkeitsschicht befindet, so zeigt diese eigenthümliche Kräuselungen, die von Flüssigkeitswellen herrühren. Die Erscheinung ist von Faraday und Matthiessen untersucht worden. Während Ersterer fand, dass die Schwingungszahl der Flüssigkeit halb so gross sei, wie die der Scheibe, hielt Letzterer beide für gleich. Hrn. Rayleigh's Untersuchung bestätigt Faraday's Anschauung. Auf der Mitte eines elektromagnetisch in transversale Schwingungen versetzten Eisenstabes war eine Glasplatte befestigt, auf welcher sich die Flüssigkeit befand, die Schwingungszahl des Stabes war 31. Es zeigen sich in der Flüssigkeit zwei Systeme stehender Schwingungen, parallel den Kanten der Platte. Dadurch entstehen Stellen, wo die Flüssigkeit abwechselnd tief und seicht ist, während andere Punkte unverändert bleiben, weil in ihnen stehts Bauch und Knoten der beiden Systeme zusammentreffen. Die Messung des Abstandes zweier solcher Stellen gab unter Zuhülfenahme einer Formel von Hrn. W. Thomson als Schwingungszahl 20.8. — Eine andre Methode gab genauere Resultate. Man kann eine stehende Welle bekanntlich als aus zwei entgegenlaufenden zusammengesetzt denken; man kann mit dem Auge dem einen Wellenzug so folgen, dass er zu ruhen scheint, und diese Bewegung messen; dann giebt die Wellenlänge die Schwingungszahl. So fand sich genau 15.5, also die Hälfte der Schwingungszahl des Stabes. Aehnliches ergaben Quecksilberflächen, die so bewegt wurden, dass sie in möglichst einfache langsame und zählbare Schwingungen geriethen; die Schwingungszahlen des Trägers waren 4.2 und 2.7, die der Flüssigkeit 2 und 1.36.

Noch in einer andern Frage corrigirt Hr. Rayleigh Hrn. Matthiessen. Lissajous fand, dass wenn man 2 nahe gleich gestimmte tönende Gabeln eine Flüssigkeitsfläche berühren lässt, die zwischen ihnen entstehenden Schwingungen langsam nach der tieferen Gabel hinwandern. Setzt man mit Hrn. Rayleigh die Gleichung der beiden Wasserwellen $= \cos(kx-nt)+\cos(k'x+n't)$

so wird die Geschwindigkeit dieser Wanderung: $V = \frac{n-n'}{k+k'}$, was mit LISSAJOUS' Beobachtung übereinstimmt. MATTHIESSEN dagegen fand: $2V = \frac{n}{k} - \frac{n'}{k'}$, wo die Wanderung in Richtung der schnelleren Welle statt findet. Hrn. RAYLEIGH's Versuche widersprechen dem und bestätigten LISSAJOUS' Angabe.

H. K.

Lord RAYLEIGH. On the Circulation of Air observed in KUNDT's Tubes and on some Allied Acoustical Problems. Proc. Roy. Soc. XXXVI, 10-11†.

In dem vorliegenden Auszug wird angegeben, dass einige akustische Erscheinungen von der Reibung der Luft herrühren, und dass man zu ihrer Erklärung weder die Reibung vernachlässigen, noch die Luftschwingungen als unendlich klein annehmen dürfe. Solcher Art sind die Figuren, welche feiner Staub nach SAVART's Entdeckung auf schwingenden Platten neben den CHLADNI'schen Figuren giebt; ferner die von SEDLEY TAYLOR an Flüssigkeitsmembranen beobachteten Erscheinungen; endlich auch Staufiguren, welche in KUNDT'schen Röhren beobachtet werden.

H. K.

FRANCIS GALTON. Hydrogen whistles. Nature XXVII, 491 bis 492†.

JOHN LE CONTE. Hydrogen whistles. Nature XXVIII, 54†.

Damit eine Pfeife den ihrer Länge entsprechenden Ton gebe, muss die Länge mindestens $1\frac{1}{2}$ Mal so gross sein, wie die Breite. Für sehr hohe Töne muss die Pfeife daher sehr schmal sein und man erreicht bald eine Grenze. Wenn man aber andere Gase, als Luft, zum Anblasen der Pfeife nimmt, so kann die Schwingungszahl höher werden. Irrthümlich meint der Verfasser, dass die Schwingungszahl umgekehrt proportional zum specifischen Gewicht des Gases sei, also Wasserstoff 13 Mal höhere Zahlen gebe, während die Schwingungszahl umgekehrt proportional der Wurzel aus der Dichte ist. Der Verfasser hat eine Pfeife mit verschiebbarem Stempel von 0.04 Zoll Durchmesser. Bei einer Länge von 0.25 Zoll gab Luft einen rein musikalischen Ton, Leuchtgas thut dasselbe bei 0.17 Zoll. Der Verfasser will die Pfeife mit Wasserstoff anblasen und zur Untersuchung der Gehörgrenze der Insekten verwenden.

Hr. LE CONTE macht auf die oben erwähnte irrthümliche Annahme des Verfassers über den Einfluss der Dichtigkeit aufmerksam, und Hr. GALTON giebt den Fehler zu. *H. K.*

E. SOREL. Sur les sons produits par le vent. La Nat. XI, 206; [Beibl. VII, 447†.

In einzelnen Gegenden erzeugt der Wind Töne, deren Ursprung der Verfasser zu erklären sucht; indem er bei lebhaftem Winde seinen Arm und eine Flinte ausstreckte, entstanden ähnliche Töne, die durch Reibung der Luft an einer Kante und Resonanz erklärt werden. In der Natur sollen Felsen die Kante, Thäler den Resonator bilden. *H. K.*

K. NOACK. Ueber das Tönen zusammenstossender Flammen. Ber. d. Oberhess. Ges. XXII, 194-208; WIED. Ann. XIX, 914-927†.

Der Verfasser giebt Nachträge zu seiner früheren (1882) Untersuchung der Töne, die entstehen, wenn zwei Flammen sich rechtwinklig kreuzen. Das frühere Resultat, das bei einer verticalen, einer horizontalen Flamme die Schwingungszahl proportional der Länge der ersteren, umgekehrt proportional der der letzteren ist, wird bestätigt. Ferner wird der Einfluss des Gasdruckes untersucht. *H. K.*

NEYRENEUF. Sur la transmission du son par les gaz. C. R. XCVI, 1312-1314†; [Naturf. XVI, 240; [Cim. (3) XIV, 59-60.

Der Verfasser benutzt empfindliche Flammen, um die Leitung des Schalles durch verschiedene Gase zu untersuchen. Zwischen die Schallquelle und die Flamme ist eine Röhre geschaltet, welche durch Membranen geschlossen ist und mit verschiedenen Gasen gefüllt wird. Die Flamme wird in solche Entfernung gebracht, dass ihre Reaction stets die gleiche ist, und diese Entfernung gemessen. Luft und Kohlenoxyd verhalten sich gleich. Leuchtgas verhielt sich sehr unregelmässig, wohl wegen variabler Zusammensetzung. Für Luft und Kohlensäure verhielten sich die Entfernungen wie 1 : 1.32. *H. K.*

H. Maxwell. On an experiment on the resonance of flames. Dubl. Exper. Sc. Ass. March 13; [Nature XXVII, 571†.

Eine schwingende Stimmgabel, in eine Flamme gehalten, tönt viel stärker, als vorher. Nicht brennendes Gas übt keine Wirkung aus. *H. K.*

A. Christiani. Ueber Absorption des Schalles durch Röhren. Verh. d. physik. Ges. Berlin 1882, 15.

Der Verfasser findet, dass, wenn man einer singenden Flamme den Kasten einer gleichgestimmten Stimmgabel oder einen andren unisonen Resonator nähert, die Flamme zu tönen aufhört, was der Verfasser als Absorption des Schalles bezeichnet. Ist dagegen die Stimmgabel auf den Kasten geschraubt, oder liegt irgend etwas Andres auf diesem, z. B. ein Schlüsselbund, so soll keine Absorption eintreten. — Referent hat diese Versuche nicht verificiren können. *H. K.*

A. B. Johnson. Recent investigations by the Lighthouse Board on the anomalies of sound from fog signals. Bull. Phil. Soc. Wash. V, 23-38.

Der Verfasser theilt einige Fälle mit, wo die Töne der Dampfpfeifen in sehr unregelmässiger Weise hörbar waren, oft in der Nähe der Pfeifen fast gar nicht, in weiterer Entfernung viel besser. Eine genügende Erklärung ist bisher noch nicht gefunden. *H. K.*

Fr. Fuchs. Vorschläge zur Construction einer Sinussirene. ZS. f. Instrk. III, 270-272†.

Bei den Sirenen entstehen die Töne durch Luftstösse und enthalten daher viele und starke Obertöne, die bei Benutzung des Instrumentes lästig sind. Der Verfasser schlägt daher vor ein Instrument zu construiren, welches aus einer vor- und rückwärts schwingenden Platte besteht, welche eine einfache harmonische Bewegung ausführt. Solche Bewegungen lassen sich durch Verbindung der Platte mit einem rotirenden Rade bei Parallelführung leicht herstellen, und der Verfasser skizzirt einige solche Vorrichtungen. Das Instrument könnte wohl zu sehr interessanten Versuchen benutzt werden, wenn nicht vielleicht die relativ sehr grosse Amplitude der Bewegung erhebliche Complicationen in der Wellenbewegung mit sich bringt. *H. K.*

Dvořák. Die akustischen Rotationsapparate und Apparate zur Messung der Stärke der Luftschwingungen. ZS. f. Instrk. III, 127-132†; [J. d. phys. (2) II, 465-473.

Es werden im Wesentlichen nur die schon mehrfach beschriebenen Apparate von Neuem geschildert, so dass auf ältere Referate (z. B. nach Wien. Ber. [2] LXXXIV, 1881) verwiesen werden kann. *H. K.*

H. Rigollot et A. Chavanon. Projection des phénomènes acoustiques. J. de phys. (2) II, 553-556†.

Die zu untersuchenden Schallwellen werden durch einen Schlauch zu einer Kapsel mit parabolischem Querschnitt geleitet, welche an ihrer vorderen Seite durch eine Collodiummembran verschlossen ist. Auf letzterer ist ein kleines Prisma aus Hartgummi geklebt, dessen Kante sich gegen einen drehbaren Spiegel lehnt, so dass die Membranschwingungen auf den Spiegel übertragen werden. Ein Lichtstrahl fällt aus einem Diaphragma auf diesen Spiegel, dann auf einen zweiten rotirenden Spiegel. Durch Linsen wird ein Bild des Diaphragmas auf der Wand entworfen, welches nun bei Schwingungen der Membran entsprechende Bewegungen ausführt. Die Kapsel nennen die Verfasser eine „palmoptische“ Kapsel. *H. K.*

H. Waldsteins. Hörrohr in Form eines Stock- oder Schirmgriffes. Scient. Amer. XLIX, 147; [Dingl. J. CCL, 550†.

Der Griff ist hohl und enthält ein Hörrohr, dessen Ende in der Spitze des Griffes liegt, und ins Ohr eingeführt werden kann. An der Ansatzstelle des Griffes am Stock sind Oeffnungen, durch welche die Schallwellen eintreten sollen. *H. K.*

C. S. Cook et Emerson. L'interférence des sons démontrée par le téléphone. La Nat. XII, 23; [Beibl. VII, 583†.

Mit einem Aufgabetelephon werden zwei Empfangstelephone so verbunden, dass man bei einem der letzteren durch einen Commutator die Phase um eine halbe Schwingung ändern kann. Vereinigt man bei letzterer Stellung durch ein Y-förmiges Rohr die von den Empfängern ausgehenden Wellen, so vernichten sie sich gegenseitig. *H. K.*

C. B. Clarke. Equal Temperament of the Scale. Nature XXVII, 240†.

Wenn man die Octave in 12 genau gleiche Intervalle theilt, erhält man Töne, die zwar für keine Tonart ganz rein sind, aber doch für alle zusammen die geringsten Fehler haben. Die gleichschwebende Temperatur dagegen ist für die am häufigsten vorkommenden Tonarten zwar besser, für andere aber viel schlechter. *H. K.*

Sh. auch im Abschnitt II 9 S.

W. C. Jones. Partials. Nature XXIX, 6-7†.

Der Verfasser sucht die Obertöne als subjective Erscheinung zu erklären; aber abgesehen davon, dass das objective Vorhandensein der entsprechenden Schwingungen bei den Instrumenten nachgewiesen werden kann, ist seine Erklärung überhaupt keine. Jede Schwingung soll im Ohr anhalten, wenn die Schwingung schon vorbei ist; trifft eine zweite und dritte Schwingung, während die Wirkung der ersten noch vorhanden, so soll das als erster und zweiter Oberton aufgefasst werden u. s. w.! *H. K.*

J. RITZ. Untersuchungen über die Zusammensetzung der Klänge der Streichinstrumente. München: G. Franz. 1883. VIII u. 88 S. 8°.

Eine schwingende Seite kann ausser dem Grundton alle Obertöne mit abnehmender Amplitude enthalten, soweit die Steifigkeit der Saite dies gestattet. Wird eine Saite durch Streichen angeregt, so fallen indess alle die Obertöne fort, welche an der gestrichenen Stelle einen Knotenpunkt haben. Nun ist einerseits der Bogen von beträchtlicher Breite, andrerseits ist vorauszusehen, dass auch Töne, für welche ein Knotenpunkt sehr nahe der Streichstelle liegt, nicht auftreten werden; daraus folgt, dass von den theoretisch möglichen Obertönen sehr viele nicht auftreten werden. — Der Verfasser hat diese Verhältnisse an den Saiten der Violine und des Cello, und zwar an Instrumenten von Amati, genauer untersucht. Er berührt einen Knotenpunkt der Obertöne am Griffende der Saite, streicht am Stegende und untersucht, wie weit er sich dem Knoten beim Anstreichen nähern kann, bis der Ton nicht mehr entsteht. — Nähert man sich dem Knoten einmal von Stege her, das andre Mal von der entgegengesetzten Seite, d. h. streicht man einmal auf dem ersten Bauche, vom Steg an gerechnet, das zweite Mal auf dem zweiten, so zeigt sich, dass man sich im ersten Falle dem Knoten mehr nähern kann, als im zweiten. Die Breite der Strecke, auf welcher man durch Streichen den Ton nicht hervorbringen kann, ist für alle Violinsaiten und alle Obertöne nahezu die gleiche, und zwar gleich 13 mm; davon liegen 6 mm auf der Seite des Steges, 7 auf der andern. —

Weiter findet der Verfasser, dass die höheren Obertöne, deren er bis zum 36. hat hervorbringen können, nur ansprechen, wenn die Saite auf dem ersten Bauche (vom Steg aus) angestrichen wird; beim gewöhnlichen Strich kommen daher nur die 10 ersten Obertöne vor. Der günstigste Strich ist in 3 cm Entfernung vom Steg, etwa in der Mitte zwischen Steg und Griffbrettende. weil bei ihm die ersten 8 Obertöne stark erregt werden. Je näher man dem Steg kommt, desto höhere Obertöne treten ein, der Klang wird schärfer; streicht man näher dem Griffbrett, z. B. 1 cm von seinem Ende, so sind nur die ersten 5 Obertöne vorhanden, der Klang ist sanfter.

Aehnliche Untersuchungen führt Hr. Ritz für die durch den Finger verkürzten Saiten durch. Es zeigt sich, dass die verkürzten Saiten keine höheren Töne geben können, als auch die unverkürzten Saiten geben. Die Zahl der Obertöne wird kleiner bei den verkürzten Saiten, und daher ist die Klangfarbe desselben Tones auf der unverkürzten und verkürzten Saite eine andre. Bei der verkürzten Saite muss die Strichstelle mehr nach dem Steg hinrücken; je nach der Strichstelle ist die Zusammensetzung der Töne eine sehr verschiedene, es können 1—10 Obertöne vorhanden sein.

Für das Cello ergiebt sich die Breite der Strecke, durch Anstrich auf welcher der Ton nicht mehr hervorgebracht wird, — „die Spielbreite" — zu etwa 17 mm, davon 7 auf der Stegseite, 10 auf der andern. Die C-Saite ist viel ungünstiger, für sie sind die Zahlen 24, 10, 14. — Im Allgemeinen ist das Cello reicher an Obertönen, wegen der grösseren Saitenlänge.

Schliesslich hat der Verfasser das Mitschwingen der drei andern Saiten, während auf einer gespielt wird, untersucht. Er findet, dass jeder Ton oder Oberton nur den gleichen auf einer andern Saite hervorruft, keinen höheren oder tieferen. Es wird dann berechnet, welche Obertöne bei Hervorrufung aller Töne von den übrigen Saiten durch Mitklingen hervorgebracht werden, und es zeigt sich, dass die Anwesenheit der drei andern Saiten wesentlich zur Klangfarbe beiträgt.

Das interessante Schriftchen enthält zahlreiche Rechnungen über die in den verschiedensten Fällen auftretenden Obertöne, und vieles Andere, was mehr von musikalischem Interesse ist, so dass dafür auf das Original verwiesen werden muss. *H. K.*

H. FENKNER. Ueber die Beziehungen zwischen dem Grundton und den Obertönen eines transversal schwingenden, einerseits offenen Metallcylinders. WIED. Ann. XIX, 932-934†.

Der Verfasser hat früher die Abhängigkeit der Schwingungszahlen einerseits offener kreisförmiger Metallcylinder von der Wandstärke, vom Umfang und von der Höhe des Cylinders untersucht. In vorliegender Abhandlung hat er das Verhältniss der verschiedenen möglichen Schwingungen desselben Cylinders untersucht, und findet an Eisenblech-Cylindern:

$$n_1 : n_2 : n_3 : n_4 : n_5 : n_6 : = 1 : \tfrac{8}{3} : 5 : 8 : 12 : 16.$$

H. K.

G. BISSING. On the HELMHOLTZ-KÖNIG controversy. JOHN HOPKIN's Univ.-Circ. II, 74; [Beibl. VII, 584†.

Hr. KÖNIG behauptet bekanntlich im Gegensatz zu Hrn. HELMHOLTZ, dass die Phase zusammenklingender Töne einen Einfluss auf die Klangfarbe habe. Um dies zu untersuchen, ändert der Verfasser die Länge der die Töne dem Ohr zuführenden Schläuche, oder verstimmt die Gabeln etwas. Ein Einfluss der so bewirkten Phasendifferenz ist nicht zu bemerken.

H. K.

Lord RAYLEIGH. Sur une formule relative à la vitesse des ondes, en réponse à M. GOUY. C. R. XCVII, 567†.

Hr. RAYLEIGH bemerkt, dass eine von ihm 1881 angewandte Formel, für welche Hr. GOUY die Priorität reclamirt, schon 1877 von ihm selbst abgeleitet ist. *H. K.*

Litteratur.

JOHN TYNDALL. Sound. 4. edition revised and augmented. London: Longman & Co. [Chem. News XLVII, 222†.

F. MELDE. Akustik, Fundamentalerscheinungen und Gesetze einfach tönender Körper. Mit 87 Abbild. in Holzschnitt. Leipzig: Brockhaus 1883. VIII+356 S. 8°. (Internat. wissenschaftliche Bibliothek LVI.) [D. LZtg. IV. 1333.

SEDLEY TAYLOR. Sound and Music. Elementary Treatise on the Physical Constitution of Musical Sounds and Harmony. 2nd edition. London: Macmillan and Co. 1883. 232 S. 8°. [Nature XXVIII, 434.

DECHARME. Formes vibratoires des pellicules circulaires de liquide saposaccharique. Mém. de l'Acad. d'Amiens VIII, 117-188; [Rev. des trav. scient. III, 593-594.

— — Note sur les formes vibratoires des surfaces liquides circulaires. Mém. d'Amiens VIII, 170(?) 1882; [Rev. des trav. scient. III, 594-595.

Perfect interference of sound by telephone. Scient. Amer. XLVIII, No. 15,

J. C. WELLING. Anomalies of sound signals. Bull. Phil. Soc. Wash. V, 39-46.

WILLIAM B. TAYLOR. Remarks on the relation of fog and snow storms to audibility. Bull. Phil. Soc. Wash. V, 38-39.

F. J. HUGHES. Harmonies of Tones and Colours developed by Evolution. Marcus Ward & Co. [Athen. No. 2917, 378.

G. GRIFFITH. On the Graphical Representation of Musical Intervals. Lond. Phys. Soc. May 26; [Chem. News XLVII, 269†; [Nature TXVIII, 143†.

Un pont chantant. Mondes (3) V, 344-345.

GOBIN. Un pont chantant. La Nat. XII, 22.

GUSTAV ENGEL. Das mathematische Harmonium ··· 1881. [ZS. f. Math. XXVIII, hist.-litt. Abth. 102-104.

ROSARIO ALESSI. Sonometro: misura matematica del suono musicale. ··· . Napoli: A. Morano. 24 S. 8°. u. 10 Taf.

F. GUTHRIE. One of CHLADNI's plates. Lond. Phys. Soc May 26; [Nature XXVIII, 143.

G. BERINGER's Mittel gegen das Tönen der Telephonleitungen. DINGL. J. CCL, 133-134.

9. Physiologische Akustik*).

A. Stimme und Sprache.

LANGENDORFF. Ueber die Physiologie der Sprache. Schr. d. Königsb. Ges. XXIV, Ber. 32.

In einem Vortrag wurde die Bildung der sprachlichen Laute und die objectivgraphische Darstellung der Sprache erläutert. SCOTT's Phonautograph, KOENIG's manometrischer Flammen-Apparat, EDISON's Phonograph, GENTILLI's Glossograph werden beschrieben und theilweise vorgezeigt. Am bemerkenswerthesten erscheint die Darstellung von ROSAPELLY's Registrirung der combinatorischen Bewegungen von Lippen, Weichgaumen, Stimmbändern bei Hervorbringung der einzelnen Laute. *Hh.*

M. ALSBERG. Hirnrinde und Seelenleben. Natur 1883, 41.

Die Hörsphäre des Hundes liegt im Schläfenlappen. Völlige Zerstörung der Rindenpartie dieser Hirngegend raubt dem gegenüberliegenden Ohre seine Function. Die Folgen einer centralen Wegnahme fasst MUNK unter der Bezeichnung: Seelentaubheit zusammen — das Thier hört sinnlich, aber nicht psychisch, kann

*) Der Referent dieses Abschnittes ist bereits vor einiger Zeit gestorben (s. Verh. d. physik. Ges. Berlin VII Nr. 8, 61. 1888). Er hat die Litteratur des Jahres 1883, welche ihm in Bamberg zugänglich war, durchgesehen und dann fast alle Referate, welche im Folgenden abgedruckt werden, angefertigt; das von der Redaction eingeschickte Material aus dem Jahre 1883 diente ihm nur zur Ergänzung der bereits angefertigten Referate. Das Manuscript wurde der Redaction auch sachlich geordnet eingeschickt und entspricht dem Programm des Referenten, welches im 29. Jahrgange dieser Berichte mitgetheilt wurde. Einige Referate bezogen sich auf Mittheilungen, deren Originalpublicationen 1882 erschienen, und diese waren bereits im vorigen (38.) Jahrgange berücksichtigt worden; wenige andere Referate gehörten nicht in den Abschnitt II 9. Nach Ausscheidung dieser Referate ist das Manuscript abgedruckt. D. Red.

jedoch letzteres wieder erlernen. In jungen Hunden, deren Ohr nach der Geburt zerstört wurde, ward bei späterer Section das jenseitige Hirnstück wenig entwickelt gefunden. FERRIER wies auch an Katzen, Affen, Kaninchen, Schakalen die cerebrale Hörsphäre nach. —

Die dritte untere Stirnwindung des Grosshirnes (BROCA's Windung) mit der Insel in der Sylvischen Grube wird durch BOUILLAUD, DAX, BROCA, KUSSMAUL als Sprachcentrum erklärt. Erkrankungen oder Verletzungen der fraglichen Partien haben Verlust oder Störung des Sprachvermögens im Gefolge. Dass dies in höchst verschiedener Form geschehen kann, fliesst aus der grossen Complicirtheit der sprachlichen Leistungen. LANDOIS unterscheidet: Atactische Aphasie (Unausführbarkeit der Sprechbewegungen, manchmal auch des Schreibens (Agraphie) bei unberührtem geistigem Vermögen). Amnestische Aphasie (Umhüllung des Wortgedächtnisses mit erhaltener Fähigkeit, auf Anregung sich zu erinnern und Gelesenes oder Gehörtes nachzusprechen). Paraphasie (Unvermögen, Worte und entsprechende Vorstellungen richtig zu verknüpfen). Akataphasie (Unfähigkeit der Satzordnung). Bradyphasie (Krankhaft verlangsamtes oder überstürztes Reden). — Nach SEGUIN verhalten sich die Fälle, wo linksseitige Veränderungen Sprachstörungen bedingten, zu denen, welche diese auf das rechte Hirnorgan zurückführen liessen, wie 14 zu 1. — RÜDINGER fand Insel und dritte Stirnwindung der linken Seite an Gehirnen begabter Redner vorwaltend ausgebildet. Die entgegengesetzte, selten erscheinende, Erfahrung wurde besonders auffallend am pathologischen Anatomen v. BUHL gemacht, welcher als fleissiger Cellospieler die linke Hand in feiner angestrengter Thätigkeit übte, demnach die rechte Seite seines Hirnes durch die Entwicklungsfolgen der Uebung zu ungewöhnlicher Ausbildung und Leistungsfähigkeit brachte. Es ist bemerkenswerth, dass bei der Entwicklung des Menschenhirnes die Sylvische Spalte nie ganz geschlossen wird, deshalb für das Wachsthum der benachbarten Hirntheile die günstigsten Raumverhältnisse bestehen. An Knaben zeigen diese Stücke bei gleichem Alter meist eine viel weiter vorgeschrittene Entfaltung, beim Weibe bleiben sie das ganze Leben hindurch einfacher und von schwächeren Windungen umgeben, als am männlichen Gehirn. — Unter den Affen besitzen Schimpanse und Orang eine bessere Ausbildung der Broca'schen Windung als Gorilla, während Letztrer jene an Mannigfaltigkeit der kleineren Hirngyri übertrifft. Aeltere Paviane und Merkatzen haben oft eine stärkere Ausprägung der die Sylvische Grube umgebenden Windungen als jüngere Thiere. — Ein mikrocephales Mädchen, das im achten Lebensjahre starb, ohne sich sprachbegabt erwiesen zu haben, zeigte die dritte Stirnwindung bloss spurweise und eine glatte Insel. An einer Hottentottin war die Broca'sche Windung einfach geformt, lang und schmal. — Als Beispiele hochgradiger Entwicklung der cerebralen Sprachorgane werden angeführt die Schriftsteller Schmid, M. Meyer, Fallmerayer, Lichtenstein, Schleich, der Philosoph Huber, der Jurist Wülfert. An Letztrem fiel schon während des Lebens die Wölbung der vordren linken Schläfengegend so auf, dass man an Asymmetrie der Schädelbildung oder Hypertrophie des Schläfenmuskel dachte. Bei der Section zeigte das 1485 g (120 über dem Mittel) schwere Hirn mehrfache Prominenzen am linken Stirn- und Schläfenlappen. Unter den entsprechenden Vertiefungen und Leisten der Knochenwand erschien die Ausbuchtung am merklichsten, auf der über dem Augenhöhlendach die Broca'sche Windung ruht. Die rechte Seite war im Allgemeinen weniger entwickelt; insbesondre erstreckte sich hier die der Sprachfunction dienende dritte Stirnwindung nur auf eine Länge von 16 cm, links dagegen über 23 cm. — An geistig hoch stehenden Menschen erscheinen die quer laufenden Windungen des Scheitellappen auf Kosten der Hinterhauptlappen namhaft vergrössert, womit in Zusammenhang steht der parallelsagittale, zuweilen (Liebig) selbst nach hinten einen offenen Winkel bildende Verlauf der Mittelfurche; und vielleicht nach Rüdinger das Auftreten der „Kurz-Schädelform.“ *Hh.*

RÜDINGER. Ein Beitrag zur Anatomie des Sprachcentrums. Beiträge zur Biologie als Festgabe dem Anatomen und Physiologen TH. L. W. VON BISCHOFF ... Stuttgart 1882, 135-191; [Humboldt II, 272.

Die dritte Stirnwindung, deren Beziehung zur Sprache oft untersucht wurde, grenzt nach Unten und Hinten an den Schläfenlappen, welcher sie auch theilweise bedeckt. Darunter liegt die von der Sylvischen Furche umschlossene Insel von dreieckiger Form. Die am Menschen früh und stark eintretende Entwicklung der dritten Stirnwindung ist bedingt durch das beträchtliche Wachsthum des menschlichen Stirn- und Schläfenlappen. Beim weiblichen Hirn, mehr noch an Mikrocephalen und Affen bleibt diese Partie zurück. — Die mikrocephale achtjährige Helene Becker, welche bloss über zwei Laute verfügte, besass an ihrem überall kleinen Hirne nur eine rudimentäre dritte Windung und eine glatte Insel. — Die Negerhirne zeigen gewöhnlich einfache Windungsformationen und eine wenig entfaltete dritte Stirnwindung. Diese scheint mit gesteigerter geistiger Thätigkeit Vergrösserung zu erfahren. Vielleicht hat erhöhte Hirnthätigkeit Einfluss auf die Vermehrung tertiärer Furchen und Windungen, deren Anlage angeboren sein kann. — An Hirnen vorragend intelligenter Menschen findet man stark gekrümmte, secundär und tertiär gefurchte dritte Stirnwindungen, und zwar vornehmlich auf der linken Seite. Das Uebergewicht der linken Hirnhemisphäre tritt an geistig Hochstehenden deutlicher hervor. — An Taubstummen ist die linke Stirnwindung fast immer sehr klein, mehrfach von der typischen Form abweichend, und mit schwach ausgebildeten Seitenstücken. — Ein positiver Beweis, dass das Sprachcentrum im Gyrus frontalis tertius sinister (Gyrus opercularis, BROCA's Windung) ist, ist allerdings nicht zu erbringen; doch besteht grosse Wahrscheinlichkeit dafür. *Hh.*

Singing, Speaking and Stammering. Abstract by the Autor of three Lectures at the Roy. Inst. by W. H. STONE. Nature XXVII, 509-510, 531-533, 558-559, 580 (J. LECKY).

Zu den physikalischen und physiologischen Forschungen über die menschliche Stimme von Helmholtz und Garcia fügte Bristorre pathologische Studien und Walshe Betrachtungen über den dramatischen Gesang. Emil Behnke photographirte den eignen Kehlkopf bei der Phonation der Vocale in verschiedenen Sprachen. Die Consonanten bezeichnet Max Müller als Geräusche wegen ihres unmusikalischen Charakters. Doch zeigten Madame Seilers Diagramme, dass auch den Consonanten eine Mundresonanz-Note zukommt, obschon weniger klar und bestimmt als bei den Vocalen. Melville Bell theilte die Stimmtöne in Vocale, Consonanten und Halbvocale („glides"). Unterschieden wird: Singen, wo die musikalische Note vorherrscht; Intoniren: absichtlich monotones Aussprechen, wie in weiten Räumen der Säle und Kirchen; Recitativ, entgegengesetzt dem vorigen, theilweise sich entbindend von den Fesseln des Rhythmus und der Melodie; eigentliches Sprechen mit continuirlicher Modulation; Declamation, welche das dramatische und bewegliche Element der Sprache beigesellt; Lesen, eine schwächere und tiefere Wiedergabe des Gesprächtones, ruhiger und weniger markirt im Accente als beim Sprechen „viva voce"; Lispeln, rein oval ohne Kehlkopfgrundton. Die verschiedenen Qualitäten, Bezirke, Register der Stimme werden beschrieben. Der kindliche Kehlkopf ist gleich dem Haupte gross im Verhältniss zum übrigen Körper. Mit 14—15 Jahren, etwas früher bei Mädchen als Knaben, wird der Stimmapparat weiter und kräftiger. Beim männlichen Geschlecht werden die Stimmbänder doppelt so lang, beim weiblichen wachsen sie im Verhältniss von 5 zu 7. Dort sinkt die Stimme um eine Octave und mehr, hier ändert sie sich wenig. — Garcia erkennt Müller's Eintheilung in Brust-, Falset-, Kopf-Stimme an. Die zweite Bezeichnung ist Missverständnissen ausgesetzt und sollte durch „Medium" gegeben werden. Hinsichtlich des Umfanges der einzelnen Stimmregister sind Verwirrungen möglich durch ungleichmässigen Gebrauch der musikalischen Schlüssel. 3½ Octaven erreichten Catalani und, von Mozart 1770 gehört, Bastardella; 3 Octaven besitzt der Tenor Bennati. Tamberlik brachte es zu Tönen von 544 Doppelschwingungen. —

Bei der Bruststimme ergreift die Schwingung das ganze Stimmband und den Arytenoidknorpel. In der Gegend von A beim Manne, und C beim Weibe agiren die Stimmbänder allein. Die zweite Vibrationsform wird erreicht bei F der gewöhnlichen Grenze des Basses und der Bruststimme. Dann treten Modificationen der Länge ein. Bei den Falsettönen verdünnen sich die Ränder der Stimmbänder. Czermak beleuchtete den Kehlkopf magerer zarter Menschen von Aussen mit starkem Lichte und sah, dass an jenen Stellen bei Fisteltönen die Durchsichtigkeit steigt. In der Region von F und F # kann man die nämliche musikalische Passage von einem männlichen Tenor und einem weiblichen Contra-Alt hinter einem Schirme oder in benachbartem Zimmer singen lassen, und es wird schwer, zuweilen unmöglich sein, den Geschlechtsunterschied festzustellen. Manchmal bleibt der Zustand, welcher hohe Tonbildungen ermöglicht, beim Heranwachsen erhalten, ohne dass hierbei geschlechtliche Eigenthümlichkeiten wesentlich wären. Fröhliche starke Yorkshire-Männer, von ihren Weibern und Kindern umgeben, sangen im süssesten Discant auf den Terrassen des Krystallpalastes nach dem Händelfeste. Neben dieser Seltenheit können Bassisten und Baritone eine künstliche Stimme cultiviren, welche im eigentlichen Sinne den Namen Falset verdient. Dies erscheint durchaus als Sache der Erziehung. Es war gewöhnlich zur Madrigal-Epoche in der Zeit Elisabeth's. — Es kommt vor, dass weibliche Stimmen die männliche um mehr als eine Octave überragen. Contra-Alte reichen bis zum E des Bassschlüssel, und können als weibliche Tenore fungiren, indess mit mehr absonderlichem, als gefälligem Effect. — Im weiblichen Geschlecht liegt „the break“ (?) etwas höher als im männlichen, aber der Uebergang ins Falset geschieht bei derselben Note: G. Der Contra-Alt gebraucht kein Kopfregister. Dieses, auch „the Small“ benannt, hat variable obere Grenzen mit Extremen. Mozart schrieb die schöne Arie Gli Angui d'Inferno in der Zauberflöte für eine ausnahmsweise Altstimme, welche bis F reichte. Beim Singen solcher Töne wird eine eigenthümliche Erscheinung der Glottis beschrieben; diese besteht in Faltung der hintren Hälfte mit lebhafter Schwingung der vordren. Da die, Aehnliches an Saiten bewirkende, Theilung und punktuelle Unterstützung anatomisch kaum denkbar ist, bleibt nichts übrig, als die Annahme eines Ueberhängens durch starke Annäherung der Arytonidknorpel, was Helmholtz wohl stillschweigend zugiebt, aber nicht ausdrücklich bekräftigt. Eine Zeichnung der Erscheinung ist von Mad. Seiler gegeben, gegeben, welche ein besondres Register der weiblichen Stimme besitzt.

Das Sprechen als Kunst ist gegenwärtig, zumal in England mehr vernachlässigt, als das Singen. Dass es früher nicht viel besser war, wird mit Shakespeare belegt. Das (gute) Sprechen muss erworben und erlernt werden. Die von Jugend auf angewöhnten Fehler können mit Fleiss und Aufmerksamkeit an ihm eben so gut, wie bei der Handschrift, verbessert werden, zwei Leistungen, an denen man vornehmlich den menschlichen Geist beurtheilt. Im Sprechen erscheint die musikalische Note untergeordnet dem Worte; doch fehlt jener Character nicht, und Cicero sagt in: „De oratore“ mit Recht, dass in der Rede ein verhüllter Gesang stecke. Die Würdigung dessen ist höchst werthvoll für den öffentlichen Redner, denn die ungenügende Beherrschung der Thätigkeit des Kehlkopfes macht oft seine Stimme unverständlich. Manche Sprecher lassen den Ton zu tief sinken, und heben sie aus Mangel musikalischen Verständnisses nicht an geeigneter Stelle. Andre machen zu viel Geräusch aus Aengstlichkeit, deutlich gehört zn werden und verdecken das eigentlich Wichtige durch fremdartige und mangelhafte Betonung. — Zu verschiedenen Zeiten wurde versucht, das Sprechen zurückzuführen auf bestimmte musikalische Bezeichnung gleich dem Gesang. Bis auf gewissen Grad erscheint dies gegeben im kirchlichen Choral; aber bis zur äussersten Grenze ausgeführt wurde es in „Prosodia rationalis“ von Joshua Steele. Mr. Deacon giebt in „Grove's Dictionary of Music“ klar vier Unterscheidungs-Merkmale zwischen Sprechen und Singen: Bei jenem reicht der Isochronismus der Vibrationen nicht aus, einen musikalischen Ton zu geben. Ein wenig mehr als ein Drittel (Terz? „the lower third“) der Singstimme kommt in Gebrauch beim Sprechen.

Beim Singen existiren kurze Silben nicht. Das Singen strebt die Reinheit der Sprache unverletzt zu erhalten, das Sprechen zersplittert sich in Dialecte und Idiosynkrasien. Ein gewöhnlicher Mangel beim Sprechen ist, die Resonanz eines geschlossenen Raumes nicht zu treffen. Am besten ist eine offene Bruststimme, so wenig „vocalisirt" als möglich. Sie ist wenig mühsam, wenig unterworfen den Zufällen wie der Gefahr, eine „Affection" zu enthüllen, welche als Predigerton (? „clergyman's throat") bekannt ist, und, das Gefühl der Anstrengung vermeidend, ansprechend und sympathisch. — Einer der gewöhnlichsten Fehler im Sprechen ist die Hast, welche einerseits den Muscularmechanismus des Sprechers überschlägt, andrerseits die geistige Anstrengung des Hörers steigert, bei welchem die Schnelligkeit, Gedanken durch das Ohr aufzufassen, sehr verschieden erscheint. — Salvini's Stimme war eine höchst bemerkenswerthe, und wurde selbst gedämpft auf der fernsten Gallerie verstanden. Er sprach um eine Note oberhalb D im Bass aus der Brust in einer Art von Recitativ. Die Pausen währten oft 4, 5, ja an kritischen Stellen 7 Secunden, ohne dass ein Gefühl von Unterbrechung aufkam. — Nun wird (wie es scheint etwas unvermittelter Weise) Bezug genommen auf Wagner's musikalische Theorien (des dramatischen Gesanges). In dem Stücke „il Gladiatore" bilden die vier Haupt-Charaktere, eine christliche Jungfrau, eine Matrone und ein Krieger aus Rom, dazu der Gladiator unabsichtlich ein vollkommenes Vocalquartett mit Sopran, Alt, Tenor, Bass, indem die zeitweisen Abwechselungen des Dialoges eine ausgezeichnete musikalische Wirkung geben.

Die jetzt folgende Uebersicht der „Pronunciation", welche sowohl die „Respiration" als „Vocalisation" einschliesst, stelle ich, um allfällige Missverständnisse zu vermeiden, im Original her:

General Vowel Scheme. Melville Bell.

	Lingual	Labio-Lingual	Labial
1.	Eel	Ü (German)	Ooze
2.	In	U (French)	O (Provincial)
3.	Ale	Û (French)	Old
4.	Ill (Scotch)	Zur (Provincial)	Ore
5.	Ell	Eu (French)	Awe
6.	An	Er Ir (English)	Urge (Scotch)
7.	Ask	Er Ir (Variety)	Urge
8.		Ah	

Articulations or Consonants.

			Oral		Nasal
Obstructive Complete contact			P	B	M
			T	D	N
			K	G	Ng
Continuous	Approximation	Firm	Ph	Bh	
			Rh	R (smooth)	
			Ch	Gh	
			Wh	W	
			S	Zh	
			Sh	Z	
			Yh	Y	
		Relaxed	KRh	G (burr)	
			Rh	R (rough)	
	Partial contact		F	V	
			Th	Th	
			Ll (Welsh)	L	
			L (Gaelic)		

Auf S. 580 desselben Bandes der „Nature“ berichtigt James Lecky diese Classification dahin, dass „Ir and Ah“ nicht als labiolingual beschrieben seien, und überhaupt die dreifache Anordnung der Vocale in labiale, labiolinguale und linguale als incorrect aufgegeben wurde. Im Uebrigen könne das Studium der Sprache nicht besser begonnen werden, als mit Elli's „Speech in Song" und SWEET's „Handbook of Phonetics". — Anschliessend sagt W. H. STONE, dass er diese Werke sehr gut kenne, obige Aufstellung aber entnommen habe aus MELLVILLE BELL's „Principles of Elocution" 1878, welche er mit vieler Schwierigkeit vom Verleger in Salem, Massachusetts, erhielt. —

Im Text werden weiter bezeichnet die Aspiraten als Vocallaute, zuerst gelispelt und dann laut gesprochen. — Der Accent soll die betonten Silben aus dem Uebrigen hervorheben. Ein langes Wort kann neben dem Hauptaccent einen schwächeren haben, oder selbst zwei letztre. — Die Modulation (inflexion) bewirkt Heben und Sinken der Stimme, oder Abwechslung in Beidem. Hierbei kommt es darauf an, ob behauptet, gefragt, oder bestimmt wird, und in welchem Verhältniss Redner und Hörer stehen. — Der Conversationston, unendlich variirend in Kraft, Ausdruck, Empfindung, hält sich auf mittlerer Stufe; darunter sinkend deutet er Trauer und Schläfrigkeit an, darüber steigend Freude und Leichtigkeit. Emphase muss fein regulirt werden durch richtiges Verständniss. — Schliesslich werden drei Hauptregeln des Sprechens gegeben. Die erste liegt in den Worten des Horaz: „Dicendi recte principium est sapere et fons". Die zweite lautet: „Endeavour to forget yourself", oder da diese Forderung des Selbstvergessens leicht missverstanden werden könnte, besser: „Betrachte Dich selbst als einen Deiner Zuhörer". In dritter Linie wird verlangt, natürlich zu sprechen und ohne Ziererei.

In der letzten Abtheilung wird die Stimme vom pathologischen Standpunkt betrachtet. Man rechnet auf 1006 Menschen zwei Stammler, was $2^1/_2$ Millionen solcher auf Erden gäbe. Doch ist sowohl der Einfluss der Race, wie höherer Civilisation mit ihren theils heilsamen, theils schädlichen Folgen genauerer Schätzung entzogen. Das Stammeln war unbekannt unter den nordamerikanischen Indianern zu CATLIN's Zeit. LIVINGSTONE und CAMERON fanden keinen Fall bei den Negern. Das Stammeln ist ungewöhnlich in Spanien und Italien, erreicht aber seinen Höhenwerth in den hochunterrichteten Ländern Preussen und England, von welch' letztrem DEACON sagt, dass hier die eigene Sprache am abscheulichsten gesprochen werde. („No nation in the civilised world speaks its language so abominably as the English“). — Stammler treten im männlichen Geschlecht häufiger auf, als beim weiblichen. — Die Unterscheidung von Stammeln und Stottern wird für unnöthig erklärt, weil Beides praktisch synonym erscheine. Beide Wortbildungen ahmen den Fehler selber nach. Bacon sagt in „Natural and Experimental History“: Manche Stotterer sind sehr erregbar (cholerick) und ihre Erregung ruft Gefühllosigkeit oder Starre der Zunge hervor. — Längst wurde von Charles Bell im „Bridgwater Treatise“ bemerkt, dass Sprechen gleich dem Schreiben, Gehen und anderen Körperfunctionen, einen coordinirten Muskel- und Nerven-Act darstelle, welcher nach tüchtiger Erlernung und Einübung automatisch verlaufe. Die dabei obwaltende Beziehuug zwischen Sprache und Gehör verräth sich sowohl in der desfallsigen Mangelhaftigkeit der Idioten, als im gewöhnlichen Zusammenhang von Taubheit und Stummheit. Von andrer Seite wird diese Frage beleuchtet durch die Erfahrungen der Aphasie, Aphemie, Amnesie, oft mit rechtseitiger Lähmung verbunden nach Gehirnläsionen. Wirkliches Stammeln mag hervorgebracht sein durch, die Structur oder Spannung verändernden, Angriff auf die Grundlagen des Geistes. Diese Fälle sind selten aber nicht unbekannt. So begann ein Kirchenbeamter, welcher während einer Cholera-Epidemie körperlich wie geistig masslos angestrengt war, zu stammeln, ohne diesen Fehler wieder zu verlieren. Plumptre berichtet einen Fall von Mariano Semmola, wo der Verlust der Articulation begleitet war von Krämpfen und durch Blutentziehung geheilt wurde. — Vier Formen der Affection werden angegeben, je nachdem die Leidensstelle liegt an der Glottis, an der Rachen-Enge, zwischen Zunge und Gaumen, an den Lippen und hintren Nasenlöchern. In „the Irrationale of Speech“ von Ch. Kingsley sind diese Fälle bezeichnet als Mangel der Athmung, des Rachens, der Zunge, der Lippen. Doch sind hiermit die Formen der Sprachfehler nicht erschöpft. Verschiedene Missbildungen oder erworbene Irregularitäten liegen vor: Missgestalt oder Unsymmetrie von Zunge und Zäpfchen wie Mandeln, Gaumenspalte,

Nasenverstopfung, Sattelmund, vorragende oder verlorene Schneidezähne; Hyperästhesie, Nervosität, betrügerische Absichten; schlechte Gewohnheiten; Nachahmungssucht; mangelhafte Belehrung; Uebersehen beginnender Fehler. Beispiele von Silbenverwirrung und papagaienartiger Wiederholung sinn- oder zweckloser Redensarten sind beigebracht. Dazu wird auf S. 580 unter dem Zeichen „*K*" erzählt, dass eine schottische Dame bei jeder Gelegenheit die Worte eingeschaltet habe: „This that here there ye ken". — Als Heilmethoden des Stammelns werden gewürdigt die rhythmische Gymnastik und mechanische Uebung, welche schon DEMOSTHENES an sich selber erfolgreich erprobte; die systematische Betreibung des Gesanges; das monotone Singen; das Vorhergehen aller abgebrochenen Consonantenlaute durch einen Vocal wie E; das Zusammenrinnen aller Worte eines langen Satzes in Eines. Von intellectueller oder rationaler Bedeutung erscheint Pausiren und Nachdenken; Nachahmung guter Muster; Einleitung jedes Satzes mit einem tiefen Athemzug, welcher die Muskeln erschlafft und zur Ausdauer befähigt; Erlernung einer neuen Sprache, als welche für den Briten namentlich die französische empfohlen wird. — Allen, nie ganz aussichtslosen, Heilversuchen wird vorausgesetzt, dass Sitz und Grund des Leidens genau erforscht sei. —

Auf S. 102, XXVIII, folgt unter gleichem Titel die Tabelle:

Classification of Vowels in Visible Speech.

<table>
<tr><td>Nine Lingual positions yield 9 Primary vowels
Each Primary vowel yields a „Wide" variety by faucal expansion = 9 Wide vowels</td><td>= 18 Lingual vowels</td><td rowspan="2">= 36 Normal vowels</td></tr>
<tr><td>Each Lingual vowel yields a „Round" variety by labial contraction</td><td>= 18 Labio-lingual vowels</td></tr>
</table>

Jeder Normalvocal gestattet Variationen durch „höher, tiefer, breiter, enger", womit eine Totalsumme von 36 + 144 = 180 Vocalen herauskommt, welche Verschiedenheiten Alex. Melville Bell (in der Zuschrift Washington, D. C., Mai 12) giebt:

Lingual.

	Primary.			Wide.		
	Back,	Mixed,	Front;	Back,	Mixed,	Front.
High	7	4	1	7	4	1
Mid	8	5	2	8	5	2
Low	9	6	3	9	6	3

Labio-lingual.

	Primary.			Wide.		
	Back,	Mixed,	Front;	Back,	Mixed,	Front.
High	7	4	1	7	4	1
Mid	8	5	2	8	5	2
Low	9	6	3	9	6	3

Hh.

Albin Vogler. Hervorrufung einer Vocalvorstellung. Natur 1883, 134.

In einem Briefe vom 6. Februar 1883 theilt Vogler mit, dass sein Vetter Georg Vogler beim Anblick eines jeden Gesichtes die Vorstellung eines bestimmten Vocals in sich wachgerufen finde. Auf sofortige Probe an Vorübergehenden oder Begegnenden beoachtete A. Vogler das Nämliche, wobei indess nicht gesagt ist, ob bei ihm und Georg Vogler auf identischen Anlass dieselben oder verschiedene Vocale ausgelöst wurden. — Schon früher hatte A. Vogler beim Entgegentreten eines auffallenden Gesichtes jedesmal einen eigenthümlichen Geruch verspürt; und gab die Erzählung dieser Thatsache zur Angabe jener akustischen Erfahrung Gelegenheit. *Hh.*

J. Lefort. Études expérimentales sur la production des voyelles dans la parole chuchotée. C. R. XCVI, 1224-1225; [Mondes (3) V, 34-35; [Cim. (3) XIV, 57-58.

Wenn man in eine Höhle von begrenzter Capacität, die oben offen und der Erweiterung wie Verengerung, sowie der willkürlichen Oeffnung und Verschliessung fähig ist, Luft bläst, werden ähnliche Geräusche hervorgerufen, wie bei Vocalen der Flüsterstimme. Die Luftsäule kann gebildet werden durch Ausathmung des Luftvorrathes der Lungen oder durch ein Gebläse, dessen Röhren der Windzuführung am Ausgang so beschaffen sind, dass solche Erscheinungen hervorgerufen werden können, wie an den Stimmbändern. Derartige Höhlen erhält man an Kautschukkugeln oder -birnen, oder besser in Glas- und Metallröhren, deren Höhe und Mündungsweite viel leichter veränderlich ist. — Grosse Höhlungen dieser Art bringen die Vocale hervor: ou, ô, o, à, â in geschlossenem und offenem Klange; die mittleren: u, eu, e (e wie eu in fleur); die kleinen: i, offnes wie geschlossenes e. Eine offene Röhre giebt bei gradueller Verminderung der Höhe der Ordnung nach â, à, e, eu, u, è, é, i. Verschliesst man die obere Mündung der Röhre in drei verschiedenen Stufen, so erscheinen ou, ô, o offen. — Röhren von wechselnder Weite produciren bei derselben Länge Töne von verschiedener Capacität. Röhren, 0.067 m hoch, und beziehentlich mit einem inneren Durchmesser von 0.028 m oder 0.026 m gaben mi bémol und fa. — Wenn bei Verschluss der oberen Oeffnung man sie ganz allmählich stufenweise öffnet, wird eine Reihenfolge von Vocalgeräuschen erzeugt, deren Noten nach Halbtönen variiren im Masse, als die Mündung sich erweitert. Dieser Wechsel der Tonalität zeigt die Richtigkeit der Gesangregel, welche anordnet, die Mundöffnung zu erweitern, wenn die Töne in aufsteigendem Gange einander folgen. Man bringt hiermit lauter reine Vocale hervor längs der ganzen Reihe derselben. —

Es fliesst aus dieser neuen Theorie, 1) dass die Vocale keine charakteristische Klangmassen sind, wie man gewöhnlich angiebt, sondern Töne von bestimmter verschiedener Höhe am nämlichen Instrumente, dem des Wortes, ganz verschieden von demjenigen des Gesanges, 2) dass man ihnen zahlreiche Klangfarben mittheilen kann: dunkel, klar, süss, hart, guttural, nasal, welche verschiedene Klänge gebildet werden mittelst der Thätigkeit vieler Muskeln des Stimmorganes, aber keineswegs eigenthümlich sind den Vocalen, sondern blos ihnen beifügbar. Die instrumentaliter den Tönen gleicher Höhe verliehene Klangfarbe erscheint damit nur theilweise vergleichbar. *Hh.*

BOLTZMANN. Photographie der Vocale. Wien. Anz. 1882, 242; [Naturf. XVI, 232.

Auf die Mitte einer mit Mundstück verbundenen Eisenlamelle ward ein Platinplättchen befestigt und ihm sehr nahe ein andres angebracht, so dass zwischen diesem ruhig bleibenden und jenem schwingenden eine enge Spalte lag. Dieselbe bildete den Brennpunkt einer Sammellinse, auf welche Sonnenlicht fiel, das hinter dem Spalt eine Selenzelle traf. Diese stand nebst zwei Telephonen in einer VOLTA'schen Kette. Die Telephone reagirten deutlich auf ins Mundstück gesprochene Einzellaute und Worte. — Nach dieser Vorprobe wurde das Schattenbild (?) des vibrirenden und von der Sonne bestrahlten Platinplättchens auf einen Schirm entworfen, an dessen Stelle im entscheidenden Moment eine photographisch präparirte Glastafel geschoben wurde, welche die dem Schalle entsprechende Curve aufnahm. a gab die meisten, u die wenigsten Zacken; l, m, n, r, äusserst mannigfach detaillirte Linien. Am nächsten kamen diese im Allgemeinen einfachen Sinuscurven, oder Interferenzen mehrerer solcher. *Hh.*

(AMADEO GENTILLI.) Der Glossograph. Jahrbuch der Erfindungen. Herausgegeben von H. GRETSCHEL und G. WUNDER. 18. Jahrg. Leipzig 1882; Natur 1883, 101-114. (Mit 8 Zeichnungen.)

Der italienische Ingenieur AMADEO GENTILLI hat schon vor Erfindung des Phonographen wie Telephones, doch mehr von mechanischen als akustischen Principien ausgehend, eine Vorrichtung ersonnen, welche durch die unbewussten Articulirungen eines Redners in automatische Bewegung versetzt jene in Zeichenschrift fixirt. Am 29. Januar 1882 wurde darüber von ihm im physikalisch-chemischen Institute zu Leipzig ein Vortrag gehalten. — Während der geübteste Stenograph in einer Minute etwa 70 Lautzeichen macht, bewältigt der Leser mindestens 1200, so dass, wenn selbst das Entziffern der graphischen Darstellung jenes Instrumentes schwieriger wäre, als es in Wirklichkeit erscheint, viel Zeit gewonnen würde; abgesehen davon, dass hier die geistige Thätigkeit in eine Periode ungestörter Musse fällt, während in der Epoche der aufregenden Hast ein Mechanismus arbeitet. Allerdings dürfte es immerhin einige Unbequemlichkeit bedingen, dass dem Redner, der nicht wohl das Instrument selber im Munde führen kann, ein Andrer tonlos alle Worte nachsprechen muss. Deshalb möchte die praktische Tragweite der theoretisch recht interessanten Idee vorerst beschränkt sein, auch unter Einrechnung der Erwartung, dass der mit vierfach grösserer Geschwindigkeit als die gewöhnliche Schrift arbeitende Apparat die telegraphische Depeschirung mindestens fünf Mal schneller gestatte, als Morse's System. —

Bei Betrachtung der Claviaturschreibmaschinen von Remington, Malling-Hansen, Michela, welche trotz sinnreicher Zweckmässigkeit geringe Verbreitung fanden, kam Gentilli zur Ansicht, dass der Zeitverlust der bewussten Operationen zu gross ist, ein wirklich brauchbares Instrument also automatisch functioniren müsse. Die 1875 in Marey's Laboratorium zu Paris ausgeführten Versuche von Rosapelly über die Selbstregistrirung der Vibrationen des Kehlkopfes, der Lippen- und Nasenlaute scheinen die Construction des Glossographen in keiner Weise beeinflusst zu haben. Jedenfalls aber waren Vorstudien nöthig über die Articulationsbewegungen der wesentlichen Sprachlaute, wie ihre eben so einfache als leichte mechanische Wiedergabe, bevor an deren Fixirung in festen sichtbaren Zeichen gedacht werden konnte. In erstrer war im Einzelnen das locale Gebiet der Articulation zu finden mit gradueller Messung des nöthigen Luftverschlusses. Dazu diente ein künstlicher Gaumen aus Guttapercha mit kleinen isolirten Metallfedern, welche elektrische Stromschlüsse vermittelten durch zwischen den Zähnen herausgeleitete feine Drähte, die zu einer Batterie und einem MORSE'schen Schreibapparat führten. Da die Mundfeuchtigkeit bald die Isolirung aufhob, wurden mittels zwischen den Zähnen drehbarer Hebel die Berührungsstellen nach Aussen verlegt. Auch jetzt war indess die technische Complication zu gross. Zuletzt wurde die Articulirbewegung auf einen mit dem Sprechinstrumente verbundenen Schreibapparat auf mechanisch directem Wege übertragen, und die elektrische Transmission bloss für die Nasenlaute beibehalten. — Als stimmlos anerkennt GENTILLI bloss die Verschlusslaute: b, p, g, k, d, t, bei denen das Luftgeräusch explosiv zwischen Lippen oder Gaumen und Zunge hervorbricht, und die Engelaute: ch, sch, f, ss, bei denen die Luft durch einen engen Canal strömt. Stimmhaft dagegen sind alle anderen Consonanten und die Vocale. Phonetisch reduciren sich die Elementarlaute auf: ch, r, g, — sch, l, s, t, — f, b, — n, m, — den Aspirationslaut h und die Vocale.

„Die Vocale e, i, o, u entstehen durch Verengerung beziehentlich Verlängerung der ganzen Mundhöhle uud sind bei e und i die ganze Zunge, bei o und u bloss der Zungenrücken gehoben und die Lippen einander genähert; bei a sind Mundhöhle und Lippen am weitesten geöffnet. l unterscheidet sich von t darin, dass bei t auch der seitliche Verschluss vollkommen ist, während bei l die Luft zwischen den Rändern der Zunge und den Backzähnen einen Ausweg findet. n und m unterscheiden sich von allen anderen Lauten dadurch, dass der weiche Gaumen gesenkt ist, so dass die Luft, anstatt beim Munde, bei der Nase austreten muss, während bei allen anderen Lauten der weiche Gaumen gehoben ist. Auch sind bei m zugleich die Lippen wie für b geschlossen und die Zunge ist in Ruhe, während bei n die Zunge dieselbe Lage einnimmt wie für t. Zwischen ch und g, sch und l, s und t, e und i, o und u, f und b herrschen bloss Gradunterschiede des Verschlusses, und zwar ist bei den erstgenannten Lauten jeder Gruppe der Verschluss ein unvollkommenerer, als bei den zweitgenannten. r hat fast denselben Grad der Verengung wie ch, unterscheidet sich aber von ch durch das Mitvibriren des Zäpfchens, des Zungenrückens, oft auch der Zungenspitze. — Die Articulationsbewegungen kommen auf folgende zurück: Heben des Zungenrückens bei ch, r, g, o, u. Heben der Zungenspitze bei sch, l. Heben der ganzen Zunge bei e, i. Vorschieben der Zungenspitze bei s, t. Heben der Unterlippe bei o, u, f, b. Senken der Unterlippe bei a. Senken der Oberlippe bei f, b. Senkung des Gaumensegels bei m, n.“ —

Die Thätigkeit des aus sechs Hebeln und Stiften zusammengesetzten Glossographen kann ohne Augenschein des Instrumentes oder wenigstens einer Zeichnung nur mit grosser Weitschweifigkeit beschrieben werden. Die Geraden, welche auf einem ablaufenden Papierstreifen die ruhenden Stifte zeichnen, gehen beim Sprechen in Curven über, deren Form, besonders in Länge und Breite der Wellen phonetische Schlüsse erlaubt. Der Hauch der Nasallaute dreht feine Flügelchen, welche einen schwachen Strom schliessen, der elektromagnetisch einen Schreibhebel bewegt. — Das unterdess vervollkommnete Instrument besitzt einen völlig getrennten Sprech- und Schreibapparat, von denen jener im Munde gehalten wird, dieser auf dem Tische steht. — Der Sprechapparat ist ein Rahmen aus Hartgummi, mit Metallansatz, der sich am Gaumen anschmiegt und auf die Zähne stützt, während einige freie Hebel von Zunge und Lippen beim Sprechen einerseits gehoben, andrerseits abwechselnd zu elektrischen Leitungscontacten gebracht werden. Hiebei sind die Gelenk-oder Drehpunkte so isolirt, dass der Mund vor elektrischen Einwirkungen geschützt wird. —

„Die Gradunterschiede der Laute eines und desselben Articulationsgebietes drücken sich dadurch aus, dass beim ersten Grad der Ruhestromcontact mit dem einem Stifte unterbrochen, beim zweiten Grade ein Arbeitsstromcontact mit dem andren Stifte geschlossen wird. Ausser ch, r, g sind die Zeichen eines Articulationsgebietes von solchen eines andren begleitet, was nicht stört, weil stets das links stehende Zeichen Geltung hat. — Der Schreibapparat wird von acht kleinen Elektomagneten gebildet, welche eben so viele Reissfedern beherrschen, unter denen ein Uhrwerk einen Papierstreifen fortzieht. Bei Combinationen mehrerer Consonanten nimmt der stimmlose am Anfang den ersten, am Ende einer Silbe den letzten Platz ein. *Hh.*

N. SIMANOWSKY. Beiträge zur Anatomie des Kehlkopfes. Arch. f. mikrosk. Anat. XXII, (4) 690; [SCHMIDT's Jahrb. d. Med. X, 8; [CBl. f. d. med. Wiss. 1883, 757.

Der Taschenbandmuskel ist bei Männern häufiger und besser ausgebildet als bei Weibern (RÜDINGER). Dessen Einfluss auf Phonation, Klang und Resonnanz ist möglich, weil er die Morgagnische Höhle vergrössern, Secret auspressen, die Falte verkürzen und die Taschenbänder erschlaffen kann. — Die Nerven der wahren Stimmbänder enden beim Menschen becherförmig, auch intraepithelial; an Hunden und Kaninchen pinselartig. *Hh.*

HOOPER. Experimental researches on the tension of the vocal bands. From the physiological Laboratory of the Harvard med. school 1883. S.-A [CBl. f. d. med. Wiss. 1883, 828.

Unter den Kehlkopfknorpeln ist am beweglichsten cartilago cricoid. Diese bewegt der Musculus cricothyreoideus, zwischen jener und cartilago thyreoid. inserirt. Die Längsspannung der Stimmbänder wird vornehmlich vom Luftstrom bewerkstelligt. *Hh.*

CH. MARTEL. Ueber die Functionen des Musculus cricothyreoideus. Arch. d. Physiol. (3) 1883 I, 582; [SCHMIDT's Jahrb. d. Med. 1883 VIII, 421.

Der cricothyreoideus ist wesentlich phonatorischer Muskel, indem er die Länge, Breite und Spannung der Stimmbänder modificirt, und hiermit die Eigenthümlichkeit der menschlichen Stimme so sehr bedingt, dass seine theilweise oder gänzliche Paralyse Rauhigkeit der Lautirung bis völlige Aphonie hervorrufen kann. *Hh.*

Berkhan. Das Stottern und seine Beziehung zur Armuth. Gesundheit 1883, 374; Arch. f. Psych. 1883, 321.

Die Erfahrungen sind an 86 stotternden und stammelnden Schulkindern Braunschweigs gesammelt, darunter nur 3 Knaben und 1 Mädchen kräftig und gross, sonst durchweg schwächlich. Als „Stotterer“ werden erklärt „Solche, bei denen ein krankhaftes unter Erscheinungen von Befangenheit oder Angst zeitweise auftretendes Unvermögen besteht, einzelne Consonanten oder Vocale auszusprechen oder mit einander zu verbinden; — als „Stammler“ „Diejenigen, bei denen stets und ohne psychische Angst bestimmte Consonanten, seltener Vocale nicht richtig oder gar nicht gesprochen werden können“. Bei hohen Graden des Uebels wird das Gesicht verzerrt, mit den Händen geschlagen und gestrampft, oder kann manche Silbe so gut wie gar nicht gesprochen werden. Solche Fälle fand er unter Knaben 10 Mal, bei Mädchen 3 Mal, und meistens in niederen Ständen, in Volksschulen; während an Privat-Anstalten unter besser situirten Kindern das Leiden überhaupt seltner erscheint, oder doch in milderen Formen. Auch im Taubstummen-Institut Braunschweigs entstammten die Kranken fast ausschliesslich den armen Ständen (was indess für die Statistik dieses Zustandes weniger wichtig sein möchte, weil reiche Familien ihre Patienten wohl meist zu Hause verpflegen). Von grösserer Bedeutung erscheint das Uebergewicht des männlichen Geschlechts. — Unter 61 Familien, unter denen desfalls nachgeforscht wurde, waren 50 Mal die Eltern von jedem Sprachfehler frei, 6 Mal waren solche vorhanden beim Vater, 4 Mal bei der Mutter, 1 Mal bei einer Schwester. — Abgesehen von kleineren Leiden durch Verspottung oder, wenn auch gutmeinendem doch nutzlosem, eher verschlimmerndem, Schelten kommt in Betracht die Hemmung der geistigen Entwicklung und deren Rückwirkung auf Individuum, Familie, Staat. In letztrer Hinsicht interessirt die Angabe, dass in Frankreich in 19 Jahren, 1850-1869, für den Militärdienst untauglich befunden wurden 13215 stotternde Rekruten. — Berkhan empfiehlt einen halbjährigen Heil-Plan. In den beiden ersten Monaten werden viertelstündige, von Pausen unterbrochene, Athmungs-

Uebungen vorgenommen, welche in Tiefe und Schnelligkeit tactmässig wechseln; dann folgt Singen; danach Marschiren mit regelmässigen Armbewegungen. In den beiden nächsten Monaten bilden unter Fortsetzung des bisherigen Verfahrens die Stimm-Uebungen die Hauptsache, indem beim Ausathmen die Vocale a, e, i, o, u, ae, oe, ue vom tiefsten bis zum höchsten möglichen Klange angegeben werden müssen. Inzwischen sind die Töne der Scala an- und abschwellend zu singen. Die zwei letzten Monate sind von Lese- und Sprech-Uebungen ausgefüllt: Verbindung der Consonanten und Vocale in wechselnder Stellung, langsames, tactmässiges Lesen mit immer grösserer Beschleunigung und Anhäufung von Schwierigkeiten. — Gewöhnlich gelingt, an Stelle der Angst des Stotternden das sichere Gefühl der Leistungsfähigkeit treten zu lassen, womit das Leiden beseitigt ist, und bei weiter zweckmässigem Verhalten kaum wiederkehrt. — Dem Stammelnden muss die Lage und Bewegung der Sprachwerkzeuge gezeigt werden durch richtiges Vorsprechen der mangelhaften Buchstaben oder Silben, worauf die Nachahmung fleissig einzuüben ist mit genauer Correctur übler Angewöhnungen, wie etwa des Vorklemmens der Zunge zwischen den Zähnen. *Hh.*

Ueber Wortblindheit, motorische Aphasie und Verlust der Erinnerung an Gesichtswahrnehmungen; Vorträge CHARCOT's, veröffentlicht durch CH. FÉRÉ und BERNARD. Progrès méd. 1883, 23-29; [SCHMIDT's Jahrb. d. Med. 1883 X, 25.

Ein junger Kaufmann wurde nach Gemüthsbewegung rechtseitig gelähmt, und verwechselte zwei Wochen lang die Worte. Dann verlor er die Fähigkeit, Geschriebenes wie Gedrucktes zu lesen, und hatte Eigennamen, auch einige Substantiva vergessen. Das Lesen gelang durch mechanische Verfolgung der Schriftzüge. — Ein rechts gelähmter Schuster konnte rechnen, singen, sich schriftlich mit gewandter Bestimmtheit ausdrücken, aber nur pau und ah sagen. — Sehr merkwürdig, doch nicht hierhergehörend ist der Verlust eines hervorragend sprachlich, überhaupt geistig begabten Kaufmanns für die Erinnerung an Form und Farbe gesehener Gegenstände. Das Gedächtniss für Gehör-Eindrücke war so gut erhalten, dass er durch Vorsprechen der Zahlen rechnen, und mittels tönenden Sprechens die Wortbedeutung verstehen konnte. *Hh.*

R. Berlin. Ueber Dyslexie. Würtemb. Corr.-Bl. 1883 LIII, 27; [Schmidt's Jahrb. d. Med. 1883 X, 27.

Der Kranke kann blos wenige Worte zusammenhängend lesen, ohne Schmerzen oder Veränderungen im Auge, mehr aus psychischer Unfähigkeit oder Unlust. Zweimal in fünf Fällen folgte auf die Erscheinung Aphasie und Störung der Zungenbeweglichkeit; immer ein schweres Hirnleiden, als dessen anatomische Ursache zweimal Atherom der linken Arteria fossa Sylvii constatirt ward. Kussmaul sah Dyslexie in der Reconvalescenz von Alexie auftreten. *Hh.*

H. Lenhartz. Ataktische Aphasie als acute Coordinationsstörung nach Ruhr. Berl. klin. Wochenschr. 1883.

Ein bis dahin gesunder achtjähriger Knabe ward 1½ Tage nach Genesung von der Ruhr neben allgemeiner Apathie und Gefühllosigkeit der ganzen Haut aphatisch, wahrscheinlich wegen entzündlich sclerotischer Veränderungen an Hirnrinde, Medulla oblongata und Rückenmark. Nach mehreren Monaten lernte der Knabe sehr langsam auf ganz elementarem Wege Lautiren, Buchstabiren, Syllabiren; noch nach Jahren war neben Intelligenzschwäche sehr bemerkbar Unbehülflichkeit der schwerfällig scandirenden Sprache. *Hh.*

Wernicke und Friedlaender. Ein Fall von Worttaubheit in Folge von doppelseitiger Läsion des Schläfelappen. Fortschr. d. Med. I, 6; [CBl. f. d. med. Wiss. 1883, 491 bis 492.

Während dreier Jahre an (bis zu Brechneigung gesteigertem) Kopfweh und Krämpfen leidend, fiel eine 43jährige Frau nach längerer Schwerhörigkeit in volle Taubheit und sensorische Aphasie. Ueber den Zusammenhang der letztren mit der Hörsphäre klärte der Leichenbefund auf, wobei gummöse Infiltration der Schläfelappen und Veränderungen der Rinde wie des Stabkranzes gefunden wurden, während Acustici und Gehörorgane blos katarrhalisch erschienen. *Hh.*

Ball erzählt im „Encephale, 1883, II" zwölf aphatische Anfälle binnen 9 Monaten an einem 60jährigen Arzte, wohl in Folge vorübergehender Hirn-Anämie, auf welche zeitweise Migraine, Abwesenheit anderer Störungen, und der bis zu Bewusstlosigkeit ansteigernde verschlimmernde Einfluss von Blutentziehung hindeutet. *Hh.*

G. Brunner. Zur Aetiologie und Symptomatologie der sogenannten Autophonie. ZS. f. Ohrenheilk. XII, 268; [CBl. f. d. med. Wiss. 1883, 843-444.

Autophonie heisst die pathologische Resonanz der eigenen Stimme, wie des eigenen Athmungs- und Blutgeräusches. Narbencontractionen im Rachen, Nasen-, Rachen- und Mittelohr-Catarrh veranlassen die Erscheinung, bei welcher die Tuba offensteht, während sie weiterhin vielleicht verstopft ist. Die Stimm-Resonanz erscheint meist auch objectiv nachweisbar. Luftverdünnung in der Paukenhöhle mittels des negativen Versuches Valsalva's bessert den Zustand. *Hh.*

F. Ganghofner. Ein Fall von Aphtongie. Prag. med. Wochenschr. 1882, XLI; [CBl. f. d. med. Wiss. 1883 XXI, 240.

Ein 19jähriger Jüngling hatte von Kindheit auf an Zungenkrämpfen gelitten bei Sprechversuchen. Dieselben blieben dagegen aus bei sehr schnellem Sprechen (mit Ausschaltung der Intelligenz(?)), Declamation auswendig gelernter Gedichte, und Singen von Liedern. Ausser, jene Krämpfe oft begleitenden, Zuckungen der linken Gesichtsmuskeln, seltner des rechten Beines lag keine Gesundheitsstörung vor. Sein Bruder litt an demselben Sprachfehler, die Mutter an Schwerhörigkeit, eine Schwester an Epilepsie. *Hh.*

A. M. Dochmann. Ueber idiopathischen Zungenkrampf. Petersb. med. Wochenschr. 1883, I.

Ein 9jähriges Mädchen streckte alle 8-10 Minuten die von Zuckungen freie, mit der Spitze aufwärts gekehrte, Zunge hervor, wie sie sagte, anfangs aus unwiderstehlichem Triebe, später unwillkürlich, selbst im Schlafe, und bei geschlossenem Munde, in welch letztrem Falle durch das Anstossen an den Zähnen Schmerz hervorgerufen ward. *Hh.*

Joh. v. Fischer. Aus dem Seelenleben eines Bhunders (Macacus erythraceus seu Rhesus). Zool. Gart. 1883, 227.

Die Laute, welche das sehr intelligente und zahme Thier von sich gab, waren ein eigenthümlich schnurrendes, murmelndes, grunzendes Geräusch, welches Wohlbehagen und Zufriedenheit ausdrückte; ferner ein langgedehntes oh oder o-oh, verschieden nach der Gemüthsbewegung, im zweiten Falle um wenigstens eine Quint ansteigend, um so höher, je dringender Sehnsucht und Verlangen waren; dabei wurden die Lippen so weit vorgestreckt, dass der Mund zu einer bohnengrossen Oeffnung sich verengerte. — Während der Affe laute Geräusche durch Rütteln des Käfiges oder Klappern mit harten Gegenständen gern und anhaltend hervorbrachte, wenn er Langeweile hatte oder irgend welche leidenschaftliche Erregung andeuten wollte, erschien er selbst den von Anderen hervorgebrachten Geräuschen gegenüber äusserst empfindlich. Bei jedem Schlag, mit welchem ein Nagel eingetrieben werden sollte, schüttelte er den Kopf, duckte sich, blinzelte, und fuhr bei stärkeren mit den Händen über die Ohren, als ob eine Reizung davon entfernt oder abgehalten werden sollte. Bei längerer Dauer des ihm lästigen Schalles verkroch er sich im Stroh. Dagegen waren ihm leisere akustische Anregungen, insbesondre seitens der menschlichen Sprache, durchaus sympathisch, und er verstand• ersichtlich die Bedeutung einzelner Worte oder Redensarten, auch wenn sie nicht einmal an ihn gerichtet, sondern nebenbei geäussert wurden.

Hh.

FRIEDRICH KNAUER. Allerlei Märchen und Unrichtigkeiten, die aus unsren zoologischen Lehrbüchern noch immer nicht schwinden wollen. Natur 1883, 327-329.

Hierher gehört bloss „die immer wieder auftauchende Frage der singenden Mäuse". Auf eigene Beobachtung hin gelangte KNAUER zur Ansicht, dass ähnlich dem Pfeifen anderer Nagethiere die Luft durch eine enge Spalte der eigenthümlich gestellten Nagezähne gepresst werde. *Hh.*

JOH. v. FISCHER. Die Pantherkröte (Bufo pantherinus, CICHENOT = Bufo mauritanicus, SCHLEGEL) in der Gefangenschaft. Zool. Gart. 1883, 43.

Die Stimme des Thieres ist ein dumpfes Knurren: Kuh-rr, vom ersten Stock aus im zweiten hörbar, und ertönt in jeder nächtlichen Stunde, am stärksten im März bei Mondschein. Tonhöhe wie Klangfarbe variiren nach Grösse, Alter, wohl auch Geschlecht. Dieselbe phonische Figur, bei der grösseren C-mol, bei kleineren E, Fis, G-mol wird mit Pausen 2-14 Mal wiederholt. *Hh.*

FRANZ KRAUS. Ueber das Zirpen der Höhlenheuschrecke. Verh. d. k. k. zool. bot. Ges. in Wien 1883, 15.

Von Troglophilus cavicola KOLLAR, fand der Autor in der nach ihm benannten Kraus-Grotte bei Gams nahe der Rudolfbahnstation Landl (Steiermark) einige Tage nach Ostern mehrere Exemplare, gut genährt und zur Begattung reif. Neu war dem erfahrenen Beobachter, dass bei vorsichtiger Annäherung leises Zirpen der Thiere gehört ward, bestehend aus zwei rasch auf einander folgenden Tönen, welche durch ruckweise Bewegung erzeugt zu werden schienen. *Hh.*

Rudolph Temple. Aus dem Leben der Bienen.

S.-Abdr. aus der „Wochenschr. f. Land- u. Forstwirthschaft".

„Das Tonorgan der Biene." — Fliegende Insekten bringen auf zweierlei Weise Töne hervor: durch Reibung eines scharfen Chitinrandes an quergerillten Leisten, oder mittelst (Schwingungen beweglicher Theile erzeugender) Luftströme. In äusserlich mechanischer Weise bewirkt auch der schnelle Flügelschlag regelmässige Geräusche. Die Hymenopteren, Muskiden und Dipteren besitzen indess einen häutigen Streifen, über einen Chitinring gespannt und durch Muskeln spannbar. Er liegt in einer Chitinhöhle, welche aus von Innen her mündenden Stigmen Luft empfängt. Die durch sie am Stimmband erregten Vibrationen bewirken das Bienen-Gesumme. Die Meinung, dass die den ganzen Körper durchsetzenden Luftcanäle (Tracheen) vor dem Fluge mit Luft gefüllt werden müssten, deren allmähliche Entweichung das Summen bedinge, erscheint unrichtig. Die Stimme der Bienen, ein Product des Athmungsprocesses, zeigt Veränderungen mit den Regungen von Freude, Trauer, Zorn, Liebe, welche die Bienen nicht nur unter sich verstehen, sondern auch der Züchter lernen und beachten kann. Ein kurz abgebrochenes „Zii" bedeutet Warnung; ein gedehnter singender Ton Verdacht; durchdringendes Zischen Zorn und Angriff. Sanftes Schwirren oder Murmeln begleitet ihren ruhigen Flug, ein heller freudiger Ton das Schwärmen, ängstliche Klage das Festhalten, langgedehntes Heulen den Tod der Königin, plötzliches kurzes Brausen Störungen am Stock. *Hh.*

Eine Spur von Bewusstsein bei Schmetterlingen.

F. Katter'sche „Entomologische Nachrichten" 1883, Heft XVII, XVIII; [Natur 1883, 613.

Ein eben ausgekrochener Wolfsmilchschwärmer sträubte sich gegen das Anfassen und stiess dabei knisternde Laute aus.

Aehnliches wurde beobachtet am Spinner Arctia Caja, während das Geräusch bei Arctia Credula beim, wie es scheint, zur Vertheidigung geschehenden Ausspritzen eines Saftes, einen quietschenden Charakter hat. *Hh.*

B. Ohr und Hören.
Gleichgewichtorgan. Musik.

LUDWIG LOEWE. Das Ohr in gesunden und kranken Tagen. Berlin: J. Horrwitz. 59 S. 8°. [Gesundheit 1882, 366.

Physik des Schalles; Anatomie und Physiologie des Gehörorganes; Krankheiten der Ohrmuschel, des äusseren Gehörganges, des Trommelfelles, des Mittelohres, des Labyrinthes; Ursachen der Ohrenleiden und deren Verhütung, Folgen derselben, Hörinstrumente — sind die besprochenen Gegenstände, an fünfzehn Holzschnitten erläutert. *Hh.*

MUNK. Ueber die centralen Organe für das Sehen und das Hören bei den Wirbelthieren. Berl. Sitzber. 1883, St. XXXIV, 793-827; [SCHMIDT's Jahrb. d. Med. 1883, X, 7.

Als Hörsphäre des Hundes ward erkannt beiderseits die Rinde des Schläfelappen. Nach dessen Exstirpation wurde der Hund anderseits taub, mit verschiedenen Defecten des Sinnes je nach der angegriffenen Stelle. Gänzliche Entfernung beider Hörsphären bewirkt volle Taubheit. Bei Hund, Affe, Taube erscheinen alle centralen Vorgänge des Gehörsinnes ans Grosshirn geknüpft — nicht aber beim Frosch. *Hh.*

A. BLOCH. Sur la vitesse relative des transmissions visuelles, auditives et tactiles. C. R. XCVII, 1221-1223; [Naturf. XVII, 48. 1884.

In der 1. Abtheilung wird geprüft: Gehör und Gefühl,
- - 2. - - - Gehör und Gesicht,
- - 3. - - - Gefühl und Gesicht,

Das experimentale Geräusch wurde 0.4 m vom Ohre hervorgebracht durch eine Stahllamelle, auf selbständigem Fusse stehend, bei jeder Umdrehung des Registrircylinders von FOUCAULT parallel zur Achse auf die Oberfläche des Instrumentes eine an beiden Enden mit Leim überzogene (colleé?) Nadel stossend. — Der Empfindungsreiz bestand darin, dass ein senkrecht zur Oberfläche am Cylinder befestigter dünner Fischbeinstift an einem Finger der Hand streifte. — Der Zeitpunkt des Schalleindruckes blieb stets der nämliche, derjenige des Gefühles konnte verfrüht oder verzögert werden, indem man die Hand längs einer vor dem Cylinder angebrachten Schutzleiste gleiten liess. Die Aufzeichnungen geschahen längs eines geschwärzten Papierstreifens mittels des MAREY'schen Hebelstiftes. Zur Controle diente die Einschreibung von 500 einfachen Schwingungen einer Stimmgabel. — Es handelte sich nun darum, festzustellen, unter welchen experimentellen Umständen bei bestimmten Abständen zweier Reize Simultaneität beider Empfindungen des Gehöres und Gefühles erkannt ward. Dies geschieht nur, wenn der Stoss an den Finger dem Töne um $\frac{14}{250} - \frac{5}{250}$ Secunde vorangeht. Dieses Ergebniss ist zu erklären aus den combinirten Effecten der Dauer in Uebertragung und Ausdauer von Gehör und Gefühl. In den Gleichungen

$$T+P = \frac{14}{250} + S, \quad T = \frac{5}{250} + S + P'$$

bedeutet T die Tasttransmissionszeit, S diejenige fürs Gehör, P und P' beziehentlich die Ausdauer des Fühlens und Hörens. Letztere wurden durch directe Erfahrungen gemessen. Für den Ton suchte man, welches Intervall zweier Töne, ähnlich demjenigen der Stahllamelle, eine gemeinsame Gehörempfindung gab — für das Tasten: welcher Abstand der den Finger treffenden Spitzen anscheinenden Synchronismus erzielte. Für P werthete man aus $\frac{1}{42}$, für $P' = \frac{1}{84}$ Secunde, womit

$$T = S + \frac{1}{31}.$$

In der zweiten Untersuchung wurde der Sehreiz hervorgebracht durch den Vorbeigang einer hellbeleuchteten Metallpapierlamelle vor einer Röhre von 0.3 m Länge mit der Persistenzdauer $= \frac{12}{250}$ Secunde. Man fand Simultaneität bei $\frac{9}{250}$ Secunde, wenn der Lichteindruck dem Tone vorherging; $\frac{7}{250}$ Secunde, wenn der Ton zuerst kam. Daraus folgt

$$S + \frac{1}{84} = \frac{7}{250} + V, \quad V + \frac{12}{250} = \frac{9}{250} + S; \quad S = V + \frac{1}{72}.$$

Die Veränderlichkeit der Persistenzzeit, im Verhältniss zur Intensität der Sinneserregungen, erscheint beträchtlich. Wird statt des Metallplättchens weisses Papier genommen, so beträgt die Persistenz $\frac{7}{250}$ Secunde; trägt man aber der Breite des Papierstreifens mit $\frac{3}{250}$ Secunde Rechnung, so erhält man dasselbe Resultat wie mittels des Metallglanzes. S vor V giebt Simultaneität bei $\frac{7}{250}$ Secunde, V vor S gleichfalls, demnach wieder

$$S = V + \frac{1}{72}.$$

Die zwei ersten Experimentalreihen liefern den Werth von T als Function von V $\qquad T = V + \frac{1}{21}.$ —

Die dritte Reihe ergab bei Vorausgang des Tastens die Simultaneität bei

$$\frac{16.5}{250} - \frac{1}{250} \text{ Secunde}; \quad T = V + \left(\frac{1}{19} \text{ bis } \frac{1}{25}\right).$$

Das Sehen geschieht am schnellsten; dann folgt das Hören, dessen Transmission $\frac{1}{72}$ Secunde länger dauert, als beim Gesicht; endlich das Tastgefühl der Hand, welches $\frac{1}{21}$ Secunde mehr als die „visuelle Transmission“ beansprucht. *Hh.*

J. Acker. Beobachtung über die Empfindlichkeit des Ohres, verglichen mit der des Auges. La Nat. 1883, 207 bis 208; [Beibl. VIII, 192-193. 1884.

Der Knopf einer Eisenstange, welche an zwei Punkten befestigt ist, berührt den Rand einer schnell umlaufenden Rolle bis zur Entstehung eines schwachen Reibungsgeräusches. Durch Auflage von Gewichten am Stabe kann sowohl Berührung als Geräusch gesteigert werden. Die hierbei auftretenden akustischen Unterschiede waren ziemlich scharf erkennbar. Keine Differenz erschien hörbar beim kleinsten Gewichte 0.05 kg, das eine Senkung von 0.0014 mm hervorbrachte. Vergleicht man damit die Minimalbreite eines gerade noch sichtbaren Streifens von 0.0018 mm, so verhielte sich des Hörens und Sehens Schärfe wie

$$\frac{1}{0.0014} \text{ zu } \frac{1}{0.0018} = 5:4$$

als Ueberlegenheitsverhältniss des Ohres über das Auge.

Hh.

Carl Stumpf. Tonpsychologie. 1. Bd. Leipzig: Hirzel. 1883. XIV+424 S. 8°. [Lit. CBl. 1884, 547.

Eine exacte Analyse der psychischen Functionen bei Auffassung und Verbindung der Sinneseindrücke ist auf Grund musikalisch-akustischer Studien mehr als anderwärts möglich. Dieser Band behandelt blos vorbereitend die Sinnesurtheile im Allgemeinen und die Vergleichung auf einander folgender Töne, während später gleichzeitige Töne, Intervalle und Tongefühle betrachtet werden sollen. Die einschlägigen Thatsachen der experimentalen Psychologie, Innervations-Empfindungen, Localzeichen etc. werden vorausgesetzt oder als subjective Meinungsäusserungen vorgetragen; weitverbreitete Lehren, wie die Relativitätstheorie, bekämpft. Für die Beurtheilung auf einander folgender Töne sind eigene Beobachtungen beigebracht, namentlich betreffend absolute Tonbestimmungen, individuelle Dispositionen, Folgen von Empfindungsstörungen im musikalischen Gehöre. Die Versuche über relative Unterschiedsempfindlichkeit und Genauheit des Intervallensinnes erscheinen nicht zahlreich genug, sind aber immerhin werthvoller, als blosse Discussionen.

Hh.

B. Baginsky. Zur Physiologie der Gehörschnecke.

Berl. Sitzber. 1883 St. XXVIII, 685-688; [CBl. f. d. med. Wiss. 1883, 630-631; [Naturf. XVI, 276.

H. Munk beobachtete, dass Hunde, denen die untre Schneckenwand am runden Fenster weggebrochen war, nach zweiwöchentlicher Taubheit bloss tiefe Töne und Geräusche hörten. Von Baginsky wurden die Versuchsthiere einerseits vollständig taub gemacht durch weiten Aufbruch der Schnecke, während diejenige der andren Seite nur an beschränkter Stelle angebohrt ward. Zur akustischen Prüfung diente eine eigens gebaute Orgel mit offnen Pfeifen für C_1 bis c_5. Nachdem die Erscheinungen constant geworden waren, wurde die Section gemacht und das Labyrinth mikroskopisch geprüft. Die Mehrzahl der Versuche misslang aus begreiflichen medicinischen oder technischen Gründen. — Hunde, einerseits ganz taub, anderseits mit angebohrter Schneckenspitze, reagirten erst am Ende der ersten Woche auf c_5, seltener c_4; nach zwei Wochen auf c_3—c_4, höchstens c_2, niemals auch in längerer Zeit tiefer. Der untre Theil der Schnecke ward normal gefunden. Hunde, einerseits ganz taub gemacht, anderseits an der Basis der Schnecke verletzt durch Wegbrechen eines Stückchen vom Promontorium, wurden sehr oft auch hier dauernd völlig taub. Einige jedoch erholten sich und reagirten anfangs blos auf einen Schuss, später auch auf Töne, entweder ohne Unterschied der Höhe, oder mit Bevorzugung der tieferen, oder endlich so, dass die Empfänglichkeit für hohe Töne um 8-14 Tage später eintrat. Zuletzt schienen diese Thiere tiefe wie hohe Töne normal zu hören. Der anatomische Befund dürfte hier weniger interessiren. Im Allgemeinen trat in Nähe der verletzten Stellen Narbengewebe auf, Einschnürung am Acusticus, Degeneration einzelner Nervenfasern und Ganglienzellen. Die ersten Erscheinungen nach der Operation fliessen aus dem Wegfall des flüssigen Schneckeninhaltes, und der Verbreitung der Entzündung. Abnorme Spannung der Membrana basilaris schien für die Dauer nicht einzutreten. — Ausfall mittlerer Tonreihen bei Verletzung des Mittelbauches der Schnecke wurde nicht constatirt; dagegen scheint erwiesen, dass die Spitze der Schnecke die dem Hören tiefer Töne dienenden Theile enthält, die Basis der Schnecke die dem Hören hoher Töne dienenden.“ *Hh.*

BENNO BAGINSKY. Die Function der Gehörschnecke. Mit 3 Abbildungen. Arch. f. path. Anat. XCIV, 65-85.

Diese Abhandlung scheint eine weitere Ausführung der der Berliner Akademie eingereichten Arbeit desselben Titels zu sein. Demnach ist hier nur die Gelegenheit benützt zur Berichtigung oder Ergänzung. Die Orgel hatte bloss für C_1 bis F_1 und c_3, c_4, c_5 offene Pfeifen, für die mittleren Töne gedeckte mit Stempeln, deren Verschiebung beliebige Zwischentöne hervorrief. Nur die im Beginn des akustischen Reizes auftretenden Reactionen sind verwendbar. Ihre Brauchbarkeit wird sehr beeinträchtigt dadurch, dass sie ausschliesslich aus Bewegungen bestehen, welche auch zufällig erscheinen können, und durch die Angewöhnung, abgelenkte Aufmerksamkeit oder Trägheit höchlich verfälscht werden. Das vorherige Verhalten der Versuchsthiere in gesundem Zustand gab keine Gewährschaft ihrer Brauchbarkeit nach der Operation. — Die anatomische Untersuchung erweist sich am dankbarsten an den Ganglien, welche die Nerven vor ihrer Verbreitung am hier wesentlichen CORTI'schen Organ durchsetzen. Die frühsten pathologischen Veränderungen sind hier sicher erkennbar in Trübung des Protoplasma, Vergrösserung der Zellen, Theilung der Kerne, Schrumpfung derselben und fettiger Entartung. Secundär sind Ueberfüllung der Gefässe, Bluterguss, Wandverdickung.

Die Erholung der Thiere war nie vor dem dritten Tage weit genug vorgeschritten, um erfolgreiche akustische Versuche machen zu können, von denen diejenigen mit beliebig hohen Tönen anfangs stets negativ ausfielen, und bloss starke Geräusche, wie von Schüssen Bewegungen auslösten. Gemeinsames Ergebniss war, „dass die Versuchsthiere bei Erhaltung der Schneckenbasis nach Zerstörung der übrigen Parthien der Gehörschnecke Reactionen nur auf die hohen Töne zeigten, während sie solcher für die tiefen und tiefsten Töne ein für allemal verlustig gegangen waren". Nicht ganz gesichert, doch wahrscheinlich ist, „als ob in der That der grösseren Breite der Hörfähigkeit entsprechend das an der Basis erhaltene Stück der Schnecke einen, wenn auch wenig grösseren Umfang darbot".

Der Gegenversuch, durch Zerstörung der Schneckenbasis den Ausfall der hohen Töne herbeizuführen, gelang weniger gut, indem die ausschliessliche Reaction auf tiefe Töne bloss theilweise und zeitweilig eintraf. Jedenfalls indess zeigt sich, dass verschiedene Versuchsergebnisse dem Wechsel des Ortes der operativen Eingriffe entsprechen, demnach die einzelnen Punkte der Schnecke abweichenden akustischen Functionen obliegen. Streng genommen sollten freilich die einzelnen Theile des CORTI'schen Organes isolirt ausgeschaltet werden — was experimental unmöglich erscheint. Theoretisch ist die Breitenzunahme der Membrana basilaris von der Basis bis zur Spitze der Schnecke allerdings in verschiedenen Abstimmungen schwingungsfähig. Denkbar wäre, dass durch die pathologischen Veränderungen, insbesondre Verwachsungen nach der Operation das Gehörorgan im Ganzen verstimmt würde, somit alle Membransaiten anomal vibrirten. Wirklich werden ja durch Abfluss des Labyrinthwassers die Druckverhältnisse, also auch die Spannungen verändert; doch nur vorübergehend, weil baldige Regulirung durch Ersatz der Lymphe und den Einfluss des Blutdruckes erfolgt. Streckenweise Verschmälerungen der Basilarmembran wurden nie gefunden. — Der M. tensor tymp. war auf der völlig tauben Seite ganz fettig entartet; anderseits nur in einzelnen Fasern.

Hh.

LUCAE Ueber die Resonanz der lufthaltigen Räume des Gehörorganes. Verh. d. physiol. Ges. Berlin 1882/83, Nr. IX, 25-39; Arch. f. Physiol. 1883, 268-272; [Naturf. XVI, 196; [Beibl. VII, 675; [Nature XXVII, 524; [CBl. f. d. med. Wiss. 1883, 533-534.

Mit dem Winde zugekehrtem Ohre hört man ein tiefes Geräusch nebst höheren Tönen. Die Resonanz wird am Ohre modificirt durch das Trommelfell, wie die dahinter liegenden Hohlräume. Das Anblasen des Gehörganges von Aussen mit dem Munde durch eine kurze ½ cm ins Ohr versenkte Gummiröhre gibt objectiv einen Ton zwischen kleiner und eingestrichener Octave, bei Verstärkuug in die Höhe gehend, subjectiv ein tieferes Geräusch. Das Nämliche ergiebt sich an der Leiche bei unverletztem Ohre, während Mangel des Trommelfelles hier wie an Lebenden den Schall vertieft, weil der Grundton des Gehörganges und der Paukenhöhle vereint auftritt, sonst aber jeder Raum für sich resonirt, daneben noch der Eigenton des Trommelfelles zur Geltung kommt. Dies wurde an künstlichen Resonatoren verificirt. — An isolirten menschlichen, des Trommelfelles beraubten Gehörorganen erhält man beim Anblasen ein pfeifendes Geräusch in der viergestrichenen Octave, dem Helmholtz-schen Eigenton des Ohres entsprechend. — Das zuerst erwähnte Geräusch wird durch Anlegen der Ohrmuschel an den Schädel nicht verändert, steht mit den aus den Längenverhältnissen des äusseren Gehörganges herleitbaren hohen Tönen der viergestrichenen Octave nicht in Zusammenhang, und entsteht durch Resonanz in tiefer liegenden Theilen. — Der Resonanzraum des Ohres gilt als Kugel mit einer 6 cm langen Ansatzröhre und eingeschalteter Membran. Ist der Grundton der Kugel c_1, der Röhre c_3, so wird derjenige des Systems ohne Membran *H*, wie am Gehörorgan der Leiche nach Wegnahme des Trommelfelles. Dessen Einschaltung erhöht den Ton auf f_1. — Die Zellen im Warzenfortsatz können vielleicht einige schwache tiefere Töne der Erscheinung beigesellen — soweit sich wenigstens erschliessen lässt aus der Füllung jener Kugel mit einem trocknen Schwamm. Die Resonanz wird hierbei geschwächt, doch nicht in der Höhe geändert. — Das am Mittelohr auscultirte Resonanzgeräusch ist ähnlich einem durch Anblasen des Mittelohres von der Tuba aus hervorgebrachten Geräusch. — Ein Weib, dessen rechtes Trommelfell verdickt und eingezogen ist, giebt hier ein hohes pfeifendes, links, wo eine linsengrosse Oeffnung besteht ein tiefes Geräusch. *Hh.*

EITELBERG. Ueber den Einfluss der Gehörübungen auf den Gehörsinn der geübten und insbesondre der anderen nicht geübten Seite. ZS. f. Ohrenheilk. XII, 258; [CBl. f. d. med. Wiss. 1883, 737-738.

Die beiderseitige Erregung durch einseitige Hörimpulse zeigte URBANTSCHITSCH*). — EITELBERG fand in 13 Fällen die Hörfunction am geübten Ohr gesteigert 7 Mal, 4 Mal herabgesetzt, 2 Mal reactionslos. Der positive Erregungscoefficient steht in geradem Verhältniss zur primären Empfänglichkeit. Vorhandenes Ohrensausen ist oft Anlass negativer Erfolge. — Unter 18 Bilateralversuchen trat 12 Mal positives, 3 Mal negatives, 3 Mal unentschiedenes Ergebniss auf. Bei hoher Schwerhörigkeit steigert die Reizung der kranken Seite die anderseitige Hörweite, was umgekehrt so selten geschieht, dass eher das Gegentheil vorkommt. — Die Vermuthung einfacher Gehörschwankungen wird ausgeschlossen durch Controllversuche über die binnen einer halben Stunde normal eintretenden Variationen. Unter 9 Proben blieb die Hörweite 7 Mal constant, und schwankte bloss 2 Mal an der Uhr um 1—2 cm. *Hh.*

EITELBERG. Ueber den Einfluss der Behandlung des einen Ohres auf das andere, nicht behandelte Ohr. ZS. f. Ohrenheilk. XII, 162; [CBl. f. d. med. Wiss. 1883, 505.

Verbesserung des Gehöres auf nicht behandelter Seite durch den Einfluss der anderseitigen Behandlung ist viel häufiger, als Verschlimmerung, namentlich bei Paukenentzündung, und zwar auch hinsichtlich subjectiver Geräusche, doch manchmal verspätet. — Die Erklärung folgt aus URBANTSCHITSCH's Beobachtung, dass einseitige Reizung sensibler Trigeminusfasern sämmtliche Sinnesempfindungen beider Seiten beeinflusst; wonach auf diesem reflectorischem Weg wahrscheinlich auch die therapeutischen Eingriffe übergehen. *Hh.*

*) PFLÜG. Arch. d. Physiol. XXX.

Victor Urbantschitsch. Ueber die Wechselwirkungen verschiedener Erregungen eines Sinnesorganes. Arch. f. ges. Physiol. XXXI, 280; [Naturf. XVI, 308.

Die Empfänglichkeit eines Ohres gegen schwache Schallreize wird gesteigert, wenn gleichzeitig auf das andre ein starker akustischer Eindruck erfolgt. Zu anderen Zeiten wird jedoch am nämlichen Menschen das Gegentheil beobachtet. Objective Reize schwächen subjective Empfindungen. Nicht blos die Quantität sondern auch die Qualität und Localisation der Empfindung wird von einem zweiten Reiz beeinflusst. — An anderen Sinnen ergiebt sich Aehnliches. *Hh.*

Victor Urbantschitsch. Ueber den Einfluss von Trigeminusreizen auf die Sinnesempfindungen, insbesondre auf den Gesichtsinn. Arch. f. ges. Physiol. XXX, 129.

Hierher gehört die Beobachtung, dass bei mehreren Kranken einer Verminderung des Gehöres Verdunklung des Gesichtfeldes und Abnahme des Sehvermögens entsprach. Günstig einwirkende Behandlung des erstren Leidens hatte Besserung des letztren zur Folge — sowohl plötzlich als andauernd. Gleiches hatte Deleau*) beobachtet. Urbantschitsch verfolgte nun die Frage experimentell und sind 25 Versuche im Detail mitgetheilt, auf welches hier kaum einzugehen sein dürfte. Dagegen erscheint Folgendes bemerkenswerth: die Hördistanz geht weiter, wenn die Schallquelle allmählich aus der Nähe in die Ferne gerückt wird, als wenn der umgekehrte Gang eingehalten wird. Unter gleichen Umständen versteht die Prüfungsperson ein vorher undeutlich gebliebenes Wort, wenn es in Gesellschaft anderer bekannter Wörter gesprochen wird. —

Im Allgemeinen, freilich unter verschiedenen Modificationen, welche mehr die Pathologie als die Akustik angehen, ward festgestellt, dass durch Ohrenleiden das Sehvermögen beeinflusst

*) J. d. connaissances méd-chir. 1838, VI; Med. Jahrb. Wien. 1840, XXXIII, 315.

werden kann. Nun sollte untersucht werden, ob einzelne Reizwirkungen aufs Ohr das Auge erregen. Aus zwölf Fällen folgt, dass zuweilen aufs äussere oder mittlere Ohr applicirte Reize das Sehvermögen sowohl bessern, als verschlechtern können; öfter ersteres, jedoch so unsicher, dass selbst an demselben Individuum zu verschiedenen Zeiten abweichende Resultate auftreten. Ob beide Augen beeinflusst werden, ob das der gleichen oder entgegengesetzten Seite, ob die Einwirkung plötzlich oder allmählich geschieht, ob die Folgen nur momentan auftreten oder dauernd, und wie lange, ob fortgesetzte, beziehentlich wiederholte Reize sich summiren oder nicht, ob die Intensität derselben in geradem Verhältniss an den Wirkungen sich reflectirt oder in complicirterem, hängt von vielen Umständen ab, welche oft zufällig, wenigstens nebensächlich zu sein scheinen. — Die oft angewandte Lufteintreibung ins Mittelohr veranlasste bei einigen ein über eine Stunde ausgedehntes Ansteigen des Sehvermögens. Hier wie bei anderen Versuchsergebnissen macht sich die Vermuthung geltend, dass die Sehsteigerung blos zum Theil aus der akustischen Erregung herzuleiten sei, andren Theiles aber aus secundären oder indirecten Zuständen, wohl vornehmlich nervöser Art. Auch können krankhafte Veränderungen des inneren Ohres sich ohne Weiteres auf das Auge fortpflanzen, — Fälle, welche ausserhalb der hier der Betrachtung gesteckten Grenzen liegen möchten. — Eigentlich wird weniger das Sehvermögen, als der diesem nicht durchweg parallele Lichtsinn vom äusseren und mittleren Ohre aus beeinflusst. Ein gleichzeitig günstiger Einfluss der Ohrentherapie aufs Auge, Ueberleitung auf dieses von den Druckschwankungen des Labyrinthwassers, nervöse Reflex-Actionen, letztere wahrscheinlich mit grösstem Rechte, können zur Erklärung der fraglichen Vorkommnisse beigezogen werden. — Vom Ohre aus hervorgerufene Reflexbewegungen am Auge wurden oft beobachtet: DELEAU, 1840; SCHWABACH, 1878; PFLÜGER, BÜRKNER, MOOS, SCHWARTZE, URBANTSCHITSCH selbst. — Von bezüglichen Nerven ist wohl ausschliesslich der Trigeminus anzusprechen. Durch vier Beobachtungen wurde gezeigt, dass auch von, zum Ohre in keiner Beziehung stehenden, Trigeminusfasern aus die Steigerung des Lichtsinnes bewirkt werden kann. Doch gehört dies nicht hierher. — Umgekehrt ist „die Möglichkeit einer reflectorischen Beeinflussung der akustischen Centren vom Trigenimusgebiete aus“ oft beobachtet: Türk, 1843; Wilde, 1852; Valleix, 1855; Politzer, 1865; Schwartze, 1866; Zaufal, 1872; Weber-Liel, 1873; etc. — Unter Anderm kann bei Behandlung des einerseitigen Ohres auf dem andren, ganz unberührt gelassenen Steigerung der Hörfähigkeit oder Verminderung subjectiver Geräusche eintreten. Letzteres geschieht auch oft nach Druck auf den Tragus, Reibung desselben oder Anblasen des äusseren Ohres derselben wie der andren Seite. — Endlich werden von Zuständen des Mittelohres die tactilen Empfindungen der Haut, insbesondere der Concha beeinflusst.

Hh.

Weber-Liel. Ueben den Einfluss sexueller Irritationen auf Affectionen des Gehörorgans. Monatsschr. f. Ohrenheilk. IX. 1883; [CBl. f. d. med Wiss. 1883, 909-910.

Geschlechtliche Reizungen können leichtkatarrhalische Zustände in motorische, sensible, vasomotorische Störungen der Mittelohrnerven umwandeln, welche zu Ohrgeräuschen und Schwerhörigkeit führen. Die Erscheinungen werden gemildert durch den constanten Strom zwischen Innenohr und Lendenwirbel, welch letztre dabei empfindlich sind. — Gehörleidende Onanisten werden als Beispiel angeführt. Das weibliche Gehörorgan wird schwerer und nachhaltiger von perversen geschlechtlichen Gewohnheiten betroffen. Auch normal, doch excessiv geübte Geschlechtreizungen beeinflussen mit Ohrgeräusch und Schwindel einhergehende Schwerhörigkeit höchst ungünstig. *Hh.*

W. Kieselbach. Ueber die galvanische Reizung des Nervus acusticus. Arch. f. ges. Physiol. XXXI, 95-98, 377; [Schmidt's Jahrb. d. Med. 1884, III, 281 (Möbius, Neuere elektrotherapeutische Arbeiten); [CBl. f. d. med. Wiss. 1883, 810-811.

Bei galvanischer Reizung des (eigenen) Gehörnerven erscheint stets der nämliche Ton, welcher dem Resonanztone des Schallapparates entspricht, deshalb mit den Zuständen des Mittelohres wechselt. Wahrscheinlich ist dieser stets vorhanden, als in der Paukenhöhle resonirendes Blutgeräusch, wird aber als Gewohnheitsreiz nicht vernommen; sondern erst dann, wenn der elektrische Strom die Erregbarkeit des Nervus acusticus steigert. — Gefässgeräusche werden vernommen bei gehemmter Schallableitung, besondrer Stärke und gesteigerter Nervenerregbarkeit.

Hh.

Syzianko. Ueber die elektrische Reaction der Hörnerven. VII. Congress d. russ. Naturf. u. Aerzte zu Odessa im Aug. 1883; [Schmidt's Jahrb. d. Med. 1884, III. (Möbius, Neuere elektrotherapeutische Arbeiten).

Die Schliessungs-Reaction ist stets unsicher. Keinesfalls gilt sie als Zeichen directer Reizung des Nervus acusticus, sondern wird durch vom Strome ausgelöste Muskelcontractionen vermittelt. In der Regel erscheint ein Geräusch, wie hervorgebracht durch Blasen bei galvanischen Wasserzerlegungen. — Alle Gehörsensationen elektrischer Art scheinen muskularer Entstehung.

Hh.

Brandeis. Ein Fall von beiderseitigen objectiven Ohrgeräuschen mit synchronischen Bewegungen des Trommelfelles und der Gaumenmuskeln. ZS. f. Ohrenheilk. XII, 251; [CBl. f. d. med. Wiss. 1883. 777.

An einem zwölfjährigeu anämischen Mädchen waren beiderseits Uhrtikgeräusche auf einige Schritte vernehmlich. Synchron damit bewegte sich rechts das atrophirte Trommelfell, desgleichen Zäpfchen und Weichgaumen, unter Contractionen der Halsmuskeln. Wahrscheinlich wurden durch die contrahirten Gaumenmuskeln die Tubalippen plötzlich von der hintren Wand abgezogen. Das Trommelfell veranlasste die Geräusche nicht, denn sie bestanden fort, als man jenes mittels Collodium fixirte.

Hh.

Zuckerkandl. Zur Morphologie des Musculus tensor tympani. Arch. f. Ohrenheilk. XX, 104; [CBl. f. d. med. Wiss. 1883, 724.

Neben specifisch Anatomischen gehört hierher die Bemerkung, dass der Muskel allerdings nach Magnus die zu starke Ausbreitung des Trommelfelles gegen den äusseren Gehörgang hemme, nicht wohl aber nur das Band zwischen Hammer und Cochlearfortsatz spanne, sondern auf den erstren direct wirke. — Ein Theil des Muskels ist mit Fettgewebe durchwachsen und hiermit ausser Contractionsthätigkeit gesetzt. Am Tensor tympani des Hundes, welcher vergleichsweise sehr scharfes Gehör besitzt, erscheint diese Fettinfiltration minimal. *Hh.*

R. Kayser. Ueber die Gesundheitsverhältnisse der Eisenbahnbeamten. (Moos, Gehörstörungen). [Schmidt's Jahrb. d. Med. 1883, I, 55.

Ein Lokomotivführer wurde von der Schuld des Zusammenstosses von Rangirzügen entlastet, weil Moos Schwerhörigkeit nachwies. Besonders auf Gebirgsbahnen mit Tunneln werden leicht Gehörleiden erworben. Zahl wie Intensität derselben steigen mit der Dienstzeit. Die Harthörigkeit wird meist bedingt durch Mittelohrkatarrh, seltener durch Labyrintaffection. Dampfpfeife und Knallsignal werden in der Regel noch vernommen, die Mundpfeifensignale aber auch normal durch optische Handsignale unterstützt. — Gottstein fand oft auch die Knochenleitung beeinträchtigt. — Tunnelarbeit verschlimmert wegen hohen Luftdrucks nach Sexton Gehörleiden. — Bei der Pennsylvania Railroad Company sind die Verwaltungsbeamten mit einfachen Prüfungsvorschriften für Gehör und Gesicht beauftragt. Für jenes wird eine Taschenuhr benützt und erforscht, ob auf 10′ Abstand gewöhnliche Unterhaltungssprache verstanden wird. *Hh.*

J. BOEKE. Ueber Gleichgewichtstörungen und nervöse Affectionen bei Trommelhöhlenleiden. Arch. f. Ohrenheilk. XX, 47; [CBl. f. d. med. Wiss. 1883, 561.

Ansammlung katarrhalischen Exsudates in der Trommelhöhle veranlasste Schwindel, Unsicherheit des Ganges, Erbrechen bei Versuchen, sich aufzurichten, Lähmung des linken facialis. Nach Punktion des Trommelfelles und Luftdouche verschwanden alle Symptome ausser dem letzten. Dessen weitere Untersuchung hat medicinisches Interesse; hier wurde der Fall bloss erwähnt wegen des oft kundgegebenen Zusammenhanges zwischen Gehörempfindung oder deren Organen und dem Gefühle wie der Erhaltung des Körpergleichgewichtes. *Hh.*

W. BECHTEREW. Ergebnisse der Durchschneidung des Nervus acusticus, nebst Erörterung der Bedeutung der semicirculären Canäle für das Körpergleichgewicht. Arch. f. d. ges. Physiol. XXX, 312; [CBl. f. Nervenheilk. 1883, I; [CBl. f. d. med. Wiss. 1883, 484.

Die ältere Litteratur dieser Frage, welche auf den vier ersten Seiten besprochen ist, kann übergangen werden, weil der oft behandelte Gegenstand fast in jedem dieser Bände schon berührt wurde. Von besonderem Interesse erscheint nur, dass über die Stellung des Nervus acusticus seit den positiven Angaben BROWN-SÉQUARD's (1860) und dem eben so bestimmten Widerspruch SCHIFF's bloss GOLTZ und CYON Versuchsergebnisse berichten, welche im Allgemeinen als Störungen des Gleichgewichts und der Bewegungen auftreten. Die operativen Methoden dürften in einem vorwaltend physikalischen Bericht zurücktreten. Sie unterliegen vielen, die Reinheit der Beobachtung beeinträchtigenden Schwierigkeiten. BECHTEREW durchschneidet zunächst die Hinterhauptmuskeln des Hundes, bohrt seitlich vom Atlasgelenk eine Oeffnung, steckt in diese ein schmales, spitzes, gebogenes Messer, gleitet innen an der hintren Fläche des Pyramidenknochen nach vorn und unten, erreicht so inneres Foramen auditivum und zerschneidet hier den Hörnerv. Unmittelbar danach trat Rollung um die Längsaxe des Körpers zur verletzten Seite hin, Ablenkung des gleichseitigen Auges nach unten und aussen, des entgegengesetzten nach oben und innen, Nystagmus und schwache Pupillenerweiterung auf. Neben der, nur selten unterbrochenen Andauer dieser Symptome sind die Beine der opponirten Seite auswärts mit starker Spannung gestreckt, die der operirten dagegen schlaff halbgebeugt an den Leib gezogen. Hunde, welche sich soweit erholten, dass sie gehen konnten, machten dabei den Eindruck, wie wenn die Füsse gebrochen wären. Aehnliches sah CYON an Tauben, denen er die Halbkreiskanäle durchschnitten hatte. — In der Ruhe wird eine, der Verletzung entsprechende Zwangseitenlage mit grosser Widerstandfähigkeit gegen Störungen eingehalten. Unerwartete Geräusche rufen sofort Rollung hervor unter verstärktem Nystagmus. Später treten diese Erscheinungen, welche durchaus übereinstimmen mit den Reactionen nach Durchschneidung der Kleinhirnstile, Zerstörung der Oliven, oder der hintren Seitenwand des dritten Ventrikeltrichters, bloss auf Reize paroxysmenartig auf mit langdauernden Pausen. Günstigen Falles schwindet die Rollung gegen Ende der ersten Woche ganz, die Zwangseitenlage bleibt länger und geht in die Neigung über, dahin umzufallen. Selbst bei weiter vorgeschrittener Genesung treten Anfälle von Kreisbewegungen (Manège) gegen die verletzte Seite auf. Verdeckung der Augen steigert die Motilitätsstörungen; unerwartete Geräusche haben meist zur Folge, dass das Thier niederstürzt, die Seite des durchschnittenen Nerven nach Unten, und sich ein- oder zweimal um die Körperlängsaxe rollt. — Wurden beide Hörnerven durchschnitten, so folgte Unfähigkeit zu stehen, ohne dass die Beine gelähmt wären. Auf schmerzhafte Reize wälzt sich das Thier am Boden und fährt mit den Pfoten unregelmässig in der Luft herum mit schaukelndem Kopfe und horizontal zuckenden Augen. Wenn solche Thiere genesen, was selten vorkommt, so kehrt die Bewegungsfähigkeit erst nach mehreren Wochen theilweise zurück. Geschieht die Zerschneidung des zweiten Nervus acusticus einige Tage nach derjenigen des ersten, so kommt der, einseitiger Operation entsprechende, Effect für kurze Zeit in abgeschwächter Form zum Vorschein.

Sehr wichtig erscheint die Frage, ob das Versuchsergebniss unmittelbar aus der Durchschneidung des Hörnerven folgt, oder ob Störung der Bewusstseinsphäre in Mitte liegt besonders in Gestalt von Vulpian's Gehörschwindel, durch Ohrgeräusche hervorgebracht. Sowohl an vor als nach der Operation chloroformirten Thieren blieben die Rollbewegungen aus, während Seitenlage von Kopf und Rumpf wie Streckung der jenseitigen Beine fortbestand, der Nystagmus aber bloss in tiefer Narkose verschwand. Auch nach Zerstörung des Grosshirnes hörten die Zwangsbewegungen auf, nicht aber Kopf- und Rumpflage. Unerwartete Geräusche und schmerzhafte, namentlich anhaltende Reize rufen auch in diesem Zustand starke Motilitätsstörungen, selbst die charakteristischen Rollungen hervor. Ohne Hirnläsion treten diese indess spontan auf. Bei Durchschneidung des Nervus acusticus sowohl als der Bogengänge haben dieselben einen reflectorischen Charakter und werden durch die bewusste Thätigkeit des unverletzten Gehirnes verstärkt, wohl vornehmlich durch Vermittlung des Schwindelgefühles. — Den weiteren Verlauf der höchst gründlichen, aber auch sehr weitschweifigen Arbeit glaube ich hier um so weniger ausführlich mittheilen zu dürfen, weil die eigentliche Akustik doch nur mittelbar davon berührt wird. — Es handelt sich zunächst um die Function der semicircularen Ohrbogengänge. Die ihrer Verletzung folgenden Erscheinungen wurden entweder aus ihrem Wegfall, oder der operativ erzeugten Reizung erklärt. Für die erste Auffassung spricht: die Störungen dauern auch nach Heilung der Wunde und Wegfall jeglicher Reizung fort. Ihre Form lässt schliessen, dass die Fähigkeit zusammengesetzter Beobachtungen nur mit Beihilfe des Gesichtes den Thieren verblieb. Die directen Reizungsfolgen sind von ganz andrer, theilweise entgegengesetzter Art. Unter Anderm zeigte Spamer, dass Zerstörung der Bogengänge oder deren elektrische Reizung die Körperrollung beziehentlich nach der verletzten und nach der entgegengesetzten Seite hervorruft. —

Die Vertreter der Reizungstheorie führen an: die Erscheinungen sind gleich nach der Operation am stärksten. Die in den Zwangsbewegungen entwickelte Kraft spricht für ein nervöses

Reizungsphänomen. Die Mehrzahl der Störungen ist nicht constant, sondern paroxysmenartig. — Der Autor betont nun, dass die der Zerstörung der Canäle nachfolgenden Erscheinungen gleichzeitig vom Functionsausfall der zerstörten und fortdauernden Function oder normalen Erregung der unversehrt gelassenen Canäle abhängen. — Nur bei gänzlicher Entfernung der Bogengänge und beiderseitiger Zerschneidung der Hörnerven fallen die Reizwirkungen fort und bleibt ausschliesslich Aufhebung des Körpergleichgewichtes. — Uebrigens scheinen die Semicirculärcanäle keineswegs bloss Organe für Erhaltung des letztren zu sein, oder gar für dasjenige des Kopfes, wie aus den Erfahrungen gefolgert werden möchte, dass das Sicherheitsgefühl körperlicher Bewegungen erheblich leidet, wenn bei geschlossenen Augen dem Kopfe eine erzwungene Lage gegeben wird, — sondern gehören wahrscheinlich sowohl anatomisch als functionell zum G e h ö r w e r k z e u g. Empfindungen des letztren werden oft zur Einführung und Bewahrung der Rhythmik, während umgekehrt arhythmische Gefühle akustischer, speciell musikalischer Art die Regelmässigkeit des Ganges leicht beeinträchtigen, selbst zu Schwindel führen. Individuelle Steigerungen kommen nicht selten vor. Die Geräusche gleitender Schlitten oder im Sande rollender Räder rufen bei einigen Personen Schwindel hervor. SCHMIEDEKAMM fiel in solchen bis zur Uebelkeit unter Singen im Ohr beim Heulen des Sturmes. Plötzlicher lauter Schall vor dem Ohre lässt unwillkürlich den Körper zurückprallen. Sogar des Grosshirnes beraubte Thiere zucken davor zusammen. — Die Schallempfindungen werden vermuthlich durch die Bogengänge des Ohres an das eigentliche Gleichgewichtcentrum, das Kleinhirn, übertragen und von da in motorischen Störungen zum Ausdruck gebracht. LABORDE*) sieht die Bestimmung der Semicirculargänge darin, in reflectorischer Weise Kopfbewegungen zur g ü n s t i g s t e n A u f n a h m e d e s S c h a l l e s zu veranlassen. BONNAFONT erzeugte Schwindel und Störungen des Körpergleichgewichtes durch Druck aufs Trommelfell und runde Fenster. Wahrscheinlich sind hier

*) Le progrès médical, 1882, Nr. 25.

wie in anderen einschlägigen Fällen die Druckschwankungen in der Labyrinthflüssigkeit maassgebend. Vielleicht werden dieselben zeitweise in einzelnen Canälen localisirt, weil die Lage der Schallquelle, also die Richtung des äusseren Schallreizes erfahrungsgemäss die Wendung der ausgelösten reflectorischen Bewegung bestimmt. Immerhin mag dabei das Organ der Bogencanäle eine gewisse Selbständigkeit besitzen, denn der Wegfall der Gehörempfindungen ist nicht nothwendig von Bewegungsstörungen begleitet. *Hh.*

VULPIAN. Expériences relatives aux troubles de la motilité produits par les lésions de l'appareil auditif. C. R. XCVI, 90-93.

An Säugethieren sind die Bewegungsstörungen in Folge von Verletzungen des Innenohres im Allgemeinen schwieriger hervorzurufen, als an Vögeln, stellen sich jedoch eben so genau als intensiv ein, indem gewisse Flüssigkeiten ins Ohr gebracht werden. Freilich lassen sich die einzelnen Phasen und Grade der Veränderungen weniger gut verfolgen, wie bei operativen Eingriffen, aber das Gesammtbild der Erscheinungen trifft zu. Giesst man in ein Ohr des Kaninchens einige Tropfen wässerigen Chloralhydrates von 25 auf 100, so tritt sofort nur eine schwache Reizung der berührten Stücke auf, in geringer Erregung kundgegeben; oft scheint gar keine Sensation sich einzustellen. Nach 12-15 Minuten erscheinen Bewegungsstörungen. Das Thier zittert; der Kopf schwankt von rechts nach links und umgekehrt; die Glieder bewegen sich unsicher; der Körper fällt leicht, besonders nach Reizung, auf die verletzte Seite. Etwas später verfällt der Kopf einer ausgesprochenen Rotation um die Axe des Halses, so dass die Wange am angegriffenen Ohre abwärts, die andre nach oben gekehrt ist. Beim Gange dreht sich das Thier ein wenig von der gesunden Körperhälfte gegen die operirte („en manége"). Nach einigen Stunden sind die Bewegungsstörungen verstärkt und am nächsten Tage zur Maximalintensität gestiegen, welche nicht nachsteht den Folgen einer Läsion der mittleren Kleinhirnschenkel. Nach mehreren Drehungen um die Längsachse macht das Thier Einhalt, von den, starkem Nystagmus verfallenen Augen das der gesunden Seite aufwärts, das andre zum Boden kehrend. Blos die Muskeln der angegriffenen Gesichtshälfte sind gelähmt; sonst fehlt jedes Zeichen von Paralyse. So oft sich das Thier einem Reize zu entziehen sucht, beginnt die Körperrollung mit gleichen Eigenthümlichkeiten. Nach mehreren Tagen erscheinen die krankhaften Erscheinungen geschwächt, die Gesichtparalyse dauert aber in unveränderter Stärke fort. Eines der Thiere ging nach einigen Tagen zu Grunde aus Erschöpfung, weil die Ablenkung des Kopfes es am Ergreifen der Nahrung hinderte. Das gesundbelassene Ohr fand sich ebenfalls gereizt und congestionirt; die Entzündung schritt jedoch nicht weiter vor, als zum Grunde des äusseren Gehörganges. Auf der operirten Seite war das Trommelfell zerstört, das Mittelohr von Eiter erfüllt, das innere hoch congestionirt mit eiternden Häuten. Die Hirnhäute erschienen gesund. Der Facialnerv der verletzten Seite war auf dem Wege der Alteration. — Ein Kaninchen, dessen beide Ohren mit wässerigem Chloralhydrat injicirt wurden, zeigte dieselben Erscheinungen, welche indess langsamer eintraten. An Stelle der Manégerotation wurde der Kopf nach rückwärts geworfen, und eben so der Gang dirigirt. Der Kopf schwankte besonders stark nach den Seiten. Nach drei Tagen rotirte das Thier manchmal um sein Hintergestell, bald in einem, bald in andrem Sinne, und beim Einhalten schwankte es etliche Augenblicke heftig. Nystagmus bestand nicht, aber Lähmung beider Gesichtshälften. — Die Erfahrungen mit Hunden ergaben Aehnliches, doch weniger exact, — wohl wegen verschiedener Durchdringlichkeit der Ohrhäute. — An Kaninchen sieht man die Bewegungsstörungen mehr und mehr ausgebildet, je tiefer das Reizmittel eindringt, und am heftigsten werden, wenn das Innenohr erreicht ist. Wahrscheinlich geschah Letztres schon, sobald die ersten bestimmten Modificationen im Gleichgewicht der Bewegungen auftreten, denn wegen rascher Imbibition möchte sich das Chloralhydrat durch ovales und rundes Fenster bald in Wechselwirkung setzen mit Halbkreiskanälen und Schnecke, deren vorschreitende Reizung die Bewegungsstörungen steigert. *Hh.*

P. M'BRIDE. A new theory as to the functions of the semicircular canals. J. of anat. XVII.

Die Halbkreiscanäle dienen nicht blos als Gleichgewichtorgan, sondern auch zur Auslösung von Reflexbewegungen des Kopfes und der Augen mittels der Ampullarnerven. Dies finde gegen die Seite des herkommenden Schalles statt, dessen Richtung demnach in dieser Weise bestimmbar wäre. *Hh.*

A. HOEGYES. Ueber die wahren Ursachen der Schwindelerscheinungen bei Drucksteigerung in der Paukenhöhle. Arch. f. ges. Physiol. XXVI, 558; [CBl. f. d. med. Wiss. 1883, 7.

Reizung des häutigen Labyrinthes ruft Zwangsbewegungen und Schwindel hervor, indem die Vestibularenden des Hörnerven erregt werden. Wahrscheinlich wirken in dieser Weise auch die Druckschwankungen in der Paukenhöhle, durchs Labyrinthfenster die Perilymphe in Schwingung versetzend. Die Ansicht von BAGINSKY und LUCAE, dass jene Druckschwankungen durch den Aquaeductus cochleae die Cerebrospinalflüssigkeit beeinflussen, sei falsch, weil von letztrer aus direct kein Schwindel ausgelöst werde, und Ausrottung beider häutigen Labyrinthe die während der Operation auftretenden Gleichgewichtstörungen der Körper-, Kopf- und Augen-Muskulatur sistire. *Hh.*

K. VIERORDT. Schallschwächung in Theilen des lebenden Menschen. ZS. f. Biol. 1883, XIX, 101-113; [Naturf. XVI, 223; [Beibl. VII, 672.

Einerseits am geprüften Körpertheil wurde eine Schiefertafel befestigt, auf welche Bleikugeln von 3 mg Gewicht fielen. Andrerseits legte man ein Hörrohr an und bestimmte die Wahrnehmungsschnelle; danach eben dieselbe durch unmittelbaren Ansatz der Röhre an die Schallplatte. Der Unterschied beider Beobachtungen gab die akustische Schwächung im eingeschalteten Stück. Mit dessen Dicke wächst im Allgemeinen jene, und ist um so geringer, je mehr Knochen er enthält. — Die 0.54. Potenz der Fallhöhe mit dem Bleigewicht multiplicirt galt als Maass der Schallstärke. Diejenige wurde festgestellt, welche die schwächste wahrnehmbare Empfindung gab. Die relative Schallschwächung durch eine Schicht von 1 cm betrug am Zeigefinger: 12.9, Oberarm: 84.3, Schenkel: 155.1. — Von störendem, weil ungleichmässigem Einfluss ist die Gestalt und anatomische Beschaffenheit der Körperstücke. Ausserdem nimmt der akustische Verbreitungsbezirk mit der Dicke des Theiles beträchtlich zu. Bei constantem Querschnitt wird der Schall von Schicht zu Schicht um gleichen Betrag geschwächt. *Hh.*

V. Dvořák. Apparate zur Messung der Schallstärke. ZS. f. Instrk. 1883, 127-135; [Beibl. VII, 670.

Die zur (objectiven) Messung der Stärke einer Schallquelle verwendete Radiometerwage besteht aus einem leichten Flügel, welcher am Ende eines anderseits mit Gegengewicht belasteten Querbalkens sitzt. Die Schwingungen des Spiegels werden durch eine damit verbundene Metalllamelle gedämpft, welche unter Oel hinabtaucht, und mittels Fernrohres an einer Scala beobachtet. — Ein Schallstärkemesser von Rayleigh ist gegründet auf das Bestreben einer Scheibe, zur Richtung der Luftvibration lothrecht zu werden. Dvořák glaubt, dass namhafte secundäre Beeinflussung der letztren stattfinde. Uebrigens habe er auf dies Princip viel früher*) aufmerksam gemacht. *Hh.*

Paul Reis. Ungewöhnlich weite Hörbarkeit von Tönen erklärt durch Windbrechung. Humboldt 1883, 53.

Der Nordpolfahrer Parry fand bei seiner Ueberwinterung nördlich vom 70° ein mit gewöhnlicher Stimmstärke geführtes Gespräch im Abstand einer halben Wegstunde vernehmlich, Foster noch um den dritten Theil weiter. Die Temperatur war

*) Wien. Ber. [2] LXXII, 213. 1875.

nahe bei —30° gelegen, in der die Luft höchstens um $\frac{1}{7}$ dichter ist, als am Frostpunkt. Bravais und Martens fanden die Tragweite eines künstlich verstärkten und verlängerten Stimmgabeltones auf dem Faulhorn viel grösser als in der Ebene, auf dem Montblanc freilich kleiner noch als in letztrer, so dass die Luftdichte allerdings einigen, doch nicht ausschliesslichen Einfluss übte. Um Mitternacht ging jener Ton um die Hälfte weiter, als zu Mittag.

Reis machte einschlägige Beobachtungen während des Herbstaufenthaltes 1881 und 1882 in Schlangenbad, dessen, wohl auch sonst bekannte, ausführliche Beschreibung im Texte nachgelesen werden mag. Drei Kilometer weit wurde die vornehmlich mit Streichinstrumenten wirkende Bademusik von zwölf Mann gegen den Wind gehört an einem 200 m über der Schallqnelle erhobenen Punkte. Am Fusse der steilen Anhöhe, etwas näher am Orte, wurde Nichts gehört. — 1857 hatte Stokes die Bedeutung der Geschwindigkeit des untren und obren Windes für die Schallfortpflanzung betont. Reynolds führte 1875 die Erscheinungen auf „akustische Windbrechung" zurück. Wenn am Boden, wo der Wind stets durch Reibung aufgehalten und verlangsamt wird, die gegen den Wind ziehenden Schallwellen um 4 m verzögert werden, so höher ums Doppelte, und in ganz freier Luft um 20 m. Da die oberen Stücke der Schallwellen hiermit eine Rückwärtsbiegung erfahren, wird der zu ihren Flächen senkrechte Schallstrahl nach oben gedreht, so dass der gegen den Wind fortschreitende Schall in der Tiefe schon verschwunden ist, während er oben hörbar bleibt. Gehen die Schallwellen mit dem Winde, so werden sie oben mehr als unten beschleunigt, erhalten mithin eine oben übergeneigte Fläche, deren Loth nach abwärts gesenkt ist. Demgemäss hört man eine, mit Schallbecher und Windfahne versehene, Aeolszungenharmonika mit der Windrichtung auf 1 Kilometer Abstand. *Hh*

F. E. Pauchon. Sur la limite supérieure de la perceptibilité des sons. C. R. XCVI, 1041-1043*); [Nature XVI, 215; Phil. Mag. (5) XV, 371; [Chem. News XLVII, 213; [Engineering XXXVI, 112; [Cim. (3) XIII, 272.

Zu den Versuchen**) wurde eine kräftige Dampfsirene nach Cagnard-Latour mit variablem Druck benutzt. Wechselte dieser im Windkasten von ½ bis 1½ Atmosphären, so lag die Grenze der Tonhörbarkeit zwischen 24000 und 30000 (Doppel)-Schwingungen. Bei Aufstellung einer Gegenplatte konnte man bis 36000 gehen, ohne die Wahrnehmungsgrenze zu erreichen. Hierbei war der Druck 2½ Atmosphären, die Umdrehungszahl 600 und die peripherische Geschwindigkeit 113 m in 1 Secunde. — Der Dampfverbrauch entsprach einer Maschine von „8ch." Einerseits befestigte Metallstäbe wurden durch Reibung mit einem Tuch zu Längsschwingungen gebracht, und die Tonhöhen durch Verkürzung der Stäbe abgestuft. Die Länge, welche bei gleichem Metall den Grenzton giebt, erscheint vom Durchmesser der Stäbe unabhängig. Die Längen der Grenztöne stehen für Stahl, Kupfer, Silber fast in demselben Verhältniss wie die Fortpflanzungsgeschwindigkeiten des Schalles in jenen Stoffen, nämlich Cu: 1, Ag: 0.995, Stahl: 1.002. — Bewaffnung mit dem Hörrohr rückt die Grenze der Hörbarkeit ein wenig weiter. — Reibmittel: Colophonium, Terpentinöl, Alkohol, Aether, modificiren die Schwingungsweite, womit die Grenzlänge ums Doppelte schwanken kann. Am kleinsten ist die Länge bei, am stärksten reibenden, Colophonium. — Die sensible Flamme reagirt noch deutlich auf Töne, welche dem Ohre nicht mehr wahrnehmbar sind. *Hh.*

Allard. Hörbarkeit von Tönen. Natur 1883, 110 nach C. R. XCV, 1062-1064.

Die Tonhöhe erscheint einflusslos auf die durchlaufene Entfernung. Sirenentöne von 300, 375, 450, 600 Schwingungen waren gleich gut über neun Kilometer hörbar. *Hh.*

Sh. auch diese Berichte XXXVIII Abth. I, 350-351, 375-376.

*) Vorgelegt von M. Berthelot.

**) Ausgeführt zum Theil mit M. L. Bertrand.

C. B. CLARKE. Equal Temperament of the Scale. Nature XXVII, 240.

Es wird Bezug genommen auf eine Veröffentlichung von CHAPPELL am 8. November 1877. Bezeichnet man C mit 1, c mit 2, so sind die Schwingungen der 11 dazwischen liegenden Töne beziehlich 2 mit einem Bruchexponenten, dessen Nenner 12 ist, während die Zähler von den natürlichen Zahlen 1 bis 11 gebildet werden. Durch praktische Prüfungen am Piano, und theoretische Rechnungen, deren Wiedergabe vielen Raum fordern würde, kommt der Autor zur Ueberzeugung, dass der Ausdruck „equally tempered semitone" ungenau sei. Die Halbtöne des Piano sind alle gleich; nicht einer von ihnen aber könnte von einem Anhänger der gleichtemperirten Halbtonleiter alterirt werden, ohne das Intervall ungleich zu machen. Die „equally tempered semitones" sind eben nicht gleich temperirt. Durch Verschiebung des E von 1.25 zu 1.25½ wird die harmonische Coincidenz geopfert. — Der einfache Grund, dass die ungleiche Temperirung angewendet wird, liegt darin, weil nicht alle Schlüssel gleich oft gebraucht sind. Es wurde oft gesagt, dass der sogeannte „Wolf" in die Musik Eingang gefunden habe durch das sehr gebräuchliche, obschon unvollkommene Instrument: Piano, während die edle Geige oder die menschliche Stimme dies nicht kennen, ausgenommen in so weit als das von Natur aus gute Gehör für harmonische Intervalle durch fortgesetztes Hören der temperirten verdorben ward. Doch steckt der Wolf eigentlich nicht im Piano, sondern in der Scala. — Die beste Manier, das Klavier für die gewöhnliche Musik und Benützung zu stimmen, wird gegenwärtig nach CHAPPELL's Empfehlung geübt; die beste Art jedoch, es in allen Schlüsseln anwendbar zu machen, besteht darin, es auf zwölf mathematisch gleiche Halbtöne zu stimmen. *Hh.*

Transmission des Schalles. Techniker 1883, 67.

„Das Pfeifen der Locomotive tönt auf 3300 Yards und das Geräusch eines Eisenbahnzuges auf 2800. Einen

Musketenschuss und das Bellen eines Hundes hört man 1500′ ein Orchester oder den Wirbel einer Trommel 1600′ weit. Die menschliche Stimme reicht auf eine Entfernung von 1000′, das Quaken des Frosches von 600′, das Piepen der Hühner von 800′. Deutliches Sprechen vernimmt man im Freien von unten nach oben zu 600 Yards, von oben nach unten aber nur 100 Yards. Die Oberfläche eines glatten Wassers giebt bloss dann ein Echo, wenn die Stimme von der Höhe kommt. Bei diesen Beobachtungen übt jedoch die Witterung, ob kalt und trocken, oder warm und feucht, einen Einfluss aus; im ersten Falle geht der Schall weiter, als im letztren." *Hh.*

Silvanus P. Thompson. The Invention of the Telephone. Nature XXVIII, 130-132. (Mit 5 Zeichnungen.)

In der „Zeitschrift der physikalischen Gesellschaft" in Frankfurt a/M., 1860/61 S. 57 steht ein Aufsatz von Philipp Reis über die Telephonie des galvanischen Stromes, worin gesagt wird, er könne mit seinem Apparat die Töne verschiedener Instrumente und bis auf einen gewissen Grad der menschlichen Stimme wiedergeben. Die Consonanten wenigstens würden meist genügend distinct hervorgebracht, mit den Vocalen aber gelinge es nicht immer in gleichem Grade. -- Die Hauptfrage war, wie ein einzelnes Instrument auf einmal die Gesammtthätigkeit der bei der menschlichen Sprache betheiligten Organe wiedergeben könne; verbunden mit der andren, wie unser Ohr die einzelnen wie die resultirenden Schwingungen der gleichzeitig operirenden Sprachwerkzeuge aufnehme. -- Die daran gereihte Untersuchung über das Ohr und dessen instrumentale Ersatzmittel wäre ohne die Figuren nur mit grosser Umständlichkeit verfolgbar, was deshalb hier um so mehr unterbleiben kann, als es sich um, in Deutschland wenigstens, längst bekannte Dinge handelt.

Hh.

K. Vierordt. Messung der Schallschwächung im Telephon. Wied. Ann. XIX, 207-213.

Die Angabe SIEMENS', „dass ein BELL'sches Telephon etwa 0.0001 der Schallmasse, von der es getroffen wird, auf das andre Telephon überträgt“, erscheint zu niedrig gegriffen. Ueberhaupt darf der Schallverlust nicht einfach in Bruchtheilen des ursprünglichen Schalles angegeben werden, wenn derselbe durch die Längeneinheit des Leiters bei constantem Querschnitt um denselben absoluten Betrag gemindert wird. Mittels Phonometerplatten, Fallkugeln und SIEMENS-HALSKE'schen Telephonen neuster Construction wurde festgestellt, dass die Schwellen-Empfindung eintrat, wenn die Zinnplatte durch eine Bleikugel von 1549 mg Gewicht bei einem Fallraum von 7 mm erschüttert wurde, was einer Schallstärke von $1549 \times 7^{0.62} = 5176$ entspricht, gleichend etwa einer schwachen Menschenstimme auf geringen Abstand. Beim Anlegen des Ohres ans Telephon brauchte dieselbe Kugel bloss aus 4 mm zu fallen. Wurde ohne Telephon das Ohr der Platte auf 3 cm genähert, so erreichte man die Schwellenempfindung, wenn eine 2.4 mg schwere Kugel aus 12 mm fiel ($2.4 \times 12^{0.53} = 8.95$). — Bei äusserem Lärm dagegen war die unter sonst gleichen Umständen erhaltene letztre Zahl 13.67. — Der telephonische Apparat schwächte den durch die Luft ihm zugeleiteten Schall des Zinnphonometer um 4690.3 Schalleinheiten. Diese Schwächung ist wahrscheinlich nur in engen Grenzen der Schallstärke constant. Bei möglichstem Ausschluss der Luftleitung beträgt die telephonische Schwächung nebst 34 m langen Leitungsdrähten 5167 Schalleinheiten der Zinnphonometertafel. Solch ein Schall ist objectiv 577 Mal stärker als der schwächste Schall, den ein gut hörendes Ohr wahrnimmt. Demnach kann wohl „auf Entfernungen von 90 engl. Meilen noch vernehmlich hörbar telephonisch gesprochen werden“. *Hh.*

SOHNCKE. Das ADER'sche Telephon auf der Pariser Ausstellung. Naturw. Verein in Karlsruhe IX, 89. 1883.

Aus der vielfach anderwärts gebrachten Darstellung der technischen Verhältnisse erscheint hier bemerkenswerth, dass nach stereoskopischem Princip die Localisirung der Laute erreicht wird, indem das fürs rechte Ohr bestimmte Telephon mit dem rechts an der Bühnenrampe stehenden Mikrophon verbunden ist, und entsprechend anderseits. Aus der hiermit für jedes Ohr verschiedenen Schallstärke kann man die akustische Richtung so gut beurtheilen, dass die Bewegungen des Sängers auf der Bühne verfolgbar sind. *Hh.*

G. Salot. Die Grösse der telephonischen Vibrationen. Humboldt 1883, 170.

An der Eisenlamelle des Bell-Telephones wird eine 0.45 g schwere Glasscheibe befestigt, und davor eine andre, welche durch Druck Newton's Farbenringe hervorbringt. Spricht man ins Telephon, so verlieren dieselben ihre Schärfe und verschwinden ganz bei stärker erhobener Stimme. Die sichtbaren Veränderungen geben ein Maass für die Schallschwingungen. Zur Beurtheilung jener dient eine rotirende, längs des Randes mit Löchern versehene Scheibe, welche sirenenartig angeblasen die Höhe des dem Telephone übertragenen Tones erkennen lässt, bei dessen Auftritt die Ringe sich verändern. Der mässig stark gesprochene Vocal u oder a bewirkt eine Verschiebung um den Abstand zweier nächst liegender Ringe, entsprechend einer Ausweichung der schwingenden Membran von 0.0002 bis 0.0003 mm. Die Helligkeitsgrade der Ringe können zur Abschätzung der telephonischen Stromstärke dienen. *Hh.*

N. Wedenskij. Die telephonischen Wirkungen des erregten Nerven. CBl. f. d. med. Wiss. 1883, 465-468; [Naturf. XVI, 308.

Bernstein und Schoenlein zeigten 1881 die telephonischen Wirkungen der Schwankungen des Muskelstromes bei der Contraction. — An zwei Binauricular-Telephonen erscheint ein leiser doch gut wahrnehmbarer Ton, wenn der damit verbundene Frosch-ischiadicus tetanisirt wird. Stärke wie Klangfarbe dieser „Nerventöne“ stimmt mit denen der „Muskeltöne" (am Gastrocnemius) überein, nur dass letztrer wegen schneller Erschöpfung des Präparates früher sinkt. Der ächt physiologische Charakter jener Töne folgt daraus, dass Unterbindung des Nerven sie aufhebt, dass sie bei dreifach schwächeren Reizstärken eintreten, als die rein physikalischen Unipolarwirkungen, und dass ihnen eine andre Klangfarbe zukommt. Zur Untersuchung der unipolaren Reize, deren mögliche Mitwirkung am akustischen Phänomen allerdings nicht vergessen werden darf, wird folgendes, gegen wahre Nerventöne einflussloses Verfahren empfohlen: „Berührt man mit der Hand eine der, Reiz zuführenden, Elektroden auf irgend einem entblössten Punkte ihres Verlaufes, so vernimmt man sogleich, wenn unipolare Entladungen im Spiele sind, entweder eine scharfe Abschwächung oder Verstärkung des hörbaren Tones, je nachdem man die dem Telephone nähere oder die davon entferntere Elektrode ableitet." — Bei 250 Stromunterbrechungen in 1 Secunde (mittels Stimmgabel) entsprechen den physiologischen Processen im Nerven folgende akustische Erscheinungen: Schlittenabstand 21-24, regelmässiges Geräusch wie bei willkürlichem Muskeltetanus 17-19, musikalischer Ton, bei 13-15 stärker und reiner, bei 9-11 schwächer und mit Geräuschen vermengt. Erst mit weiterer Stromverstärkung mischen sich leise Unipolartöne von constanter Intensität bei. — Eigenthümliche Schläge bei Schliessung oder Oeffnung des Stromes erscheinen, je nachdem der Ableitungsstelle die Kathode oder Anode zugekehrt wird. Der lebende Nerv, stellenweise tetanisirt, anderwärts vom constanten Strome durchflossen, zeigt telephonische Reactionen an polarisirten Nervenpunkten, welche dem todten Nerven fehlen. Künstliche Unterbrechungen des ruhenden Nervenstromes geben gut vernehmliche Töne von besondrem Klange, oft an Stärke die Erregungstöne übertreffend. — Chemische Reize wirken in Nerven schwach telephonisch: mechanische besser. — Die rheoskopisch-telephonische Prüfung der Nervencentren ist schwierig, doch nicht aussichtslos. *Hh.*

John Tyndall. Wirkung freier Molecüle auf strahlende Wärme und deren Umsetzung in Schall. (§ 8 und 9.) Rep. d. Phys. XIX, 197-208.

Aus der umfangreichen, einem allgemeineren Gegenstand gewidmeten Abhandlung gehört bloss hierher, was auf den oben erwähnten Seiten mit Bezugnahme zu Bell's photophonischen Versuchen gesagt ist. Stark absorbirender Dampf müsste unter intermittirenden Lichtstrahlen Pulsationen ausführen, schnell genug, um musikalische Töne zu geben. Geeignet hierzu möchten die Dämpfe des Aethyloxydes sein, während der diathermane Schwefelkohlenstoff wenig oder nichts erwarten lässt. Wirklich wurde hier nichts gehört, dort aber ein „Ton, dessen Höhe der Häufigkeit der Lichtblitze entsprach.“ — Kalklicht, ein kleiner versilberter Hohlspiegel, eine rotirende, am Rand vielfach gleichdistant durchlöcherte oder gezähnte Scheibe, dünne Glaskolben 1 Cub″ haltend, ein von ihnen zum Ohre gehender Gummischlauch — genügen zu den Versuchen. — Im Allgemeinen tönen alle Gase um so besser, je kräftiger sie die Wärme absorbiren, wobei der Durchsichtigkeitsgrad gleichgiltig ist. Doch kann auch die Absorption sichtbarer Strahlen Töne hervorrufen, wie in Jod- und Bromdampf. Die günstigste Pulsationsgeschwindigkeit ist die der Flaschenresonanz entsprechende. — Nun folgen „manometrische Messungen“. *Hh.*

W. Kaiser. Die Sinnesorgane der Insekten. (Nach Prof. Aurivillii in der diesjährigen Festsitzung der schwedischen Wissenschafts-Akademie gehaltenem Vortrage.) Natur 1883, 393.

Ueber das Gehör der Gliederthiere, welches lang ohne Prüfung und Beweis angenommen worden war, brachte die erste entscheidende Untersuchung 1844 v. Siebold an Heuschrecken; später Leidig an Käfern und Zweiflüglern; neuerdings Graber*). Die Nerven am Heuschreckenohre laufen in, das Licht stark brechende, Stifte aus. Aehnliche Gebilde sah Graber bei vielen Larven wie ausgebildeten Insekten an sehr verschiedenen Körper-

*) Ueber die Stifte- führenden oder chordotonalen Sinnesorgane bei den Insekten. Zool. Anz. N. 450.

stellen: Flügeln und deren Decken, Beinen und Kniegelenken, Antennen und Mundwerkzeugen. Die Spitzen der Stifte hängen durch Fäden unmittelbar mit der Körperbedeckung zusammen, zuweilen in ihr Vertiefungen hervorrufend, namentlich an den Schwingkolben und Vorderflügeln der Fliegen. Die Stifte stehen selten vereinzelt; bei Larven fast gleichmässig über den ganzen Körper verbreitet, an älteren Thieren auf einzelnen Stellen vorzüglich entwickelt, anderwärts verschwindend oder verkümmert. — In wie fern diese Formelemente mit dem Gehör in Beziehung gebracht werden dürfen, leuchtet aus folgenden Erwägungen hervor. Dieselben können kaum anderen organischen Functionen der Sinnlichkeit dienen. Dem Geruch dienen sie nicht, weil der Zusammenhang mit der Luft; dem Gefühle nicht, weil derjenige mit den Hauthaaren fehlt. Dagegen sind sie genügend gespannt, um die an die äussere Chitinschicht herantretenden Schallschwingungen zu leiten. Sie stehen in anatomisch-genetischer Verbindung mit dem anerkannten Ohre der Heuschrecke. Andere Organe zur Lautempfindung fehlen; diese ist aber experimentell an Insekten erwiesen. Eine Schabe bleibt (lauschend?) stehen beim plötzlichen Tone einer Saite. Sogar die Angewöhnung für gewisse Laute kommt vor, indem von den Insekten bloss auf den Lockruf der eigenen, nie anderer Arten gehört wird.

Hh.

RUDOLF TEMPLE. Leben und Weben des Seidenspinners.

Separatabdruck aus der Wochenschr. f. Land- u. Forstwirthschaft 1883.

Der Gehörsinn der Raupe scheint nach den nervösen Verzweigungen vornehmlich in die Bewegungsorgane verlegt, demnach dem Tastsinn beigeordnet zu sein. Das Hören der Thiere beruht in einer allgemeinen Erregung durch vibratorische Eindrücke; keineswegs in einer regelmässigen Erfassung der Schallwellen, wie sie höheren Organismen eigen ist. Ein innerhalb des Perigastrium gelegenes „Ohr" darf kaum in specifisch akustischem Sinne gedeutet werden. *Hh.*

(Sir JOHN LUBBOCK). The senses of bees. [Nature XXVII, 46 (680) (Linnean Society); [Humboldt 1883, 121.

SIR JOHN LUBBOCK hat, nachdem der Farbensinn der Bienen geprüft worden war, Versuche in Bezug auf das Hörvermögen angestellt. Einige Bienen waren daran gewöhnt worden, Honig zu holen von einer Musikdose, welche vor dem Fenster stehend während zweier Wochen täglich mehrere Stunden aufspielte. Dann brachte man dieselbe in ein Zimmer mit geöffneten Fenstern an eine beim Einflug nicht sogleich sichtbare Stelle, welche jedoch vom vorigen Platze in höchstens sieben Yards betragender, also die Hörbarkeit der Musik nicht aufhebender Entfernung lag. Die Bienen fanden unter solchen Umständen den Honig nicht, wohl aber, sobald das Spielwerk in ihrem Gesichtkreis stand. — Experimente mit dem Mikrophon waren resultatlos. — Jedermann weiss, dass von den Bienen seit uralter Zeit (ARISTOTELES?) bis heute angenommen wird, sie würden durch klingende Kessel und ähnliche Geräusche beeinflusst, während manche erfahrene Bienenzüchter bezweifeln, ob solche akustische Einwirkung bestehe. SIR JOHN LUBBOCK drückt sich nicht bestimmt darüber aus, hält indess für möglich, dass die Bienen laute tiefe Töne weniger gut hören möchten, als die höheren Obertöne an der Grenze der menschlichen Tonauffassung und vielleicht darüber hinaus. *Hh.*

C. Auscultation und Percussion.

MALET. The physical differences between binaural and uniaural stethoscopes. CBl. f. d. med. Wiss. 1883, 298.

Unter der Annahme, dass beim einfachen Hörrohr die Schallwellen die Wand desselben durchsetzen, beim doppelten aber die in der Höhlung befindliche Luft, wird dieses jenem weit überlegen erachtet. Das Doppelstethoskop soll der Leibesfläche dicht anliegen, ohne einen Druck darauf zu üben, so dass Unebenheiten mit Gummi auszugleichen sind. Man muss an vielen Stellen der nackten Brust horchen. — LEWINSKY bemerkt dazu, dass der Hauptfehler des Doppelstethoskopes liege in der Beimengung von Nebengeräuschen und der Belästigung des Gehörganges durch die häufige Einführung der Ohrenden des Instrumentes. *Hh.*

S. MELTZER. Schluckgeräusche im Scrobiculus cordis und ihre physiologische Bedeutung. CBl. f. d. med. Wiss. 1883, 1-4.

Gewöhnlich hört man an der menschlichen Magengrube 6-7 Secunden nach Beginn des Schluckens ein Geräusch, wie beim Pressen von Flüssigkeit durch eine enge Oeffnung; seltener ein Zischen gleich beim Schluckacte. Letztre Erscheinung war am häufigsten bei Menschen, welche beim Husten leicht erbrechen, also eine widerstandslose Cardia besitzen. Auf ersteres Phänomen haben Einfluss die Brustkastenweite, Form der Leber, Fett, Contractionsstärke der Speiseröhre, Elasticität des Magenmundes, Beschaffenheit des Geschluckten. Die Klangfarbe des Geräusches hängt unter Anderm ab vom Füllungsgrade des Magens, welcher resonatorisch wirkt. — Das Uebrige fällt ausserhalb der Akustik. *Hh.*

A. CANTANI. Kurze Mittheilung über die diagnostische Verwerthung der Fortpflanzung des Athmungsgeräusches über den Unterleib, namentlich bei Pneumoperitoneum. CBl. f. d. med. Wiss. 1883, 113.

Mit dem Hörrohr wird das Athmungsgeräusch sehr stark, nur wenig geschwächt, eben so gut am Magen, als überm Zwerchfell vernommen. Dagegen pflanzt es sich nicht fort auf Colon transversum und descendens. Bei grossem Darmmeteorismus erstreckt es sich bloss über den (linksseitigen) Magenumfaug; bei Pneumoperitoneum ungeschwächt über den ganzen Unterleib beiderseits bis zum Schambein. *Hh.*

SCHROETTER. Ueber musikalische Geräusche am Herzen. Wien. med. Blätter 1883, 1.

Bamberger und Hamernjk fanden meist am linken Ventrikel ein hohes Pfeifen, erzeugt von Schwingungen quer durch die Höhle gehender Sehnenfäden. Diese brauchen nicht angeboren zu sein, sondern können in Endokarditis zerrissen, und an anderen Stellen fixirt worden sein. — Bei Insufficienz der Aortaklappen wurde an der Aorta ein diastolisches musikalisches Geräusch gehört. Der Leichenbefund ergab Zerstörung einer Klappe bis auf einen fadenscheinigen Saum, dessen vitale Spannung Schwingungen ermöglichte. *Hh.*

J. v. Drozda. Ueber die Bedingungen des Zustandekommens von musikalischen Herzgeräuschen. Wien. med. Wochenschr. 1883; [CBl. f. d. med. Wiss. 1883, 764.

Pfeifende, singende, stöhnende Schallphänomene erscheinen systolisch am linken Ventrikel durch Schwingungen abnorm quer die Höhle schneidender Sehnenfäden, Anspannung von Muskelballen, welche Entzündung oder senile Atrophie aus der Wand hob, doch auch durch Vibration normal liegender bloss entzündlich verdickter Fasern. Diastolischmusikalisches Geräusch entsteht an der linken Venenmündung bei deren hochgradiger Stenose, besonders mit Kalkeinlagerung oder netzförmiger Durchlöcherung. An der Aortenmündung kann Aehnliches geschehen, indem Sehnenbänder oder Abschnitte der Semilunarklappen schwingen, auch wohl verkalkte Plättchen in der Aorta ascendens unter anprallendem Blutstrom. Diastolische Aortengeräusche werden veranlasst bei Insufficienz der Klappen und partieller Beweglichkeit ihrer Ränder. — Herzgeräusche ohne anatomische Grundlage sind vielleicht stets intrathorakischvenösen Ursprungs und mit hoher Anämie in Zusammenhang. *Hh.*

W. H. Broadbent. On some points in relation to the sounds of the heart. Practitioner 1883, I.

Verlängerung des ersten Spitzentones ist oft eigentlich dessen Verdoppelung; Verkürzung deutet Erweiterung des linken

Ventrikels an. Scharfer kurzer Ton begleitet oft Stenose des Atrioventricularostium. Weitere Besonderheiten betreffen vorwiegend das medicinische Interesse. — Tiktakrhythmus, worin die normal ungleichen Intervalle der Herztöne pendelartige Regelmässigkeit annehmen, zeigt auf vermehrte Widerstände im Aortenkreislauf und mangelhafte Compensation; Verkürzung der Pausen auf verringerten Widerstand in kleinen Gefässen und Herzschwäche hin. *Hh.*

H. Tittinger. Das Distanzherzgeräusch. Wien. med. Wochenschr. 1883.

Rhythmische Herzgeräusche werden nur selten in grösserem Abstand von Kranken gehört, und sind entweder perikardialen Ursprungs oder veranlasst durch Zerreissungen von Herzklappen und Sehnenfäden. Oefter erscheinen sie diastolisch an der Aorta, seltener systolisch an der Mitralklappe. Bei einem selbst beobachteten Fall wurde gefunden Zerreissung der zwischen hintrem Papillarmuskel und Mitralklappen ausgespannten Sehnen, Insufficienz der letztren, und Zipfeleinstülpung gegen den Vorhof. *Hh.*

K. Bettelheim. Die Entstehung des zweiten Tones in der Carotis. ZS. f. klin. Med. VI, 504; [CBl. f. d. med. Wiss. 1883, 911-912.

Scoda leitet diesen Ton von den Aortasemilunarklappen her. Sind diese insufficient, so wird zwar der schwache Ton der schwingungsfähigen Klappenreste vom diastolischen Geräusche übertäubt und verschwindet am Entstehungsort, kann aber in der Carotis vernommen werden. Nach Weil dürfte nicht bloss der Schluss der Aortenklappen, sondern auch der der Pulmonalklappen den zweiten Carotiston geben. Letztres bestätigen Bettelheim's Beobachtungen, wonach dieser Ton in Höhe, Klang, Stärke und Dauer weit besser mit dem zweiten Pulmonal-, als dem zweiten Aortentone übereinstimmt. *Hh.*

Ebenau. Gefässgeräusche bei Aneurisma arteri-venosum. Berl. klin. Wochenschr. 1883.

An der Grenze zwischen untrem und mittlerem Drittel des Oberschenkels fand man stethoskopisch continuirlich sausendes, dröhnendes, systolisch verstärktes Geräusch. Bei Compression der Gefässe an dieser Stelle und Auscultirung an der Schenkelbeuge verschwindet das Geräusch nach einigen Intermittenzen bis auf einen dumpfen systolischen Ton. Comprimirung der Schenkelvene verändert das dauernde Geräusch in unterbrochenes Schaben. Beide Schallerscheinungen schweigen auf Fingerdruck an der Durchtrittsstelle der Gefässe durch den Schlitz der Adductorenmuskeln. — Die Ursache der akustischen Phänomene lag wohl in einem arteriovenösen Aneurisma in Folge einer Schenkelverwundung durch Schrotschuss. *Hh.*

Litteratur.

J. Acker. Expériences sur la puissance de l'ouie, comparée à celle de la vue. La Nat. XI, 207. 1883. *Hh.*

Brunton, Lauder, Cash. Die Klappenthätigkeit des Kehlkopfes. [Schmidt's Jahrb. d. Med. IX, 501. 1883. *Hh.*

Richard Brandeis. Ohrgeräusche mit synchroner Bewegung des Trommelfells und der Gaumenmuskeln. ZS. f. Ohrenheilk. XII, 251. *Hh.*

John Crombie. Ueber das Trommelfell. J. of. anat. XVII, 523. *Hh.*

Emerson. Gehörprüfung mit der Stimmgabel. ZS. f. Ohrenheilk. XIII, 53. *Hh.*

Eug. Holt. Hörvermögen unter verschiedenen Verhältnissen. Trans. of amer. otol. soc. III, 120. *Hh.*

Solis Cohen. Apsithyria, Flüstern-Unvermögen bei paralytischer Aphonie. Philad. med. Reporter XLIX, 508, 533. *Hh.*

PRIMO CROTTI. La Musica è una Scienza; Saggio Acustico fisiologico. Parma: Luigi Battei. 55 S. [Nature XXIX, 198 u. 199† (von H. STONE). *Hh.*

SEDLEY TAYLOR. Sound and Music. 2. edit. London: Macmillan & Co. 1883. [Nature XXVIII, 434†.

Kritik, worin vornehmlich gelobt wird, dass das Wort „timbre" durch „quality" ersetzt sei; dagegen getadelt, dass der „abscheuliche Missbrauch" mit dem englischen Worte „clang", im Sinne einer harmonischen Verbindung der Töne, die letzten Seiten verunstalte. *Hh.*

Berichtigungen.

Seite 7	Zeile 7	von unten	la mécanique	statt mécanique.
- 55	- 5	- -	sei ergänzt: ZS. f. Instrk. III, 159-160.	
- 61	- 8	- -	ist zu lesen: Breusing. Sobre a historia do nonius. Jorn. de sc. math. e astr. (Teixeira) III, 73-80.	
- 71	- 6	- -	Wied. Ann.	statt Wied.
- 157	- 7	- -	A. Ben Saude	statt A. Ben. Saude.
- 225	- 6	- oben	meccanismi	statt mecanismi.
- 289	- 15	- -	XXV, 389-400	statt XXXV, 389-400.
- 316	- 7	- unten	W. Chandler Roberts	statt W. Chandlr Roberts.

FSC
www.fsc.org
MIX
Papier | Fördert gute Waldnutzung
FSC® C083411

Kolibri 360 GmbH
Ferdinand-Jühlke-Straße 7
99095 Erfurt, Deutschland
produktsicherheit@kolibri360.de